U0223898

A+U

住房城乡建设部土建类学科专业“十三五”规划教材

A+U 高等学校建筑学与城乡规划专业教材

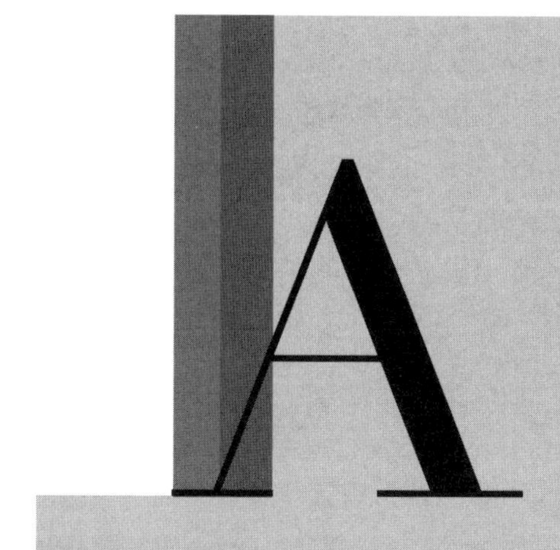

Architecture and Urban

建筑防火设计

西安建筑科技大学 张树平
大连交通大学 李 钰 主编

第3版

中国建筑工业出版社

图书在版编目（CIP）数据

建筑防火设计 / 张树平，李钰主编 . —3 版 . —北京：中国建筑工业出版社，2020.2（2024. 6 重印）
住房城乡建设部土建类学科专业“十三五”规划教材
A+U 高等学校建筑学与城乡规划专业教材
ISBN 978-7-112-24638-0

Ⅰ. ①建… Ⅱ. ①张… ②李… Ⅲ. ①建筑设计－防火－高等学校－教材 Ⅳ. ① TU892

中国版本图书馆 CIP 数据核字（2020）第 010892 号

责任编辑：陈　桦
文字编辑：柏铭泽
责任校对：姜小莲

为了更好地支持相应课程的教学，我们向采用本书作为教材的教师提供课件，有需要者可与出版社联系。
建工书院：http://edu.cabplink.com
邮箱：jckj@cabp.com.cn 电话：（010）58337285

住房城乡建设部土建类学科专业“十三五”规划教材
A+U 高等学校建筑学与城乡规划专业教材
建筑防火设计（第 3 版）
西安建筑科技大学 张树平
大连交通大学 李钰
主编
*
中国建筑工业出版社出版、发行（北京海淀三里河路 9 号）
各地新华书店、建筑书店经销
北京方舟正佳图文设计有限公司制版
北京云浩印刷有限责任公司印刷
*
开本：787 毫米 ×1092 毫米 1/16 印张：16½ 字数：430 千字
2020 年 8 月第三版 2024 年 6 月第二十六次印刷
定价：45.00 元（赠教师课件）
ISBN 978-7-112-24638-0
(34843)

第三版前言 Third Edition Preface

《建筑设计防火规范》GB 50016—2014（2018年版）合并了原《建筑设计防火规范》GB 50016—2014和《高层民用建筑设计防火规范》GB 50045—95，调整了两项标准间大量不协调的内容。规范2018年版又新增了老年人照料设施的较多内容，2018版《建筑设计防火规范》18J811—1图示对2015版图示进行了100余项补充及变更。另据各院校使用者的建议、编者的教学体会、国家级规划教材建设的需要，我们对第二版教材进行了重大内容修订。

本次修订中，吸收了我国近10年来建筑业发展的新成就、国内外建筑防火设计与科学技术进步的最新成果，形成了建筑防火规范基本概念与设计图示相结合、建筑防火理论与建筑设计实例相结合、建筑防火设计教学与建筑设计过程相结合的教材特色。

本教材延续了第二版的章节体系，根据现行防火规范，更新修订了较多内容，与现行规范、最新规范图示保持一致，结合建筑学类专业特点，保留并增加了第二版较多的火灾实景、设计实例、图表，图文并茂，紧密结合建筑设计过程，循序渐进地展开建筑防火设计的教学环节。

本教材按40课时编写，任课教师可根据各院校教学计划选讲，带“*”的部分实例可作为学生阅读内容。

本教材由张树平、李钰主编。感谢张立霄、姚国林的帮助。任课教师需要教学PPT等教学资料，请扫码或申请加入QQ群：852972305。

本教材在修订中参阅了诸多专家、学者的著作和文章，值此致以衷心感谢。书中不足之处恳请批评指正。

编者

2019 年 2 月

《建筑防火通用规范》GB 55037—2022 自 2023 年 6 月 1 日起实施。该规范为强制性工程建设规范，全部条文必须严格执行。现行工程建设标准中有关规定与该规范不一致的，以该规范的规定为准。与时俱进，本次教材 24 次印刷之际，编者修订了疏散门的净宽度、消防救援口、消防车道、电梯层门等与该规范不一致的内容。

编者

2023 年 3 月

第一版前言 First Edition Preface

当代科学技术日新月异，新材料、新结构、新设备层出不穷，给建筑的创造提供了前所未有的可能性，超高层建筑、巨型建筑、智能建筑、生态建筑以及地下建筑、海洋建筑等，技术的密集和复杂程度均非昔日可比，而建筑中的安全性问题也日益突出，这反映在建筑过程中，“安全第一”是毋庸置疑的铁定原则，而反映在设计与长期的使用过程中，同样需要贯彻“安全第一”的思想。缺乏安全性的建筑不能说是合格的建筑。现实生活中由于忽视安全性的设计而导致的建筑灾害事故频繁发生，所造成的损失触目惊心。在以往的建筑学专业教育中，或多或少地存在着“重艺术轻技术”“重使用轻安全”的倾向，是需要在教育改革中认真加以改进的。1995 年，国务院批准发布的《注册建筑师管理条例》中，开宗明义以法规的形式强调了建筑师对国家财产和人民生命安全所负的重要责任，我国建筑学专业教育评估标准也贯彻了上述精神。自评估标准发布以来，建筑学专业教育中有关技术、安全和职业道德等方面的教育内容有所加强，但与新时期的人才需求与注册建筑师的职业要求相比，仍有相当差距。调整课程设置，改革教学内容，编写高水平的教材，已是发展建筑教育的当务之急。

全国高等院校建筑学专业指导委员会将教材建设作为委员会的主要工作之一，积极组织教材的编写和评审，及时推荐出版了一批教材，《建筑防火设计》即是其中的一部。

建筑防火设计是确保建筑安全性的重要方面。因此，各院校为适应形势发展及时调整教学计划，增设建筑学专业的“建筑防火设计”课程，以便未来的建筑师们能认识建筑火灾发生和发展的规律，掌握建筑防火的新技术和新设备，提高建筑防火设计的科学性、合理性和有效性。

本教材是在西安建筑科技大学和部分兄弟院校多年教学实践的基础上修订而成的，并根据现行防火规范，更新了部分内容，吸收、增加了国内外许多专家、学者在建筑防火设计与研究方面的新成果，结合专业的特点，增加了大量设计实例、参考图表。

本教材的特色是，引导学生紧密结合建筑设计过程，循序渐进地展开建筑防火设计。内容包括：建筑火灾及防火设计概述，建筑总平面及平面防火设计，建筑耐火设计，安全疏散设计，地下建筑防火设计，建筑装修防火设计，建筑防排烟设计，灭火设备，自动报警设备及建筑防火性能化概述。

本教材按 40 课时编写，任课教师可根据各校教学计划选讲，带“*”的部分实例可作为学生的阅读内容。本教材由张树平主编，各章的执笔人为：第 2 章岳鹏，第 9 章高羽飞，第 10、11 章闫幼锋，其余各章为张树平。本教材由高级建筑师、国家一级注册建筑师秋志远、高级工程师下建峰主审。

本教材在编写中参阅了多位专家的著作和文章，在此特向各位致以深切谢意。由于编者的水平有限，书中定有错误和不足之处，恳请读者予以批评指正。

西安建筑科技大学 张树平

2000 年 8 月

目 录 Contents

A+U

第1章 Chapter 1 Basic Knowledge of Building Fire Protection 建筑防火基础

1.1 建筑火灾

1.1.1 火灾及其危害

火是人类赖以生存和发展的一种自然力，火的利用具有划时代的意义。火的利用使人类脱离了茹毛饮血的荒蛮时代，迈向人类文明的漫长征程。人类利用火防御野兽的袭击，取暖御寒，从而增强了生存能力，提高了生活质量。人类学会用火，造福于自己。人类逐步将用火的范围不断扩大，用火技能逐步提高，促进了生产力的发展，在生活、生产和科学技术等方面发挥出越来越大的作用。

火是具有两重性的。当火失去控制，就会成为一种具有很大破坏力的多发性的灾害，给人类的生活、生产乃至生命安全构成威胁。火灾，能烧掉人们辛勤劳动创造的物质财富，使大量的生活、生产资料在顷刻之间化为灰烬；火灾，涂炭生灵，夺去许多人的生命和健康，给人们的身心带来难以消除的痛苦；火灾，使茂密的森林和广袤的草原化为乌有，变成荒野；火灾，使大量文物、古籍、古建筑等稀世珍宝毁于一旦，造成无法弥补的损失，等等。

火灾是失去控制的燃烧现象。从我国多年来发生火灾的情况来看，随着经济建设的发展，城市化的推进，人民物质文化生活水平的提高，在生产和生活中用火、用电，以及采用具有火灾危险性的设备、工艺逐渐增多，发生火灾的危险性也相应地增加，火灾发生的次数以及造成的财产损失、人员伤亡呈现上升的趋势。我国 2008~2017 年火灾状况统计，见表 1-1。由此表可见，10 年间我国共发生火灾 2,411,965 起，平均每年的火灾直接经济损失 31.27 亿元，死亡 1,490 余人。

我国 2008 ~ 2017 年火灾状况统计　　表 1-1

年度	火灾次数	火灾直接经济损失（万元）	死亡人数
2008 年	136,835	182,202.5	1,521
2009 年	129,382	162,392.4	1,236
2010 年	132,497	195,945.2	1,205
2011 年	125,417	205,743.4	1,108
2012 年	152,157	217,716.3	1,028
2013 年	388,821	484,670.2	2,113
2014 年	395,052	470,234.4	1,815
2015 年	346,701	435,895.3	1,899
2016 年	323,636	412,502.2	1,591
2017 年	281,467	359,950.1	1,390
年平均	241,196.5	312,725.2	1,490.6

火灾可分为建筑火灾、石油化工火灾、交通工具火灾、矿山火灾、森林草原火灾等。其中建筑火灾发生的次数和造成的损失、危害居于首位。自 1992 年以来，我国火灾直接经济损失均在 12 亿元以上，其中建筑火灾的损失约占 80%；建筑火灾发生的次数约占总火灾次数的 75% 。建筑物是人类进行生活、生产和政治、经济、文化等活动的场所（空间），建筑物都存在可燃物和着火源，稍有不慎，

就可能引起火灾，建筑又是财产和人员极为集中的地方，因而建筑物发生火灾会造成十分严重的损失。随着城市日益扩大，各种建筑越来越多，建筑布局及功能日益复杂，用火、用电、用气和化学物品的应用日益广泛，建筑火灾的危险性和危害性大大增加。近年来，我国的建筑火灾形势依然严峻，其发生频率和造成的损失在总火灾中所占比例居高不下。

为了预防建筑火灾的发生和减弱其危害，建筑设计人员要务必提高消防意识，掌握建筑火灾发生、发展和蔓延的规律，总结经验教训，寻求有效地预防和控制火灾的方法和措施，进行科学的防火设计，采取合理、先进的防火技术，做到防患于未然。

1.1.2 建筑火灾案例

1）新疆克拉玛依市友谊馆火灾

（1）基本情况

友谊馆位于克拉玛依市人民公园南侧，始建于1958 年，1991 年重新装修。克拉玛依市、新疆石油管理局为迎接新疆维吾尔自治区教委“双基”评估验收团来市检查工作，1994 年 12 月 8 日下午由市教委组织在友谊馆举办专场文艺汇报演出。市 7 所中学、8 所小学共 15 个规范班及部分教师、自治区评估验收团成员和市局有关领导共计 796 人到会。友谊馆正门和南北两侧共设有 7 个安全疏散门，火灾发生时仅有 1 个正门开启。南北两侧的安全疏散门加装了防盗推拉门并上锁，观众厅通向过厅的 6 个过渡门也有 2 个上锁，如图 1-1[①]所示。

（2）起火经过及扑救情况

1994 年 12 月 8 日 18 时 20 分，文艺演出进行到第二个节目时，台上演员和台下许多人看到舞台正中偏后上方掉火星。由于舞台空间大，舞台用品都是高分子化纤织物，火灾一开始便迅速形成立体燃烧，火场温度迅速升高，并伴随产生大量有毒气体。现场灯光因火烧短路而全部熄灭，在场的 7 岁至 15 岁中小学生及其他人员因安全疏散门封闭，

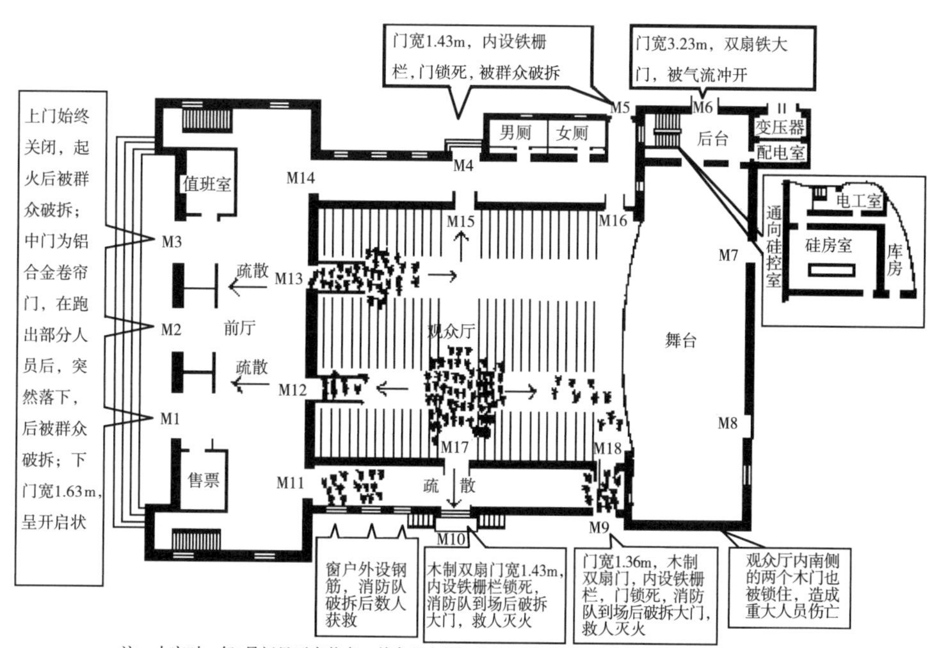

注：火灾时，仅1号门呈开启状态，其余所有外门均锁闭状。内门17号和18号被锁闭，其余呈开启状。

图 1-1 “12.8”特大火灾遇难人员分布位置、破拆门窗平面示意

① 潘丽．从克拉玛依友谊馆火灾论建筑的设计和管理问题 [J]. 建筑知识，1996（2）：7-9.

无法疏散，短时间内中毒窒息，造成大量人员伤亡。新疆石油管理局消防支队 18 时 25 分接警，立即出动 3 辆消防车 3 分钟后赶到火场，此时建筑门、窗等处冒出大量刺鼻浓黑烟雾，疏散门除一道正门开启外，其他 6 道门全部锁闭，消防队员奋力破拆门、窗，想方设法抢救人命。同时消防支队又调集 3 个中队 6 辆消防车赶到现场增援。120 余名官兵、11 辆消防车、6 辆指挥车、供水车分别从西、北、南 3 个方向展开抢险，积极救人，先后破拆了 4 个推拉式防盗门、木门和一个钢筋封闭窗，抢救出伤亡人员 260 余人。19 时 10 分，大火基本扑灭，抢险中消防官兵有 27 人中毒，6 人昏倒在灭火现场。

（3）火灾损失

火灾烧伤 130 人，死亡 323 人，烧毁观众厅内装修及灯光、音响等设备，直接经济损失210.9万元。

（4）火灾原因

舞台正中偏后北侧上方倒数第二道光柱灯(1,000W) 与纱幕距离过近，高温灯具烤燃纱幕。

（5）主要教训

①管理松懈，未建立防火安全责任制度；安全疏散门上锁关闭，致使在火灾发生时人员疏散拥挤堵塞，无法逃生，造成大量伤亡。

②室内装饰、装修、舞台用品大量采用易燃、可燃高分子材料，火灾时产生大量有毒、可燃气体，使现场人员短时间内中毒窒息，丧失逃生能力。

③火灾初起时处置不当。舞台上方纱幕着火时，馆内工作人员无人在场，现场人员惊慌失措，组织活动的单位也不能及时有效地组织人员疏散。

④严重违反安全规定，在过厅内堆放杂物，安装、使用电气设备不符合防火规定，对连续发生的电器设备故障，舞台幕布被烤燃等火险，未采取任何整改措施，对当地消防部门下发的“防火检查登记表”置之不理。

⑤友谊馆改建未经消防部门审核和竣工验收就投入使用。主管单位、友谊馆领导官僚主义严重，明知友谊馆多次发生火险和消防安全存在重大火灾隐患，不思整改，无人问津。

2）辽宁阜新市艺苑歌舞厅火灾

（1）基本情况

阜新市艺苑歌舞厅建于 1974 年，原为阜新市评剧团排练厅，1987 年市评剧团将该排练厅改为舞厅，仍为内部练功用房。

1991 年 1 月，阜新市评剧团经请示有关部门批准正式对社会开放，名为艺苑歌舞厅，定员 120 人、工作人员 8 人、治安保卫人员 2 人。1992 年 4 月，该舞厅扩大部分营业面积，经海州区公安分局核准，定员为 140 人、工作人员 10 人。据不完全统计，该舞厅火灾前场内舞客、工作人员共 300 余人，超员 150 余人。舞厅于 1992 年 7 月 1 日开始由个人承包经营。该歌舞厅东侧与评剧团办公楼毗连，南侧 6m 处为烟草公司仓库，西侧 6m 处为评剧团住宅，北邻东市路。该舞厅建筑由三部分组成，均为单层砖木结构，耐火等级为三级。主体建筑长 20.8m，宽 11.2m，高 7.5m；南侧偏厦长 20.4m，宽 2.45m，高 2m；东侧附属建筑长 11.2m，宽 1.8m，高 2m；总建筑面积 303.1m^2。南侧偏厦由东向西分别为一至三号雅间、南门门厅、仓库、厕所。东侧附属建筑地面高于大厅地面 0.875m。该建筑共有出入口 2 个，南北各 1 个，北门为正常入场门，外门宽 0.87m，通过 6 级台阶至路面，内门宽 0.8m，通过 5 级台阶至舞池。南门双开，宽 1.8m，火灾前该门上锁。该舞厅于 1990 年 5 月和 1994 年 5 月进行内部装修，均未按规定到消防监督机关办理建筑防火审核手续。大厅顶棚采用木龙骨、胶合板贴壁纸，墙壁为棉丙胶织布装饰。3 个雅间吊顶采用木龙骨、纤维板，墙壁用涤纶化纤布装饰，门边框用宝丽板装修。

（2）起火经过及扑救情况

1994 年 11 月 27 日 13 时 28 分左右，该舞厅三号雅间起火。舞厅承包人听说着火后，跑进舞池看到是三号雅间西南角从下往上冒着 1m 多高火焰，返身跑到寄存处提起 1 具干粉灭火器，扑救无效后报警。这起火灾先后调动 3 个公安消防中队和 1 个企业专职消防队的 14 辆消防车、85 名消防员参加灭火战斗。于当日 14 时 30 分将大火扑灭。

（3）火灾损失

经核查和法医鉴定，火灾共死亡 233 人（其中男性 133 人，女性 100 人），伤 20 人（其中重伤 4 人），直接经济损失 12.8 万元。

（4）火灾原因

经调查和现场勘查认定，这起特大火灾发生的原因是：坐在三号雅间西南角沙发上的舞客，将点燃的报纸塞入脚下沙发破损洞内，引燃沙发起火。

（5）主要教训

①大量使用易燃材料装修。该歌舞厅于 1994 年 5 月进行室内装修时采用可燃胶合板吊顶，四周墙壁悬挂化纤装饰布。该化纤装饰布属“棉丙胶织布”，燃烧速度快，燃烧时产生大量有毒烟雾，并形成带火的熔滴，致使起火后火势迅速蔓延。

②出入口狭窄，疏散安全门上锁。该舞厅出入口仅 0.8m 宽，其门口内外各有一个 5 步和 6 步的台阶；疏散安全门宽 1.8m，门前用布帘遮挡；南北墙上方距地面 3.5m 高处有 12 个窗户全被封在吊顶之上。在起火时，安全疏散门上锁，加之无应急照明指示灯，断电后厅内漆黑一团，致使大量人员难以逃生。

③严重超员。该舞厅审批定员为 140 人，起火时厅内人员多达 300 余人，无人组织疏散，纷纷涌向入场口，相互拥挤踩压，造成人员窒息死亡。

3）河南洛阳市东都商厦火灾

（1）基本情况

东都商厦位于河南洛阳市中州路最繁华的地带，由东都与丹尼斯量贩有限公司共同管理。地下一层和一层由丹尼斯经营；地下二层的家具商场和二、三层的服装、五金交电商场由东都经营；四层除了东都的办公室外，还有一个大舞厅、一个音乐茶座、几个舞厅包间，由个体户承包经营。大厦从 2000 年 1 月 6 日起装修，决定 12 月 26 日试营业，28 日正式开业。其着火前后的立面照片，如图 1-2 所示。

（a）

（b）

图 1-2　东都商厦大火前后立面照片
（a）着火前立面照片；（b）着火后室内开始装修的立面照片

（2）火灾经过和扑救情况

2000 年 12 月 25 日晚 7 时许，丹尼斯量贩东都分店养护科一名负责人和两名员工将一小型电焊机抬至地下一层大厅中间通往地下二层的楼梯口处，由王某负责焊接楼梯口遮盖钢板上的缝隙和方孔。电焊火花从钢板方孔溅入地下二层，引起地下二层沙发、家具等物品燃烧着火。王某等人发现后，用消防水龙头从钢板上的方孔向地下二层浇水，在没有控制火势的情况下，没有报警便撤离现场。

火烟很快穿过东北、西北角的铁栅栏门进入楼梯间向上蔓延。由于地下一层，地上一、二、三层和楼梯间采用防火墙、防火门进行了分隔，因而浓烟没能进入这几层。这时从地下二层至地上四层约 30m 高的楼梯间就像两个“大烟筒”。火烟垂直蔓延的速度为 240m/min，从地下一层到四层歌舞厅 30m 的垂直距离仅需 8s 时间。这样使得地下二层约 3,500m^2 内的堆放的易燃物质燃烧生成的所有高温有毒烟气通过“大烟筒”全部涌向四楼，并迅速充满四层歌舞娱乐城的空间，造成在场的大量人员在极短时间内中毒窒息死亡。

发生火灾后，消防队迅速赶赴火场进行扑救，将大火扑灭。

（3）火灾损失

火灾造成 309 人死亡，多人受伤，直接经济损失 275 万元。

（4）火灾原因

违章进行电焊作业引燃可燃物品引起火灾。

（5）主要教训

①忽视消防安全，监督整改不力。早在1997年，东都商厦四楼歌舞厅就被河南省消防总队列入40家存在重大消防隐患的单位和场所的名单中，近两年，东都歌舞厅历经洛阳市消防部门18次检查，消防部门对其先后4次下达整改通知书，甚至在2000年12月中旬还勒令其停业，但东都歌舞厅仍照常营业。

②东都商厦里的商贩不顾消防安全，抢着装修自己租来的摊位，地下商场也在大厦正门建临时出入口左侧，建有一长排做小生意、小买卖的铁皮屋违章建筑。

③东都商厦的消防设施本来就不规范，4条通道又有2条被人为封死，简直是雪上加霜。

④违法经营，违章施工。东都商厦原来已被当地文化管理部门吊销文化经营许可证，却又让个体业主违法承包四楼用以经营歌舞娱乐。电焊工违章施工，引燃可燃物。

⑤消防意识淡薄，缺乏火灾紧急自救常识。

4）吉林德惠市宝源丰禽业公司火灾爆炸

（1）基本情况

2013年6月3日6时许，位于吉林省德惠市沙子镇的吉林宝源丰禽业有限公司因电线短路引燃可燃物，高温导致液氨设备和管线发生物理爆炸，氨气泄漏介入燃烧，10时火势基本被控制。

该公司主要是一家屠宰肉食鸡的企业，占地面积65,000m^2，主厂房火灾危险性类别为丁戊类，建筑耐火等级为二级，主厂房为一个防火分区，安全出口设置符合《建筑设计防火规范》GB 50016—2006的相关规定。主厂房设有室外消防供水管网和消火栓，内部设有事故应急照明灯，安全指示标志和灭火器，企业设有消防泵房和1,500m^{3}消防水池，并设有消防备用电源，符合《建筑设计防火规范》GB 50016—2006的要求。

（2）火灾发展概况

6时10分左右，部分员工发现一车间女更衣室及附近区域上部有烟火，主厂房南侧中间部位上层窗户最先冒出黑色浓烟，虽进行初期扑救，但火势未得到有效控制，并且在顶棚内由南向北蔓延，同时向下蔓延到整个附属区，并由附属区向北面的主车间、速冻车间和冷库方向蔓延。燃烧产生的高温导致主厂房西北部的1号冷库和1号螺旋速冻机的液氨输送和氨气回收管线发生物理爆炸，导致该区域上方屋顶卷开，大量氨气泄露，介入了燃烧，火势最终蔓延至主厂房的其余区域。起火厂房平面示意图，如图1-3所示。

（3）火灾损失

事故共造成121人死亡，76人受伤，17,234m^{2}主厂房及厂房内设施被损毁，直接经济损失1.82亿元。

（4）火灾原因

事故直接原因：配电室电线短路，引燃周围可燃物。火势蔓延到氨设备和氨管道区域，燃烧产生的高温导致氨设备和氨管道发生物理爆炸，大量氨气泄露，介入燃烧。

造成火势迅速蔓延的主要原因：①主厂房大量使用聚氨酯泡沫保温材料和聚苯乙烯夹芯板（聚氨酯泡沫燃点低，燃烧速度快；聚苯乙烯夹芯板燃烧的低落物具有引燃性）；②一车间女更衣室等附属区域内的衣柜衣物等可燃物较多，且与人员密集的主车间采用聚苯乙烯夹芯板分隔；③吊顶内的空间大部分连通，火灾发生后，火势由南向北迅速蔓延；④当火势蔓延到氨设备和氨管道区域，燃烧产生的高温导致氨设备和氨管道发生物理爆炸，大量氨气泄露，介入燃烧。

（5）主要教训

①宝源丰公司安全生产主体责任根本不落实

a. 企业法定代表人严重违反安全生产方针和安全生产法律法规，为了利益无视员工生命。b. 企业从未组织开展过安全宣传教育，从未对员工进行

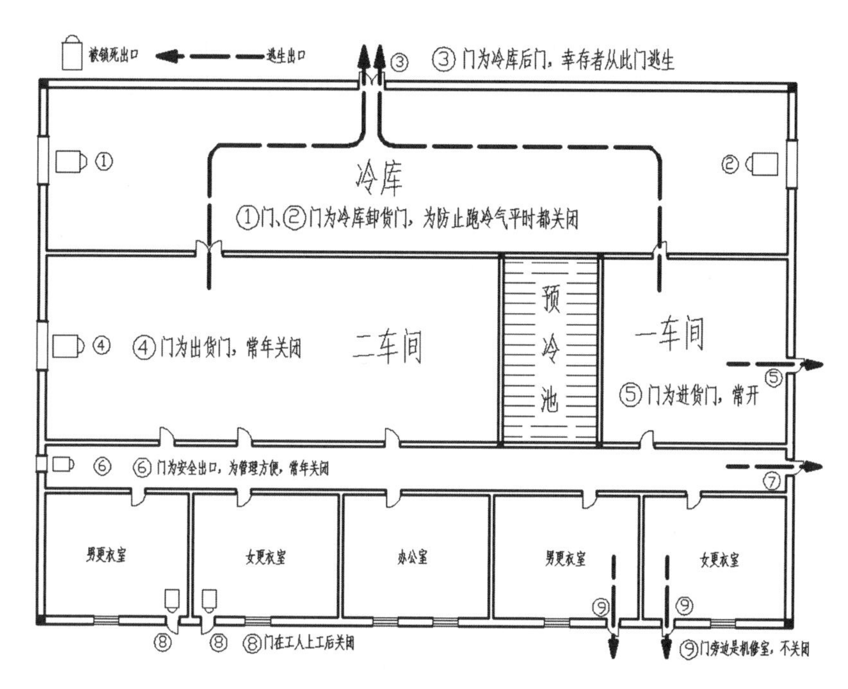

图 1-3　吉林宝源丰禽业公司起火厂房平面示意图

安全生产培训，从未组织开展过应急演练。c. 企业没有建立健全、更没有落实安全生产责任制，未逐级明确安全管理责任，各级管理人员不知道自己的安全职责。d. 擅自将车间疏散通道，安全出口锁闭。

②建设主管部门在工程项目建设中监管严重缺失

在工程建设监督检查流于形式，未发现宝源丰公司在厂房建设中未按原设计施工，违规将主厂房屋顶保温材料由岩棉（不燃材料 A 级）换成易燃的聚氨酯泡沫（燃烧性能为 B_3 级），不符合《建筑设计防火规范》GB 50016—2006。冷库屋顶及墙体使用聚氨酯泡沫作保温材料，不符合《冷库设计规范》GB 50072—2010。

③安全监管部门履行安全生产中监管职责不到位

发现宝源丰公司使用液氨后，未对该公司特种作业人员的持证上岗情况进行检查，对重大危险源监管不力。

5）上海市胶州教师公寓火灾

（1）基本情况

2010 年 11 月 15 日，上海市静安区胶州路 728 号胶州教师公寓正在进行外墙整体节能保温改造，约在 14 时 14 分，大楼发生火灾，消防部门全力进行救援，火灾持续了 4 个小时 15 分钟，至 18 点 30 分大火基本被扑灭。

上海市胶州教师公寓高 28 层，建筑面积 17,965m^2，其中底层为商场，2~4 层为办公，5~28 层为住宅。1998 年 1 月建成，总户数为 500 户，多为教师。该公寓当时正在进行外墙整体节能保温改造，外立面搭设脚手架、外墙喷涂聚氨酯硬泡体保温材料、更换外窗等。

（2）起火经过和扑救情况

11 月 15 日 14 时 14 分，10 楼焊工作业火星飞溅引燃 9 楼窗外的聚氨酯起火，初起火引燃 9 楼表面的尼龙网、毛竹片和保温材料，燃烧在楼体扩散的过程中引燃各楼层内住宅，最终扩散到整栋大楼，14 时 45 分，火势达到最大，脚手架开始脱落。内部在烟囱效应的作用下迅速蔓延，最终包围并烧毁了整栋大楼。

此次救援共出动 45 个消防中队，122 辆消防车利用高架云梯和高压水枪控制火势，并通过警用直升机实施索降救援被困在楼顶的居民。大火最终在 18 时 30 分被全部扑灭。

（3）火灾损失

事故造成 58 人死亡，71 人受伤，建筑物过火面积 12,000m^2，直接经济损失 1.58 亿元。

（4）火灾原因

在胶州路 728 号公寓大楼节能综合改造项目施工过程中，两名电焊工违规实施电焊作业引燃施工尼龙防护网和脚手架上的其他可燃物，在极短时间内形成大面积立体式大火，起火点位于 10~12 层之间。

（5）主要教训

① 电焊工无特种作业人员资格证，严重违反操作规程。

② 装修工程违法违规，层层分包，导致安全责任不落实。

③ 施工作业现场管理混乱，安全措施不落实，存在明显的抢工期、抢进度、突击施工的行为。

④ 事故现场违规使用大量的尼龙网，聚氨酯泡沫等易燃材料，导致大火迅速蔓延。

⑤ 安全监管不力，致使多次分包、多家作业和无证电焊工上岗。

6）河北唐山市林西百货大楼火灾

（1）基本情况

唐山市林西百货大楼为坐南朝北的三层临街建筑，砖混框架结构，长 56m，宽 16m，层高 4.8m，总面积约 3,000m^2，于 1984 年兴建，1986 年投入使用。一楼为食品部、家电部、东南角是家具厅；二楼为金银首饰营业厅；三楼为服装部、针织品部。家具厅南侧是正在施工的两层库房，西侧有两排平房仓库和一排办公室。1992 年 9 月，对大楼投资 66 万元进行装修。

（2）起火经过和扑救情况

1993 年 2 月 14 日 13 时，林西百货大楼家电部售货员发现家电柜台南侧的家具厅东北角处着火。13 时 33 分唐山消防支队三中队接到报警后，立即出动 2 辆水罐车赶赴火场，支队增调 22 辆消防车赶赴现场。消防人员到场时，大楼一至三层营业厅已浓烟滚滚，窗口向外喷火，二层西侧窗口已有群众接应楼内逃生者。消防干警在组织力量营救受困者的同时，采取有效措施灭火，经过近 3 个小时的顽强战斗，于 16 时 30 分将火扑灭。整个扑救过程，共调集公安和企业专职消防队员 164 人、24 辆消防车以及 50 多名矿山救护人员、100 多名解放军指战员和 5 个医院的救护力量。

（3）火灾损失

这起火灾造成死亡 81 人，烧伤 54 人，烧毁商场内部所有百货、针织、五金、家电等商品，直接经济损失 401 万元。

（4）火灾原因

这起火灾是由于施工队民工无证上岗而违章电焊，电焊熔珠引燃家具厅内的海绵床垫所造成。

（5）主要教训

① 严重忽视消防安全，是导致这起大火的根本原因。百货大楼在其主楼东南侧的一层家具营业部顶板上接层扩建，砸开多处孔洞，一边明火焊接钢筋，一边照常营业。承揽扩建的东矿区劳动服务公司把工程转包给一家私人建筑工程队，该建筑队指派无证人员进行电焊作业，既未清理现场，也未采取防护措施。14 日上午 11 时，电焊火花曾引燃家具营业部办公桌上的纸盒子，被营业员用水浇灭。出现险情后 1 小时，施工人员再次动焊，最终导致这起火灾的发生。

② 违章装修是造成重大伤亡的主要因素。百货大楼采用木龙骨和宝丽板贴面装修，楼内墙壁、顶棚和楼梯间都罩上一层木壳子，营业厅又存放大量

可燃商品，起火后造成立体燃烧，迅速蔓延，仅十几分钟即由一层烧到三层。大火首先从 50 余张海绵床垫、40 余捆化纤地毯烧起，产生大量的有毒烟雾，门窗又处于封闭状态，楼梯间变成了烟火通道。

③ 安全出口数量不足，是造成人员伤亡的主要原因。火灾导致一楼出口很快被烟火封住，二楼的人往上跑，三楼的人往下逃，拥挤在大楼西侧二至三楼的楼梯间和平台上，很快被毒烟呛晕、窒息。灾后从此处就发现尸体 50 多具。

④ 消防监督不力，重大火险隐患未能及时排除。1992 年国庆节进行防火检查时，东矿区公安分局消防人员发现大楼未经报审进行内部装修和扩建时，只口头指出装修和扩建应当向消防部门报审。当年 10 月，唐山市公安局和市建委（现唐山市住房和城乡建设局）联合发出《关于对装修工程加强消防安全管理的通知》后，当地消防部门仍未依照消防监督程序和相关通知的要求提出具体整改意见。百货大楼近年来已经发展成为大型商场，但消防部门未能及时调整并将其纳入重点保护范围。

7）北京市大兴区新建村火灾

（1）基本情况

2017 年 11 月 18 日 18 时许，北京市大兴区西红门镇新建村发生火灾，21 时许，明火被扑灭。

该建筑于 2003 年建成，东西长 80m，南北宽 76m，占地面积 6,080m^2，建筑面积大约 20,000m^2，地下一层，地上两层，中间局部三层，整体呈回字形，房屋整体为砖混结构，其中二层屋顶为夹心彩钢板，三层为单层彩钢板搭建。地下一层为冷库（在建），发生火灾时正处于设备安装调试阶段，地上一层为餐饮、超市、洗浴、诊所、生产加工储存服装等，地上二层、中间局部三层均为出租公寓，租住 480 人左右，属于典型的集生产经营、仓储、住宿于一体的“多合一”场所。

地下冷库共有 6 个冷间，位于东、南、西、北、东北以及中间区域，调查中依次标注为 2、6、5、4、1、3 号冷间，库容约 17,000m^3。地下冷库设有 4 个出入口，分别为：东北角出入口经开敞楼梯通往地上一层东侧出口，再经开敞楼梯通往二层的聚福缘公寓；东南角出入口经楼梯通往地上一层建筑内；西南部紧邻冷库设备间出入口经楼梯通往事发建筑天井；西侧行车坡道直通地面走道，走道上部为聚福缘公寓，聚福缘公寓西南侧通往地上一层的楼梯出口位于该走道南侧，走道向东进入事发建筑天井，向西直通西红门镇新康东路，如图 1-4 所示。

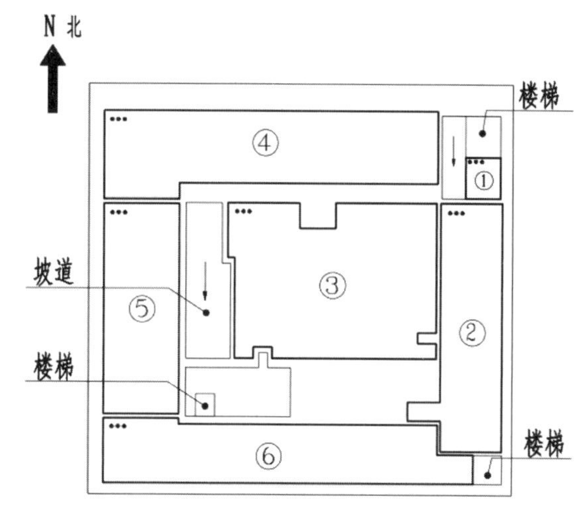

图 1-4　北京大兴新建村火灾建筑示意图

（2）起火经过及扑救情况

起火点位于图中 3 号冷间，东门被爆燃冲击波冲开，烟气冲出后现场发生多次爆燃。地下冷库西侧通往地面的坡道出口卷帘门外冒出大量烟气，随后出口门廊内出现不少于 2 次的爆闪强光；聚福缘公寓东北侧、西南侧楼梯间涌入大量烟气。

接到报警后，共出动 14 个消防中队、34 部消防车、188 名消防官兵到场处置，27 部急救车、2 部挖掘机、5 部洒水车到场协助。消防力量到达事故现场后，组织 6 个内攻搜救组深入现场内部逐层、逐间搜救被困人员；组成 3 个灭火攻坚组，强行攻入烟气浓重的地下冷库。后续增援力量到场后，从东、西两个方向展开总攻，21 时 06 分，地下冷库烟气浓度降低，现场无明火。其间，共疏散救出被困人员 73 名，其中 19 人死亡。

（3）火灾损失

此次事故共造成 19 人死亡（均为一氧化碳中毒），8 人受伤。

（4）火灾原因

火灾发生原因：冷库制冷设备调试过程中，被覆盖在聚氨酯保温材料内为冷库压缩冷凝机组供电的铝芯电缆电气故障造成短路，引燃周围可燃物。

火灾蔓延的原因：①在冷库建设过程中，采用不符合标准的聚氨酯材料（B_3 级，易燃材料）作为内绝热层。②冷库内可燃物燃烧产生的一氧化碳，聚氨酯材料释放出的五甲基二乙烯三胺、N,N- 二环己基甲胺等，制冷剂含有的 1,1- 二氟乙烷等，均可能导致 3 号冷间内的燃烧和爆燃，爆燃产生的动能将 3 号冷间东门冲开，烟气在蔓延过程中又多次爆燃，加速了烟气从敞开楼梯等途径蔓延至地上建筑内。③未按照建筑防火设计和冷库建设相关标准要求在民用建筑内建设冷库；冷库楼梯间与穿堂之间未设置乙级防火门；地下冷库与地上建筑之间未采取防火分隔措施，未分别独立设置安全出口和疏散楼梯，导致有毒有害烟气由地下冷库向地上建筑迅速蔓延。

（5）经验教训

① 违法建设，违规施工，违规出租，安全隐患长期存在。

a. 未取得审批许可，违规建设，在违法建筑内违规建造冷库；且未按照消防技术标准对事发建筑进行防火防烟分区，未对住宅部分与非住宅部分分别设置独立的安全出口和疏散楼梯；未按照国家标准、行业标准在事发建筑内设置消防控制室、室内消火栓系统、自动喷水灭火系统和排烟设施；冷库建设过程中违规使用不合标准的旧铝芯电缆，安装不匹配的断路器。

b. 在冷库保温材料喷涂过程中，违反冷库安全规程相关要求，违规施工作业，将未穿管保护的电气线路直接喷涂于聚氨酯保温材料内部，未采取可靠的防火措施；擅自降低施工标准，使用不符合标准的建筑保温材料。

c. 将违法建筑用于出租；未落实消防安全责任制，未制定消防安全操作规程以及灭火和应急疏散预案；从事房屋集中出租经营，未建立相应的管理制度，日常消防管理和人口流动登记管理缺失；未对公寓管理员进行安全教育和培训。

② 地方政府主管部门对违规建设、流动人口、出租房屋管理等问题监管不力。

③ 安全监管部门对事发建筑消防安全监督检查不到位，致使安全隐患存在。

④ 群众消防安全意识、自我保护意识差，不懂基本的防火、灭火、逃生常识。

1.1.3 建筑火灾原因

分析建筑起火的原因是为了在建筑防火设计时，更有效地、有针对性地采取防火技术措施，防止火灾发生和减少火灾的损失。建筑火灾起火的原因归纳如下：

1）生活用火不慎

我国城乡许多建筑火灾是由生活用火不慎引起的。属于这类火灾的原因，大体有以下几方面：

（1）炊事用火。炊事用火是人们最经常的生活用火，除了居民家庭外，单位的食堂、饮食行业、旅游宾馆都涉及炊事用火。在使用炉灶过程中违反防火安全要求或出现异常事故等都可能引起火灾。

（2）取暖用火。我国广大地区，特别是北方地区，冬季都要取暖。除了宾馆、饭店和部分居民住宅使用空调和集中供热外，绝大多数使用明火取暖。取暖用的火炉、火炕、火盆及用于排烟的烟囱在设置、安装、使用不当时，都可能引起火灾。

（3）灯火照明。城市和绝大多数乡村现已使用电灯照明，但在供电发生故障或修理线路时，每逢停电也常用蜡烛、油灯照明。此外，婚事、丧事、喜事等也往往燃点蜡烛。蜡烛和油灯放置位置不当，用时不当心等都容易引起火灾事故。

（4）燃放烟花爆竹。每逢节日庆典，人们多燃放烟花爆竹来增加欢乐气氛。但是在烟花爆竹燃放时遇到可燃物往往会引起火灾。我国每年春节期间火灾频发，其中 80% 以上是燃放烟花爆竹所引起的。

（5）宗教活动用火。在进行宗教活动的寺庙、道观中，整日香火不断，烛火通明。稍有不慎，就会引起火灾。庵堂、寺庙、道观多数是文物古建，一旦发生火灾，将会造成重大损失。

2）吸烟不慎

烟头和点燃烟后未熄灭的火柴梗虽是个不大的火源，但它能引起许多可燃物质燃烧。在生活用火引起的火灾中，吸烟不慎引起的火灾次数占很大比例。酒后卧床吸烟，烟头掉在被褥上引起火灾；在禁止一切火种的地方吸烟引起火灾的案例很多。我国是有数亿烟民的吸烟大国，禁烟防火刻不容缓。

3）玩火

特别是小孩玩火，虽不是正常生活用火，但却是生活中常见的火灾原因。尤其是农村，小孩玩火引发的火灾更为突出。

4）违反生产安全制度

违反生产安全制度引起火灾的情况很多。如在易燃易爆的车间内动用明火，引起爆炸起火；将性质相抵触的物品混存在一起，引起燃烧爆炸；在焊接和切割时，会飞迸出大量火星和熔渣，很容易酿成火灾；化工生产设备失修，发生可燃气体、易燃、可燃液体“跑、冒、滴、漏”现象，遇到明火后燃烧或爆炸等。

5）电气设备设计、安装、使用及维护不当

电气设备引起火灾的原因，主要有电气设备过负荷、电气线路接头接触不良、电气线路短路；照明灯具设置使用不当，如将功率较大的灯泡安装在木板、纸质等可燃物附近，将日光灯的镇流器安装在可燃基座上，以及用纸或布作为灯罩并紧贴在灯泡表面上等；在易燃易爆的车间内使用非防爆型的电动机、灯具、开关等。

6）自然现象引发火灾

（1）自燃

所谓自燃，是指在没有明火的情况下，物质受空气氧化或外界温度、湿度的影响，经过较长时间的发热和蓄热，逐渐达到自燃点而发生燃烧的现象。如大量堆积在库房里的油布、油纸，因为通风不好，内部发热，以至积热不散发生自燃。

（2）雷击

雷电引起的火灾原因，大体上有 3 种：①雷电直接击在建筑物上发生热效应、机械效应作用等；②雷电产生的静电感应作用和电磁感应作用；③高电位沿着电气线路或金属管道系统侵入建筑物内部。在雷击较多的地区，建筑物上如果没有设置可靠的防雷保护设施或设置失效，便有可能发生雷击火灾。

（3）静电

静电通常是由摩擦、撞击而产生的。因静电放电引起的火灾事故屡见不鲜。如易燃、可燃液体在塑料管中流动，由于摩擦产生静电，引起易燃、可燃液体燃烧爆炸；抽送易燃液体流速过大，无导除静电设施或者导除静电设施不良，致使大量静电荷积聚，产生火花引起爆炸起火；在有大量爆炸性混合气体存在的地点，身上穿着化纤织物的摩擦、塑料鞋底与地面的摩擦产生的静电引起爆炸性混合气体爆炸等。

（4）地震

发生地震时，人们急于疏散，往往来不及切断电源、熄灭炉火，以及处理好易燃、易爆生产装置和危险物品等，因而伴随着地震发生，会有各种火灾的次生灾害发生。

7）纵火

纵火分刑事犯罪纵火及精神病人纵火。

此外，建筑布局不合理，建筑材料选用不当都可构成引发火灾的因素。如在建筑布局方面，防火间距不符合消防安全要求，没有考虑风向、地势等因素对火灾蔓延的影响，往往会造成发生火灾时火烧连营，形成大面积火灾。在建筑构造、装修方面，大量采用可燃构件，可燃、易燃装修材料都大大增加了建筑火灾发生的可能性。

如表 1-2 所示为我国 2008~2017 年火灾原因统计。据统计可见，2008 年到 2017 年，各种火灾原因引起的火灾次数占总火灾次数的比例是：电气引起火灾 31.27%，用火不慎 19.28%，生产作业不慎3.8%，吸烟6.63%，玩火4.18%，放火1.85%，自燃 3.19%，其他 23.18%，不明原因 6.46%。值得注意的是，近年来，因电气引起的火灾次数居高不下，造成的损失占总火灾损失的 45% 左右，因此要切实重视和加强预防电气引发火灾。

我国 2008 ～ 2017 年火灾原因统计　　表 1-2

年度 \ 总起数 \ 火灾原因	总起数	放火（起数／比例%）	电气（起数／比例%）	生产作业不慎（起数／比例%）	用火不慎（起数／比例%）	吸烟（起数／比例%）	玩火（起数／比例%）	自燃（起数／比例%）	雷击（起数／比例%）	静电（起数／比例%）	不明原因（起数／比例%）	其他（起数／比例%）
2008 年	136,835	3,618/ 2.64	40,599/ 29.67	7,403/ 5.41	30,924/ 22.60	9,906/ 7.24	9,520/ 6.96	2,881/ 2.10	297/ 0.22	134/ 0.10	10,989/ 8.03	20,564/ 15.03
2009 年	129,382	3,279/ 2.53	39,101/ 30.22	6,636/ 5.13	27,202/ 21.02	9,073/ 7.01	9,336/ 7.21	3,072/ 2.37	218/ 0.17	130/ 0.13	10,191/ 7.87	21,144/ 16.34
2010 年	132,497	3,249/ 2.45	41,237/ 31.12	7,722/ 5.83	25,878/ 19.53	7,586/ 5.73	7,094/ 5.36	3,504/ 2.64	248/ 0.19	137/ 0.10	10,942/ 8.26	24,900/ 18.79
2011 年	125,417	2,832/ 2.26	37,960/ 30.27	6,742/ 5.38	22,248/ 17.74	7,091/ 5.65	8,247/ 6.58	3,533/ 2.82	191/ 0.15	119/ 0.09	10,000/ 7.97	26,454/ 21.09
2012 年	152,157	3,052/ 2.01	49,043/ 32.23	6,291/ 4.13	27,293/ 17.94	9,492/ 6.24	5,771/ 3.79	4,610/ 3.03	197/ 0.13	148/ 0.10	10,997/ 7.23	35,263/ 23.17
2013 年	388,821	7,089/ 1.82	115,598/ 29.73	13,046/ 3.36	69,080/ 17.77	26,226/ 6.75	12,982/ 3.34	11,547/ 2.97	519/ 0.13	252/ 0.06	24,655/ 6.34	107,827/ 27.73
2014 年	395,052	7,314/ 1.85	108,282/ 27.41	11,712/ 2.96	71,318/ 18.05	23,701/ 6.00	16,639/ 4.21	10,613/ 2.69	359/ 0.09	176/ 0.04	27,895/ 7.07	117,043/ 29.63
2015 年	346,701	6,026/ 1.74	104,534/ 30.15	10,091/ 2.91	61,089/ 17.62	19,503/ 5.62	11,478/ 3.31	10,116/ 2.92	250/ 0.07	143/ 0.04	23,145/ 6.68	100,326/ 28.94
2016 年	323,636	4,469/ 1.38	117,057/ 36.17	10,875/ 3.37	68,125/ 21.05	24,798/ 7.66	11,357/ 3.51	14,026/ 4.33	275/ 0.08	195/ 0.06	15,209/ 4.70	57,250/ 17.69
2017 年	281,467	3,748/ 1.33	100,453/ 35.69	11,130/ 3.95	61,990/ 22.02	22,458/ 7.97	8,326/ 2.96	12,946/ 4.60	201/ 0.07	207/ 0.07	11,763/ 4.18	48,245/ 17.14
年平均	241,196.5	4,467.6/ 1.85	75,386.4/ 31.27	9,164.8/ 3.80	46,514.7/ 19.28	15,983.4/ 6.63	10,075.0/ 4.18	7,684.8/ 3.19	275.5/ 0.11	164.1/ 0.07	15,578.6/ 6.46	55,901.6/ 23.18

1.2 建筑火灾及其发展和蔓延

火灾造成建筑物破坏、人员伤亡和财产损失主要发生在火灾全面发展阶段，只有弄清这一阶段的火灾规律，才能更好地指导建筑防火设计，达到最大程度减少火灾损失的目的。

1.2.1 可燃物及其燃烧

不同形态的物质在发生火灾时的机理并不一致，一般固体可燃物质在受热条件下，内部可分解出不同的可燃气体，这些气体在与空气中的氧气进行混合时，遇明火即燃。固体用明火点燃，能发火燃烧时的最低温度，就是该物质的燃点。表 1-3 列出了几种常用可燃固体的燃点。

一些固体能自燃，如木材受热烘烤自燃，粮食受湿发霉生热，在微生物作用下自燃。有些固体在常温下能自行分解，或在空气中氧化导致自燃或爆炸，如硝化棉、黄磷等；有些固体如钾、钠、电石等遇水或受空气中水蒸气作用可引起燃烧或爆炸等。

一些可燃液体随液体内外温度变化而有不同程度的挥发，挥发快者可燃的危险性大。可燃液体蒸气与空气混合达到一定浓度，遇明火点燃，呈现一闪即灭，这种现象叫闪燃。出现闪燃的最低温度叫闪点。闪点是易燃、可燃液体起火燃烧的前兆。常见的几种易燃、可燃液体的闪点见表 1-4。

从表 1-4 可以看出：许多液体的闪点都是很低的，把闪点小于等于 45℃的液体称为易燃液体，将闪点大于 45℃的液体称为可燃液体。

可燃固体的燃点　　表 1-3

名称	燃点（℃）	名称	燃点（℃）
纸张	130	粘胶纤维	235
棉花	150	涤纶纤维	390
棉布	200	松木	270 ~ 290
麻绒	150	橡胶	130

液体的闪点　　表 1-4

液体名称	闪点（℃）	液体名称	闪点（℃）
石油醚	−50	吡啶	+20
汽油	−58 ~ +10	丙酮	−20
二硫化碳	−45	苯	−14
乙醚	−45	醋酸乙酯	+1
氯乙烷	−38	甲苯	+1
二氯乙烷	+21	甲醇	+7

可燃蒸气气体或粉尘与空气组成的混合物，达到一定浓度时，遇火源即能发生爆炸。爆炸时的最低浓度称为爆炸下限。遇火源能发生爆炸的最高浓度，称为爆炸上限。浓度在下限以下的时候，可燃气体，易燃、可燃液体蒸气，粉尘的数量很少，不足以发火燃烧；浓度在下限和上限之间，即浓度比较合适时遇明火就要爆炸；超过上限则因氧气不足，在密闭容器内或输送管道内遇明火不会燃烧爆炸。

如表 1-5 所示为可燃气体，易燃、可燃液体蒸气的爆炸下限。

可燃气体，易燃、可燃液体蒸气爆炸下限　　表 1-5

名称	爆炸下限（%容积）	名称	爆炸下限（%容积）
煤油	1.0	丁烷	1.9
汽油	1.0	异丁烷	1.6
丙酮	2.55	乙烯	2.75
苯	1.5	丙烯	2.0
甲苯	1.27	丁烯	1.7
二硫化碳	1.25	乙炔	2.5
甲烷	5.0	硫化氢	4.3
乙烷	3.22	一氧化碳	12.5
丙烷	2.37	氢	4.1

1.2.2 生产和储存物品的火灾危险性分类

火灾危险性分类的目的，是为了在建筑防火设计时，有区别地对待各种不同危险类别的生产和贮存物品，使建筑物既有利于节约投资，又有利于保障安全。

生产的火灾危险性分类见表 1-6，存储物品的火灾危险性分类见表 1-7。

生产的火灾危险性分类　表 1-6

生产的火灾危险性类别	火灾危险性特征
甲	使用或产生下列物质生产的火灾危险性特征： 1．闪点小于 28℃的液体 2．爆炸下限小于 10%的气体 3．常温下能自行分解或在空气中氧化即能导致迅速自燃或爆炸的物质 4．常温下受到水或空气中水蒸气作用，能产生可燃气体并引起燃烧或爆炸的物质 5．遇酸、受热、撞击、摩擦、催化以及遇有机物或硫磺等易燃的无机物，极易引起燃烧或爆炸的强氧化剂 6．受撞击、摩擦或与氧化剂、有机物接触时能引起燃烧或爆炸的物质 7．在密闭设备内操作温度不小于物质本身自燃点的生产
乙	使用或产生下列物质生产的火灾危险性特征： 1．闪点不小于 28℃，但小于 60℃的液体 2．爆炸下限不小于 10%的气体 3．不属于甲类的氧化剂 4．不属于甲类的易燃固体 5．助燃气体 6．能与空气形成爆炸性混合物的浮游状态的粉尘、纤维、闪点不小于 60℃的液体雾滴
丙	使用或产生下列物质生产的火灾危险性特征： 1．闪点不小于 60℃的液体 2．可燃固体
丁	具有下列情况的生产： 1．对不燃烧物质进行加工，并在高热或熔化状态下经常产生强辐射热、火花或火焰的生产 2．利用气体、液体、固体作为燃料或将气体、液体进行燃烧作其他用的各种生产 3．常温下使用或加工难燃烧物质的生产
戊	常温下使用或加工非燃烧体的生产

储存物品的火灾危险性分类　表 1-7

储存物品的火灾危险性类别	储存物品的火灾危险性特征
甲	1．闪点小于 28℃的液体 2．爆炸下限小于 10%的气体，以及受到水或空气中水蒸气的作用，能产生爆炸下限小于 10%气体的固体物质 3．常温下能自行分解或在空气中氧化能导致迅速自燃或爆炸的物质 4．常温下受到水或空气中水蒸气的作用能产生可燃气体并引起燃烧或爆炸的物质 5．当遇酸、受热、撞击、摩擦、催化以及遇有机物或硫磺等易燃的无机物，极易引起燃烧或爆炸的强氧化剂 6．受撞击、摩擦或与氧化剂、有机物接触时能引起燃烧或爆炸的物质
乙	1．闪点大于等于 28℃，但小于 60℃的液体 2．爆炸下限不小于 10%的气体 3．不属于甲类的氧化剂 4．不属于甲类的化学易燃固体 5．助燃气体 6．常温下与空气接触能缓慢氧化，积热不散引起自燃的物品
丙	1．闪点不小于 60℃的液体 2．可燃固体
丁	难燃烧物品
戊	非燃烧物品

1）固体的分类标准

固体在常温下能自行分解或在空气中氧化导致迅速自燃或爆炸的物品，如硝化棉、赛璐珞、黄磷等划为甲类。

固体在常温下受到水或空气中的水蒸气的作用，能产生可燃气体并引起燃烧或爆炸的物品，如钾、钠、氧化钠、氢化钙、磷化钙等划为甲类。

固体遇酸、受热、撞击、摩擦以及遇有机物或硫磺等易燃的无机物，极易引起燃烧或爆炸的强氧化剂，如氯酸钾、氯酸钠、过氧化钾、过氧化钠等划为甲类。

凡不属于甲类的化学易燃危险固体（如：镁粉、铝粉、硝化纤维漆布等），不属于甲类的氧化剂（如：硝酸铜、亚硝酸钾、漂白粉等）以及常温下在空气中能缓慢氧化、积热自燃的危险物品（如：桐油、漆布、油纸、油浸金属屑等），都划为乙类。

可燃固体，如：竹木、纸张、橡胶、粮食等属于丙类。

难燃固体，如：酚醛塑料、水泥刨花板等属于丁类。

不燃固体，如：钢材、玻璃、陶瓷等属于戊类。

2）液体的分类标准

液体分类的标准，是根据闪点划分的，汽油、煤油、柴油等常用的三大油品是甲、乙、丙类液体的代表。将闪点小于 28℃的液体，如二硫化碳、苯、甲苯、甲醇、乙醚、汽油、丙酮等划为甲类。闪点大于或等于28℃，小于60℃的液体，如煤油、松节油、丁烯醇、溶剂油、冰醋酸等划分为乙类。闪点大于或等于 60℃的液体，如柴油、机油、重油、动物油、植物油等划为丙类。

这里所说的闪点是用闭杯法测定的。一般说来，在正常室温下遇火源能引起闪燃的液体属于易燃液体，划为甲类火灾危险物品。另外，我国南方城市的最热月平均气温在 28℃左右，在这样的气温下，易燃液体蒸气遇到火源就会闪燃起火，所以，以28℃为划分甲乙类液体的界限。

3）气体的分类标准

划分气体火灾危险性的标准是气体的爆炸下限。凡是爆炸下限 <10%的气体为甲类，爆炸下限 ≥ 10%的气体为乙类。大多数的可燃气体（蒸气）在空气中混合很小数量时，遇到明火便会爆炸。它们在空气中的爆炸下限均小于 10%，如甲烷 5.0%，乙烷 3.2%，乙烯 2%～8%，丙烯 2.0%，苯 1.5%，甲苯 1.4%，丙酮 2.0%，氢 4.0%，汽油 1.0%，石油气 3.2%等，均属于甲类。有少数可燃气体必须在空气中混合的数量较多时遇到明火才能爆炸。它们在空气中的爆炸下限均大于 10%，如氨气、助燃的氧气、氟气等，其火灾危险性属于乙类。

此外，氦、氖、氩、氪等不燃气体划为戊类。

1.2.3 火灾荷载

火灾荷载是衡量建筑物室内所容纳可燃物数量多少的一个参数，是研究火灾发生、发展及其控制的重要因素。在建筑物发生火灾时，火灾荷载直接决定着火灾持续时间和室内温度的变化。因而，在进行建筑防火设计时，首先要掌握火灾荷载的概念，合理确定火灾荷载数值。

建筑物内的可燃物可分为固定可燃物和容载可燃物两类。固定可燃物是指墙壁、顶棚等构件材料及装修、门窗、固定家具等所采用的可燃物。容载可燃物是指家具、书籍、衣物、寝具、装饰等构成的可燃物。固定可燃物数量很容易通过建筑设计图纸准确地求得；容载可燃物的品种、数量变动很大，难以准确计算，一般由调查统计确定。

建筑物中可燃物种类很多，其燃烧发热量也因材料性质不同而异。为便于研究，在实际中常根据燃烧热值把某种材料换算为等效发热量的木材，用等效木材的重量表示可燃物的数量，称为等效可燃物量。为便于研究火灾性状以及选择防火技术措施，在此把火灾范围内单位地板面积的等效可燃物量定义为火灾荷载：

$$q = \Sigma G_i H_i / H_0 A = \Sigma Q_i / H_0 A \quad (1\text{-}1)$$

式中 q——火灾荷载，kg/m²；

G_i——某种可燃物质量，kg；

H_i——某种可燃物单位质量发热量，MJ/kg；

H_0——单位质量木材的发热量，MJ/kg；

A——火灾范围的地板面积，m²；

ΣQ_i——火灾范围内所有可燃物的总发热量，MJ。

表 1-8 是部分可燃物质的热值；表 1-9 是部分成型家具的热值；表 1-10 是一些国家基本认可的火灾荷载密度；表 1-11 是日本统计的各种建筑物中火灾荷载密度。

部分可燃物质的热值 表 1-8

材料名称	单位发热量（MJ/kg）	材料名称	单位发热量（MJ/kg）
无烟煤	31 ~ 36	涤纶化纤地毯	21 ~ 26
煤、焦炭	28 ~ 34	羊毛地毯	19 ~ 22
木炭	29 ~ 31	硬 PVC 套管	19 ~ 23
蜂窝煤、泥煤	17 ~ 23	硬 PVC 型材	19 ~ 23
煤焦油	41 ~ 44	软 PVC 套管	23 ~ 26
沥青	41 ~ 43	聚乙烯管材	37 ~ 40
纤维素	15 ~ 16	泡沫 PVC 板材	21 ~ 26
衣物	17 ~ 21	聚甲醛树脂	16 ~ 18
木材	17 ~ 20	聚异丁烯	43 ~ 46
纤维板	17 ~ 20	丝绸	17 ~ 21
胶合板	17 ~ 20	稻草	15 ~ 16
棉花	16 ~ 20	秸秆	15 ~ 16
谷物	15 ~ 18	羊毛	21 ~ 26
面粉	15 ~ 18	天然橡胶	44 ~ 45
动物油脂	37 ~ 40	丁二烯—丙烯腈橡胶	32 ~ 33
皮革	16 ~ 19	丁苯橡胶	42 ~ 42
油毡	21 ~ 28	乙丙橡胶	38 ~ 40
纸	16 ~ 20	硅橡胶	13 ~ 15
纸板	13 ~ 16	硫化橡胶	32 ~ 33
石蜡	46 ~ 47	氯丁橡胶	22 ~ 23
ABS 塑料	34 ~ 40	再生胶	17 ~ 22
聚丙烯酸酯	27 ~ 29	车辆用内胎橡胶	23 ~ 27
赛璐珞塑料	17 ~ 20	外胎橡胶	30 ~ 35
环氧树脂	33 ~ 35	棉布	16 ~ 20
三聚氰胺树脂	16 ~ 19	化纤布	14 ~ 23
酚醛树脂	27 ~ 30	混纺布	15 ~ 21
聚脂（未加玻纤）	29 ~ 31	黄麻	16 ~ 19
聚脂（加玻纤）	18 ~ 22	亚麻	15 ~ 17
聚乙烯塑料	43 ~ 44	茶叶	17 ~ 19
聚苯乙烯塑料	39 ~ 40	烟草	15 ~ 16
聚苯乙烯泡沫塑料	39 ~ 43	咖啡	16 ~ 18
聚碳酸酯	28 ~ 30	人造革	23 ~ 25
聚丙烯塑料	42 ~ 43	动物皮毛	17 ~ 21
聚四氯乙烯塑料	4 ~ 5	荞麦皮、麦麸	16 ~ 18
聚氨酯	22 ~ 24	胶片	19 ~ 21
聚氨酯泡沫	23 ~ 28	黄油	30 ~ 33
脲醛泡沫	12 ~ 15	花生	23 ~ 25
脲醛树脂	14 ~ 15	食糖	15 ~ 17
聚氯乙烯塑料	16 ~ 21	面食	10 ~ 15
聚醋酸乙烯酯	20 ~ 21	苯甲酸	26
聚酰胺	29 ~ 30	甲酸	4.5
发泡 PVC 壁纸	18 ~ 21	硝酸铵	4 ~ 7
不发泡 PVC 壁纸	15 ~ 20	尿素	7 ~ 11

续表

材料名称	单位发热量（MJ/kg）	材料名称	单位发热量（MJ/kg）
硬质 PVC 地板	5 ~ 10	镁	27
半硬质 PVC 地板	15 ~ 20	磷	25
软质 PVC 地板	17 ~ 21	纸面石膏板	0.5
腈纶化纤地毯	15 ~ 21	玻璃钢层压板	12 ~ 15
水泥刨花板	4 ~ 10	甲醇	19.9
稻草板	14 ~ 17	异丙醇	31.4
刨花板	17 ~ 20	乙炔	48.2
食油	38 ~ 42	氰	21
石油	40 ~ 42	一氧化碳	10.1
汽油	43 ~ 44	氢气	119.7
柴油	40 ~ 42	甲醛	17.3
煤油	40 ~ 41	甲烷	50
甘油	18	乙烷	48
酒精	26 ~ 28	丙烷	45.8
白酒	17 ~ 21	丁烷	45.7
苯	40.1	乙烯	47.1
苯甲醇	32.9	丙烯	45.8
乙醇	26.8		

家具发热量值（单位 MJ）　　表 1-9

使用部位	家具名称		发热量值
厨房	木家具	餐桌	340
		椅子	250
		凳子	170
	金属—木混合家具	椅子（金属腿）	60
		桌子（金属腿）	250
		凳子（金属腿）	40
	混合家具(包括所装物品)	大碗橱	1,200
		小食品柜	420
客厅及餐厅	餐具橱		1,500 ~ 2,000
	书橱（书架搁板及所带物品）		840
	小家具		250
	独脚小圆桌		100
	小餐桌		170
	方桌		420
	装活动板加长的桌子		600
	单人扶手椅		330
	沙发		840
	椅子（未填塞垫料）		70
	椅子（填塞垫料）		250
	两头沉写字台		2,200
	一头沉写字台		1,200
	金属写字台		840
	单屉桌（空）		330
	衣柜（空）		500
	钢琴		2,800
	收录机		110
	电视机		150
卧室	普通床		1,100
	木床		1,600
	木床带棉垫		450
	木床带塑料垫		480
	床头柜		160
	双门大衣柜		1,680
	3 ~ 4 个门的大衣柜		2,500

续表

使用部位	家具名称	发热量值
过道门厅及其他	五斗橱	1,000
	单门壁橱	700
	双门壁橱	1,300
	三门壁橱	2,000
	四门壁橱	850
	木地板	83.6
	地毯（毡）（每 $1m^2$ 面积）	50
	窗帘（每 $1m^2$ 窗面积）	10

种建筑物的火灾荷载密度　表 1-10

建筑物用途	空间用途		可燃物密度（kg/m^2）	
			平均	分散
公共	办公室	一般	30	10
		设计	50	10
		行政	60	10
		研究	60	20
	会议室		10	5
	接待室		10	5
	资料室	资料	120	40
		图书	80	20
	厨房		15	10
	客席	固定座位	2	1
		可动座位	10	5
	大厅		10	5
	通道	走廊	5	5
		楼梯	2	1
		玄关	5	2
住宅	寝室		45	20
	厨房		25	15
	客厅		30	20
	餐厅		30	20
商店	服饰、寝具		20	10
	家具		60	20
	电气制品		30	10
	台所、生活用品		30	10
	食品		30	10
	银楼		10	10
	书籍		40	15
	超级市场		30	10
	仓库		100	30
饮食店	小吃店		10	5
	饭店		15	10
	料理店		20	10
	酒吧		20	10
旅馆	客房		10	5
	宴会厅		5	2
	衣物室		20	5
体育馆	竞技场		3	2
	器材室		25	15
医院	病房		12	2
	护理站		20	10
	诊疗室		20	5
	手术室		5	2
	衣物室		20	5

续表

建筑物用途	空间用途		可燃物密度（kg/m²）	
			平均	分散
剧场	舞台	演剧	20	10
		音乐会	10	5
	大器材室		60	20
	乐器室		20	10
学校	教室	固定座位	2	1
		可动座位	15	7
	特别教室		18	5
	预备室		30	10
	教员室		30	10
	体育馆	体育场	10	5
		器材室	25	15

各种建筑物中火灾荷载密度 表 1-11

房屋类型	平均火灾荷载密度（MJ/m²）	分位值		
		80%	90%	95%
住宅	780	870	920	970
医院	230	350	440	520
医院仓库	2,000	3,000	3,700	4,400
宾馆卧室	310	400	460	510
办公室	420	570	670	760
商店	600	900	1,100	1,300
工厂	300	470	590	720
工厂的仓库	1,180	1,800	2,240	2,690
图书馆	1,500	2,550	2,550	—
学校	285	360	410	450

【例 1-1】 某宾馆标准间客房长 5m，宽 4m，其内容纳的可燃物及其发热量如表 1-12 所示，试求标准间客房的火灾荷载。

陈设、家具、内部装修的发热量 表 1-12

分类	品名	材料	可燃物质量（kg）	单位发热量（kJ/kg）
容载可燃物	单人床	木材	113.40	1.8837×10^4
		泡沫塑料	50.40	4.3534×10^4
		纤维	27.90	1.8837×10^4
	写字台	木材	13.62	1.8837×10^4
	大沙发	木材	28.98	1.8837×10^4
		泡沫塑料	32.40	4.3534×10^4
		纤维	18.00	2.0930×10^4
	茶几	木材	7.62	1.8837×10^4
固定可燃物	壁纸	厚度 0.5mm	17.38	1.6744×10^4
	涂料	厚度 0.3mm	15.64	1.6744×10^4

解：根据已知条件，按照公式（1-1），先分别求出固定火灾荷载和容载火灾荷载，再求出房间的全部火灾荷载。

固定火灾荷载 q_1：

$$q_1=\frac{17.38\times1.6744\times10^4+15.64\times1.6744\times10^4}{1.8837\times10^4\times4\times5}\approx1.5\text{kg/m}^2$$

容载火灾荷载 q_2:

$$\Sigma Q_i=1.8837\times10^4(113.40+13.62+28.98+7.62+27.90)+4.3534\times10^4(50.04+32.40)$$
$$+2.093\times10^4\times18.00$$
$$\approx757.3345\times10^4\text{kJ}$$

$$\therefore q_2=\frac{\Sigma Q_i}{1.8837\times10^4\times4\times5}\approx20.1\text{kg/m}^2$$

全部火灾荷载 q:

$$q=q_1+q_2=1.5+20.1=21.6\text{kg/m}^2$$

答：标准客房的火灾荷载为 21.6 kg/m^2。

1.2.4 建筑火灾的发展过程

1）初期火灾

当火灾分区的局部燃烧形成之后，由于受可燃物的燃烧性能、分布状况、通风状况、起火点位置、散热条件等的影响，燃烧发展一般比较缓慢，并会出现下述情况之一：

（1）当最初着火物与其他可燃物隔离放置时，着火源燃尽，而并未延及其他可燃物，导致燃烧熄灭。此时，只有火警而未成灾。

（2）在耐火结构建筑内，若门窗密闭，通风不足时，燃烧可能自行熄灭；或者受微弱通风量的限制，火灾以缓慢的速度燃烧。

（3）当可燃物及通风条件良好时，火灾能够发展到整个分区，出现轰燃现象，使分区内的所有可燃物表面都出现有焰燃烧。

以木垛（木条垛）为火源，进行室内火灾实验，测定的热辐射结果，如图 1-5 所示。当火焰到达顶棚后，其表面积急剧增大，迅速把高温烟气覆盖于整个顶棚面上。由此对室内各点的辐射热通量也迅速增大，致使墙壁、地面及室内其他可燃物进入热分解阶段，为火灾发展到轰燃提供了条件。

初期火灾的持续时间，即火灾轰燃之前的时间，对建筑物内人员的疏散，重要物资的抢救，以及火灾扑救，都具有重要意义。若建筑火灾经过诱发成长，一旦达到轰燃，则该分区内未逃离火场的人员，生命将受到威胁。国外研究人员提出如下不等式：

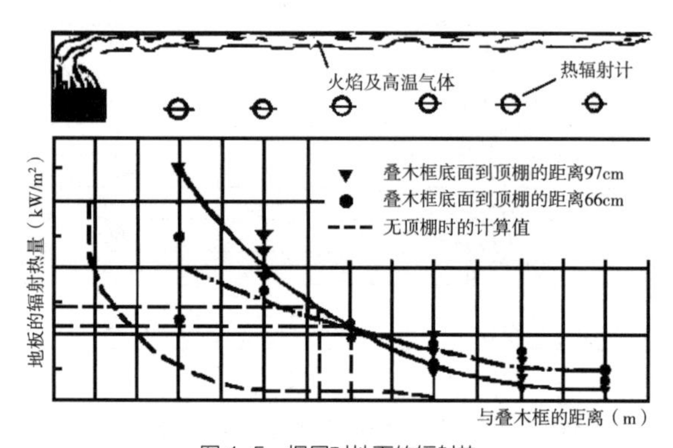

图 1-5 烟层对地面的辐射热

$$t_p+t_a+t_{rs}\leqslant t_u \quad (1-2)$$

式中 t_p——从着火到发现火灾所经历的时间；

t_a——从发现火灾到开始疏散之间所耽误的时间；

t_{rs}——转移到安全地点所需的时间；

t_u——火灾现场出现人们不能忍受的条件的时间。

利用自动火灾报警可以减少 t_p，而且在大多数情况下，效果比较明显。但室内人员能否安全地疏散，则取决于火灾发展的速度，即取决于 t_u。很显然，在评价某一建筑的火灾危险性时，轰燃之前的时间是一个重要因素。在建筑设计时要设法延长 t_u（如采用不燃建筑结构和不燃材料装修等），就会有更长的时间发现火灾和人员疏散。

2）轰燃及轰燃时的极限燃烧速度

轰燃是建筑火灾发展过程中的特有现象。是指房间内的局部燃烧向全室性火灾过渡的现象。

国外火灾专家为了探明轰燃发生的必要条件，在 3.64m×3.64m×2.43m（长 × 宽 × 高）的房间内进行了一系列实验。实验以木质家具为燃烧试件，并在地板上铺设了纸张。以家具燃烧产生的热量，点燃地板上的纸张来确定轰燃的时间。通过实验得出的结论是：地板平面上发生轰燃须有 20kW/m^2 的热通量或吊顶下接近 600℃的高温。此外，从实验中观察到，只有可燃物的燃烧速度超过 40kg/s 时，才能达到轰燃。同时认为，点燃地板上纸张的能量，主要是来自吊顶下的热烟气层的辐射，火焰加热后的房间上部表面的热辐射也占有一定比例，而来自燃烧试件的火焰相对较少。

为了研究轰燃时的极限燃烧速度，我们先用本节将要详细讨论的一个问题的结论，即室内木垛火灾在通风控制的条件下，其燃烧速度（质量）由下式给出：

$$\dot{m}=kA_{\mathrm{W}}H^{\frac{1}{2}}\,(\mathrm{kg/s}) \qquad (1\text{-}3)$$

式中 $\dot{m}$——以质量消耗表示的燃烧速度，kg/s；

A_{W}——通风开口的面积，m^2；

H——通风开口的高度，m；

k——常量，约为 0.09，kg/m$^{\frac{5}{2}}$ · s；

$A_{\mathrm{W}}H^{\frac{1}{2}}$——通风参数。

在 2.9m×3.75m×2.7m 的房间内，进行燃烧木垛的火灾实验。燃烧速度是通过称量可燃物的重量而进行连续监控的。以燃烧速度 $\dot{m}$ 为纵坐标，通风参数 $A_{\mathrm{W}}H^{1/2}$ 为横坐标，整理实验结果，如图 1-6 所示。可以发现，这些实验中火灾的轰燃（吊顶下烟气层温度超过 600℃，火焰从开口或缝隙处喷出）出现在一个确定的区域内，即图 1-6 中阴影部分内。根据实验研究，得出了出现轰燃现象的极限燃烧速度的经验公式如下：

$$\dot{m}_{\text{极限}}=500+33.3A_{\mathrm{W}}H^{\frac{1}{2}}\,(\mathrm{kg/s}) \qquad (1\text{-}4)$$

实验中发现，如果燃烧速度小于约 80kg/s 时，木垛火灾就不会出现轰燃，可见木垛火灾出现轰燃的燃烧速度，是纸张出现轰燃燃烧速度的 2 倍。而且，当通风参数 $A_{\mathrm{W}}H^{\frac{1}{2}}$值小于 0.8m$^{\frac{5}{2}}$时，也不会出轰燃。

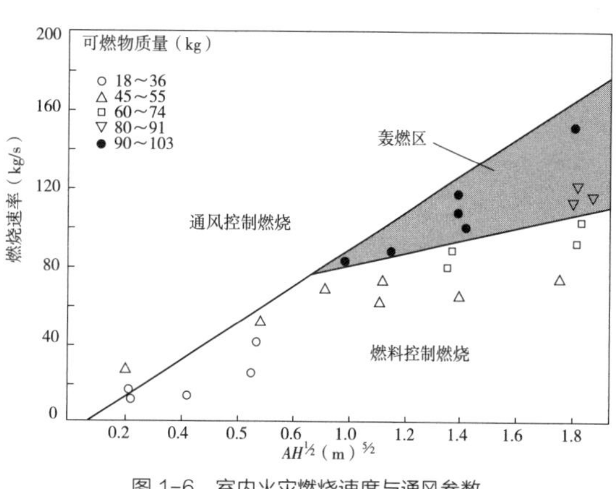

图 1-6 室内火灾燃烧速度与通风参数

3）旺盛期火灾的燃烧速度

单位时间内室内等效可燃物燃烧的质量称为质量燃烧速度。燃烧速度大小决定了室内火灾释放热量的多少，直接影响室内火灾温度的变化。

对于耐火建筑而言，室内的四周墙壁、楼板等是坚固的，火灾时一般不会烧穿，因此可以认为在火灾旺盛期，室内开口大小不变。大量试验研究表明，这类建筑的房间在火灾全面发展阶段有两种燃烧状况：一种是室内的开口大，使得室内燃烧速度与开口大小无关，而是由室内可燃物的表面积和燃烧特性决定的，即火灾是燃料控制型的。另一种是室内可燃物的燃烧速度由流入室内的空气流速控制，即火灾是受通风控制的。大多数建筑的室内房间，在一般开口条件下，火灾全面发展阶段的性状是受通风开口的空气流速控制的。在此，研究这种情况下室内燃烧速度的计算。

为了便于分析、简化计算，假设火灾房间内各处的温度都相同。

因此，在房间窗口某高度处必然存在室内外压力差为零的中性层，沿窗口高度的压力分布呈直线关系。在该压力作用下，新鲜空气从窗口下部流入房间，而房间内的火焰、高温烟气从窗口的上部流出。上述假设和现象已被许多实际房间的火灾试验所证实。在假设条件下，可得到火灾房间开口部位压力、速度分布，如图 1-7 所示。

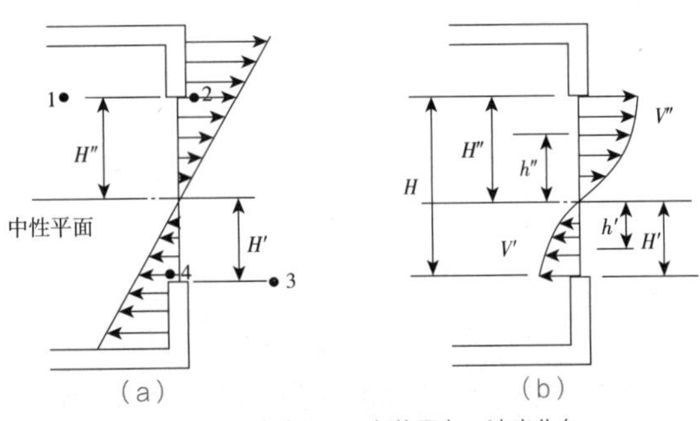

图 1-7　火灾房间开口部位压力、速度分布
（a）压力分布；（b）空气流速分布

设室内外气体密度分别为 ρ_1、ρ_0，中性层处压力为 p_0，重力加速度为 g。则在中性平面以上高度 h'' 上室内 1 点的压力为：

$$p_1=p_0-\rho_1 gh'' \quad (1-5)$$

相应高度处通风开口外 2 点的压力为：

$$p_2=p_0-\rho_0 gh'' \quad (1-6)$$

对于 1、2 两相关点，根据伯努利方程得：

$$\frac{p_1}{\rho_1}+\frac{v_1^2}{2}=\frac{p_2}{\rho_0}+\frac{v_2^2}{2} \quad (1-7)$$

式中，v_1、v_2 分别为 1、2 两点的水平流速。据室内气体温度相同的假设，有 $v_1=0$。若认为从位置 2 所在开口处流出的气体温度、密度与位置 1 处相同，则方程式（1-7）可写成：

$$\frac{p_0-\rho_1 gh''}{\rho_1}=\frac{p_0-\rho gh''}{\rho_1}+\frac{v_2^2}{2}$$

则：

$$v_2=\left[\frac{2(\rho_0-\rho_1)gh''}{\rho_1}\right]^{1/2} \quad (1-8)$$

对于在中性平面以下 h' 高度上，室外 3 点和通风开口内 4 点处的压力、流速也可作类似分析并得到：

$$v_4=\left[\frac{2(\rho_0-\rho_1)gh'}{\rho_0}\right]^{1/2} \quad (1-9)$$

式中，v_4 为 4 点处的空气流入水平速度。为了代表位置的一般性，现用下标 F 代表室内气体，0 表示环境气体，于是速度方程式（1-8）、式（1-9）可改写为：

$$v_F=\left[\frac{2(\rho_0-\rho_F)gh''}{\rho_F}\right]^{1/2} \quad (1-10)$$

$$v_0=\left[\frac{2(\rho_0-\rho_F)gh'}{\rho_0}\right]^{1/2} \quad (1-11)$$

通常这两种流速的量级在几米 / 秒。将它们分别在各自的流通面积内积分，可以算出流入与流出的气体的质量流速，即：

流入 $\dot{m}_{air}=C_\alpha B\rho_0\int_0^{H'} v_0 dh'$ （1-12）

流出 $\dot{m}_F=C_\alpha B\rho_F\int_0^{H''} v_F dh''$ （1-13）

上两式中，C_α 是流通系数，B 是通风口的宽度（m），$\dot{m}$是气体的质量流速（kg/s），H' 和 H'' 分别为冷空气和热烟气流通口的高度。将式（1-10）、式（1-11）分别代入这两式中，最后可得到：

$$\dot{m}_{air}=\frac{2}{3}C_\alpha B(H')^{3/2}[2\rho_0 g(\rho_0-\rho_F)]^{1/2} \quad (1-14)$$

$$\dot{m}_F=\frac{2}{3}C_\alpha B(H'')^{3/2}[2\rho_F g(\rho_0-\rho_F)]^{1/2} \quad (1-15)$$

室内可燃物的燃烧通常属于不完全燃烧。设 1kg 可燃物不完全燃烧所需要的空气量为 γ/φ kg（γ 为可燃物不完全燃烧所需要的空气量，φ 为修正系数），则根据物质守恒定律得：

1kg（可燃物）+ γ/φ kg（空气）→（1+ γ/φ）kg（产物）

据之可得：

$$\frac{\dot{m}_F}{\dot{m}_{air}}=\frac{1+\gamma/\varphi}{\gamma/\varphi}=1+\varphi/\gamma \quad (1-16)$$

把 $\dot{m}_{air}$ 表达式（1-14）、$\dot{m}_F$ 表达式（1-15）以及 $H=H'+H''$ 关系式代入上式，可得到中性平面高度 H' 与通风口高度 H 的比值为：

$$\frac{H'}{H}=\frac{1}{1+\{[1+(\varphi/\gamma)^2]\rho_0/\rho_F\}^{1/3}} \quad (1-17)$$

如果使用 φ、γ 和 ρ_F 的一般值进行计算，可得到 H'/H'' 约为 0.3~0.5。这就是说进风部分的高度一般比排气部分的高度略小，符合实际房间火灾试验所观察到的烟气、火焰从房间通风开口喷出的情形。在稳定燃烧状态下，若不计室内热分解产生的气体，即认为 $\dot{m}_F=\dot{m}_{air}$，则有 $\varphi/\gamma=0$。把之代入式（1-17），可得中性平面高度为：

$$H'=\frac{1}{1+(\rho_0/\rho_F)^{1/3}}=H \quad (1-18)$$

把上式代入式（1-14）中可得：

$$\dot{m}_{air}=\frac{2}{3}A_W H^{1/2} C_\alpha \rho_0 (2g)^{1/2} g\left\{\frac{(\rho_0-\rho_F)/\rho_0}{[1+(\rho_0/\rho_F)^{1/3}]^3}\right\}^{1/2} \quad (1-19)$$

式中，A_W 为通风开口面积。对轰燃后室内火灾，ρ_0/ρ_F 的值一般为 1.8~5.0，这样，密度项的平方根可近似取 0.21。将 $\rho_0=1.2kg/m^3$, $C_\alpha=0.7$, $g=9.81m/s^2$ 代入式（1-19），则可得空气流入质量速度为：

$$\dot{m}_{air}=0.52A_W H^{1/2}\ (kg/s) \quad (1-20)$$

在室内发生完全燃烧的情况下，1kg 木材完全燃烧所需空气量约为 5.7kg，于是木材的燃烧速度可表示为：

$$R=\frac{\dot{m}_{air}}{5.7}\approx 0.09A_W H^{1/2}\ (kg/s) \quad (1-21)$$

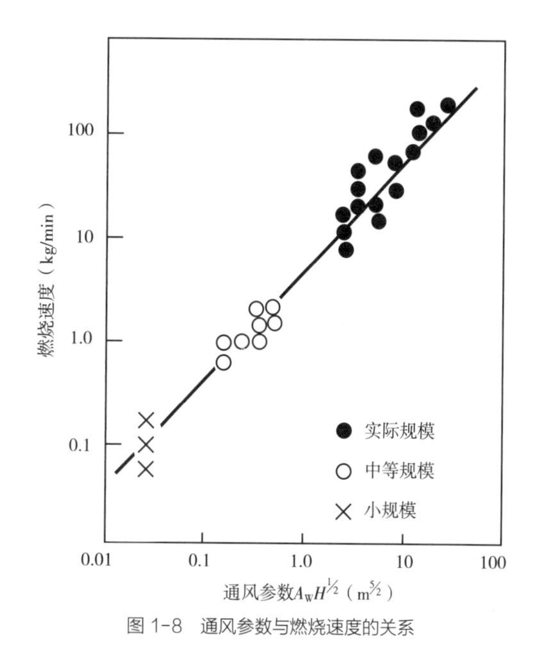

图 1-8 通风参数与燃烧速度的关系

或 $$R\approx 505A_W H^{1/2}\ (kg/min) \quad (1-22)$$

式中，A_W 为通风开口面积（m^2），H 为通风开口高度（m）。

该式经过许多实际房间和小比例房间的火灾试验所证实如图 1-8 所示，是国际公认的关系式，对于耐火建筑中受通风控制的室内火灾是完全适用的。

4）旺盛期火灾的持续时间与室内火灾温度

（1）火灾持续时间

火灾持续时间是指火灾区间从火灾形成到火灾衰减所持续的总时间。但是，从建筑物耐火性能的角度来看，是指火灾区间轰燃后经历的时间。通过实验研究发现，火灾持续时间与火灾荷载成正比，可由下述经验公式计算。

$$t=\frac{qA_F}{5.5A_W\sqrt{H}}(min)=\frac{qA_F}{5.5A_W\sqrt{H}}\cdot\frac{1}{60}=\frac{1}{330}qF_d(h) \quad (1-23)$$

$$F_d=\frac{A_F}{A_W\sqrt{H}} \quad (1-24)$$

式中 F_d——火灾持续时间参数，是决定火灾持续时间的基本参数；

A_F——火灾房间的地板面积；

q——火灾荷载。

【例 1–2】 求例 1-1 中客房发生火灾的持续时间，设窗户为宽 × 高 =2m×1m，门为宽 × 高 =1m×2m。

解：已知：q=21.6kg / m^2；房间尺寸：长 =5m，宽 =4m，高 =2.8m；窗：宽 = 2m，高 =1m；门：宽 =1m，高 =2m。

① 求 A_F： $A_F=5\times4=20m^2$

② 求 $A_W\sqrt{H}$：

$$A_W\sqrt{H}=\Sigma A_{Wi}\sqrt{H_i}=2\times1\sqrt{1}+1\times2\times\sqrt{2}=4.83$$

③ 求 t：$t=\dfrac{qA_F}{5.5A_W\sqrt{H}}=\dfrac{21.6\times20}{5.5\times4.83}=16.26min$

答：该房间的火灾持续时间为 16.26min。

除用上述公式计算火灾持续时间之外，根据火灾荷载还推算出了火灾燃烧时间的经验数据，如表 1-13 所示。此表的使用条件是，火灾荷载是纤维系列可燃物，即可燃物发热量与木材的发热量接近或相同，油类及爆炸类物品不适用。

火灾荷载和火灾持续时间的关系 表 1-13

火灾荷载 (kg / m^2)	25	37.5	50	75	100	150	200
火灾持续时间 (h)	0.5	0.7	1.0	1.5	2.0	3.0	4 ~ 4.7

(2) 火灾温度的测算

为了比较容易地估算所设计的建筑空间的火灾时间，下面介绍一种测算火灾温度的简便方法。

当求出火灾的持续时间后，可根据标准火灾升温曲线查出火灾温度，或者根据国际标准 ISO834 所确定的标准火灾升温曲线公式计算出火灾温度。我国已经采用了国际标准 ISO834 的标准火灾升温曲线公式：

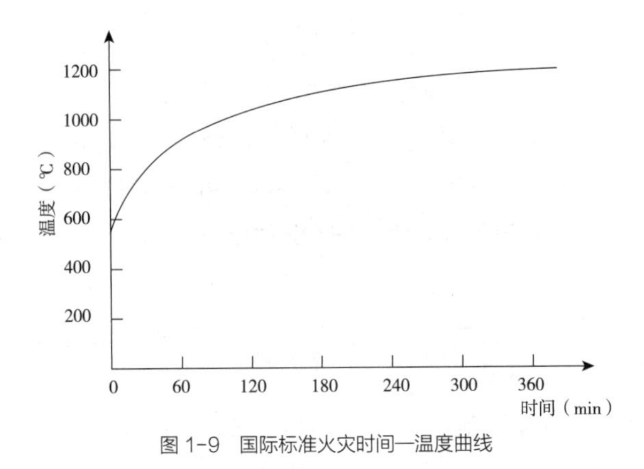

图 1-9 国际标准火灾时间—温度曲线

$$T_t=345\log(8t+1)+T_0 \qquad (1-25)$$

式中 T_t——t 时刻的炉内温度，℃；

T_0——炉内初始温度，℃；

t——加热时间，min。

在对建筑构件进行耐火试验时用公式（1-25）控制试验炉炉温，加热构件。在此，将公式（1-25）中的 T_0、t 分别表示火灾前室内温度、轰燃后火灾持续时间，则可以根据此式计算室内火灾温度 T_t。

图 1-9 是根据国际标准火灾升温曲线公式做出的炉内温度、时间曲线；表 1-14 是由公式（1-25）计算出的标准火灾时间—温度曲线的温度值。

标准火灾时间—温度曲线的温度值 表 1-14

时间 (min)	炉内温度 (℃)	时间 (min)	炉内温度 (℃)	时间 (min)	炉内温度 (℃)	时间 (min)	炉内温度 (℃)
5	556	30	821	120	1,029	240	1,133
10	659	60	925	180	1,090	360	1,193
15	718	90	986				

【例 1–3】 试求例 1-2 中的火灾温度，设 T_0=20℃。

解：已知：火灾持续时间为 16.26min，T_0=20℃。根据公式 (1-25) 可得：

$$T_t=345\log(8\times16.26+1)+20$$
$$=345\log131.08+20=750.6℃$$

答：该房间火灾温度为 750.6℃。

5）影响建筑火灾严重性的因素

建筑火灾严重性是指在建筑中发生火灾的大小及危害程度。火灾严重性取决于火灾达到的最高温度和在最高温度下燃烧持续的时间，它表明了火灾对建筑结构或建筑造成损坏和对建筑中人员、财产造成危害的程度大小。

火灾严重性与建筑的可燃物或可燃材料的数量和材料的燃烧性能以及建筑的类型和构造等有关。影响火灾严重性的因素大致有以下 6 个方面：

（1）可燃材料的燃烧性能；

（2）可燃材料的数量（火灾荷载）；

（3）可燃材料的分布；

（4）房间开口的面积和形状；

（5）着火房间的大小和形状；

（6）着火房间的热性能。

前 3 个因素主要与建筑及容纳物品的可燃材料有关，而后 3 个因素主要涉及建筑的布局。影响建筑火灾严重性的各种因素是相互联系、相互影响的，如图 1-10 所示。从建筑结构耐火而言，减小火灾严重性就是要限制火灾发生、发展和蔓延成大火的因素，根据各种影响因素合理选用材料、布局和结构设计及构造措施，达到限制严重程度高的火灾发生的目的。

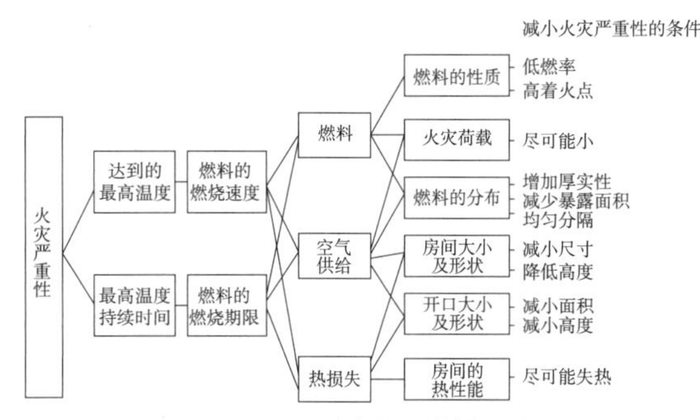

图 1-10　影响火灾严重性的因素

1.2.5　熄灭阶段

在火灾全面发展阶段后期，随着室内可燃物的挥发物质不断减少，以及可燃物数量减少，火灾燃烧速度递减，温度逐渐下降。当室内平均温度降到温度最高值的 80% 时，则认为火灾进入熄灭阶段。随后，房间温度下降明显，直到把房间内的全部可燃物烧光，室内外温度趋于一致，宣告火灾结束。

该阶段前期，燃烧仍十分猛烈，火灾温度仍很高。针对该阶段的特点，应注意防止建筑构件因较长时间受高温作用和灭火射水的冷却作用而出现裂缝、下沉、倾斜或倒塌破坏，确保消防人员的人身安全；并应注意防止火灾向相邻建筑蔓延。

1.2.6　建筑火灾蔓延的方式

1）火焰蔓延

初始燃烧的表面火焰，在使可燃材料燃烧的同时，并将火灾蔓延开来。火焰蔓延速度主要取决于火焰传热的速度。

2）热传导

火灾区域燃烧产生的热量，经导热性好的建筑构件或建筑设备传导，能够使火灾蔓延到相邻或上下层房间。例如，薄壁隔墙、楼板、金属管壁，都可以把火灾区域的燃烧热传导至另一侧的表面，使地板上或靠着隔墙堆积的可燃、易燃物质燃烧，导致火灾扩大。应该指出的是，火灾通过传导的方式进行蔓延扩大，有两个比较明显的特点：其一是必须具有导热性好的媒介，如金属构件、薄壁构件或金属设备等；其二是蔓延的距离较近，一般只能是相邻的建筑空间。可见，由热传导蔓延扩大火灾的范围是有限的。

3）热对流

热对流作用可以使火灾区域的高温燃烧产物与火灾区域外的冷空气发生强烈流动，将高温燃烧产物传播到较远处，造成火势扩大。建筑房间起火时，在建筑内燃烧产物则往往经过房门流向走道，串到其他房间，并通过楼梯间向上层扩散。在火场上，浓烟流窜的方向，往往就是火势蔓延的方向。

4）热辐射

热辐射是物体在一定温度下以电磁波方式向外传送热能的过程。一般物体在通常所遇到的温度下，向空间发射的能量，绝大多数都集中于热辐射。建筑物发生火灾时，火场的温度高达上千度，通过外墙开口部位向外发射大量的辐射热，对邻近建筑构成火灾威胁。同时，也会加速火灾在室内的蔓延。

1.2.7 建筑物内火灾蔓延的途径

建筑物内某一房间发生火灾，当发展到轰燃之后，火势猛烈，就会突破该房间的限制向其他空间蔓延。

1）火灾在水平方向的蔓延

（1）未设防火分区

对于主体为耐火结构的建筑来说，造成水平蔓延的主要原因之一是建筑物内未设水平防火分区，没有防火墙及相应的防火门等形成控制火灾的区域空间（图 1-11）。

（2）洞口分隔不完善

对于耐火建筑来说，火灾横向蔓延的另一途径是洞口处的分隔处理不完善。如，户门为可燃的木质门，火灾时被烧穿；普通防火卷帘无水幕保护，导致卷帘失去隔火作用；管道穿孔处未用不燃材料密封，等等（图 1-12）。

（3）火灾在吊顶内部空间蔓延

装设吊顶的建筑，房间与房间、房间与走廊之间的分隔墙只做到吊顶底皮，吊顶上部仍为连通空间，一旦起火极易在吊顶内部蔓延，且难以及时发现，导致灾情扩大；对没有设吊顶的建筑，隔墙若未砌到结构底部，留有孔洞或连通空间，也会成为火灾蔓延和烟气扩散的途径（图 1-13）。

（4）火灾通过可燃的隔墙、吊顶、地毯等蔓延

可燃构件与装饰物在火灾时直接成为火灾荷载，由于它们的燃烧而导致火灾扩大。

2）火灾通过竖井蔓延

在现代建筑物内，有大量的电梯、楼梯、设备、垃圾等竖井，这些竖井往往贯穿整个建筑，若未做完善的防火分隔，一旦发生火灾，就可以蔓延到建筑的其他楼层。

（1）火灾通过楼梯间蔓延

建筑的楼梯间，若未按防火、防烟要求进行分隔处理，则在火灾时犹如烟囱一般，烟火很快会由此向上蔓延（图 1-14）。

（2）火灾通过电梯井蔓延

电梯间未设防烟前室及防火门分隔，则其井道形成一座座竖向“烟囱”，发生火灾时则会抽拔烟火，导致火灾沿电梯井迅速向上蔓延。

（3）火灾通过其他竖井蔓延

建筑中的通风竖井、管道井、电缆井、垃圾井也是建筑火灾蔓延的主要途径。此外，垃圾道是容易着火的部位，也是火灾中火势蔓延的主要通道。

3）火灾通过空调系统管道蔓延

建筑空调系统未按规定设防火阀、采用可燃材料风管、采用可燃材料作为保温层都容易造成火灾蔓延。通风管道蔓延火灾，一是通风管道本身起火并向连通的空间（房间、顶棚、内部、机房等）蔓延；二是它可以吸进火灾房间的烟气，而在远离火场的其他空间再喷冒出来（图 1-15）。

4）火灾通过窗口向上层蔓延

在现代建筑中，从起火房间窗口喷出的烟气和火焰，往往会沿窗间墙经窗口向上逐层蔓延。若建筑物采用带形窗，火灾房间喷出的火焰被吸附在建筑物表面，有时甚至会卷入上层窗户内部（图 1-16）。

图 1-11 未设防火分区

图 1-13 火灾在吊顶内部空间蔓延

图 1-12 洞口分隔不完善

图 1-14 楼梯间蔓延火灾

图 1-15 空调系统蔓延火灾

图 1-16 通过窗口蔓延火灾

1.3 建筑火灾烟气及其流动与控制

1.3.1 建筑火灾烟气的性质

建筑火灾中的烟气是指可燃物燃烧所生成的气体及浮游与其中的固态和液态微粒子组成的混合物。包括了气体燃烧产物，如 CO_2、H_2O、CH_4、C_nH_m、H_2 等，以及未参加燃烧反应的气体，如 N_2、CO_2，未反应完的 O_2 等。

1）建筑火灾烟气的浓度

火灾中的烟气浓度，一般有质量浓度、粒子浓度和光学浓度三种表示法。

（1）烟的质量浓度

单位容积的烟气中所含烟粒子的质量，称为烟的质量浓度 μ_s，即：

$$\mu_s=m_s / V_s \quad (mg/m^3) \qquad (1\text{-}26)$$

式中 m_s——容积 V_s 的烟气中所含烟粒子的质量，mg；

V_s——烟气容积，m^3。

（2）烟的粒子浓度

单位容积的烟气中所含烟粒子的数目，称为烟的粒子浓度 n_s，即：

$$n_s= N_s / V_s \quad (个/m^3) \qquad (1\text{-}27)$$

式中 N_s——容积 V_s 的烟气中所含的烟粒子数。

（3）烟的光学浓度

当可见光通过烟层时，烟粒子使光线的强度减弱。光线减弱的程度与烟的浓度存在一定的函数关系。烟的光学浓度通常用减光系数 C_s 来表示。

设光源与受光物体之间的距离为 L（m），无烟时受光物体处的光线强度为 I_0（cd），有烟时光线强度为 I（cd），则根据朗伯—比尔定律得：

$$I=I_0 e^{-C_s L} \quad (cd) \qquad (1\text{-}28)$$

即：

$$C_s=\frac{1}{L}\ln\frac{I_0}{I} \quad (m^{-1}) \qquad (1\text{-}29)$$

式中　C_s——烟的减光系数，m^{-1}；

L——光源与受光体之间的距离，m；

I_0——光源处的光强度，cd。

从以上两式可以看出，当 C_s 值愈大时，亦即烟的浓度越大时，光线强度 I 就愈小；L 值越大时，亦即距离越远时，I 值就越小。这一点与人们的火场体验是一致的。

为了研究各种材料在火灾时的发烟特性，在恒温的电炉中燃烧试块，把燃烧所产生的烟集蓄在一定容积的集烟箱里，同时测定试块在燃烧时的重量损失和集烟箱内烟的浓度，将测量得到的结果列于表 1-15 中。

建筑材料燃烧时产生烟的浓度和表观密度　表 1-15

材料	木材		氯乙烯树脂	苯乙烯泡沫塑料	聚氨酯泡沫塑料	发烟筒（有酒精）
燃烧温度（℃）	300 ~ 210	580 ~ 620	820	500	720	720
空气比	0.41 ~ 0.49	2.43 ~ 2.65	0.64	0.17	0.97	–
减光系数（m^{-1}）	10 ~ 35	20 ~ 31	> 35	30	32	3
表观密度（%）	0.7 ~ 1.1	0.9 ~ 1.5	2.7	2.1	0.4	2.5

注：表观密度是指在同温度下，烟的表观密度 γ_s 与空气表观密度 γ_a 之差的百分比，即（$\gamma_s-\gamma_a$）/ γ_s。

2）建筑材料的发烟量与发烟速度

建筑材料在不同温度下，单位重量所产生的烟量是不同的，见表 1-16。从表中可以看出，高分子有机材料高温下能产生大量的烟气。

各种材料产生的烟量（C_s=0.5）（m^3/g）　表 1-16

材料名称	300℃	400℃	500℃	材料名称	300℃	400℃	500℃
松	4.0	1.8	0.4	锯木屑板	2.8	2.0	0.4
杉木	3.6	2.1	0.4	玻璃纤维增强塑料	–	6.2	4.1
普通胶合板	4.0	1.0	0.4	聚氯乙烯	–	4.0	10.4
难燃胶合板	3.4	2.0	0.6	聚苯乙烯	–	12.6	10.0
硬质纤维板	1.4	2.1	0.6	聚氨酯（人造橡胶之一）	–	14.6	4.0

发烟速度是指单位时间、单位重量可燃物的发烟量。表 1-17 给出了部分材料的发烟速度。由该表可见，木材类在加热温度超过 350℃时，发烟速度一般随温度的升高而降低。而高分子有机材料则恰好相反。同时，还可以看出，高分子材料的发烟速度比木材要大得多。

各种材料的发烟速度[m^3/(s·g)]　表 1-17

材料名称	加热温度（℃）											
	225	230	235	260	280	290	300	350	400	450	500	550
针枞							0.72	0.80	0.71	0.38	0.17	0.17
杉		0.17		0.25		0.28	0.61	0.72	0.71	0.53	0.13	0.31
普通胶合板	0.03			0.19	0.25	0.26	0.93	1.08	1.10	1.07	0.31	0.24
难燃胶合板	0.01		0.09	0.11	0.13	0.20	0.56	0.61	0.58	0.59	0.22	0.20
硬质板							0.76	1.22	1.19	0.19	0.26	0.27
微片板							0.63	0.76	0.85	0.19	0.15	0.12
苯乙烯泡沫板 A								1.58	2.68	5.92	6.90	8.96
苯乙烯泡沫板 B								1.24	2.36	3.56	5.34	4.46
聚氨酯									5.00	11.5	15.0	16.5
玻璃纤维增强塑料									0.50	1.00	3.00	0.50
聚氯乙烯									0.10	4.50	7.50	9.70
聚苯乙烯									1.00	4.95	—	2.97

在现代建筑中，高分子材料大量用于家具用品、建筑装修、管道及其保温、电缆绝缘等方面。其一旦发生火灾，高分子材料不仅燃烧迅速，加快火势扩展蔓延，还会产生大量有毒的浓烟，其危害远远超过一般可燃材料。

3）能见距离

火灾烟气导致人们辨认目标的能力大大降低，并使事故照明和疏散标志的作用减弱。因此，人们在疏散时往往看不清周围的环境，甚至达到辨认不清疏散方向，找不到安全出口，影响人员安全的程度。研究表明，当能见距离降到 3m 以下时，逃离火场就变得十分困难了。

研究表明，烟的减光系数 C_s 与能见距离 D 之积为常数 C，其数值因观察目标的不同而不同。例如，疏散通道上的反光标志、疏散门等，C=2~4；对发光型标志、指示灯等，C=5~10。用公式表示：

反光型标志及门的能见距离：

$$D\approx(2\sim4)/C_s \quad (m) \qquad (1-30)$$

发光型标志及白天窗的能见距离：

$$D\approx(5\sim10)/C_s \quad (m) \qquad (1-31)$$

能见距离 D 与烟浓度 C_s 的关系还可以从图 1-17 和图 1-18 的实验结果予以说明。有关室内装饰材料等反光型材料的能见距离和不同功率的电光源的能见距离分别列于表 1-18 和表 1-19 中。

反光型饰面材料的能见距离 D(m)　表 1-18

反光系数	室内饰面材料名称	烟的浓度 C_s (m^{-1})					
		0.2	0.3	0.4	0.5	0.6	0.7
0.1	红色木地板、黑色大理石	10.40	6.93	5.20	4.16	3.47	2.97
0.2	灰砖、菱苦土地面、铸铁、钢板地面	13.87	9.24	6.93	5.55	4.62	3.96
0.3	红砖、塑料贴面板、混凝土地面、红色大理石	15.98	10.59	7.95	6.36	5.30	4.54
0.4	水泥砂浆抹面	17.33	11.55	8.67	6.93	5.78	4.95

续表

反光系数	室内饰面材料名称	烟的浓度 C_s (m^{-1})					
		0.2	0.3	0.4	0.5	0.6	0.7
0.5	有窗未挂帘的白墙、木板、胶合板、灰白色大理石	18.45	12.30	9.22	7.23	6.15	5.27
0.6	白色大理石	19.36	12.90	9.68	7.74	6.45	5.53
0.7	白墙、白色水磨石、白色调合漆、白水泥	20.13	13.42	10.06	8.05	6.93	5.75
0.8	浅色瓷砖、白色乳胶漆	20.80	13.86	10.40	8.32	6.93	5.94

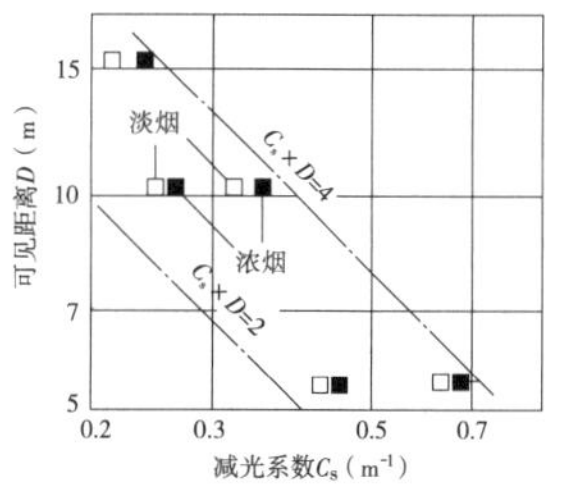

图 1-17　反光型标志的能见距离

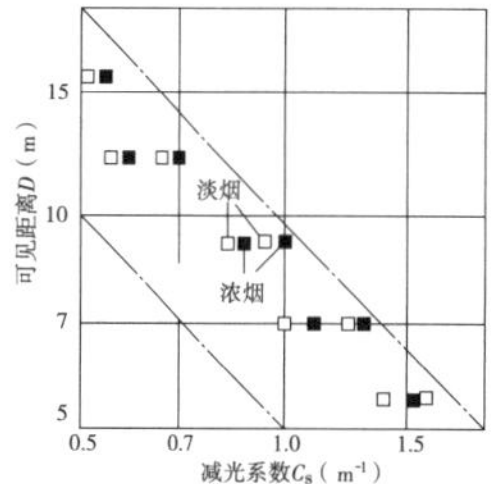

图 1-18　发光型标志的能见距离

发光型标志的能见距离 D(m)　表 1-19

I_0 (lm/m^2)	电光源类型	功率 (W)	烟的浓度 C_s (m^{-1})				
			0.5	0.7	1.0	1.3	1.5
2,400	荧光灯	40	16.95	12.11	8.48	6.52	5.65
2,000	白炽灯	150	16.59	11.85	8.29	6.38	5.53
1,500	荧光灯	30	16.01	11.44	8.01	6.16	5.34
1,250	白炽灯	100	15.65	11.18	7.82	6.02	5.22
1,000	白炽灯	80	15.21	10.86	7.60	5.85	5.07
600	白炽灯	60	14.18	10.13	7.09	5.45	4.73
350	白炽灯、荧光灯	40.8	13.13	9.36	6.55	5.04	4.37
222	白炽灯	25	12.17	8.70	6.09	4.68	4.06

4）烟的允许极限浓度

为了使处于火场中的人们能够看清疏散楼梯间的门和疏散标志，保障疏散安全，需要确定疏散时人们的能见距离不得小于某一最小值。这个最小的允许能见距离称为疏散极限视距，一般用 D_{min} 表示。

对于不同用途的建筑，其内部的人员对建筑物的熟悉程度是不同的。例如，住宅楼、教学楼、生产车间等建筑，其内部人员对建筑物的疏散路线、安全出口等很熟悉；而像旅馆等建筑中的绝大多数人员是非固定的，对建筑物的疏散路线、安全出口等不太熟悉。因此，对于不熟悉建筑物的人，其疏散极限视距应规定较大些，D_{min}=30m；对于熟悉建筑物的人，其疏散极限视距应规定可规定小一些，D_{min}=5m。因而，若要看清疏散通道上的门和反光型标志，则烟的允许极限浓度 C_{smax} 应为：

对于熟悉建筑物的人：

C_{smax}=（0.2~0.4）m^{-1}，平均为 0.3m^{-1}；

对于熟悉建筑物的人：

C_{smax}=（0.07~0.13）m^{-1}，平均为 0.1m^{-1}。

火灾房间的烟浓度根据实验取样检测，一般为 C_s=（25~30）m^{-1}。因此，当火灾房间有黑烟喷出时，这时室内烟浓度即为 C_s=（25~30）m^{-1}。由此可见，为了保障疏散安全，无论是熟悉建筑物的人，还是不熟悉建筑物的人，烟在走廊里的浓度只允许达到起火房间内烟浓度的 1/300（0.1/30）~1/100（0.3/30）的程度。

1.3.2 火灾烟气的危害

1）对人体的危害

大量火灾事例说明，火灾中人员死亡和受伤大多是由于烟气中毒造成的。

（1）CO 中毒

CO 被人吸入后与血液中的血红蛋白结合成为一氧化碳血红蛋白，从而阻碍血液把氧输送到人体各部分。当 CO 与血液 50% 以上的血红蛋白结合时，便能造成脑和中枢神经严重缺氧，继而失去知觉，甚至死亡。即使 CO 的吸入在致死量以下，也会因缺氧而发生头痛无力及呕吐等症状，最终仍可导致不能及时逃离火场而死亡。不同浓度的 CO 对人体的影响程度，见表 1-20。

CO 对人体的影响程度　　表 1-20

空气中一氧化碳含量（%）	对人体的影响程度
0.01	数小时对人体影响不大
0.05	1h 内对人体影响不大
0.10	1h 后头痛，不舒服，呕吐
0.50	引起剧烈头晕，经 20 ~ 30min 有死亡危险
1.00	呼吸数次失去知觉，经过 1 ~ 2min 即可能死亡

（2）烟气中毒

随着新型建筑材料及塑料的广泛使用，发生火灾时烟气的毒性也越来越大。烟气中所含的甲醛、乙醛、氢氧化物、氢化氰等有毒气体可使人在很短的时间内受到伤害，并导致死亡。

（3）缺氧

在着火区域，空气中充满了由可燃物燃烧所产生的一氧化碳、二氧化碳和其他有毒气体等，加之燃烧需要大量的氧气，因此空气中的含氧量大大降低。由于缺少氧气，人的身体也会受而受到各种伤害。缺氧对人体的影响，见表 1-21。

缺氧对人体的影响　　表 1-21

空气中氧的浓度（%）	症状	空气中氧的浓度（%）	症状
21	空气中含氧的正常值	12 ~ 10	感觉错乱，呼吸紊乱，肌肉不舒畅，很快疲劳
20	无影响	10 ~ 6	呕吐，神志不清
16 ~ 12	呼吸、脉搏增加，肌肉有规律的运动受到影响	6	呼吸停止，数分钟后死亡

（4）窒息

火灾时人员吸入高温烟气会引起口腔及喉部肿胀，造成呼吸道阻塞窒息。此时，如不能得到及时抢救，就有被烟气毒死或被烧死的可能性。

2）对疏散的危害

在着火区域的房间及疏散通道内，充满了含有大量一氧化碳及各种燃烧成分的热烟，甚至远离火区的部位及火区上部也可能烟雾弥漫，这对人员的疏散造成了极大的困难。烟气中的某些成分会对眼睛、鼻、喉产生强烈刺激，使人们视力下降且呼吸困难。浓烟能造成人们的恐惧感，使人们失去行为能力甚至做出异常行为。

此外，烟气集中在疏散通道的上部空间，迫使人们掩面弯腰摸索行走，速度既慢又不易找到安全出口，甚至还可能走回头路，严重影响了疏散速度。

3）对扑救的危害

消防队员在进行灭火求援时，烟气会严重妨碍消防队员的行动。弥漫的烟雾影响视线，使消防队员很难找到起火点，也不易辨别火势发展的方向，妨碍搜救遇险人员，使灭火抢险和救援难以有效地开展。

1.3.3 烟在建筑内流动的特点

烟在建筑物内的流动，在不同燃烧阶段表现是不同的。火灾初期，热烟比重小，烟带着火舌向上升腾，遇到顶棚，即转化为水平方向运动，其特点是呈层流状态流动。试验证明，这种层流状态可保持 40~50m。烟在顶棚下向前运动时，如遇梁或挡烟垂壁，烟气受阻，此时烟会倒折回来，聚集在空间上空，直到烟的层流厚度超过梁高时，烟会继续前进，占满另外空间。此阶段，烟气扩散速度约为 0.3m/s。轰燃前，烟扩散速度约为 0.5~0.8m/s，烟占走廊高度约一半。轰燃时，烟被喷出的速度高达每秒数十米，烟也几乎降到地面。

烟在垂直方向的流动也是很迅速的。试验表明，烟气上升速度比水平流动速度大得多，一般可达到 3~5m/s。我国对内天井式建筑进行过大型火灾试验。通常状态下，天井因风力或温度差形成负压而产生抽力。当天井内某房间起火后，大量热烟因抽力作用进入天井并向上排出。天井内温度随之升高，冷风则由天井向其他开启的窗户流入补充。试验证明：当天井高度越大和天井温度越高时，抽力就越大，烟的流动速度也由初期的 1~2m/s 增至 3~4m/s，最盛时 3~5m/s，轰燃时，可达 9m/s。

烟气流动的基本规律是：由压力高处向压力低处流动，如果房间为负压，则烟火就会通过各种洞口进入。

烟气流动的驱动力包括室内温差引起的烟囱效应、燃气的浮力和膨胀力、风力影响、通风系统风机的影响、电梯的活塞效应等。

1）烟囱效应

当室内的温度比室外温度高时，室内空气的密度比外界小，这样就产生了使室内气体向上运动的浮力。高层建筑往往有许多竖井，如楼梯井、电梯井、管道井和垃圾井等。在这些竖井内，气体上升运动十分显著，这就是烟囱效应。在建筑物发生火灾时，室内烟气温度很高，则竖井的烟囱效应更强。通常将内部气流上升的现象称为正烟囱效应。

现结合图 1-19 讨论烟囱效应的计算。

当竖井仅有下部开口时，如图 1-19（a）所示，设竖井高为 H，内外温度分别为 T_s 和 T_0，ρ_s 和 ρ_0 分别为空气在温度 T_s 和 T_0 时的密度，g 为重力加速度常数。如果在地板平面的大气压力为 P_0，则在该建筑内部和外部高 H 处的压力分别为：

$$P_s(H)=P_0-\rho_s gH \qquad (1-32)$$

及

$$P_0(H)=P_0-\rho_0 gH \qquad (1-33)$$

则在竖井顶部的内外压力差为：

$$\Delta P_{s0}=(\rho_0-\rho_s)gH \qquad (1-34)$$

当竖井内部温度比外部高时，则其内部压力也会比外部高。

当竖井的上部和下部都有开口时，如图 1-19（b）所示，就会产生纯的向上流动，且在 $P_0=P_s$ 的高度形成压力中性平面，简称中性面，如图 1-19（b）所示。在中性面之上任意高度 h 处的内外压力差为：

$$\Delta P_{s0}=(\rho_0-\rho_s)gh \qquad (1-35)$$

如果建筑物的外部温度比内部高（如盛夏季节安装有空调系统的建筑），则建筑内的气体是向下

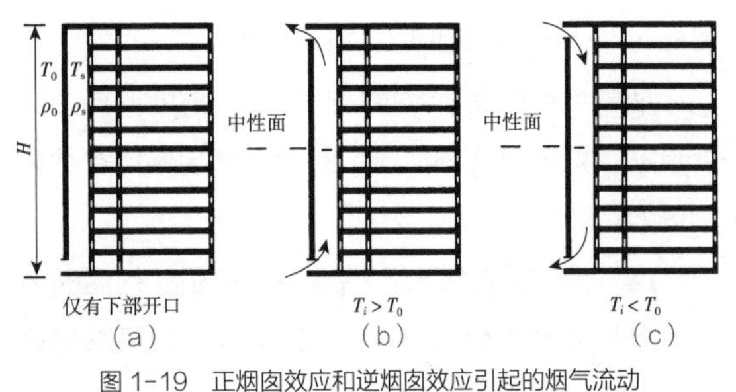

图 1-19 正烟囱效应和逆烟囱效应引起的烟气流动

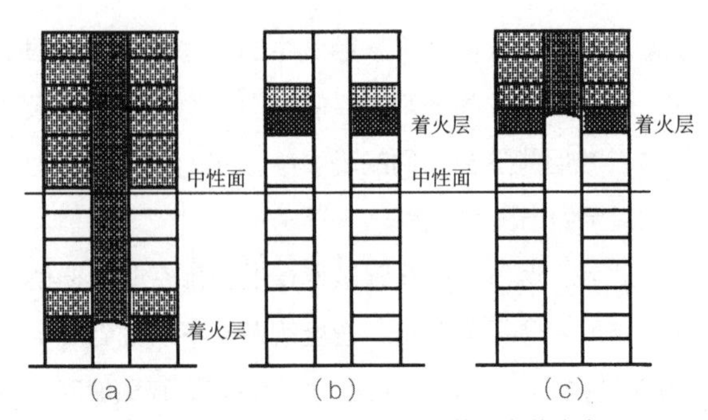

图 1-20 建筑物中正烟囱效应引起的气体流动

运动的，如图 1-19（c）所示。通常将这种现象称为逆烟囱效应。

建筑物内外的压力差变化与大气压 P_{atm} 相比要小得多，因此可根据理想气体定律用 P_{atm} 来计算气体的密度。一般认为烟气也遵守理想气体定律，再假设烟气的分子量与空气的平均分子量相同，即等于 0.0289kg/ mol，则上式可写为：

$$\Delta P_{s0}=gP_{atm}h(1/T_0-1/T_s)/R \quad (1-36)$$

式中，T_0 为外界空气的绝对温度；T_s 为竖井中空气的绝对温度；R 为通用气体常数。

将标准大气的参数值代入上式，则有：

$$\Delta P_{s0}=K_s(1/T_0-1/T_s)h \quad (1-37)$$

式中，h 为中性面以上的高度（m）；K_s 为修正系数，等于 3460。

在图 1-19 所示的建筑物内，所有的垂直流动都发生在竖井内。然而实际建筑物的门洞口总会有缝隙，因此也有一些穿过门洞口缝隙的气体流动。但就实际的普通建筑物而言，流过门洞口缝隙的气体量比通过竖井的量要少得多，通常仍假定建筑为楼层间没有缝隙的理想建筑物。

烟囱效应是建筑火灾中烟气流动的主要因素。在中性面（建筑物内外压力相等的高度）以下楼层发生火灾时，在正烟囱效应情况下，火源产生的烟气将与建筑物内的空气一起流入竖井并上升。一旦升到中性面以上，烟气便可由竖井流出来，进入建筑物的上部楼层。楼层间的缝隙也可使烟气流向着火层上部的楼层。如果楼层间的缝隙可以忽略，则中性面以下的楼层，除了着火层外都不会有烟气。但如果楼层间的缝隙很大，则直接流进着火层上一层的烟气将比流入中性面下其他楼层的要多，如图 1-20（a）所示。

若中性面以上的楼层发生火灾，由于正烟囱效应产生的空气流动可限制烟气的流动，空气从竖井流进着火层可以阻止烟气流进竖井，如图 1-20（b）所示。不过楼层间的缝隙却可以引起少量烟气流动。如果着火层燃烧强烈，热烟气的浮力克服了竖井内的烟囱效应，则烟气仍可以在进入竖井后，再流入上部楼层，如图 1-20（c）所示。

如果在盛夏季节，安装空调的建筑内的温度则比外部温度低，这时建筑内的气体是向下运动的，此称为逆烟囱效应。逆烟囱效应的空气流可驱使比较冷的烟气向下运动，但在烟气较热的情况下，浮力较大，即使楼内起初存在逆烟囱效应，不久则会使得烟气向上运动。

2）高温烟气的浮力和膨胀力

高温烟气处于火源区附近，其密度比常温气体低得多，因而具有较大的浮力。在火灾全面发展阶段，着火房间窗口两侧的压力分布可用分析烟囱效应的方法分析。房间与外界环境的压力差可写为：

$$\Delta P_{f0}=ghP_{atm}(1/T_0-1/T_f)/R \quad (1-38)$$

式中，ΔP_{f0} 为着火房间与外界的压力差；T_0 为着火房间外气体的绝对温度；T_f 为着火房间内烟气的绝对温度；h 为中性面以上的距离，此处的中性面指着火房间内外压力相等处的水平面。

公式（1-38）适用于着火房间内温度恒定的情

况。当外界压力为标准大气压时，该关系式可进一步写为：

$$\Delta P_{f0}=K_S(1/T_0-1/T_f)h$$
$$=3460(1/T_0-1/T_f)h \quad (1-39)$$

式中，K_S 为修正系数，等于 3460。

研究表明，对于高度约为 3.5m 的着火房间，其顶部壁面内外的最大压力为 16Pa。当着火房间较高时，中性面以上的高度 h 也较大，则会产生较大的压差。若着火房间只有一个小的墙壁开口与建筑物其他部分相连通时，燃气将从开口的上半部流出，外界空气将从开口下半部流进。当烟气温度达到600℃时，其体积约膨胀到原体积的 3 倍。若着火房间的门窗开着，由于流动面积较大，高温烟气膨胀引起的开口处的压差较小可忽略。但是如果着火房间没有开口或开口很小，并假定其中有足够多的氧气支持较长时间的燃烧，则高温烟气膨胀引起的压差则较大。

3）风力影响

风力可在建筑物的周围产生压力分布，影响建筑物内的烟气流动。建筑物外部的压力分布受到多种因素的影响，其中包括风的速度和方向、建筑物的高度和几何形状等。风力影响往往可以超过其他驱动烟气运动的力。一般来说，风朝着建筑物吹来会在建筑的迎风侧产生较高的风压，它可增强建筑内烟气向下风方向的流动，压力差的大小与风速的平方成正比，即：

$$P_w=1/2(C_w\rho_0V^2) \quad (Pa) \quad (1-40)$$

式中，P_w 为风作用到建筑物表面的压力；C_w 为无量纲风压系数；ρ_0 为空气的密度（kg/m^3）；V 为风速（m/s）。使用空气温度表示上式可写成为：

$$P_w=0.048C_wV^2/T_0 \quad (Pa) \quad (1-41)$$

式中，T_0 为环境温度（K）。该公式表明，若温度为 293K 的风，以 7m/s 的速度吹到建筑物的表面，将产生 30Pa 的压力差，显然它会影响建筑物内烟气的流动。

通常风压系数 C_w 的值在 −0.80~+0.80 之间。迎风面为正，背风面为负。此系数的大小决定于建筑物的几何形状及当地的挡风状况，并且因墙表面部位的不同而有不同的数值。

由风引起的建筑物两个侧面的压差为：

$$\Delta P_w=1/2(C_{w1}-C_{w2})\rho_0V^2 \quad (1-42)$$

式中，C_{w1}、C_{w2} 分别为迎风墙面和背风面的风压系数。

一栋建筑与其他建筑的毗连状况及建筑本身的几何形状对其表面的风压分布有重要影响。例如，在高层建筑的下部布置有裙房时，其周围风的流动形式则是相当复杂的。随着风的速度和方向的变化，裙房房顶表面的压力分布也将发生显著变化。在某种风向情况下，裙房可以依靠房顶排烟口的自然通风来排除烟气，但在另一种风向下，房顶上的通风口附近可能是压力较高的区域，这时便不能靠自然通风把烟气排到室外。

风速随离地面的高度增加而增大。通常风速与高度的关系用以下指数方程表示：

$$V=V_0(Z/Z_0)^n \quad (1-43)$$

式中，V 为实际风速 (m/s)；V_0 为参考高度的风速 (m/s)；Z 为测量风速 V 时所在高度（m）；Z_0 为参考高度（m）；n 为无量纲风速指数。

在平坦地地带（如空旷的野外），风速指数可取 0.16 左右；在不平坦地带（如周围有树木的村镇）；风速指数可取 0.28 左右；在很不平坦地带（如市区），风速指数约为 0.40。参考高度一般取离地高度 10m。在设计烟气控制系统时，建议将参考风速取为当地平均风速的 2~3 倍。

4）机械通风系统造成的压力

设有通风和空调系统的建筑，即使引风机不开动，系统管道也能起到通风网的作用。在上述几种驱动力（尤其是烟囱效应）的作用下，烟气将会沿管道流动，从而促使烟气在整个楼内蔓延。若系统处于工作状态，通风网的影响还会加强。

5）电梯的活塞效应

电梯在电梯井中运动时，能够使电梯井内出现瞬时压力变化，此称为电梯的活塞效应。这种活塞效应能够在较短的时间内影响电梯附近门厅和房间的烟气流动方向和速度。

1.3.4 烟气控制的基本方式

1）防烟分隔

在建筑中，墙壁、隔板、楼板和其他阻挡物都可作为防烟分隔的构件，它们能使离火源较远的空间不受或少受烟气的影响。这些分隔构件可以单独使用，也可与加压方式配合使用。

2）加压送风方式

利用加压送风机对被保护区域（如防烟楼梯间和前室等）送风，使其保持一定的正压，以避免着火处的烟气借助各种动力（诸如烟囱效应、膨胀力等）向建筑物的被保护区域蔓延。加压送风采用的主要方式有两种：

①在关闭门的状态下，维持避难区域或疏散路线内的压力高于外部压力避免烟气通过各种建筑缝隙侵入（诸如建筑结构缝隙、门缝等）；

②在开门状态下，保证在门断面形成一定风速，以阻止烟气侵入避难区域或疏散通道。

加压送风方式的优点有：能够确保疏散通道的安全，免遭烟气侵害；可降低对建筑物某些部位的耐火要求，便于装配在老式建筑物，对其防排烟技术进行改造。

加压送风方式的缺点：送风压力控制不好会导致防烟楼梯间内压力过高，使楼梯间通向前室或走廊的门打不开，影响建筑物内人员的快速疏散。

在正压送风烟气控制系统设计中，应通过建筑物内的墙、地板、门等隔烟措施和机械风机产生的空气流和压差而阻止烟气的无序扩散。

设计中应遵循如下原则：

a. 利用加压送风机将室外的新鲜空气均匀地输送到需加压的空间内；

b. 利用机械排烟系统或自然排烟系统，确保非加压空间的烟气能够顺利地排到建筑物外；

c. 当火灾区域与周围空间相通的门打开时，加压送风系统的空气流应保证在门断面处有足够的风速，以阻止烟气的扩散；

d. 当火灾区域与周围空间相通的门关闭时，应保证门两边有足够的压差以阻止烟气的外渗。

因此，如何有效地选择门洞断面的风速和泄漏风量成为正确设计的关键。

Thomas 研究了在走廊或门洞有效阻止烟气运动的空气断面风速，他给出了临界风速的经验公式：

$$V_k=K\left(\frac{gE}{W\rho CT}\right)^{\frac{1}{3}} \qquad (1-44)$$

式中 V_k——阻止烟气扩散的临界风速，$m \cdot s^{-1}$；

E——火灾释放的热量，W；

W——门庭走廊的宽度，m；

ρ——空气密度，$kg \cdot m^{-3}$；

C——烟气比热容，$kJ \cdot kg^{-1} \cdot ℃^{-1}$；

T——烟气和空气的平均温度，℃；

K——系数；

g——重力加速度，g=9.8$m \cdot s^{-2}$。

在标准状态下，取 ρ=1.2 $kg \cdot m^{-3}$，C=1.005 $kJ \cdot kg^{-1} \cdot ℃^{-1}$，$T$=27℃，$K$=1，则公式（1-44）可表达为

$$V_k=K_v\left(\frac{E}{W}\right)^{\frac{1}{3}}$$

式中 K_v——系数，取 0.0292；

根据伯努利方程，可以近似地计算出通过门缝等的空气泄漏量：

$$Q=CA\sqrt{2\Delta P/\rho} \qquad (1-45)$$

式中 Q——空气体积流量，$m^3 \cdot s^{-1}$；

C——流量系数；

A——通道面积，即泄漏面积，m^2；

ΔP——压差，Pa；

ρ——空气密度。

在标准状态下，取 $\rho=1.2\ kg \cdot m^{-3}$，$C=0.65$，则式（1-45）可以表达为：

$$Q=K_f A\sqrt{\Delta P}$$

式中 K_f 为系数，取 0.839。

3）自然排烟方式

自然排烟是借助室内外气体温度差引起的热压作用和室外风力所造成的风压作用而形成的室内烟气和室外空气的对流运动。

采用自然排烟时，烟气和周围空气之间的温差、排烟口和进风口之间的高差、室外风力和风向以及高层建筑热压作用等都会对自然排烟的效果产生影响。当建筑物的排烟口设在迎风面时，其排烟量在室外风的作用下会发生变化；当室外风的作用力小于烟气的浮升力时，则排烟量会减少；当室外风的作用力等于烟气的浮升力时，则不会有烟气排出；当室外风的作用力大于烟气的浮升力时，则室外风会通过排烟口进入到建筑内从而加剧烟气在建筑内的流动，导致自然排烟失败。因此，自然排烟受到多种因素的影响。

（1）自然排烟方式的优点：

① 结构简单，投资少；

② 无动力设备，运行维修费用少；

③ 在顶棚能够开设排烟口的建筑，其自然排烟效果好。

（2）自然排烟方式的缺点：

① 自然排烟的效果不稳定；

② 对建筑的结构有特殊要求；

③ 火灾易通过排烟口向上层蔓延。

4）机械排烟方式

由于自然排烟受到诸多因素影响，采用机械排烟方式可消除这些影响，以收到有效排烟的效果。机械排烟方式是借助排烟风机的作用对着火处进行强迫送风并同时排气，以用来排出火灾中的烟气。

在机械排烟中，要维持一定量的新鲜空气进入着火区域，以确保排烟效果。机械排烟多用于大型商场或地下建筑，通过顶部的排烟口或排烟风管将烟气排出室外。

（1）机械排烟方式的优点：

① 克服自然排烟受室外气象条件的影响；

② 克服自然排烟受高层建筑热压的影响；

③ 排烟效果稳定。

（2）机械排烟方式的缺点：

① 火灾猛烈发展阶段排烟效果会降低；

② 排烟风机和排烟风管需耐高温；

③ 初投资和运行维修费用高。

通常的烟气控制的设计方法是一个非常简化的计算，它便于设计人员使用，但从理论上讲，它无法揭示火灾时各类建筑中烟气的真正运行规律，因而也就无法给出真正有效的控制措施。事实上，当火灾发生时，火场的高温影响了烟与空气的密度，并由于密度的不同导致火场内外的压力差，因而产生了流动的动力。火场空间与非火场空间，从地面至天花板的压力，由于分布形态不同，会产生压力分布相等之处，称为压力中性面。

如何确定和调整压力中性面，是排烟系统必须考虑的重要条件。而所有这些工作，只有通过计算机的连续模拟计算，才有可能完成。

1.4 建筑防火设计基本概念

1.4.1 建筑耐火等级

建筑耐火等级，是衡量建筑物耐火程度的标准，它是由组成建筑物构件的燃烧性能和耐火极限的最低值所决定的。划分建筑物耐火等级的目的，在于根据建筑物的不同用途提出不同的耐火等级要求，做到既有利于安全，又有利于节约投资。在建筑防火设计中，首先应按建筑物的使用性质确定其耐火等级，制定合理的防火方案，选择防火建筑材料，采取有效的构造措施。

厂房及库房的耐火等级的选用，按生产类别及储存物品类别的火灾危险性特征确定。民用建筑的耐火等级是按高层建筑及多层建筑来划分的。高层民用建筑分为一、二级，多层民用建筑分为一至四级。现行《建筑设计防火规范》GB 50016—2014(2018年版)，对民用建筑物的耐火等级做了详细划分，详见表1-22、表1-23。

民用建筑物构件的燃烧性能和耐火极限（h） 表1-22

构件名称		耐火等级			
		一级	二级	三级	四级
墙柱	防火墙	不燃性 3.00	不燃性 3.00	不燃性 3.00	不燃性 3.00
	承重墙	不燃性 3.00	不燃性 2.50	不燃性 2.00	难燃性 0.50
	非承重墙	不燃性 1.00	不燃性 1.00	不燃性 0.50	可燃性
	楼梯间和前室的墙 电梯井的墙 住宅建筑单元之间的墙和分户墙	不燃性 2.00	不燃性 2.00	不燃性 1.50	难燃性 0.50
	疏散走道两侧的隔墙	不燃性 1.00	不燃性 1.00	不燃性 0.50	难燃性 0.25
	房间隔墙	不燃性 0.75	不燃性 0.50	难燃性 0.50	难燃性 0.25
柱		不燃性 3.00	不燃性 2.50	不燃性 2.00	难燃性 0.50
梁		不燃性 2.00	不燃性 1.50	不燃性 1.00	难燃性 0.50
楼板		不燃性 1.50	不燃性 1.00	不燃性 0.50	可燃性
屋顶承重构件		不燃性 1.50	不燃性 1.00	可燃性 0.50	可燃性
疏散楼梯		不燃性 1.50	不燃性 1.00	不燃性 0.50	可燃性
吊顶（包括吊顶格栅）		不燃性 0.25	难燃性 0.25	难燃性 0.15	可燃性

注：1. 除另有规定外，以木柱承重且墙体采用以不燃烧材料的建筑物，其耐火等级应按四级确定。
2. 住宅建筑构件的耐火极限和燃烧性能可按现行国家标准《住宅建筑规范》GB 50368—2005的规定执行。
3. 二级耐火等级建筑内采用不燃材料的吊顶，其耐火极限不限。
4. 二级耐火等级建筑内采用难燃性墙体的房间隔墙，其耐火极限不应低于0.75h；当房间的建筑面积不大于100m^{2}时，房间隔墙可采用耐火极限不低于0.50h的难燃性墙体或耐火极限不低于0.30h的不燃性墙体。

厂房和仓库建筑构件的燃烧性能和耐火极限（h） 表1-23

构件名称		耐火等级			
		一级	二级	三级	四级
墙	防火墙	不燃性 3.00	不燃性 3.00	不燃性 3.00	不燃性 3.00
	承重墙	不燃性 3.00	不燃性 2.50	不燃性 2.00	难燃性 0.50
	楼梯间、前室的墙， 电梯井的墙	不燃性 2.00	不燃性 2.00	不燃性 1.50	难燃性 0.50
	疏散走道两侧的隔墙	不燃性 1.00	不燃性 1.00	不燃性 0.50	难燃性 0.25
	非承重外墙 房间隔墙	不燃性 0.75	不燃性 0.50	难燃性 0.50	难燃性 0.25
柱		不燃性 3.00	不燃性 2.50	不燃性 2.00	难燃性 0.50
梁		不燃性 2.00	不燃性 1.50	不燃性 1.00	难燃性 0.50

续表

构件名称	耐火等级			
	一级	二级	三级	四级
楼板	不燃性 1.50	不燃性 1.00	不燃性 0.75	难燃性 0.50
屋顶承重构件	不燃性 1.50	不燃性 1.00	难燃性 0.50	可燃性
疏散楼梯	不燃性 1.50	不燃性 1.00	不燃性 0.75	可燃性
吊顶（包括吊顶搁栅）	不燃性 0.25	难燃性 0.25	难燃性 0.15	可燃性

注：二级耐火等级建筑内采用不燃材料的吊顶，其耐火极限不限。

1.4.2 建筑构件的耐火极限与燃烧性能

1）建筑构件的耐火极限

所谓耐火极限，是指在标准耐火试验条件下，建筑构件、配件或结构从受到火的作用时起，到失去稳定性、完整性或隔热性时为止的这段时间，用小时（h）表示。这三个条件的具体含义是：

（1）失去稳定性

失去稳定性，即失去支持能力，是指构件在受到火焰或高温作用下、由于构件材质性能的变化，自身解体或垮塌，使承载能力和刚度降低，承受不了原设计的荷载而破坏。例如受火作用后的钢筋混凝土梁失去支承能力，钢柱失稳破坏；非承重构件自身解体或垮塌等，均属失去支持能力。

（2）失去完整性

失去完整性，即完整性被破坏，是指薄壁分隔构件在火中高温作用下，发生爆裂或局部塌落，形成穿透裂缝或孔洞，火焰穿过构件，使其背面可燃物燃烧起火。例如预应力钢筋混凝土楼板使钢筋失去预应力，发生爆裂，出现孔洞，使火苗窜到上一楼层。

（3）失去隔热性

失去隔热性即失去隔火作用，是指具有分隔作用的构件，背火面任一点的温度达到 220℃时，构件失去隔火作用。以背火面温度升高到 220℃作为界限，主要是因为构件上如果出现穿透裂缝，火能通过裂缝蔓延，或者是构件背火面的温度到达 220℃，这时虽然没有火焰过去，但这种温度已经能够使靠近构件背面的纤维制品自燃了。例如一些燃点较低的可燃物（纤维系列的棉花、纸张、化纤品等）烤焦以致起火。

只要上述三个条件中任何一个条件出现，就可以确定是否达到其耐火极限。

2）建筑构件的燃烧性能

（1）建筑材料的燃烧性能

根据《建筑材料及制品燃烧性能分级》GB 8624—2012，我国建筑材料及制品燃烧性能的基本分级为 A、B_1、B_2、B_3 四级，参见表 1-24。

建筑材料及制品的燃烧性能等级　　表 1-24

燃烧性能等级	名称
A	不燃材料（制品）
B_1	难燃材料（制品）
B_2	可燃材料（制品）
B_3	易燃材料（制品）

①不燃材料：是指在空气中受到火烧或高温作用时不起火、不微燃、不碳化的材料，如金属材料和无机矿物材料。

②难燃材料：是指在空气中受到火烧或高温作用时，难起火、难微燃、难碳化，当火源移走后，燃烧或微燃立即停止的材料。如刨花板和经过防火处理的有机材料。

③可燃材料：是指在空气中受到火烧或高温作用时，立即起火或微燃，且火源移走后，仍能继续燃烧或微燃的材料。如木材等。

材料的燃烧性能通常可以这样理解，更详尽的定义参见《建筑材料及制品燃烧性能分级》GB 8624—2012。

（2）建筑构件的燃烧性能

通常，我国把建筑构件按其燃烧性能分为三类，即不燃性、难燃性和可燃性。

① 不燃烧体：指用不燃烧材料做成的建筑构件，如建筑中采用的天然石材、人工石材、金属材料等。

② 难燃烧体：指用难燃烧材料做成的建筑构件，或者用可燃烧材料做成而用不燃烧材料做保护层的建筑构件，如沥青混凝土、经过防火处理的木材、木板条抹灰等。

③ 燃烧体：指用可燃烧材料做成的建筑构件，如木材、纸板、胶合板等。

1.4.3 建筑高度与建筑层数

1）建筑高度的计算

（1）建筑屋面为坡屋面时，建筑高度为建筑室外设计地面至檐口与屋脊的平均高度，如图 1-21（a）所示。

（2）建筑屋面为平屋面（包括有女儿墙的平屋面）时，建筑高度为建筑室外设计地面至屋面面层的高度，如图 1-21（b）所示。

（3）同一座建筑有多种形式的屋面时，建筑高度按上述方法分别计算后，取其中最大值，如图 1-21（c）所示。

（4）对于台阶式地坪，当位于不同高程地坪上的同一建筑之间有防火墙分隔，各自有符合规范规定的安全出口，且可沿建筑的两个长边设置贯通式或尽头式消防车道时，可分别确定各自的建筑高度。否则，建筑高度按其中建筑高度最大者确定，如图 1-21（d）所示。

（5）局部突出屋顶的瞭望塔、冷却塔、水箱间、微波天线间或设施、电梯机房、排风和排烟机房以及楼梯出口小间等辅助用房占屋面面积不大于 1/4 时，不需计入建筑高度，如图 1-21（e）所示。

（6）对于住宅建筑，设置在底部且室内高度不大于 2.2m 的自行车库、储藏室、敞开空间，室内外高差或建筑的地下或半地下室的顶板面高出室外设计地面的高度不大于 1.5m 的部分，不计入建筑高度。

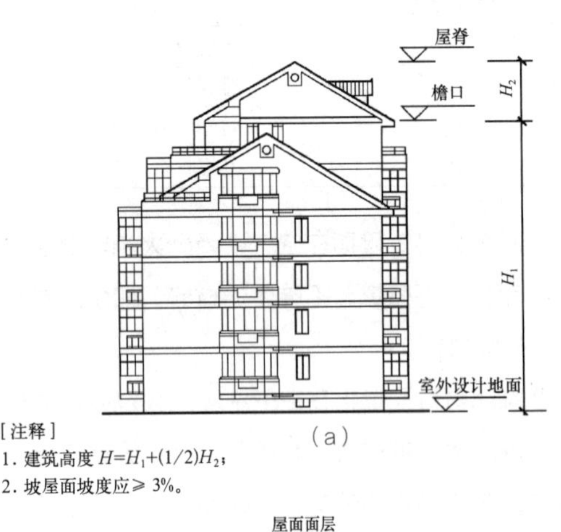

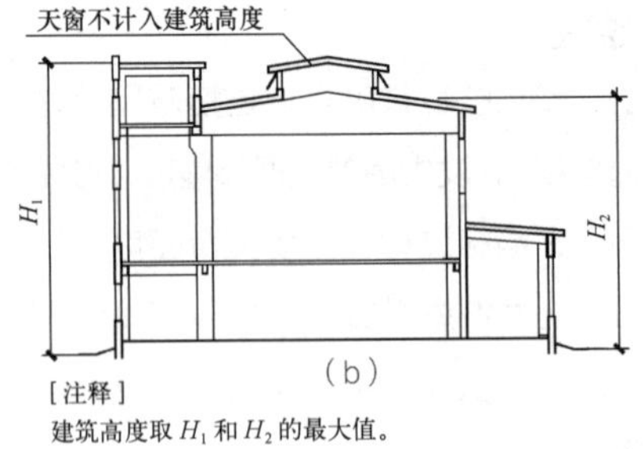

屋面面层
建筑高度
室外
设计地面
屋面面层
建筑高度
室外
设计地面

（c）

图 1-21 建筑高度示意图

（a）坡屋顶建筑高度计算；（b）多种屋面建筑高度计算；（c）平屋顶建筑高度计算

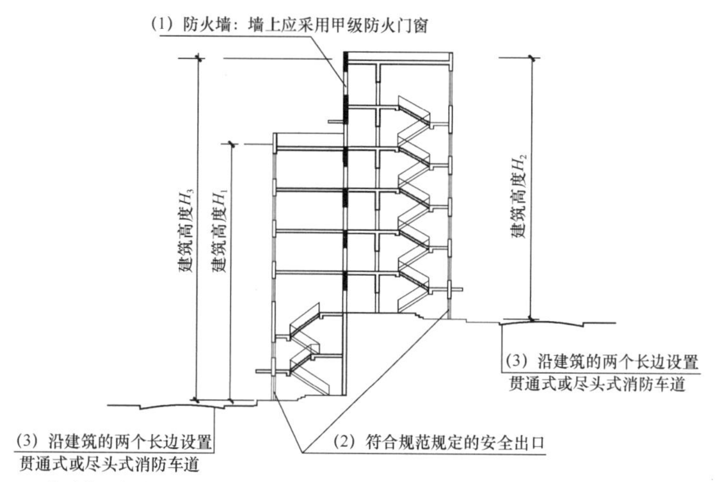

（d）

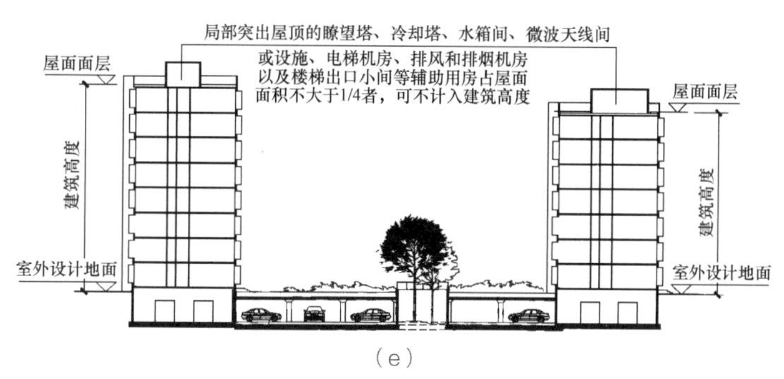

（e）

图 1-21 建筑高度示意图（续图）

（d）台阶式地坪建筑高度计算；（e）局部突出屋顶的瞭望塔等或电梯机房等辅助用房占屋面面积不大于 1/4 时的建筑高度计算

2）建筑层数计算

建筑层数按建筑的自然层数计算，下列空间可不计入建筑层数：

（1）室内顶板面高出室外设计地面的高度不大于 1.5m 的地下或半地下室。

（2）设置在建筑底部且室内高度不大于 2.2m 的自行车库、储藏室、敞开空间。

（3）建筑屋顶上突出的局部设备用房、出屋面的楼梯间等，如图 1-22 所示。

3）地下室、半地下室

半地下室是指房间地面低于室外设计地面的平均高度大于该房间平均净高 1/3，且小于等于 1/2 者，如图 1-23（a）所示。

地下室是指房间地面低于室外设计地面的平均高度大于该房间平均净高 1/2 者，如图 1-23（b）所示。

1.4.4 建筑分类

1）建筑按使用性质分类

（1）民用建筑。按使用功能和建筑高度，民用建筑的分类，见表 1-25。

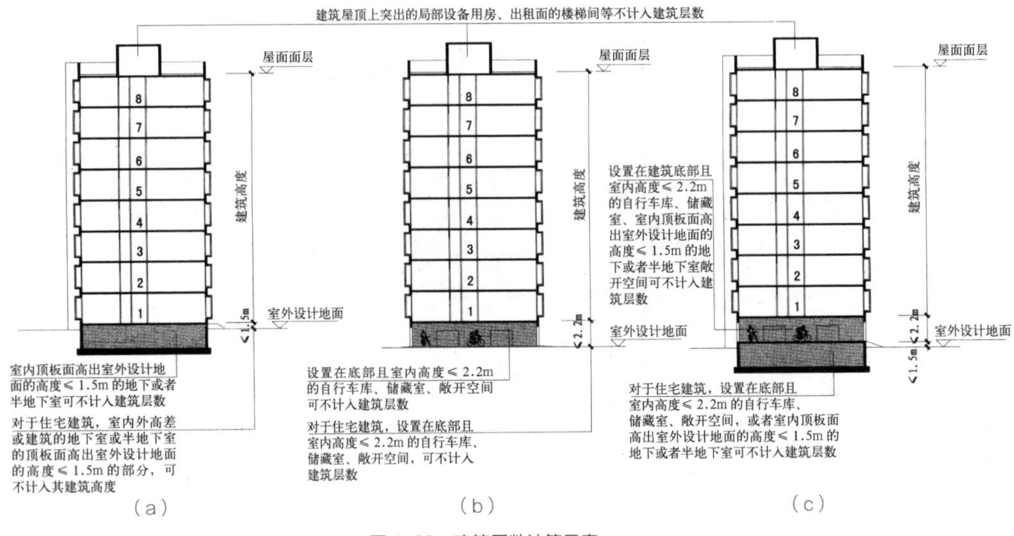

图 1-22 建筑层数计算示意

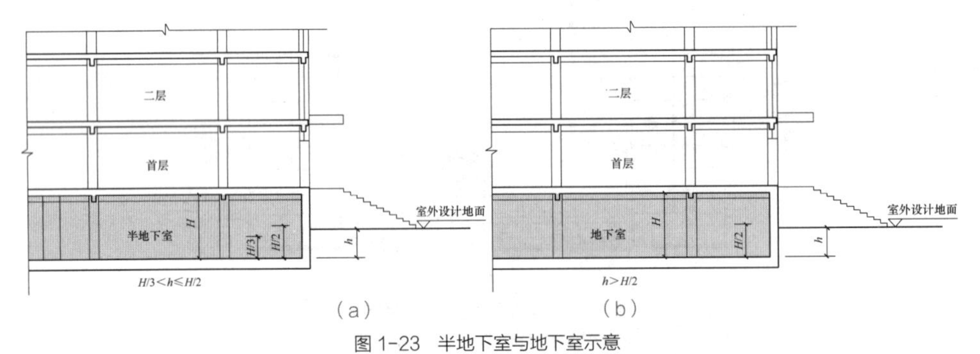

图 1-23 半地下室与地下室示意

（a）H/3<h ≤ H/2 属于半地下室；（b）h> H/2 属于地下室

民用建筑的分类 表 1-25

名称	高层民用建筑		单、多层民用建筑
	一类	二类	
住宅建筑	建筑高度大于 54m 的住宅建筑（包括设置商业服务网点的住宅建筑）	建筑高度大于 27m，但不大于 54m 的住宅建筑（包括设置商业服务网点的住宅建筑）	建筑高度不大于 27m 的住宅建筑（包括设置商业服务网点的住宅建筑）
公共建筑	1. 建筑高度大于 50m 的公共建筑（图 1-24） 2. 建筑高度 24m 以上部分任一楼层建筑面积大于 1,000m² 的商店、展览、电信、邮政、财贸金融建筑和其他多种功能组合的建筑（图 1-25） 3. 医疗建筑、重要公共建筑、独立建造的老年人照料设施（图 1-26、图 1-27） 4. 省级及以上的广播电视和防灾指挥调度建筑、网局级和省级电力调度建筑 5. 藏书超过 100 万册的图书馆、书库	除住宅建筑和一类高层公共建筑外的其他高层民用建筑	1. 建筑高度大于 24m 的单层公共建筑 2. 建筑高度不大于 24m 的其他民用建筑

注：1. 表中未列入的建筑，其类别应根据本表类比确定。

2. 除另有规定外，宿舍、公寓等非住宅类建筑的防火要求，应符合现行《建筑设计防火规范》GB 50016—2014（2018 年版）有关公共建筑的规定。

3. 除另有规定外，裙房的防火要求，应符合现行《建筑设计防火规范》GB 50016—2014（2018 年版）有关高层民用建筑的规定。

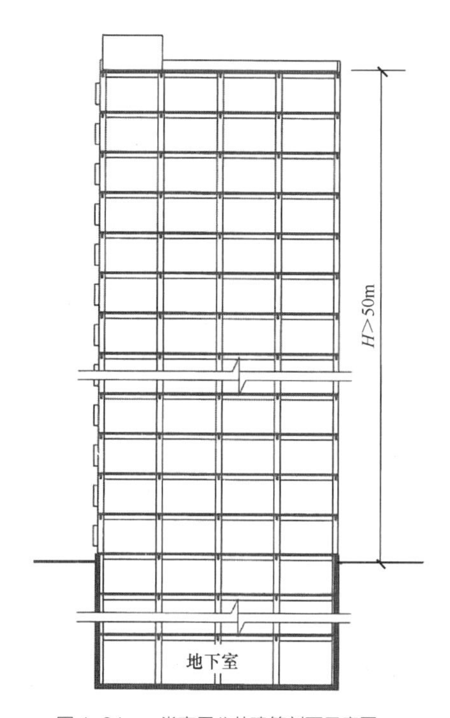

图 1-24　一类高层公共建筑剖面示意图一

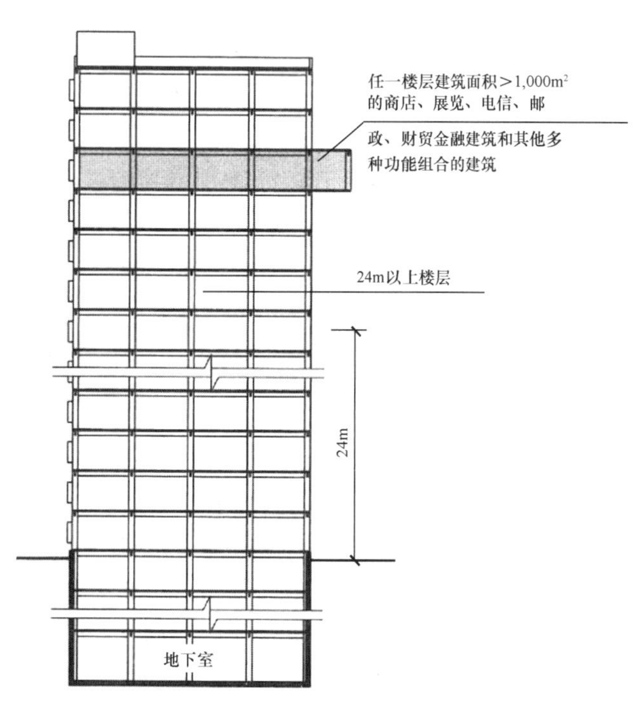

图 1-25　一类高层公共建筑剖面示意图二

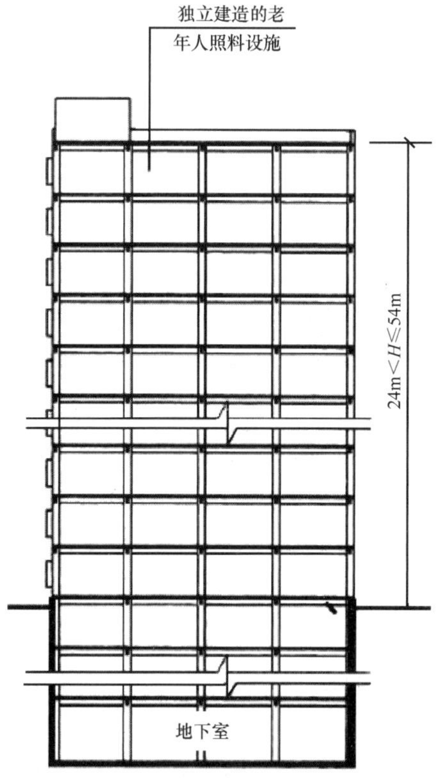

图 1-26　独立建造的老年人照料设施示意图

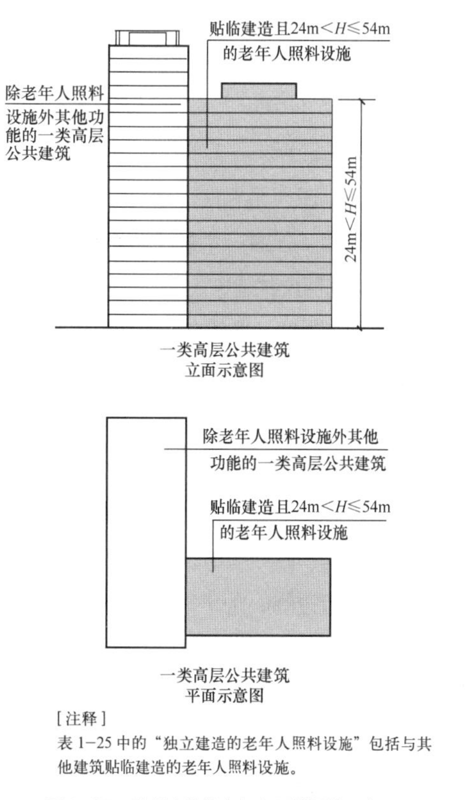

图 1-27　贴邻建造的老年人照料设施示意图

住宅建筑是指供单身或家庭成员短期或长期居住使用的建筑。公共建筑指供人们进行各种公共活动的建筑，包括教育、办公、科研、文化、商业、服务、体育、医疗、交通、纪念、园林、综合类建筑等。

第 2 款“建筑高度 24m 以上部分任一楼层建筑面积大于 1,000m^2 的商店、展览、电信、邮政、财贸金融建筑和其他多种功能组合的建筑”比较难以理解。对该条款解析如下：

“和”前的内容与“和”后的内容属于并列关系。本条文共包含两层意思，其一是单一功能，“建筑高度 24m 以上部分任一楼层建筑面积大于 1,000m^2 的商店、展览、电信、邮政、财贸金融建筑”。

a. 其功能必须是“商店、展览、电信、邮政、财贸金融建筑”中的任意一个；

b.24m ＜建筑高度≤ 50m；

c. 建筑高度 24m 以上（不含 24m）至少有一个楼层，指该层楼板的建筑高度大于 24m，也就是 24m 以上要有人，也可以有多个楼层；

d. 建筑高度 24m 以上的一个楼层或多个楼层中至少有一层的建筑面积＞ 1,000m^2。

同时满足上述 4 个条件，该建筑就被判定为一类高层公共建筑，任意一个条件不满足，该建筑就被判定为二类高层公共建筑。

其二是组合功能，建筑高度 24m 以上部分任一楼层建筑面积大于 1,000m^2 的多种功能组合的建筑。

a. 24m ＜建筑高度≤ 50m；

b. “其他多种功能组合”，指公共建筑中具有两种或两种以上的公共使用功能，不是必须含有“商店、展览、电信、邮政、财贸金融建筑”中的任意一个或多个，可以有，也可以没有，如：办公楼与宾馆建筑的组合；

c. “其他多种功能组合”，指公共建筑中具有两种或两种以上的公共使用功能，不包括住宅与公共建筑组合建造的情况。比如，住宅建筑的下部设置商业服务网点时，该建筑仍为住宅建筑。如果组合建造的建筑上部有住宅，判定方法为：忽略住宅部分后的剩余的建筑，如果属于一类高层公共建筑，含住宅的原建筑就属于一类高层建筑，如果是二类高层或单、多层公共建筑，含住宅的原建筑就属于二类高层公共建筑，这里的“忽略住宅部分”即视为住宅不存在，即假设住宅不存在；

d. 建筑高度 24m 以上（不含 24m）至少有一个楼层，指该层楼板的建筑高度大于 24m，也就是 24m 以上要有人，也可以有多个楼层；

e. 建筑高度 24m 以上的一个楼层或多个楼层中至少有一层的建筑面积＞ 1,000m^2。

同时满足上述 5 个条件，该建筑就判定为一类高层公共建筑，任意一个条件不满足，该建筑就判定为二类高层公共建筑。

（2）工业建筑。指工业生产性建筑，如主要生产厂房、辅助生产厂房等。工业建筑按照使用性质的不同，分为加工、生产类厂房和仓库两大类，厂房和仓库又按其生产或储存物质的性质进行分类。

2）按建筑高度分类

（1）单层、多层建筑。建筑高度不超过 27m 的住宅建筑、建筑高度不超过 24m（或已超过 24m 但为单层）的公共建筑和工业建筑。

（2）高层建筑。建筑高度大于 27m 的住宅建筑和其他建筑高度大于 24m 的非单层建筑。我国对建筑高度超过 100m 的高层建筑，称超高层建筑。

（3）体育馆、剧场、电影院等高大空间单层公共建筑，当辅助用房顶板到室外设计地面的高度≤ 24m 时，整体建筑按单、多层建筑进行防火设计；当辅助用房顶板到室外设计地面的高度＞ 24m 时，整体建筑按高层建筑进行防火设计。

1.4.5 高层建筑

根据我国经济条件与消防装备等现实状况，规定建筑高度大于 27m 的住宅建筑和其他建筑高度大于 24m 的非单层建筑为高层建筑。单层主体高度在 24m 以上的体育馆、剧院、会堂、工业厂房等，均不属于高层建筑。

高层建筑起始高度的划分，主要考虑了以下因素：

（1）登高消防器材。我国目前不少城市尚无登高消防车，只有部分城市配备有登高消防车，其最大工作高度多为 24m 左右，24m 以下的建筑发生火灾时扑救较为有效，再高一些的建筑就不能满足扑救需要了。

（2）消防车供水能力。目前，我国大多数城市配备的通用消防车在最不利的情况下，直接吸水扑救火灾的最大高度约为 24m 左右。

（3）住宅建筑规定为建筑高度大于 27m 以上的原因除考虑上述因素外，还考虑它在高层建筑中，约占 40%~50%；此外高层住宅的防火分区面积不大，并有较好的防火分隔，对高层住宅火灾有较好的控制作用，故与其他高层建筑区别对待。

（4）参考国外高层建筑起始高度的划分。高层建筑起始高度，各国的标准不相同，主要是根据经济条件和消防技术装备等情况划分的，见表 1-26。

为了便于国际技术交流，1972 年，国际高层建筑会议将高层建筑划分为四类：

第一类高层建筑：9~16 层（最高到 50m）；

第二类高层建筑：17~25 层（最高到 75m）；

第三类高层建筑：26~40 层（最高到 100m）；

第四类高层建筑：40 层以上（高度在 100m 以上）。

各国高层建筑起始高度　　表 1-26

国别	起始高度
中国	住宅：高于 27m，其他建筑：高于 24m
德国	高于 22m（至底层室内地板面）
法国	住宅：高于 50m，其他建筑：高于 28m
日本	31m（11 层）
比利时	25m（至室外地面）
英国	24.3m
苏联	住宅：10 层及 10 层以上，其他建筑：7 层
美国	22~25m 或 7 层以上

1.4.6 高层建筑的若干概念

（1）裙房——在高层建筑主体投影范围外，与建筑主体相连且建筑高度不超过 24m 的附属建筑，如图 1-28 所示。

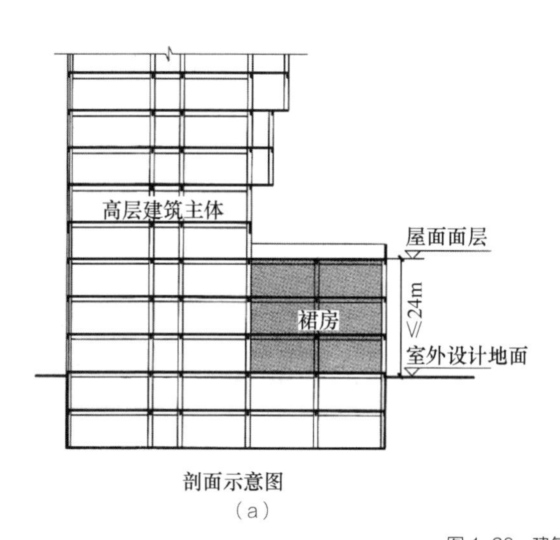

（a）

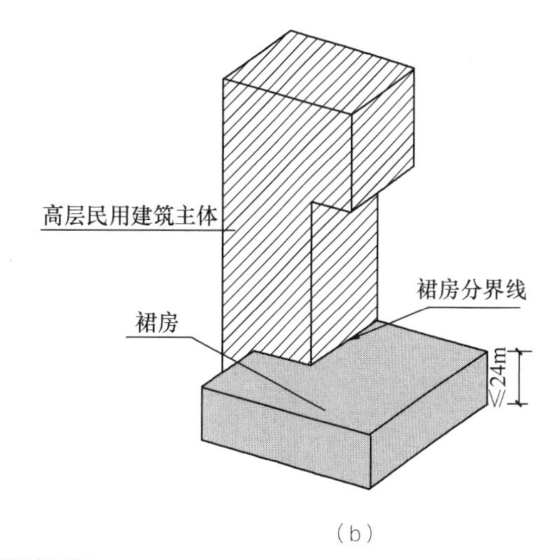

（b）

图 1-28 建筑裙房示意
（a）剖面示意图；（b）轴测示意图

（2）重要公共建筑——发生火灾可能造成人员伤亡、财产损失和严重社会影响的公共建筑。

（3）商业服务网点——设置在住宅建筑的首层或首层及二层，每个分隔单元建筑面积不大于 300m^2 的商店、邮政所、储蓄所、理发店等小型营业性用房，只能存在于多层或高层住宅中，如图 1-29 所示。

（4）独立前室——只与一部疏散楼梯相连的前室，如图 1-30 所示。

（5）共用前室——（居住建筑）剪刀楼梯间的两个楼梯间共用同一前室时的前室，如图 1-31 所示。

（6）合用前室——防烟楼梯间前室与消防电梯前室合用时的前室，如图 1-32 所示。

（7）老年人照料设施——“老年人照料设施”是指现行行业标准《老年人照料设施建筑设计标准》JGJ 450—2018 中床位总数（可容纳老年人总数）大于或等于 20 床（人），为老年人提供集中照料服务的公共建筑，包括老年人全日照料设施和老年人日间照料设施。其他专供老年人使用的、非集中照料的设施或场所，如老年大学、老年活动中心等不属于老年人照料设施。

《建筑设计防火规范》GB 50016—2014（2018 年版）条文中的“老年人照料设施”包括 3 种形式，即独立建造的、与其他建筑组合建造的和设置在其他建筑内的老年人照料设施。

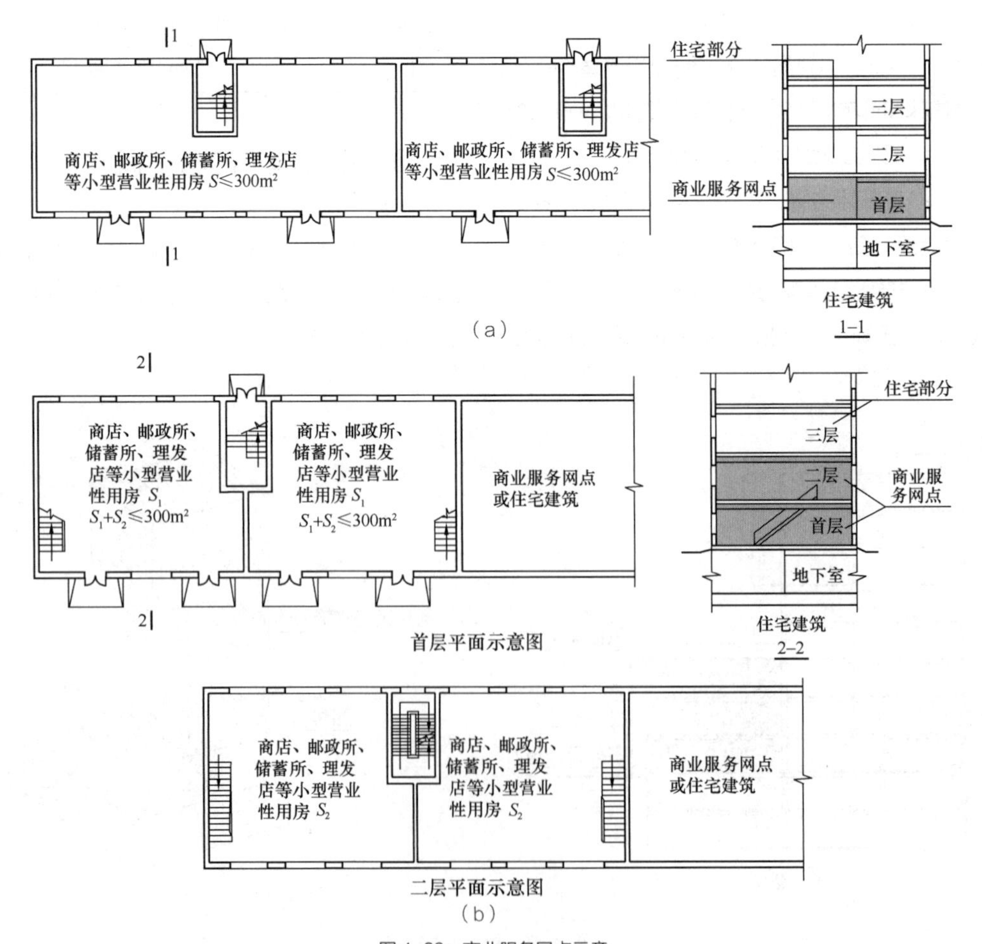

图 1-29　商业服务网点示意
（a）首层为商业服务网点的住宅建筑；（b）首层及二层为商业服务网点的住宅建筑

本书表 1-25 中的“独立建造的老年人照料设施”，包括与其他建筑贴邻建造的老年人照料设施；对于与其他建筑上下组合建造或设置在其他建筑内的老年人照料设施，其防火设计要求应根据该建筑的主要用途确定其建筑分类。其他专供老年人使用的、非集中照料的设施或场所，其防火设计要求按本规范有关公共建筑的规定确定；对于非住宅类老年人居住建筑，按《建筑设计防火规范》GB 50016—2014（2018 年版）有关老年人照料设施的规定确定。

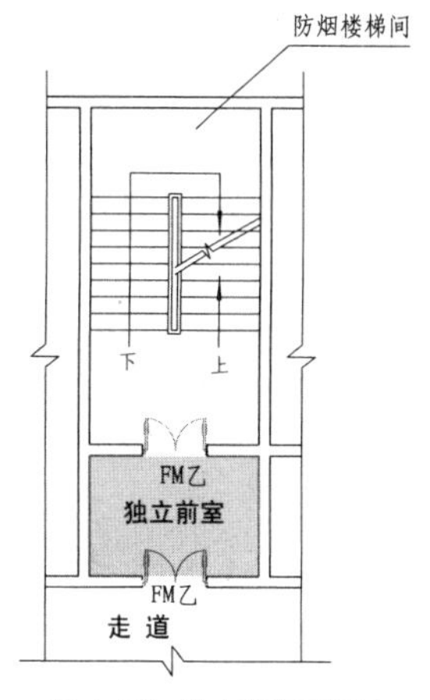

图 1-30　独立前室示意图

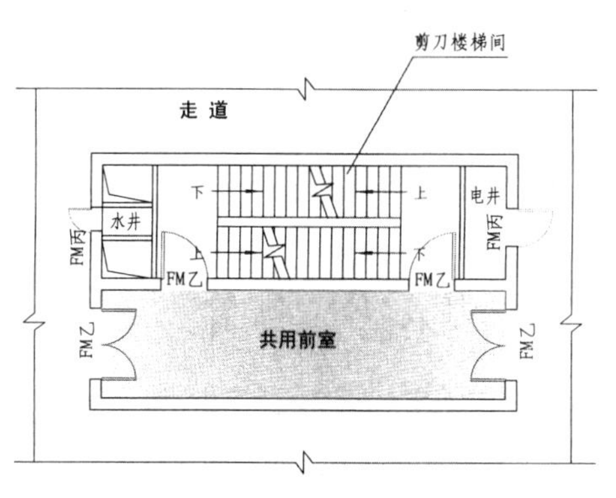

图 1-31　共用前室示意图

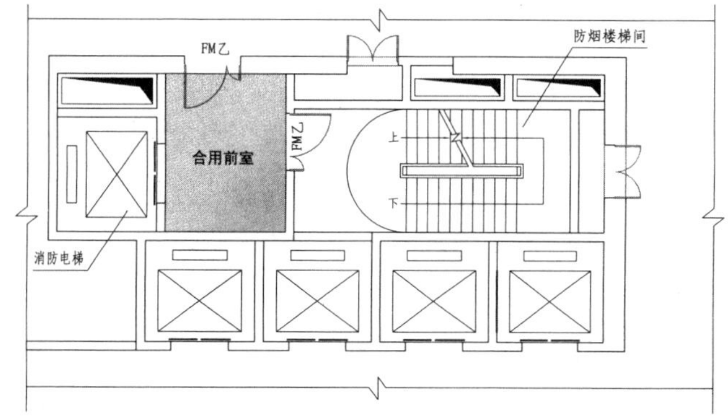

图 1-32　合用前室示意图

第2章 Chapter 2 Fire Duration Design of Buildings 建筑耐火设计

2.1 建筑耐火等级的选定

选定建筑物耐火等级的目的在于使不同用途的建筑物具有与之相适应的耐火安全贮备，既利于安全，又节约投资。从建筑物的使用情况来看，其火灾危险性并不完全相同，所以，各种建筑物的安全贮备要求是不相同的。防火安全投资要受到建筑总投资的限制，它在建筑总投资里占有一定的比例，而这个比例的大小与建筑物的重要程度及其在使用中的火灾危险性相适应，以求获得最佳的经济效果。

确定建筑物的耐火等级时，要受到许多因素的影响，如要根据火灾统计资料分析、建筑物的使用性质与重要程度、建筑物的高度和面积、生产和贮存物品的火灾危险性类别等。

2.1.1 火灾资料统计分析与建筑耐火等级

划分建筑物耐火等级的目的在于根据建筑物不同用途提出不同的耐火等级要求，做到既有利于安全，又节约基本建设投资。火灾实例说明，耐火等级高的建筑，火灾时烧坏、倒塌的很少，耐火等级低的建筑，火灾时不耐火，燃烧快，损失大。

根据多年的火灾统计资料分析：火灾持续时间在 2h 以内的占火灾总数的 90%以上；火灾持续时间在 1.5h 以内的占总数的 88%；在 1h 以内的占 80%。一级建筑的楼板的耐火极限定为 1.50h，二级的定为 1.00h，三级定为 0.50h。这样，80%以上的一、二级建筑物不会被烧垮。

楼板的耐火极限确定之后，根据建筑结构的传力路线，确定其他构件的耐火极限。即楼板把所受荷载传递给梁，梁再传递给柱（或墙），柱（或墙）再传递给基础。按照构件在结构安全中的地位，确定适宜的耐火极限。凡比楼板重要的构件，其耐火极限都应有相应的提高。例如，在二级耐火等级建筑中，支撑楼板的梁比楼板更重要，其耐火极限应比楼板高，定为 1.50h。柱和承重墙比梁更为重要，定为 2.50~3.00h，依此类推。

高层建筑中的墙、柱构件的耐火极限比普通建筑的相应构件要低一些。这是因为，高层建筑中设置了早期报警、早期灭火等保护设施，并对室内可燃装修材料加以限制，其综合防火保护能力比普通建筑要高。但基本构件如楼板、梁、疏散楼梯等耐火极限并没有降低，是高层建筑的安全储备。

除了建筑构件的耐火极限外，其燃烧性能也是耐火等级的决定条件。一级耐火等级的构件全是不燃烧体；二级耐火等级的构件除吊顶为难燃烧体之外，其余都是不燃烧体；三级耐火等级的构件除吊顶和屋顶承重构件外，也都是不燃烧体；四级耐火等级的构件，除防火墙为不燃烧体外，其余的构件按其作用与部位不同，有难燃烧体，也有燃烧体。

一般说来，一级耐火等级建筑是钢筋混凝土结构或砖混结构。二级耐火等级建筑和一级耐火等级建筑基本上相似，但其构件的耐火极限可以较低，而且可以采用未加保护的钢屋架。三级耐火等级建筑是木屋顶、钢筋混凝土楼板、砖墙组成的砖木结构。四级耐火等级建筑是木屋顶、难燃烧体墙壁组成的可燃结构。

2.1.2　建筑物的重要性

对于功能多、设备复杂、性质重要、扑救困难的重要建筑，应优先采用一级耐火等级。这些建筑包括多功能高层建筑、高级机关重要的办公楼、通信中心大楼、广播电视大厦、重要的科学研究楼、图书档案楼、重要的旅馆及公寓、重要的高层工业厂房、自动化多层及高层库房，等等。这些建筑一旦发生火灾，人员、物资集中，扑救困难，疏散困难，经济损失大，人员伤亡多，造成的影响大，对这类建筑采用一级耐火等级。是完全必要的。而对一般的办公楼、旅馆、教学楼等，由于其可燃物相对少些，起火后危险也会小些，因此，采用二级甚至三级耐火等级。

2.1.3　建筑物的高度

建筑物的高度越高，功能越复杂，经常停留在建筑物内的人员就越多，物资也就越多，火灾时蔓延快，燃烧猛烈，疏散和扑救工作就越困难。另外，从火灾发生的楼层统计来看，高层建筑火灾发生率基本上是自上而下地增多。根据建筑火灾的这些特点，我国规定：地下或半地下建筑（室）和一类高层建筑的耐火等级不应低于一级；单、多层重要公共建筑和二类高层建筑的耐火等级不应低于二级；除木结构建筑外，老年人照料设施的耐火等级不应低于三级。

建筑高度大于100m的民用建筑，其楼板的耐火极限不应低于2.00h。一、二级耐火等级建筑的上人平屋顶，其屋面板的耐火极限分别不应低于1.50h和1.00h。

此外，高层工业厂房和高层库房应采用一级或二级耐火等级的建筑。当采用二级建筑时，容纳的可燃物量平均超过200kg/m^{2}时，其梁、楼板应符合一级耐火等级的要求。但是，设有自动灭火设备时，则发生火灾的概率要减小，火灾规模也会相应减小，故可以不再提高。

2.1.4　使用性质与火灾危险性

对于民用建筑来说，使用性质有很大差异，因而诱发火灾的可能性也就不同。而且发生火灾后的人员疏散、火灾扑救的难度也不同。例如：医院的住院部、外科手术室等，不仅病人行动不便、疏散困难，而且手术中的病人也不能转移和疏散，应优先采用一级耐火等级。又如：大型公共建筑，使用人数多，疏散困难，而且建筑空间大，火灾扑救困难，故其耐火等级也应该选用一、二级耐火等级。旅游宾馆、饭店等建筑，投宿旅客多，并对疏散通道不够了解，发生火灾时，旅客不易找到疏散出口，因而疏散时间长，易造成伤亡事故，所以也应选一、二级耐火等级。相反，使用人员固定，对建筑物情况熟悉，可燃物相对较少的大量民用建筑，其耐火等级可适当低些。

对于工业厂房或库房，根据其生产和贮存物品火灾危险性的大小，提出与之相应的耐火等级要求，特别是对有易燃、易爆危险品的甲、乙类厂房和库房，发生事故后造成的影响大，损失大，所以，甲、乙类厂房和库房应采用一、二级耐火等级建筑；丙类厂房和库房不得低于三级耐火等级建筑；丁、戊类厂房和库房的耐火等级不应低于四级。

为了避免发生火灾后造成巨大损失，厂房或仓库如有贵重的机器设备、贵重物资时，应该采用不低于二级耐火等级的建筑。

中小企业的甲、乙类生产厂房最好采用一、二级耐火等级建筑。但面积较小，且为独立的厂房，考虑投资的实际情况，并估计火灾损失不大的前提下，也可以采用三级耐火等级建筑。此外，使用或生产可燃液体的丙类生产厂房，有火花、赤热表面、明火的丁类生产厂房均应采用一、二级耐火等级的建筑，但是，上述厂房规模较小，丙类厂房不超过500m²，丁类厂房不超过1,000m²时也可以采用三级耐火等级的单层建筑。

2.2 钢结构耐火设计

2.2.1 钢材在高温下的物理力学性能

钢材是不燃烧材料，可是在火灾条件下，裸露的钢结构会在十几分钟内发生倒塌破坏。为了提高钢结构耐火极限，必须研究钢材在高温下的性能。

1）钢材在高温下的强度

钢材的强度是随温度的升高而逐渐下降的。图2-1给出了高温下钢材强度随温度变化的试验曲线。图中纵坐标为 r，代表热作用下的强度与常温强度之比，横坐标为温度值。由图可知，当温度小于175℃时，受热钢材强度略有升高，随后，强度伴随温度急剧地下降；当温度为500℃时，受热钢材强度仅为其常温强度的30%；而当温度达到750℃时，可认为钢材强度已全部丧失。

表2-1列出了常用建筑钢材16Mn、25MnSi在高温下屈服强度降低系数。

2）弹性模量

钢材的弹性模量随着温度升高而连续地下降。在0～1,000℃这个温度范围内，钢材弹性模量的变化可用两个方程描述。当温度 T 大于0而小于或等于600℃，时热弹性模量 E_T 与普通弹性模量 E 的比值方程为：

$$\frac{E_T}{E}=1.0+\frac{T}{2000\log e\left(\frac{T}{1100}\right)}$$

$$(0\leqslant T\leqslant 600℃) \qquad (2-1)$$

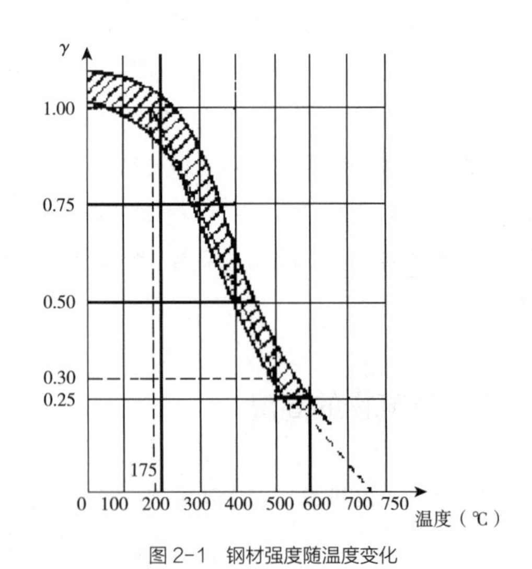

图2-1 钢材强度随温度变化

16Mn、25MnSi钢筋高温下屈服强度降低系数 表2-1

钢材品种 \ 温度(℃)	100	200	250	300	350	400	450	500
16Mn	0.90	0.84	0.82	0.77	0.64	(0.64)	(0.54)	(0.43)
25MnSi	0.93	0.88	0.84	0.82	0.71	(0.66)	(0.56)	(0.44)

注：1. 本表引自冶金建筑研究院资料；

2. 钢材加热至400℃时，屈服平台消失，表中括号内的值系根据 $\sigma_s=0.5\sigma_b$ 算出的。

当温度 T 大于 600℃小于 1,000℃时，方程为：

$$\frac{E_T}{E}=\frac{960-0.69T}{T-53.5} \quad (600<T<1,000℃) \qquad (2-2)$$

上述两个方程集中反映在，如图 2-2 所示。表 2-2 列出了常用建筑钢材在高温下弹性模量的降低系数。

A_3、16Mn、25MnSi 在高温下弹性模量降低系数

表 2-2

钢材品种 \ 温度（℃）	100	200	300	400	500
A_3	0.98	0.95	0.91	0.83	0.68
16Mn	1.00	0.94	0.95	0.83	0.65
25MnSi	0.97	0.93	0.93	0.83	0.68

注：本表引自冶金建筑研究院资料。

3）热膨胀系数

钢材在高温作用下产生膨胀，如图 2-3 所示。当温度在 0℃ ≤ T ≤ 600℃时，钢材的热膨胀系数与温度成正比，钢材的热膨胀系数 α_s 可采用如下常数：

$$\alpha_s=1.4\times10^{-5}\ [\mathrm{m/(m\cdot℃)}] \qquad (2-3)$$

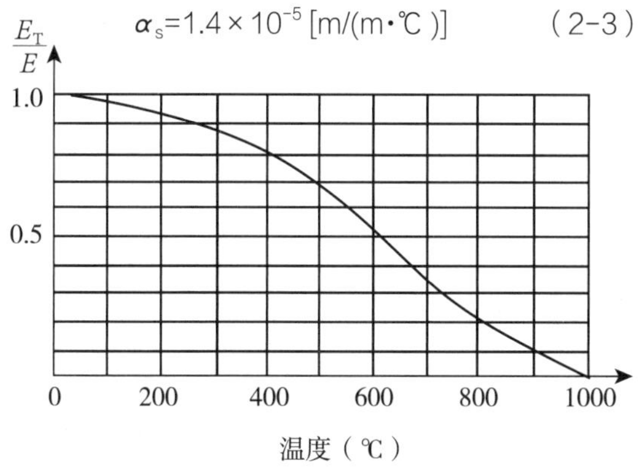

图 2-2 钢材弹性系数与受热温度的关系

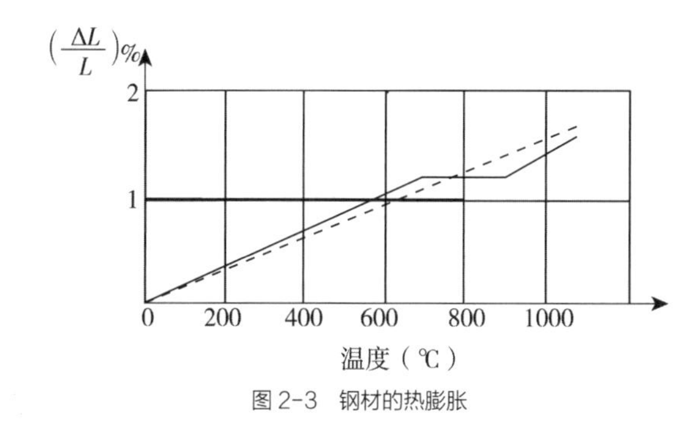

图 2-3 钢材的热膨胀

2.2.2 钢结构防火保护材料

1）混凝土

人们从钢筋混凝土结构比钢结构耐火这一事实出发，把混凝土最早、最广泛地用作钢结构的防火保护材料。混凝土作为防火材料主要是由于：

（1）混凝土可以延缓金属构件的升温，而且可承受与其面积和刚度成比例的一部分荷载；

（2）根据耐火试验，耐火性能最佳的粗集料为石灰岩碎石集料；花岗岩、砂岩和硬煤渣集料次之；由石英和燧石颗粒组成的粗集料最差；

（3）决定混凝土防火能力的主要因素是厚度。H 形钢柱混凝土防火层的做法，如图 2-4 所示。

2）石膏

石膏具有较好的耐火性能。当其暴露在高温下时，可释放出 20%的结晶水而被火灾的热量所气化（每蒸发 1kg 的水，吸收 232.4×10^4J 的热）。所以，火灾中石膏一直保持相对稳定的状态，直至被完全煅烧脱水为止。石膏作为防火材料，既可做成板材，粘贴于钢构件表面；也可制成灰浆，喷涂或手工抹灰到钢构件表面上（图 2-5）。

（1）石膏板分普通和加筋的两类，它们在热工性能上无大差别，只是后一种含有机纤维，结构整体性有一定提高。石膏板重量轻，施工快而简便，不需专用机械，表面平整可做装饰层。

（2）石膏灰浆既可机械喷涂，也可手工抹灰。这类灰浆大多用矿物石膏（经过煅烧）做胶结料，

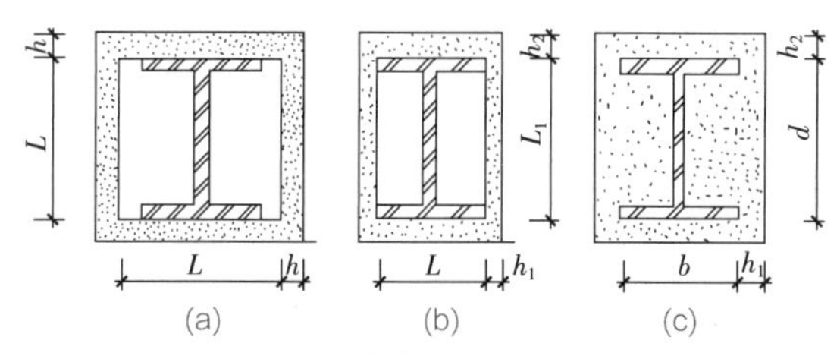

图 2-4 H 形钢柱混凝土防火保护层

(a) 正方形截面，四边宽度相同；(b) 长方形截面宽度不同；(c) 长方形截面，混凝土灌满

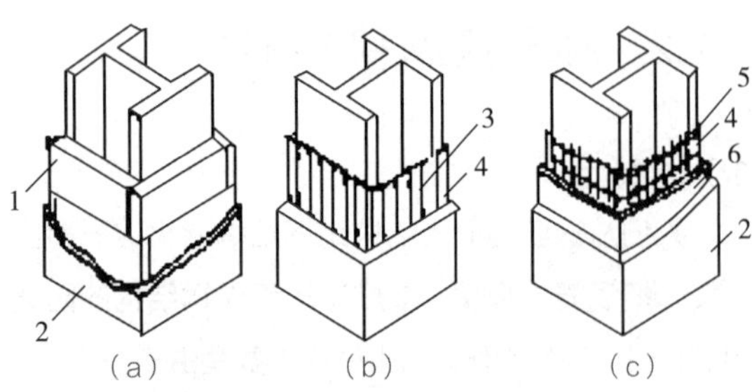

图 2-5 石膏防火保护层的几种做法
1—圆孔石膏板；2—装饰层；3—钢丝网或其他基层；
4—角钢；5—钢筋网；6—石膏抹灰层

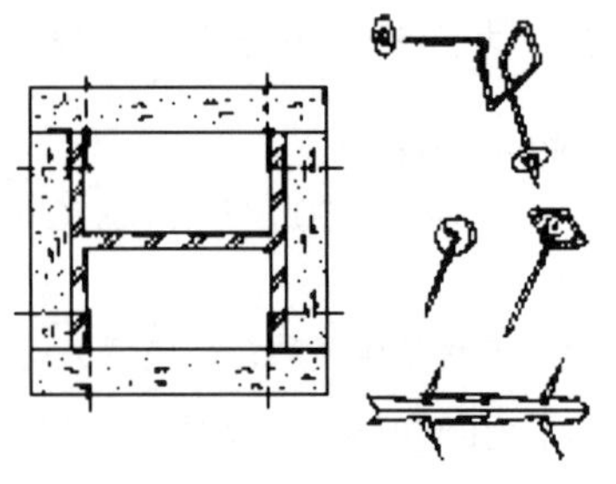

图 2-6 矿棉板的固定方法和固定件

用膨胀珍珠岩或蛭石作轻骨料。喷涂施工时，把混合干料加水拌合，密度为 2.4~4.0kg / m^3。当这种涂层暴露于火灾时，大量的热被石膏的结晶水所吸收，加上其中轻骨料的绝热性能，使耐火性能更为优越。

3）矿物纤维

矿物纤维是最有效的轻质防火材料，它不燃烧，抗化学侵蚀，导热性低，隔声性能好。矿物纤维的原材料为岩石或矿渣，在 1,371℃高温下制成。

（1）矿物纤维涂料由无机纤维、水泥类胶结料以及少量的掺合料配成。加掺合料有助于混合料的浸润、凝固和控制灰尘飞扬。混合料中还掺有空气凝固剂、水化凝固剂和陶瓷凝固剂，按需要，这几种凝固剂可按不同比例混合使用，或只使用某一种。

（2）矿棉板也可用岩棉板，它有不同的厚度和密度，密度越大，耐火性能越高。矿棉板的固定件有以下几种：用电阻焊焊在翼缘板内侧的销钉上；用电阻焊焊在翼缘板外侧的销钉上（距边缘 20mm）；用薄钢带固定于柱上的角铁形固定件上等（图 2-6）。把矿棉板插放在钢丝销钉上，销钉端头卡钢板片使矿棉板得到固定。

矿棉板防火层一般做成箱形，可把几层叠置在一起。当矿棉板绝缘层不能做太厚时，可在最外面加高熔点绝缘层，但造价提高。当矿棉板的厚度为 62.5mm 时，耐火极限可达 2h。

4）膨胀涂料

膨胀涂料是一种极有发展前景的防火材料，它极似油漆，直接喷涂于金属表面，粘结和硬化与油漆相同。涂料层上可直接喷涂装饰油漆，不透水，抗机械破坏性能好，耐火极限可达 2.00h。

2.2.3 钢结构防火工法

根据钢结构耐火等级要求不同，采用的防火材料不同，施工方法随之而异。英国钢结构协会（BSC）认为，钢梁喷涂矿物纤维灰浆，钢柱贴轻质防火板，是最经济、最有效的做法。我国几幢高层钢结构防火做法见表 2-3，钢结构通常采用的防火保护见表 2-4。

我国几个钢结构工程的防火做法　表 2-3

建筑名称	层数 / 高度	钢柱防火层	钢梁防火层
北京香格里拉饭店	26/82.75m	钢柱包裹在 SRC 柱内，无需防火层	位于平顶以内的钢梁喷涂岩棉，厚 4.5cm，处在平顶以下钢梁粘贴石膏防火板，厚 4cm
上海静安—希尔顿饭店	43/143.62m	公共服务层、设备层和避难层钢柱用少筋混凝土现浇层，厚 65mm；标房层壁柜内钢柱喷涂蛭石水泥灰浆厚 20mm，耐火极限为 2.00h	吊顶以内钢梁以及设备和避难层钢梁喷涂蛭石水泥灰浆，厚 20mm，耐火极限为 2.00h；标准客房层客房内外露的钢柱、钢梁部分粘贴矿棉石膏板，厚 20mm

续表

建筑名称	层数／高度	钢柱防火层	钢梁防火层
北京长富宫饭店	25/94m	钢结构耐火等级要求为一级，防火采用国产 STI—A 型蛭石水泥灰浆喷涂防火涂料，厚度 35mm，干料密度为 460kg/m³，喷涂前清理构件表面油污、浮锈、尘土、刷防锈漆包扎钢丝网，与其构件表面的间隙为 5~20mm，钢丝网网格 10mm × 25mm，钢丝直径 0.8mm	

钢结构柱、梁、桁架通常采用的防火保护层　表 2-4

钢柱 实腹钢梁 钢桁架	● ○ ●	○ ● ●	● ○ 	● ●	● ●
施工法	现场施工		工厂预制		
	浇灌	喷涂（射）	板材	异形板	毡子
形状	工字形		工字形或箱型	箱型	
材料	石膏混凝土*	喷射混凝土蛭石灰浆* 矿物纤维灰浆* 珍珠岩灰浆 蛭石珍珠岩灰浆	石膏板 灰泥板 石棉硅酸盐板* 纤维硅酸盐板 蛭石水泥板 石棉硅酸钙板	石膏件 珍珠岩石膏件 硅酸钙件	矿物纤维毡

注：●—很适用；○—比较适用；带 * 者为经常采用的材料。

1）现浇法

现浇法一般用普通混凝土、轻质混凝土或加气混凝土，是最可靠的钢结构防火方法。其优点是，防护材料费低，而且具有一定的防锈作用，无接缝，表面装饰方便，耐冲击，可以预制。其缺点是，支模、浇筑、养护等施工周期长，用普通混凝土时，自重较大。

现浇施工采用组合钢模，用钢管加扣件作抱箍。浇灌时每隔 1.5~2m 设一道门子板，用振动棒振实。为保证混凝土层断面尺寸的准确，先在柱脚四周地坪上弹出保护层外边线，浇灌高 50mm 的定位底盘作为模板基准，模板上部位置则用厚 65mm 的小垫块控制。

2）喷涂法

喷涂法是目前钢结构防火保护使用最多的方法，可分为直接喷涂和先在工字形钢构件上焊接钢丝网，而将防火保护材料喷涂在钢丝网上，形成中空层的方法，喷涂材料一般用岩棉、矿棉等绝热性材料。

喷涂法的优点是，价格低，适合于形状复杂的钢构件，施工快，并可形成装饰层。其缺点是，养护、清扫麻烦，涂层厚度难于掌握，因工人技术水平而质量有差异，表面较粗糙。

喷涂法首先要严格控制喷涂厚度，每次不超过 20mm，否则会出现滑落或剥落；其次是在一周之内不得使喷涂结构发生振动，否则会发生剥落或造成日后剥落。

3）粘贴法

先将石棉硅酸钙、矿棉、轻质石膏等防火保护材料预制成板材，用胶粘剂粘贴在钢结构构件上，当构件的结合部有螺栓、铆钉等不平整时，可先在螺栓、铆钉等附近粘垫衬板材，然后将保护板材再粘到在垫衬板材上（图 2-7）。

粘贴法的优点是材质、厚度等容易掌握，对周围无污染，容易修复，对于质地好的石棉硅酸钙板，可以直接用作装饰层。其缺点是这种成型板材不耐撞击，易受潮吸水，降低胶粘剂的粘结强度。

从板材的品种来看，矿棉板因成型后收缩大，结合部会出现缝隙，且强度较低，最近较少使用。石膏系列板材，因吸水后强度降低较多，破损率高，现在基本上不再使用。

防火板材与钢构件的粘结，关键要注意胶粘剂的涂刷方法。钢构件与防火板材之间的粘结涂刷面积应在 30%以上，且涂成不少于 3 条带状，下层垫板与上层板之间应全面涂刷，不应采用金属件加强。

4）吊顶法

用轻质、薄型、耐火的材料，制作吊顶，使吊顶具有防火性能，而省去钢桁架、钢网架、钢屋面

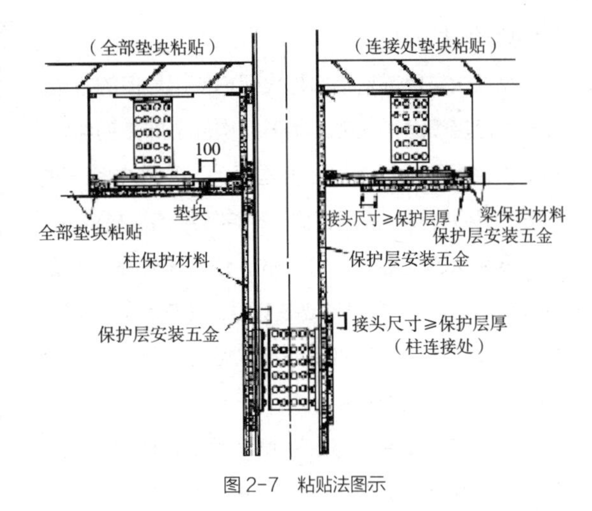

图 2-7 粘贴法图示

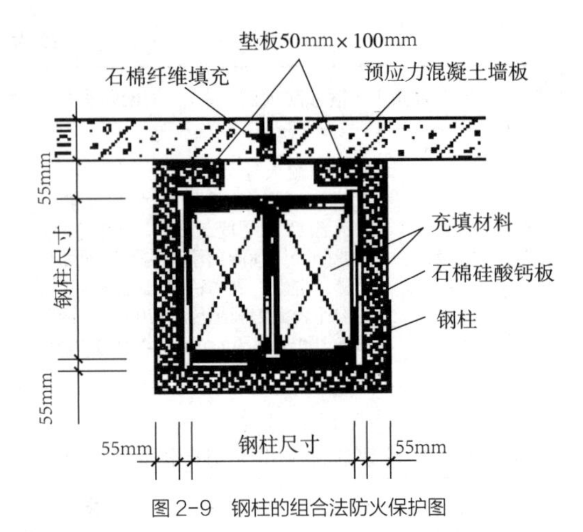

图 2-9 钢柱的组合法防火保护图

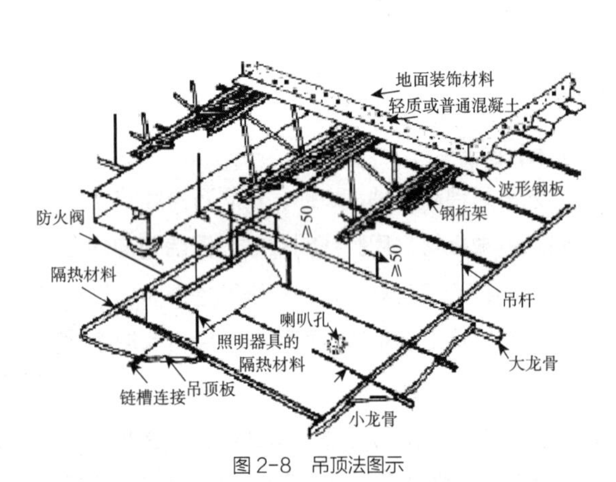

图 2-8 吊顶法图示

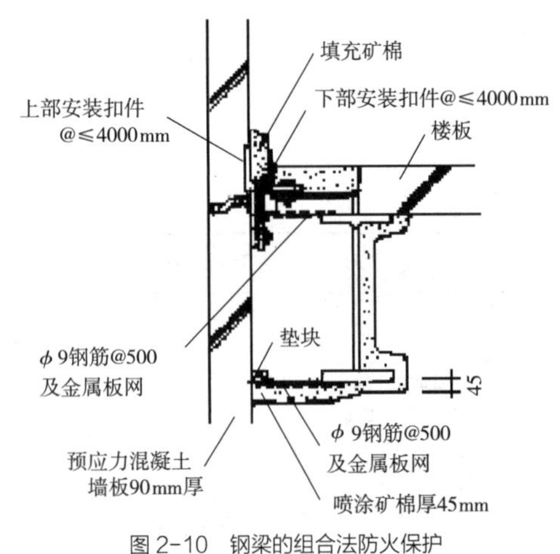

图 2-10 钢梁的组合法防火保护

等的防火保护层。采用滑槽式连接，可有效防止防火保护板的热变形。吊顶法的优点是，省去了吊顶空间内的耐火保护层施工（但主梁还要做保护层），施工速度快。缺点是，竣工后要有可靠的维护管理（图 2-8）。

5）组合法

用两种以上的防火保护材料组合成的防火方法。将预应力混凝土幕墙及蒸压轻质混凝土板作为防火保护材料的一部分加以利用，从而可加快工期，减少费用。

这种防火保护方法，对于高度很大的超高层建筑物，可以减少较危险的外部作业，并可减少粉尘等飞散在高空，有利于环境保护（图 2-9、图 2-10）。

2.3 混凝土构件的耐火性能

混凝土是由水泥、水和骨料（如卵石、碎石、砂子）等原材料经搅拌后入模浇筑，经养护硬化后形成的人工石材。

2.3.1 混凝土在高温下的抗压强度

混凝土受火灾高温后，温度、时间与强度的关系，

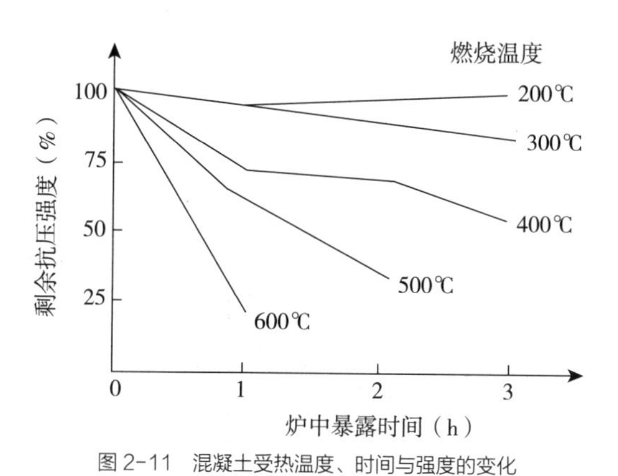

图 2-11　混凝土受热温度、时间与强度的变化

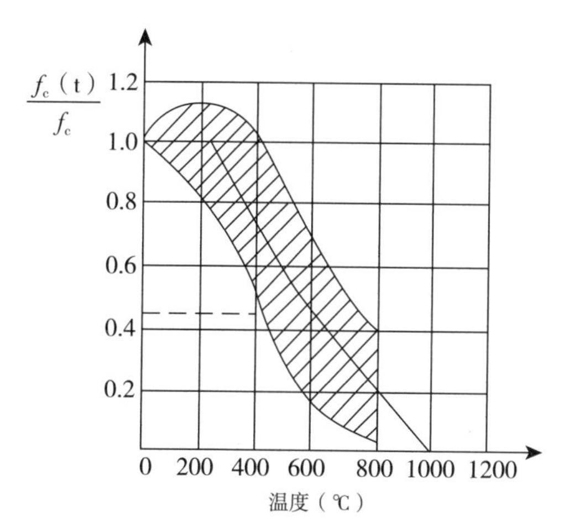

图 2-12　混凝土抗压强度随温度的变化

如图 2-11 所示。

大量试验结果表明混凝土在火灾高温作用下基本的变化规律是：混凝土在热作用下，受压强度随温度的上升而基本上呈直线下降。当温度达 600℃时，混凝土的抗压强度仅是常温下强度 45%；而当温度上升到 1,000℃时，强度值变为零。混凝土在低于 300℃时，对强度的影响不大，相当一部分试验中，出现了在 300℃以前混凝土的抗压强度高于常温强度的现象，如图 2-12 所示。

2.3.2　混凝土的抗拉强度

在一般的结构设计中，强度计算起控制作用，

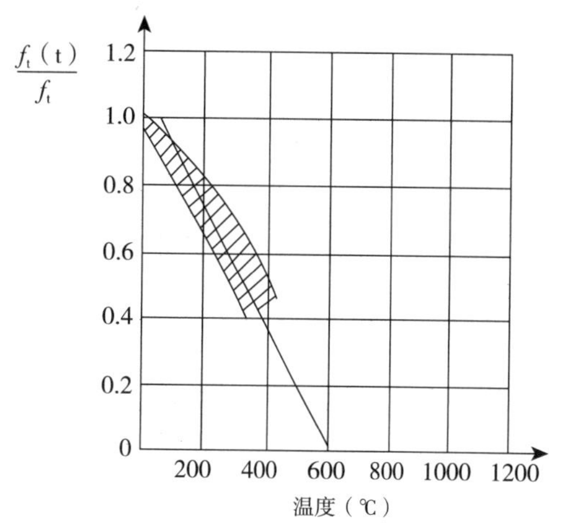

图 2-13　混凝土抗压强度随温度的变化

抗裂度和变形计算起辅助验算作用。抗拉强度是混凝土在正常使用阶段计算的重要物理指标之一。它的特征值高低直接影响构件的开裂、变形和钢筋锈蚀等性能。而在防火设计中，抗拉强度更为重要。这是因为构件过早地开裂会将钢筋直接暴露于火中，并由此产生过大的变形。

如图 2-13 所示，给出了混凝土抗拉强度随温度上升而下降的实测曲线。图中纵坐标为高温抗拉强度与常温抗拉强度的比值，横坐标为温度值。试验结果表明，混凝土抗拉强度在 50℃到 600℃之间的下降规律基本上可以用直线表示，当温度达到 600℃时，混凝土的抗拉强度为 0。与抗压相比，抗拉强度对温度的敏感度更高。

2.3.3　弹性模量的变化

弹性模量是结构计算的一个重要的物理指标。它在火灾高温作用下同样会随温度的上升而迅速地降低。如图 2-14 所示为实测结果，纵坐标为热弹性模量 E_c（t）与常温下的弹性模量 E_c 之比；横坐标为温度值。试验结果表明，在 50℃的温度范围内，混凝土的弹性模量基本没有下降，之后到 200℃之间混凝土弹性模量下降最为明显。200~400℃之间

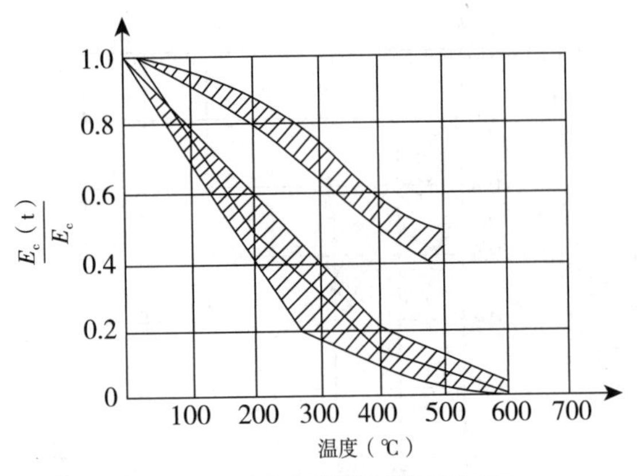

图 2-14 混凝土的弹性模量随温度的变化

下降速度减缓，而 400~600℃时变化幅度已经很小，可这时的弹性模量也基本上接近 0。

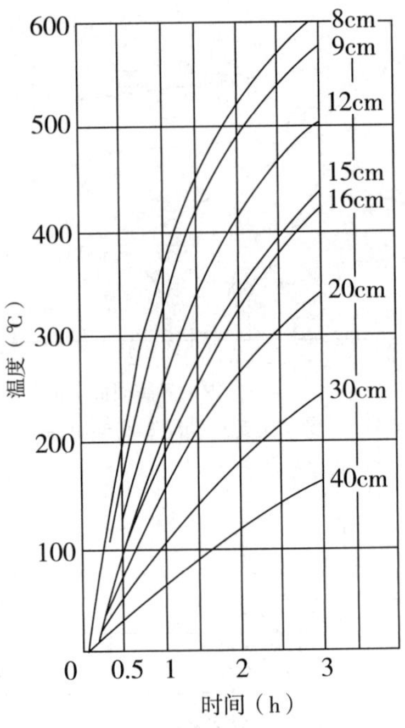

图 2-15 混凝土保护层厚度、受火时间与内部温度的关系

2.3.4 保护层厚度对钢筋混凝土构件耐火性能的影响

为了有效预防火灾，必须掌握混凝土保护层厚度对构件耐火性能的影响，即混凝土中温度梯度的变化。如图 2-15 所示，结果表明沿混凝土深度其内部温度将由表及里呈递减状态。由图可见，适当加大受拉区混凝土保护层的厚度，是降低钢筋温度、提高构件耐火性能的重要措施之一。

截止目前的研究表明：建筑构件的耐火极限与构件的材料性能、构件尺寸、保护层厚度、构件在结构中的连接方式等有着密切的关系。如图 2-16 所示，表明砖墙、钢筋混凝土墙的耐火极限基本上是与其厚度成正比增加的。如图 2-17 所示表明，钢筋混凝土梁的耐火极限是随着其主筋保护层厚度成正比增加的。表 2-5 是预应力多孔板、圆孔空心板耐火实验的数据。从表中可以看出，楼板耐火极限随着保护层厚度的增加而增加，随着荷载的增加而减小，并且支撑条件不同时，耐火极限也不相同。其基本规律是，四面简支现浇板 > 非预应力板 > 预应力板。原因是，四面简支现浇板在火灾温度作用下，挠度的增加比后二者都慢，非预应力板次之。

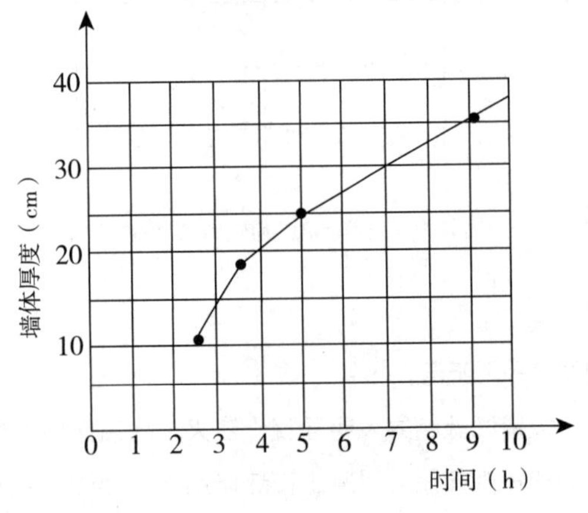

图 2-16 墙体厚度与耐火极限

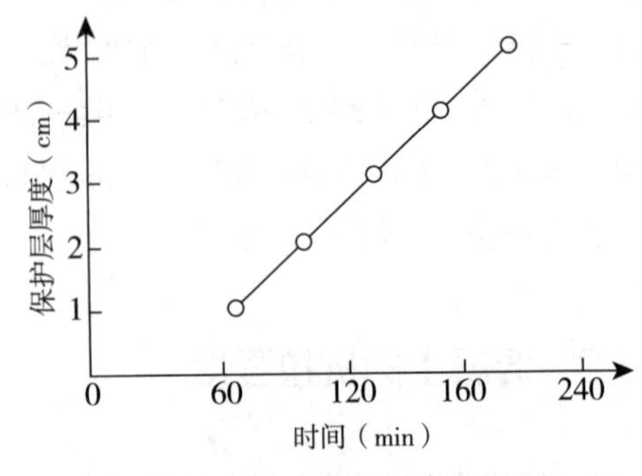

图 2-17 梁的主筋保护层厚度与耐火极限

三种板的耐火极限比较

表 2-5

荷载(kN/m²) / 耐火极限(min) / 保护层厚度(cm) / 样板种类		0	1.0	1.5	2.0	2.5	2.6	3.0	4.0	4.6	5.0
预应力多孔板（标准荷载 2.6kN/m²）	1	60	45	35	30		25①				
	2	70	60	50	45		40①				
	3	80	70	60	55		50①				
固孔空心板（标准荷载 2.5kN/m²）	1	80	70	65	60	55①		50	45		40
	2	110	95	85	75	70①		60	55		50
	3	120	110	100	95	90①		80	75		70
四面简支板（标准荷载 4.6kN/m²）	1	170	150	135	125	110		100	90	85①	80
	2	200	170	150	135	120		110	100	90①	90
	3	250	215	180	145	130		120	115	110①	100

注：①设计荷载值。

四川消防科研所对不同保护层厚度的预应力钢筋混凝土楼板做了耐火试验，结果见表 2-5。由表可见，适当增厚预应力钢筋混凝土楼板的保护层，对提高耐火时间是十分有效的。当然，在客观条件允许的情况下，也可以在楼板的受火（拉）面抹一层防火涂料，可较大幅度地延长构件的耐火时间。

一般地说，预应力钢筋混凝土构件要比非预应力构件的耐火时间短。这主要是因为在同等配筋的情况下，预应力构件在使用阶段承受的荷载要大于非预应力构件。即在受火作用时，预应力筋是处于高应力状态，而高应力状态一定会导致高温下钢筋的徐变。例如当低碳冷拔钢丝强度为 600N/mm²，温度达到 300℃时，预应力几乎全部消失，此时构件的刚度降低 2/3 左右。

四川消防科研所对钢筋混凝土简支梁的耐火性能进行了试验研究，得出受力主筋温度与保护层厚度的关系，见表 2-6。

火灾温度作用下梁内主筋温度与保护层厚度的关系

表 2-6

升温时间（min）	15	30	45	60	75	90	105	140	173	210
火灾温度（℃） / 主筋温度（℃） / 主筋保护层厚度（cm）	750	840	880	925	950	975	1,000	1,020	1,045	1,065
1	245	390	480	540	590	620				
2	165	270	350	410	460	490	530			
3	135	210	290	350	400	440		510		
4	105	175	225	270	310	340			500	
5	70	130	175	215	260	290				480

2.3.5 高温时钢筋混凝土的破坏

钢筋混凝土的粘结力，主要是由混凝土硬结时将钢筋紧紧握裹而产生的摩擦力、钢筋表面凹凸不平而产生的机械咬合力及钢筋与混凝土接触表面的相互胶结力所组成。

当钢筋混凝土受到高温时，钢筋与混凝土的粘结力要随着温度的升高而降低。粘结力与钢筋表面的粗糙程度有很大的关系。试验表明，光面钢筋在 100℃：时，粘结力降低约 25%；200℃时，降低约 45%；250℃时，降低约 60%；而在 450℃时，粘结力几乎完全消失。但非光面钢筋在 450℃时才降低约 25%。其原因是，光面钢筋与混凝土之间的粘结力主要取决于摩擦力和胶结力。在高温作用下，混凝土中水分排出，出现干缩的微裂缝，混凝土抗拉强度急剧降低，二者的摩擦力与胶结力迅速降低。

而非光面钢筋与混凝土的粘结力，主要取决于钢筋表面螺纹与混凝土之间的咬合力。在250℃以下时，由于混凝土抗压强度的增加，二者之间的咬合力降低较小；随着温度继续升高，混凝土被拉出裂缝，粘结力逐渐降低。

试验表明，钢筋混凝土受火情况不同，耐火时间也不同。对于一面受火的钢筋混凝土板来说，随着温度的升高，钢筋由荷载引起的蠕变不断加大，350℃以上时更加明显。蠕变加大，使钢筋截面减小，构件中部挠度加大，受火面混凝土裂缝加宽，使受力主筋直接受火作用，承载能力降低。同时，混凝土在300~400℃时强度下降，最终导致钢筋混凝土完全失去承载能力而破坏。

2.4 建筑耐火构造

2.4.1 玻璃幕墙防火设计

在现代建筑中，经常采用类似幕帘式的墙板。这种墙板一般都比较薄，最外层多采用玻璃、铝合金或不锈钢等漂亮的材料，形成饰面，改变了框架结构建筑的艺术风貌。幕墙工程技术飞速发展，当前多以精心设计和高度工业化的型材体系为主。由于幕墙框料及玻璃均可预制，大幅度降低了工地上复杂细致的操作工作量；新型轻质保温材料、优质密封材料和施工工艺的较快发展，促使非承重轻质外墙的设计和构造发生了根本性改变。

玻璃幕墙受到火烧或受热时，玻璃易破碎，甚至造成大面积的破碎事故，引起火势迅速蔓延，出现“引火风道”，酿成大灾，危害生命财产安全。因此，必须重视玻璃幕墙的防火构造设计。

为了阻止火灾时幕墙与楼板、隔墙之间的洞隙蔓延火灾，幕墙与每层楼板交界处的水平缝隙和隔墙处的垂直缝隙，应该用不燃烧材料严密填实，如图2-18所示。

窗间墙、窗槛墙的填充材料应采用不燃烧材料，以阻止火灾通过幕墙与墙体之间的空隙蔓延。但是，当外墙面采用不燃烧材料，如铝合金板、不锈钢以及防火玻璃等，且耐火极限不低于1.00h时，其墙内填充材料可采用难燃烧材料。

对于无窗间墙和窗槛墙的玻璃幕墙，应在楼板外沿设置耐火极限不低于1.00h、高度不低于0.8m的不燃烧实体裙墙，如图2-19所示。

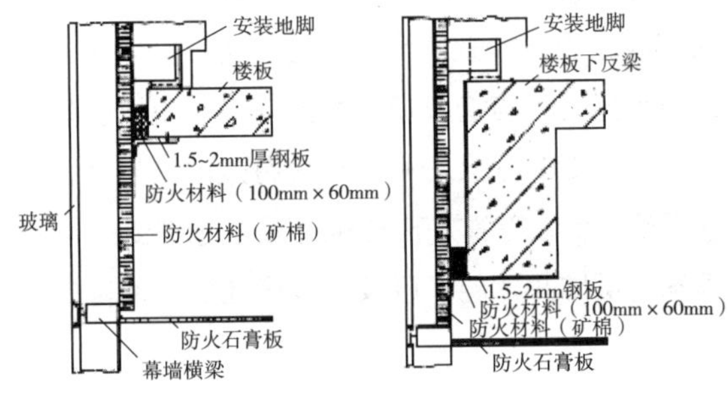

图2-18 玻璃幕墙的防火构造

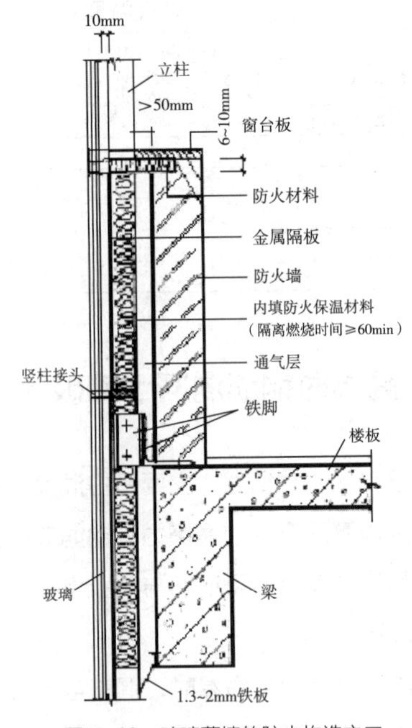

图2-19 玻璃幕墙的防火构造之二

2.4.2 预应力钢筋混凝土楼板耐火构造

预应力混凝土楼板在火灾温度作用下，钢筋很快松弛，预应力迅速消失。当钢筋温度超过 300℃后，预应力很快地全部损失，板中挠度增加迅速，板下产生裂缝，使钢筋局部受热加剧，导致楼板失去支持能力而垮塌。大量实验证明，当预应力钢筋混凝土楼板的受力钢筋的保护层为 10mm 时，耐火极限低于 0.50h，不能满足二级耐火等级楼板的耐火极限 1.00h 的要求。下面介绍提高预应力钢筋混凝土楼板耐火极限的方法。

1）增加预应力楼板保护层的厚度

适当提高预应力钢筋混凝土楼板钢筋的保护层厚度，可以提高其耐火极限。当保护层的厚度达到 30mm 时，耐火极限可达 50min。但是，较大地增加保护层厚度是不经济的，而做板底抹灰却比较实际可行，如果能使保护层和抹灰厚度总和在 35mm 以上，就能基本满足二级耐火等级的要求。

2）使用预应力混凝土楼板防火涂料

国内现已开发研究成功，并投入广泛使用的 106 和 TA 两种预应力混凝土楼板的防火隔热涂料。

106 预应力混凝土楼板的防火隔热涂料以无机、有机复合物体胶粘剂，配以珍珠岩、硅酸铝纤维等绝热、吸热、膨胀和增强材料，用水作溶剂，经混合搅拌而成。在预应力混凝土楼板的下表面喷涂 5mm 涂料，楼板的耐火极限由 0.50h 以下提高到 1.80h 以上，可满足一级耐火等级的要求。

TA 预应力楼板防火隔热涂料用 425 号以上普通硅酸盐水泥或矿渣水泥为粘结材料，以膨胀珍珠岩等材料为骨料配制而成。该涂料在预应力混凝土楼板表面涂 8mm 时，其耐火极限由 0.50h 以下提高到 1.60h 以上。该涂料原料丰富，价格低，施工方便，防火隔热性能好。

上述两种预应力楼板防火隔热涂料，是提高预应力钢筋混凝土楼板的新技术。用防火涂料提高预应力混凝土楼板的耐火极限，与增加钢筋保护层厚度的方法相比，优势在于涂层厚度小，自重小，耐火极限提高的幅度大，是目前国内提高预应力钢筋混凝土楼板耐火极限的一种好方法。

2.4.3 隔墙的耐火构造

为了减轻建筑物自重荷载，有利于防震、防火，对于建筑物的隔墙，尤其是高层建筑中的隔墙，必须采用具有较高耐火能力的不燃烧体轻质板材。一、二级耐火等级的疏散走道两侧隔墙应为耐火极限 1.00h 的不燃烧体。由于疏散走道关系到人员疏散的安全，故必须给予充分保障。房间隔墙应分别为耐火 0.75h 及 0.50h 的不燃烧体，它对疏散安全的影响较小，所以规定也有所放宽。对于规模、高度不大非重要建筑，不燃烧体隔墙难于做到时，二级耐火等级的房间隔墙还可以考虑采用难燃烧体制作，但必须满足耐火极限的要求。

加气混凝土构件的耐火极限　　表 2-7

构件名称	规格（cm）	结构厚度（cm）	耐火极限（h）
加气混凝土砌块墙	60×50×7.5	7.5	2.50
	60×25×10	10	3.75
	60×25×15	15	5.75
	60×20×20	20	8.00
加气混凝土墙板	2.70×60×15	15	5.75
加气混凝土屋面板	600×60×15	15	1.25
	330×60×15	15	1.25

随着我国建材工业的发展，不燃、耐火的轻质材料不断被开发利用。例如，目前国内广泛用作隔墙的加气混凝土砌块，其耐火性能见表 2-7。从表中可看出，加气混凝土砌块隔墙的耐火极限远远超过了规范的规定。加气混凝土材料还用于屋面板及钢板件的耐火保护层。

此外，用轻钢龙骨外钉玻璃纤维石膏板、轻钢

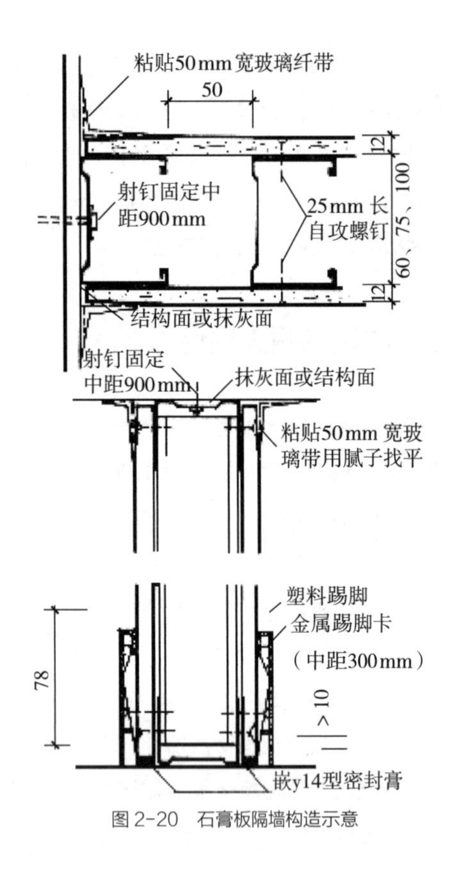

图 2-20　石膏板隔墙构造示意

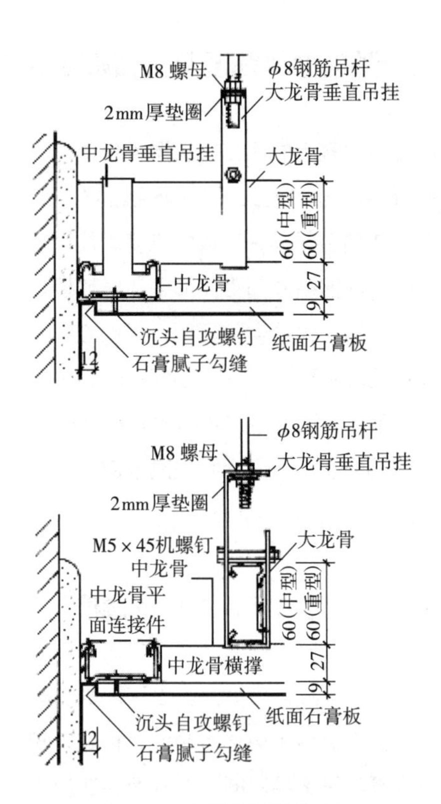

图 2-21　石膏板吊顶构造示意

龙骨钢丝网抹灰做隔墙，其耐火极限随饰面层厚度而增加，属于不燃烧体的隔墙构件，完全可以满足一级耐火等级的要求，如图 2-20 所示为石膏板隔墙构造示意。可燃龙骨外加不燃材料面层的隔墙，耐火极限可随不燃饰面层厚度的增加而提高，但它属于难燃烧体，只能用于二级耐火等级的建筑。

2.4.4　吊顶的耐火构造

吊顶（包括吊顶搁栅）是建筑室内重要的装饰性构件，吊顶空间内往往密布电线或采暖、通风、空调设备管道，起火因素较多。吊顶及其内部空间，常常成为火灾蔓延的途径，严重影响人员的安全疏散。其主要原因是面层的厚度往往较小，受火时其背火面的材料很快被加热。同时，多数吊顶构造采用可燃的木搁栅，或木板条，当其受高温作用时就逐渐碳化燃起明火。即使采用了不燃的钢搁栅，也不能耐高温的侵袭。

吊顶的不燃或难燃化的途径是采用轻质、耐火、易于加工的材料，发展新型不燃、耐火的吊顶建材，使之满足一级耐火等级要求，其二是发展新型防火涂料，采用经防火处理过的木质吊顶，使之满足二级耐火等级的要求。

1）不燃材料吊顶

这里仅介绍几种符合一级耐火等级的吊顶构造。

（1）轻钢搁栅钉石膏板吊顶

经实验研究证明，采用轻钢搁栅、石膏装饰板吊顶，板厚 10mm，耐火极限可达 0.25h；采用轻钢搁栅、表面装饰石膏板吊顶，板厚 12mm，耐火极限可达 0.30h；轻钢搁栅、双层石膏板吊顶，板厚 8+8mm，耐火极限可达 0.45h。这三种吊顶均为不燃烧体，耐火极限符合一级耐火等级要求，如图 2-21 所示。

（2）轻钢搁栅钉石棉型硅酸钙板吊顶

经耐火试验证明，以钢搁栅钉10mm厚的石棉型硅酸钙板吊顶，耐火极限达0.30h，符合一级耐火等级要求，如图2-22所示。

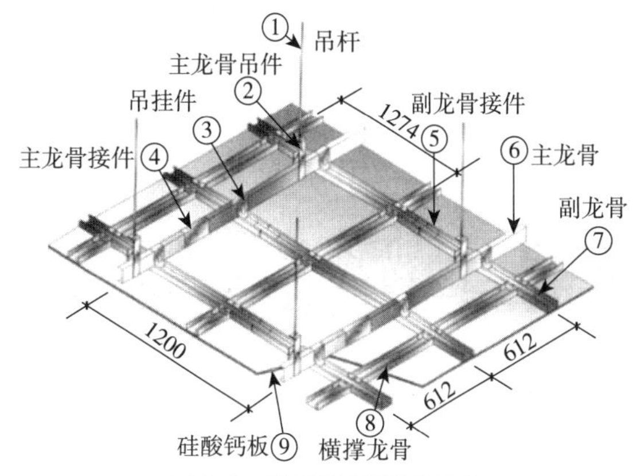

图2-22 硅酸钙板吊顶构造示意

（3）轻钢搁栅复合板吊顶

这种吊顶始用于船舶中，其构造是，轻钢搁栅，铺0.5mm厚的两层薄钢板，中间填充39mm厚的陶瓷棉，其耐火极限可达0.40h。用于建筑的吊顶，可适当减薄陶瓷棉夹层，使其耐火极限符合0.25h的要求。根据需要，还可以在板面压制图案、花纹和表面涂饰处理，这种复合板轻质、美观、耐火性能好。除适用于一级耐火等级的高层建筑外，还特别用于空间高大、吊顶面积开阔的建筑，如候机厅、候车室、影剧院、礼堂、展览厅等场所，如图2-23所示。

图2-23 吊顶效果图

2）经防火处理的难燃吊顶

用防火涂料处理对可燃建筑材料进行难燃化处理，效果较好。这些涂料用于胶合板、装饰吸声板、纤维板等材料作成的吊顶，可由燃烧体变为难燃烧体，防火性能得到了显著的改善，能够有效地阻止初期火灾的蔓延扩大。经难燃处理的吊顶，其耐火极限可达0.25h，符合二级耐火等级的要求。

此外，国内还研制了阻燃胶合板，可以作为吊顶等装修构件，其耐火极限能够达到0.25h，但属于难燃烧体，限于二级耐火等级建筑中使用。

第3章 Chapter 3 Fire Protection Design of Building General Plane 建筑总平面防火设计

3.1 防火间距

防火间距是一座建筑物着火后，火灾不致蔓延到相邻建筑物的空间间隔。

通过对建筑物进行合理布局和设置防火间距，防止火灾在相邻建筑物之间相互蔓延，合理利用和节约土地，并为人员疏散、消防人员的救援和灭火提供条件，减少火灾建筑对邻近建筑及其居住（或使用）者强辐射热和烟气的影响。

3.1.1 影响防火间距的因素及确定防火间距的原则

1）影响防火间距的因素

影响防火间距的因素很多，如热辐射、热对流、风向、风速、外墙材料的燃烧性能及其开口面积大小、室内堆放的可燃物种类及数量、相邻建筑物的高度、室内消防设施情况、着火时的气温及湿度、消防车到达的时间及扑救情况等，对防火间距的设置都有一定影响。

（1）热辐射。辐射热是影响防火间距的主要因素，当火焰温度达到最高数值时，其辐射强度最大，也最危险，如伴有飞火则更危险。

（2）热对流。无风时，因热气流的温度在离开窗口以后会大幅度降低，热对流对相邻建筑物的影响不大。通常不足以构成威胁。

（3）建筑物外墙门窗洞口的面积。许多火灾实例表明，当建筑物外墙开口面积较大时，发生火灾后，在可燃物的种类和数量都相同的条件下，由于通风好、燃烧快、火焰温度高，因而热辐射增强，使相邻建筑物接受的热辐射也多，当达到一定程度时便会很快被烤着起火。

（4）建筑物的可燃物种类和数量。可燃物种类不同，在一定时间内燃烧火焰的温度也有差异。如汽油、苯、丙酮等易燃液体，其燃烧速度比木材快，发热量也比木材大，因而热辐射也比木材强。在一般情况下，可燃物的数量与发热量成正比关系。

（5）风速。风能够加强可燃物的燃烧，促使火灾加快蔓延。露天火灾中，风能使燃烧的粒和燃烧着的碎片等飞散到数十米远的地方，强风时则更远。风增加火灾的扑救困难。

（6）相邻建筑物的高度。一般地说，较高的建筑物着火对较低的建筑物威胁小，反之则较大。特别是当屋顶承重构件毁坏塌落、火焰穿出房顶时，威胁更大。据测定，较低建筑物着火时对较高建筑物辐射角在 30° ~ 45° 之间时，辐射强度最大。

（7）建筑物内消防设施水平。建筑物内设有火灾自动报警装置和较完善的其他消防设施时，能将火灾扑灭在初期阶段。这样不仅可以减少火灾对建筑物酿成较大损失，而且很大程度上地减少了火灾蔓延到附近其他建筑物的条件。可见，在防火条件和建筑物防火间距大体相同的情况下，设有完善消防设施的建筑物比消防设施不完善的建筑物的安全性要高。

（8）灭火时间。建筑物发生火灾后，其温度通常随着火灾延续时间的长短而变化。火灾延续时间越长，则火场温度相应增高，对周围建筑物的威胁增大。只有当可燃物数量逐渐减少时，才开始逐渐降低。

2）确定防火间距的基本原则

影响防火间距的因素很多，在实际工程中不可能都考虑。通常根据以下原则确定建筑物的防火间距。

（1）考虑热辐射的作用。火灾实例表明，一、二级耐火等级的低层民用建筑，保持 7 ~ 10m 的防火间距，有消防队扑救的情况下，一般不会蔓延到相邻建筑物。

（2）考虑灭火作战的实际需要。建筑物的高度不同，救火使用的消防车也不同。对低层建筑，普通消防车即可；而对高层建筑，则要使用曲臂、云梯等登高消防车。防火间距应满足消防车的最大工作回转半径的需要。最小防火间距的宽度应能通过一辆消防车，一般宜为 4m。

（3）有利于节约用地。以有消防队扑救为条件，能够阻止火灾向相邻建筑物蔓延为原则。

（4）防火间距应按相邻建筑物外墙的最近距离计算，如外墙有凸出的可燃构件，则应从其凸出部分外缘算起，如为储罐或堆场，则应从储罐外壁或堆场的堆垛外缘算起。

（5）两座相邻建筑较高的一面外墙为防火墙时，其防火间距不限。

3.1.2 建筑防火间距标准

1）民用建筑之间的防火间距

建筑物起火后，火势在热对流和热辐射作用下在建筑物的内部迅速蔓延扩大，在建筑物外部则因强烈的热辐射作用对周围建筑物构成威胁。火场的辐射热的强度取决于火灾规模的大小、火灾持续时间、与邻近建筑物的距离及风速、风向等因素。火势越大，持续时间越长，距离越近，建筑物又处于下风位置时，所受辐射热越强。所以，建筑物间应保持一定的防火间距。

根据《建筑设计防火规范》GB 50016—2014（2018 年版）的规定，民用建筑之间的防火间距不应小于表 3-1 的规定，如图 3-1 所示。

民用建筑之间的防火间距（m） 表 3-1

建筑类别		高层民用建筑	裙房和其他民用建筑			
		一、二级	一、二级	三级	木结构	四级
高层民用建筑	一、二级	13	9	11	14	14
裙房和其他民用建筑	一、二级	9	6	7	8	9
	三级	11	7	8	9	10
	木结构	14	8	9	10	11
	四级	14	9	10	11	12

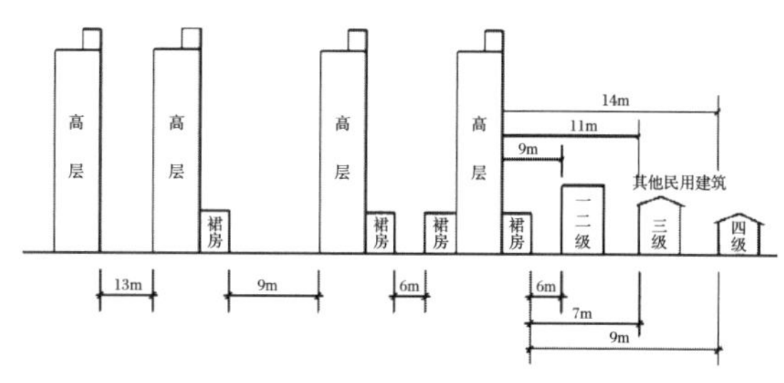

图 3-1 民用建筑防火间距示意

在执行表 3-1 的规定时，应注意以下几点：

（1）两座建筑相邻较高一面外墙为防火墙时，或高出相邻较低一座一、二级耐火等级建筑的屋面 15m 及以下范围内的外墙为防火墙时，其防火间距可不限，如图 3-2 所示。

（2）相邻两座高度相同的一、二级耐火等级建筑中相邻任一侧外墙为防火墙，屋顶的耐火极限不低于 1.00h 时，其防火间距可不限，如图 3-3 所示。

（3）相邻两座建筑中较低一座建筑的耐火等级不低于二级，相邻较低一面外墙为防火墙且屋顶无

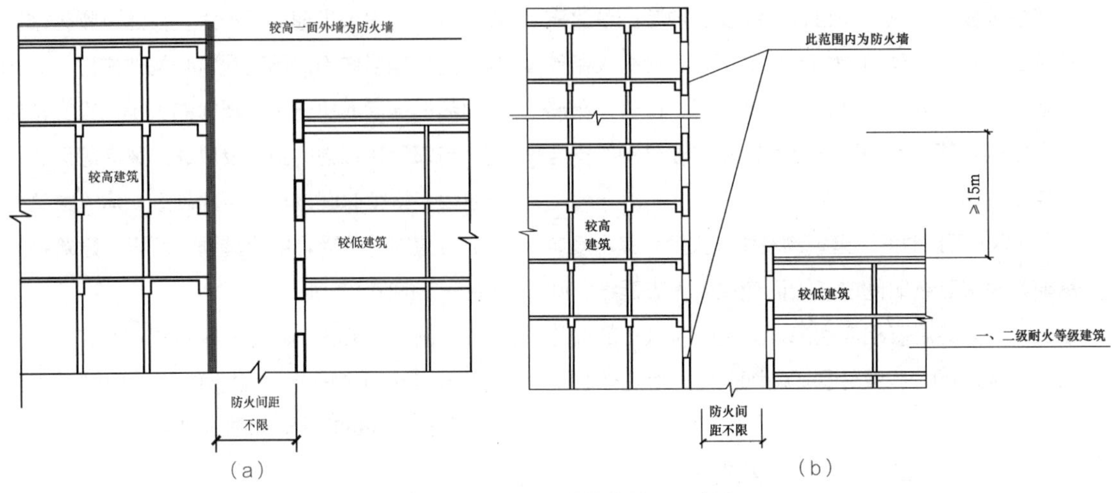

图 3-2　较高建筑外墙是防火墙的防火间距示意图
（a）两座建筑相邻较高一面外墙为防火墙；（b）高出相邻较低一座建筑的屋面 15m 及以下范围内的外墙为防火墙

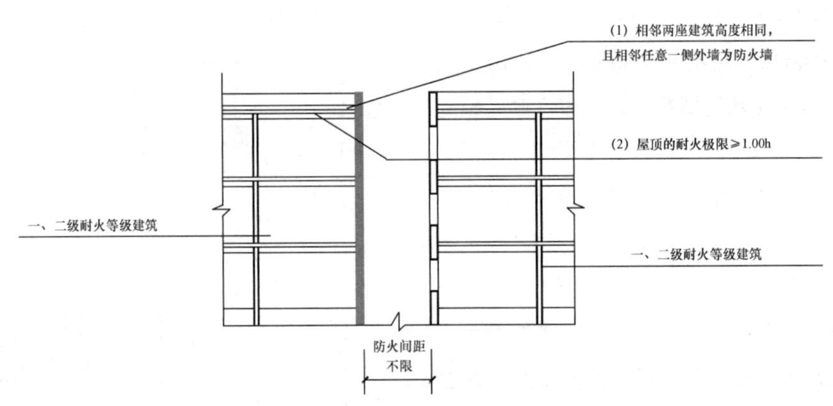

图 3-3　等高建筑外墙是防火墙的防火间距示意图

天窗，屋顶的耐火极限不低于 1.00h 时，其防火间距不应小于 3.5m；对于高层建筑不应小于 4m，如图 3-4 所示。

（4）相邻两座建筑中较低一座建筑的耐火等级不低于二级且屋顶无天窗，且相邻较高一面外墙高出较低一座建筑的屋面 15m 及以下范围内的开口部位设置甲级防火门、窗，或符合现行国家标准规定的防火水幕或防火卷帘时，其防火间距不应小于 3.5m；对于高层建筑不应小于 4m，如图 3-5 所示。

（5）相邻两座单、多层建筑，当相邻外墙为不燃性墙体且无外露的可燃性屋檐，每面外墙上无防火保护的门、窗、洞口不正对开设，且该门、窗、洞口的面积之和不大于外墙面积的 5%时，其防火间距可按表 3-1 的规定减小 25%，如图 3-6 所示。

（6）除高层民用建筑外，数座一、二级耐火等级的住宅或办公建筑，当建筑物的占地面积总和不大于 2,500m^2 时，可成组布置，但组内建筑物之间的间距不宜小于 4m。组与组或组与相邻建筑物的防火间距不应小于表 3-1 的规定，如图 3-7 所示。

（7）回字形、U 形建筑不同防火分区的相对外墙之间的距离，一般不小于 6m，如图 3-8 所示。

（8）住宅建筑单元与单元之间凹槽的防火间距为 L，一般不小于 6m，如图 3-9 所示。

（9）建筑高度大于 100m 的民用建筑与相邻

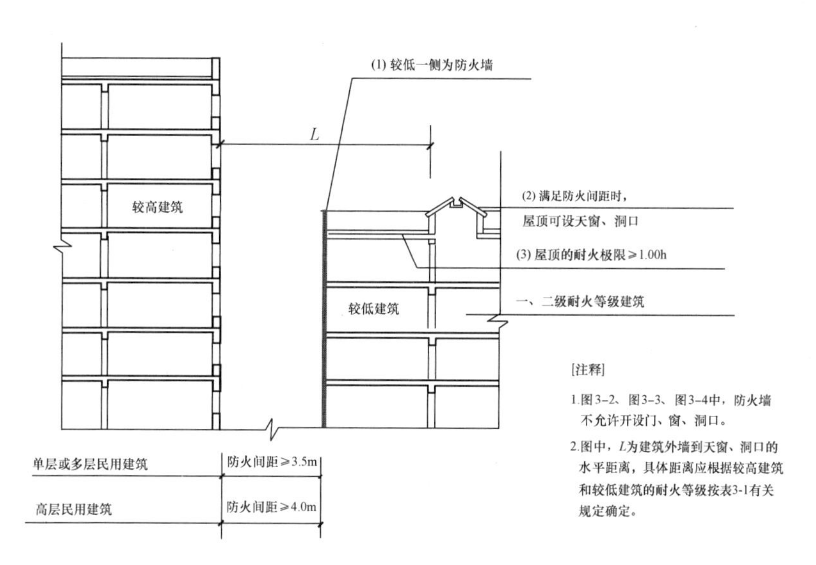

图 3-4　较低建筑外墙是防火墙的防火间距示意图

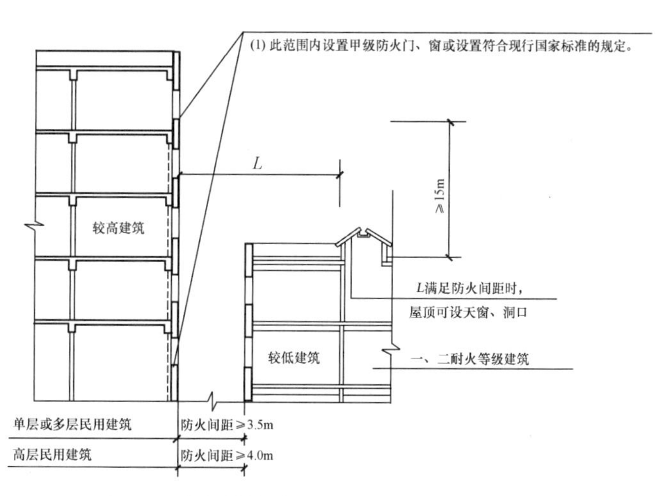

图 3-5　较高建筑外墙是甲级防火门窗的防火间距示意图

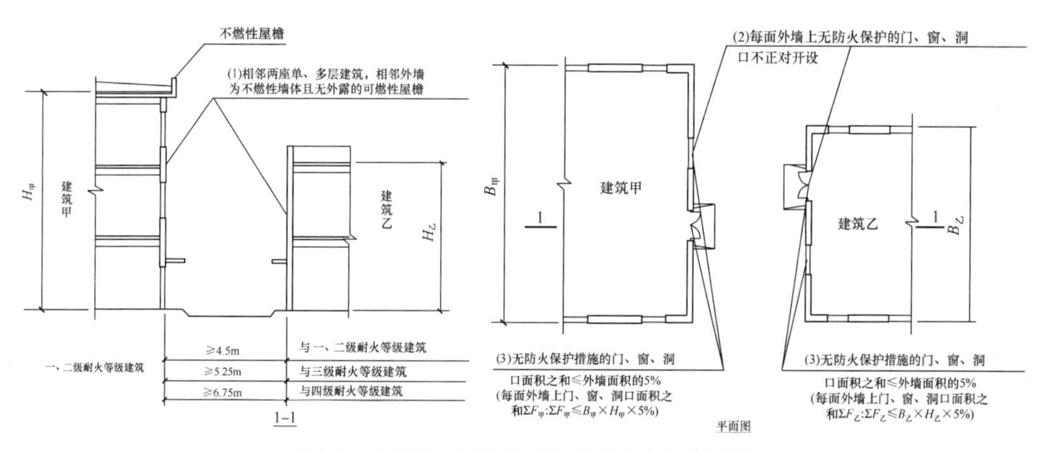

图 3-6　两座单多层建筑外门窗不正对的防火间距示意图

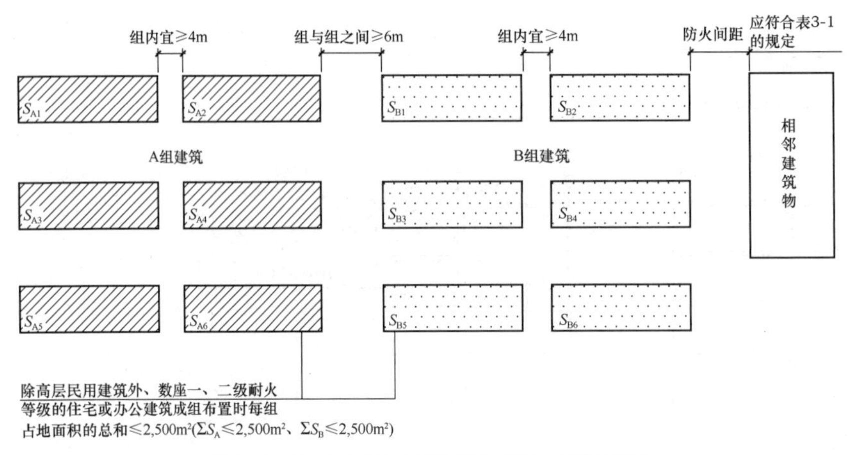

图 3-7 多层住宅或办公建筑成组布置防火间距示意图

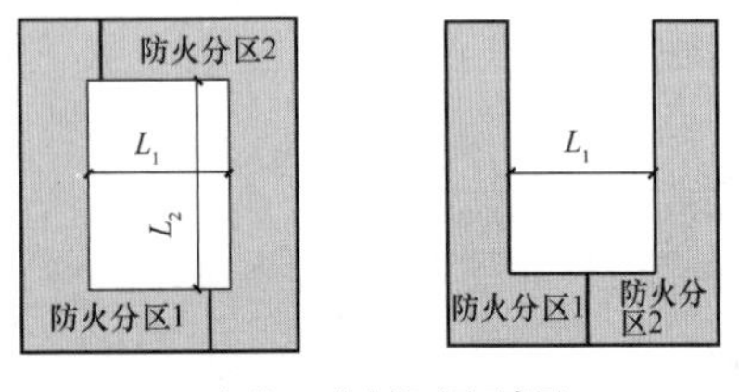

图 3-8 回字形 U 形建筑外墙的防火间距平面示意图

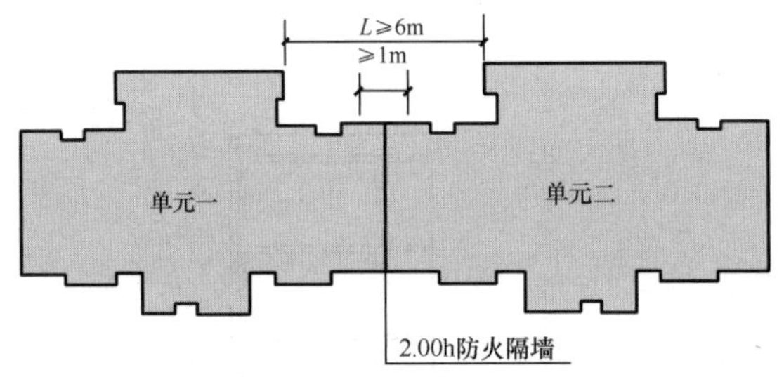

图 3-9 住宅建筑单元与单元之间凹槽的防火间距平面示意图

建筑的防火间距，当符合上述允许减小的条件时，不应减小。

2）工业建筑防火间距

《建筑设计防火规范》GB 50016—2014（2018年版）对乙、丙、丁、戊类厂房与库房的防火间距要求是相同的。厂房之间及其与乙、丙、丁、戊类仓库、民用建筑等之间的防火间距不应小于表3-2的规定。甲类仓库之间及与其他建筑的防火间距请参见现行的《建筑设计防火规范》GB 50016—2014（2018年版）。

在执行表 3-2 的规定时，应注意以下问题：

（1）甲类厂房与重要公共建筑的防火间距不应小于 50m，与明火或散发火花地点的防火间距不应小于 30m，如图 3-10 所示。

乙类厂房与重要公共建筑的防火间距不宜小于 50m；与明火或散发火花地点，不宜小于 30m。

（2）单、多层戊类厂房之间及与戊类仓库的防火间距可按本表的规定减少 2m。为丙、丁、戊类厂房服务而单独设置的生活用房应按民用建筑确定，与所属厂房的防火间距不应小于 6m。

（3）两座厂房相邻较高一面外墙为防火墙，其防火间距不限，但甲类厂房之间不应小于 4m，如图 3-11 所示。

（4）相邻两座高度相同的一、二级耐火等级建筑中相邻任一侧外墙为防火墙，且屋顶的耐火极限不低于 1.00h 时，其防火间距可不限，但甲类厂房之间不应小于 4m，如图 3-12 所示。

（5）两座一、二级耐火等级的厂房，当相邻较低一面外墙为防火墙，且较低一座厂房屋顶无天窗，

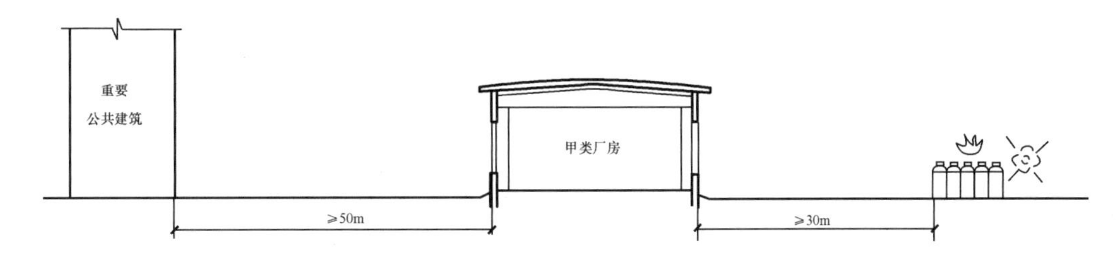

图 3-10　甲类厂房与重要公共建筑、明火防火间距示意图

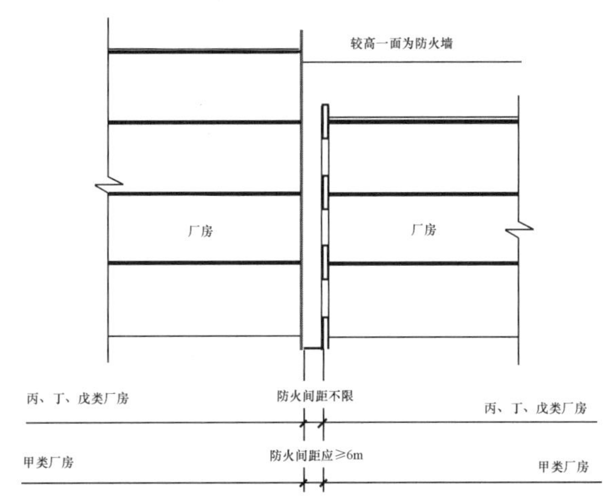

图 3-11　较高外墙是防火墙的甲类厂房之间防火间距示意图

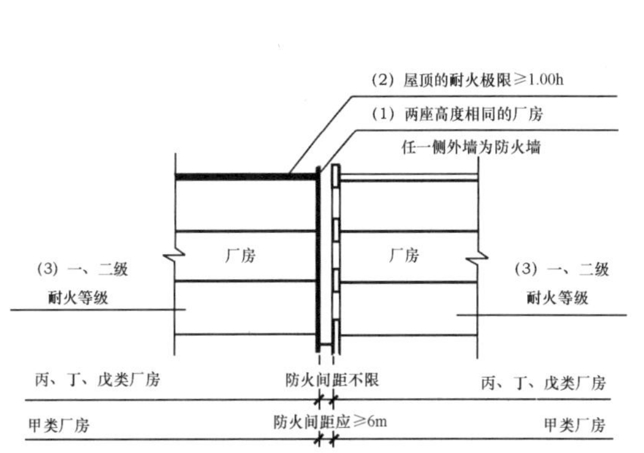

图 3-12　等高二厂房防火间距可减小措施示意图

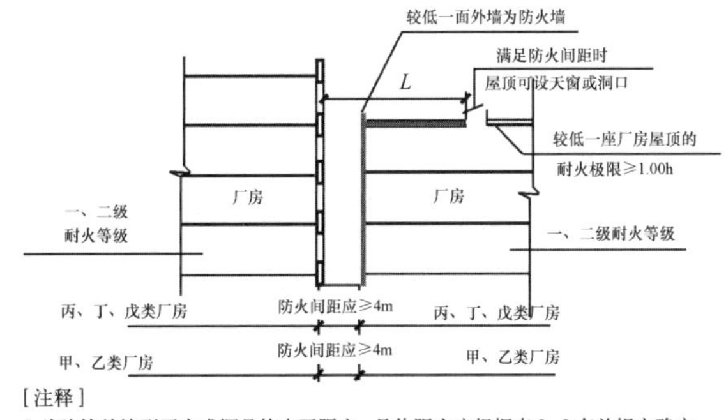

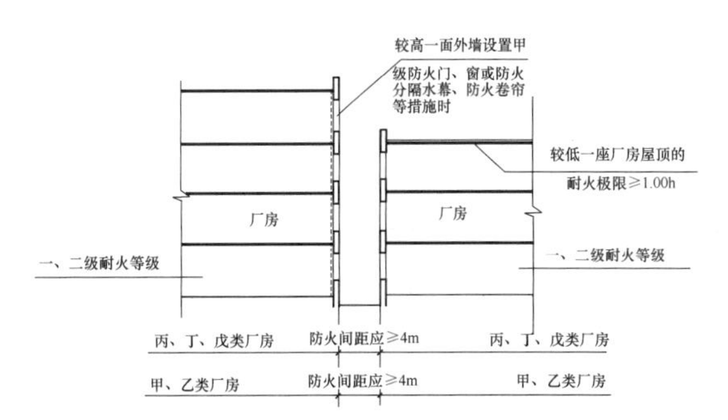

[注释]

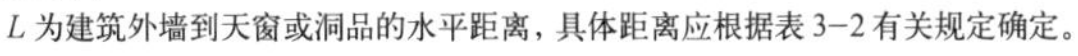
L 为建筑外墙到天窗或洞品的水平距离，具体距离应根据表 3-2 有关规定确定。

图 3-13　低火墙、高墙开口甲级防火门窗防火间距可减小示意图

屋顶的耐火极限不低于 1.00h，或相邻较高一面外墙的门、窗等开口部位设置甲级防火门、窗，或符合现行国家标准规定的防火分隔水幕或防火卷帘时，甲、乙类厂房之间的防火间距不应小于 6m；丙、丁、戊类厂房之间的防火间距不应小于 4m，如图 3-13 所示。

（6）两座丙、丁、戊类厂房相邻两面外墙均为不燃性墙体，当无外露的可燃性屋檐，每面外墙上的门、窗、洞口面积之和各不大于该外墙面积的 5%，且门、窗、洞口不正对开设时，其防火间距可按表 3-2 的规定减少 25%，如图 3-14 所示。

厂房之间及与乙、丙、丁、戊类仓库、民用建筑等的防火间距(m) 表3-2

<table>
<tr><th colspan="3" rowspan="3">名称</th><th>甲类厂房</th><th colspan="3">乙类厂房（仓库）</th><th colspan="4">丙、丁、戊类厂房（仓库）</th><th colspan="5">民用建筑</th></tr>
<tr><th>单、多层</th><th colspan="2">单、多层</th><th>高层</th><th colspan="3">单、多层</th><th>高层</th><th colspan="3">裙房，单、多层</th><th colspan="2">高层</th></tr>
<tr><th>一、二级</th><th>一、二级</th><th>三级</th><th>一、二级</th><th>一、二级</th><th>三级</th><th>四级</th><th>一、二级</th><th>一、二级</th><th>三级</th><th>四级</th><th>一类</th><th>二类</th></tr>
<tr><td>甲类厂房</td><td>单、多层</td><td>一、二级</td><td>12</td><td>12</td><td>14</td><td>13</td><td>12</td><td>14</td><td>16</td><td>13</td><td colspan="3" rowspan="4">25</td><td colspan="2" rowspan="4">50</td></tr>
<tr><td rowspan="3">乙类厂房</td><td rowspan="2">单、多层</td><td>一、二级</td><td>12</td><td>10</td><td>12</td><td>13</td><td>10</td><td>12</td><td>14</td><td>13</td></tr>
<tr><td>三级</td><td>14</td><td>12</td><td>14</td><td>15</td><td>12</td><td>14</td><td>16</td><td>15</td></tr>
<tr><td>高层</td><td>一、二级</td><td>13</td><td>13</td><td>15</td><td>13</td><td>13</td><td>15</td><td>17</td><td>13</td></tr>
<tr><td rowspan="3">丙类厂房</td><td rowspan="2">单、多层</td><td>一、二级</td><td>12</td><td>10</td><td>12</td><td>13</td><td>10</td><td>12</td><td>14</td><td>13</td><td>10</td><td>12</td><td>14</td><td>20</td><td>15</td></tr>
<tr><td>三级</td><td>14</td><td>12</td><td>14</td><td>15</td><td>12</td><td>14</td><td>16</td><td>15</td><td>12</td><td>14</td><td>16</td><td>25</td><td>20</td></tr>
<tr><td>高层</td><td>一、二级</td><td>13</td><td>13</td><td>15</td><td>13</td><td>13</td><td>15</td><td>17</td><td>13</td><td>13</td><td>15</td><td>17</td><td>20</td><td>15</td></tr>
<tr><td rowspan="4">丁、戊类厂房</td><td rowspan="3">单、多层</td><td>一、二级</td><td>12</td><td>10</td><td>12</td><td>13</td><td>10</td><td>12</td><td>14</td><td>13</td><td>10</td><td>12</td><td>14</td><td>15</td><td>13</td></tr>
<tr><td>三级</td><td>14</td><td>12</td><td>14</td><td>15</td><td>12</td><td>14</td><td>16</td><td>15</td><td>12</td><td>14</td><td>16</td><td rowspan="2">18</td><td rowspan="2">15</td></tr>
<tr><td>四级</td><td>16</td><td>14</td><td>16</td><td>17</td><td>14</td><td>16</td><td>18</td><td>17</td><td>14</td><td>16</td><td>18</td></tr>
<tr><td>高层</td><td>一、二级</td><td>13</td><td>13</td><td>15</td><td>13</td><td>13</td><td>15</td><td>17</td><td>13</td><td>13</td><td>15</td><td>17</td><td>15</td><td>13</td></tr>
<tr><td rowspan="3">室外变、配电站</td><td rowspan="3">变压器总油量（t）</td><td>≥5，≤10</td><td rowspan="3">25</td><td rowspan="3">25</td><td rowspan="3">25</td><td rowspan="3">25</td><td>12</td><td>15</td><td>20</td><td>12</td><td>15</td><td>20</td><td>25</td><td colspan="2">20</td></tr>
<tr><td>>10，≤50</td><td>15</td><td>20</td><td>25</td><td>15</td><td>20</td><td>25</td><td>30</td><td colspan="2">25</td></tr>
<tr><td>>50</td><td>20</td><td>25</td><td>30</td><td>20</td><td>25</td><td>30</td><td>35</td><td colspan="2">30</td></tr>
</table>

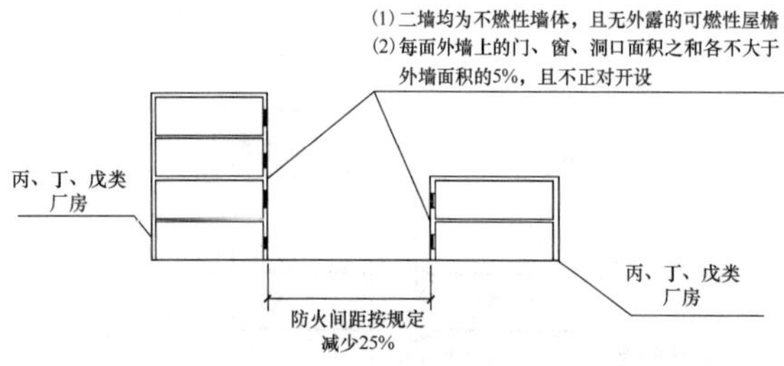

图 3-14 特殊丙、丁、戊类厂房之间防火间距示意图

（7）丙、丁、戊类厂房与民用建筑的耐火等级均为一、二级时，丙、丁、戊类厂房与民用建筑的防火间距可适当，但应符合下列规定：

① 当较高一面外墙为无门、窗、洞的防火墙，或比相邻较低一座建筑屋面高 15m 及以下范围内的外墙为无门、窗、洞口的防火墙时，其防火间距可不限，如图 3-15 所示。

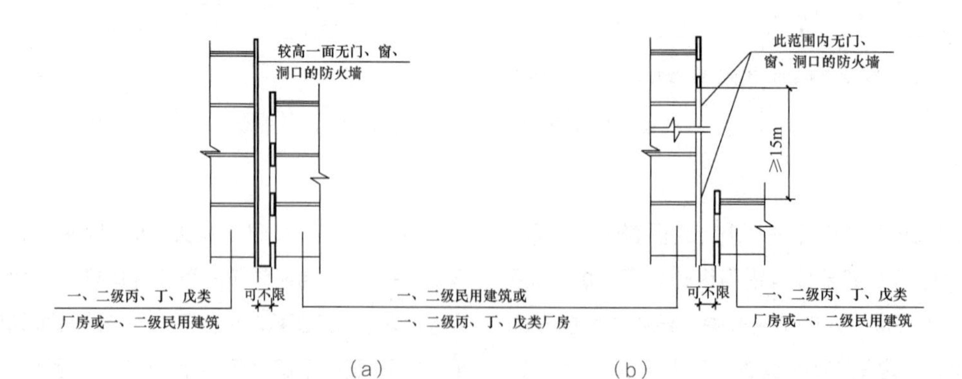

图 3-15 丙、丁、戊类厂房与民用建筑较高建筑外墙是防火墙的防火间距示意图
（a）两座建筑相邻较高一面外墙为防火墙；（b）高出相邻较低一座建筑的屋面 15m 及以下范围内的外墙为防火墙

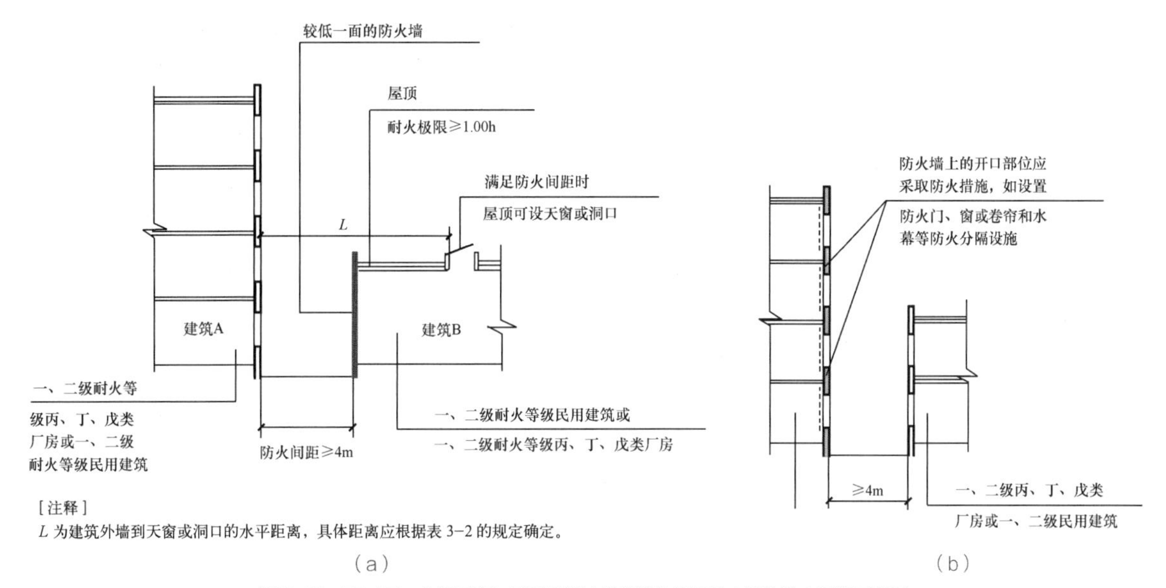

图 3-16　丙、丁、戊类厂房与民用建筑较低建筑外墙是防火墙的防火间距示意图

（a）两座建筑相邻较低一面外墙为防火墙；（b）较高建筑面外墙为防火墙，开口部位采取防火措施

② 相邻较低一面外墙为防火墙，且屋顶无天窗，屋顶的耐火极限不低于 1.00h，或相邻较高一面外墙为防火墙，且墙上开口部位采取了防火措施，其防火间距可适当减少，但不应小于 4m，如图 3-16 所示。

（8）除高层厂房和甲类厂房外，其他类别的数座厂房的占地面积之和不超过《建筑设计防火规范》GB 50016—2014（2018 年版）规定的防火分区最大允许建筑面积（按其中较小者确定，但防火分区的最大允许建筑面积不限者，不应大于 10,000m^2）时，可成组布置。当厂房建筑高度不大于 7m 时，组内厂房之间的防火间距不应小于 4m；当厂房建筑高度大于 7m 时，组内厂房之间的防火间距不应小于 6m。组与组或组与相邻建筑的防火间距，应按相邻两座耐火等级较低的建筑确定。

如图 3-17 所示，设有三座二级耐火等级的丙、丁、戊类厂房，其中丙类火灾危险性最高，丙类二级厂房最大允许占地面积为 8,000m^2，则三座厂房面积之和应控制在 8,000m^2 以内。因丁类厂房高度超过 7m，则丁类厂房与丙类、戊类厂房间距不应小于 6m。丙、戊类厂房高度均不超过 7m，其防火间距不应小于 4m。

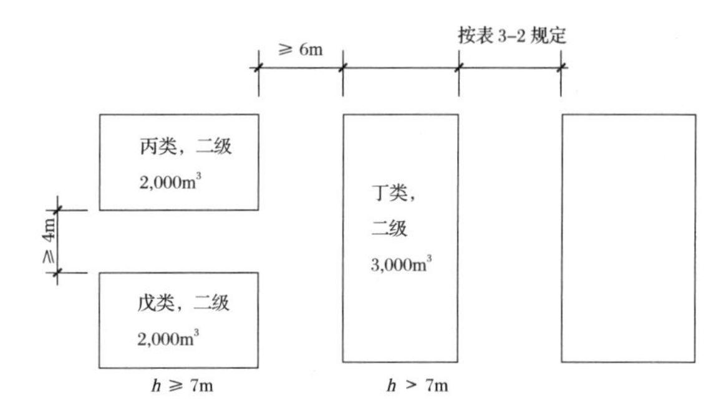

图 3-17　厂房组成布置防火间距示意

3）汽车库防火间距

汽车库是用于停放由内燃机驱动且无轨道的客车、货车、工程车等汽车的建筑物；修车库是用于保养修理上述汽车的建筑物；停车场是专用于停放上述汽车的露天场地或构筑物。

（1）汽车库的防火分类

根据汽车库内停放汽车的数量，汽车库的防火分类分为四类，如表 3-3 所示。

汽车库、修车库、停车场的分类　　表 3-3

名称		I	II	III	IV
汽车库	停车数量（辆）	> 300	151 ~ 300	51 ~ 150	≤ 50
	总建筑面积 S (m²)	S > 10,000	5,000 < S ≤ 10,000	2,000 < S ≤ 5,000	S ≤ 2,000
修车库	车位数（个）	> 15	6 ~ 15	3 ~ 5	≤ 2
	总建筑面积 S (m²)	S > 3,000	1,000 < S ≤ 3,000	500 < S ≤ 1,000	S ≤ 500
停车场	停车数量（辆）	> 400	251 ~ 400	101 ~ 250	≤ 100

注：1. 当屋面露天停车场与下部汽车库共用汽车坡道时，其停车数量应计算在汽车库的车辆总数内。
2. 室外坡道、屋面露天停车场的建筑面积可不计入汽车库的建筑面积之内。
3. 公交汽车库的建筑面积可按本表的规定值增加 2.0 倍。

（2）车库的防火间距

汽车主要使用汽油、柴油等易燃可燃液体。在停车或修车时，往往因各种原因引起火灾，造成损失。特别是对于 I、II 类停车库，一般停放车辆在 150 辆以上，停放车辆多、经济价值大，车辆出入频繁，致使火灾隐患多；I、II 类汽车修车库的停放维修车位在 6 辆及以上，甚至更多，一座修车库内还常有不同的工种，需使用易燃物品和进行明火作业，如有机溶剂、电焊等，火灾危险性大。因此，平面布置时，不应将汽车库布置在易燃、可燃液体和可燃气体的生产装置区和储存区内，与其他建筑物间也应保持一定的防火间距。而 I、II 类修车库、停车库则宜单独建造。

根据《汽车库、修车库、停车场设计防火规范》GB 50067—2014 的规定，汽车库、修车库、停车场之间及汽车库、修车库、停车场与除甲类物品仓库外的其他建筑物的防火间距，不应小于表 3-4 的规定。其中，高层汽车库与其他建筑物，汽车库、修车库与高层建筑的防火间距应按表 3-4 的规定值增加 3m；汽车库、修车库与甲类厂房的防火间距应按表 3-4 的规定值增加 2m。

汽车库、修车库、停车场之间及汽车库、修车库、停车场与除甲类物品仓库外的其他建筑物的防火间距

表 3-4

名称和耐火等级	汽车库、修车库		厂房、仓库、民用建筑		
	一、二级	三级	一、二级	三级	四级
一、二级汽车库、修车库	10	12	10	12	14
三级汽车库、修车库	12	14	12	14	16
停车场	6	8	6	8	10

注：1. 防火间距应按相邻建筑物外墙的最近距离算起，如外墙有凸出的可燃物构件时，则应从其凸出部分外缘算起，停车场从靠近建筑物的最近停车位置边缘算起。
2. 厂房、仓库的火灾危险性分类应符合现行国家标准《建筑设计防火规范》GB 50016—2014（2018 年版）的有关规定。

4）防火间距不足时的应变措施

防火间距因场地等各种原因无法满足国家规范规定的要求时，可依具体情况采取一些相应的措施：

（1）改变建筑物内的生产或使用性质，尽量减少建筑物的火灾危险性；改变房屋部分的耐火性能，提高建筑物的耐火等级。

（2）调整生产厂房的部分工艺流程和库房储存物品的数量；调整部分构件的耐火性能和燃烧性能。

（3）将建筑物的普通外墙，改成有防火能力的墙，如开设门窗，应采取防火门窗。

（4）拆除部分耐火等级低、占地面积小、使用价值低的影响新建建筑物安全的相邻的原有建筑物。

（5）设置独立的室外防火墙等。

3.2 消防车道

高层建筑的平面布置、空间造型和使用功能往往复杂多样，给消防扑救带来不便。如大多数高层建筑的底部建有相连的裙房等，设计中如果对消防车道考虑不周，发生火灾时消防车无法靠近建筑主体，往往延误灭火时机，造成重大损失。为了使消

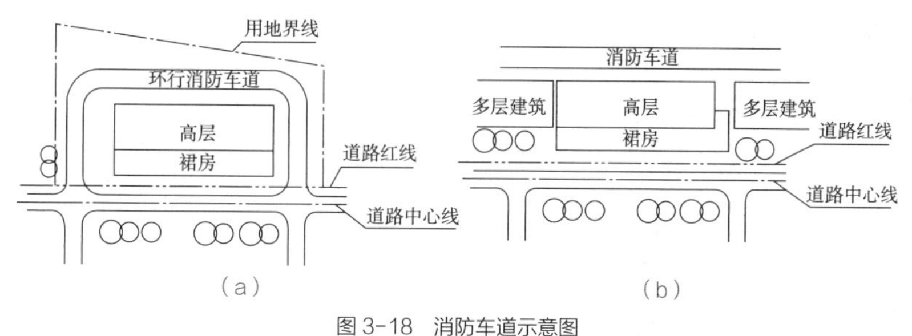

图 3-18　消防车道示意图
（a）环形消防车道；（b）沿建筑长边设置消防车道

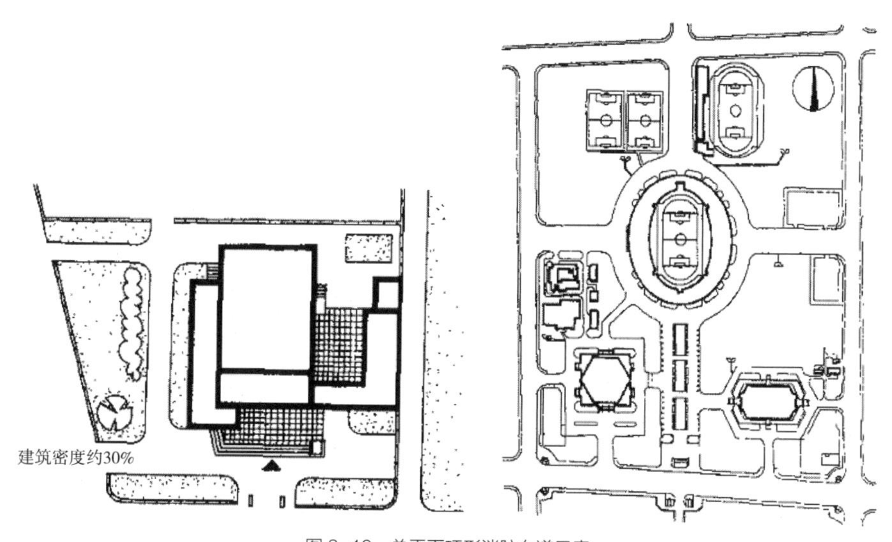

图 3-19　总平面环形消防车道示意

防车辆能迅速地靠近高层建筑，展开有效的救助活动，高层建筑周围应设置环形消防车道。沿街的高层建筑，其街道的交通道路，可作为环形车道的一部分，如图 3-18 所示。

对于大型公共建筑，如高层民用建筑、超过 3,000 个座位的体育馆、超过 2,000 个座位的会堂及占地面积超过 3,000m^2 的商店建筑、展览建筑等，其体积和占地面积都较大，人员密集，为便于消防车靠近扑救和人员疏散，应在建筑物周围设置环行车道，如图 3-19 所示。确有困难时，可沿建筑的两个长边设置消防车道。对于山坡地或河道边临空建造的高层建筑，可沿建筑的一个长边设置消防车道，但该长边所在建筑立面应为消防车登高操作面。

高层厂房、占地面积大于 3,000m^2 的甲、乙、丙类厂房和占地面积大于 1,500m^2 的乙、丙类仓库，应设置环形消防车道，确有困难时，应沿建筑物的两个长边设置消防车道。

1）消防通道设置

（1）对于一些使用功能多、面积大、建筑长度长的建筑，如 U 形、L 形、口形建筑，当其沿街长度超过 150m 或总长度超过 220m 时，应在适当位置设置穿过高层建筑，进入后院的消防车道。穿越建筑物的消防车道其净高与净宽不应小于 4m，如图 3-20 所示。

（2）此外，为了日常使用方便和消防人员可以快速便捷地进入建筑内院救火，应设连通街道和内

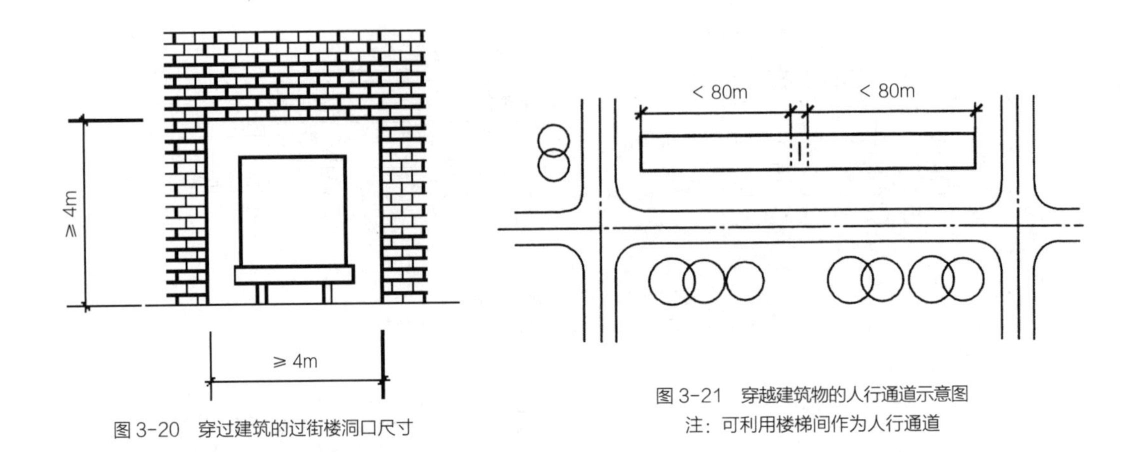

图 3-20　穿过建筑的过街楼洞口尺寸

图 3-21　穿越建筑物的人行通道示意图
注：可利用楼梯间作为人行通道

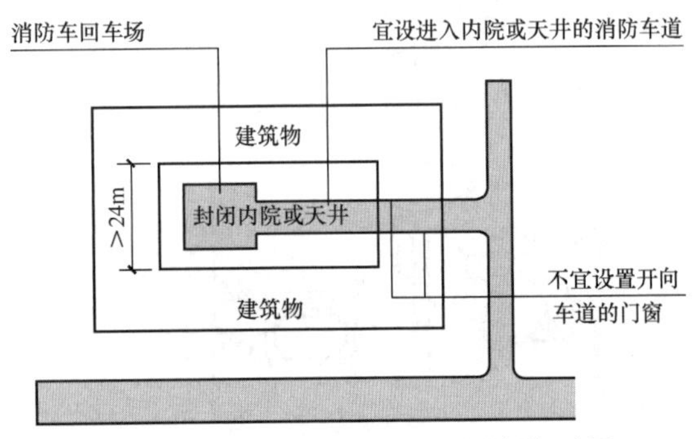

图 3-22　穿越建筑物进入内庭院的消防车道示意图

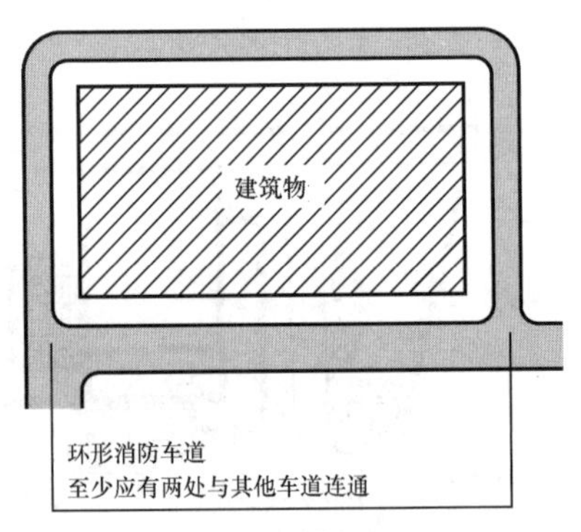

图 3-23　消防车道与其他车道连通示意图

院的人行通道，通道之间的距离不宜超过 80m，如图 3-21 所示。

（3）为了通风与采光、庭院绿化等需求，高层建筑常常设有面积较大的内院或天井。这种内院或天井一侧发生火灾，如果消防车进不去，就难以扑救。所以，为了消防车进入内院或天井扑救火灾，且消防车辆在内院有回旋掉头余地，当内院或天井短边长度超过 24m 时，宜加设消防车道，如图 3-22 所示。

（4）规模较大的封闭式商业街、购物中心、游乐场所等，进入院内的消防车道出入口不应少于 2 个，且院内道路宽度不应小于 6m。

2）消防水源地的消防车道

发生火灾时，高层建筑高位消防水箱只够供水大约 10min，消防车内的水也维持不了太长时间。许多工业与民用建筑，可燃物多、火灾持续时间长。所以，一旦火灾进入旺盛期，就要考虑持续供水的问题。对于设在高层建筑附近的消防水池或天然水源（如，江、河、湖、水渠等）应设消防车道。

3）尽端式回车场

目前，在我国经济发展较快的大中城市，超高层建筑（高度 >100m）也有所发展。为此，引进了一些大型消防车。对需要大型消防车救火的区域，应从实际情况出发设计消防车道路。环形消防车道至少有两处与其他车道连通，如图 3-23 所示。长度大于 40m 的尽头式消防车道应设置满足消防车回转要求的场地或道路；回车场的面积不应小于 12m × 12m；

对于高层建筑，不宜小于 15m × 15m；供重型消防车使用时，不宜小于 18m × 18m，如图 3-24 所示，也可因地制宜布置，如图 3-25 所示。

消防车道的路面、救援操作场地、消防车道和救援操作场地下面的管道和暗沟等，应能承受重型消防车的压力。

4）消防车道的技术要求

（1）车道其净宽度和净高度均不应小于 4m。

（2）转弯半径应满足消防车转弯的要求。

（3）消防车道与建筑之间不应设置妨碍消防操作的树木、架空管线等障碍物。

（4）消防车道靠建筑物外墙一侧的边缘距建筑物外墙不宜小于 5m，如图 3-26 所示。

（5）坡度应满足消防车满载时正常通行的要求，且不应大于 10%，兼作消防救援场地的消防车道，坡度尚应满足消防车停靠和消防救援作业的要求。

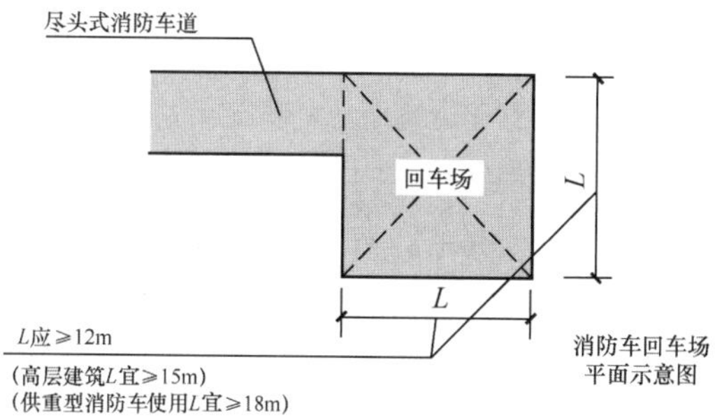

尽头式消防车道
回车场
L
L
L应≥12m
(高层建筑L宜≥15m)
(供重型消防车使用L宜≥18m)
消防车回车场
平面示意图

图 3-24 消防车回车场平面示意图

3.3 登高面、消防救援场地和消防救援口

建筑的消防登高面、消防救援场地和消防救援口，是火灾发生时进行有效的灭火救援行动所需要的重要设施。本节主要介绍这些消防救援设施的设置要求。

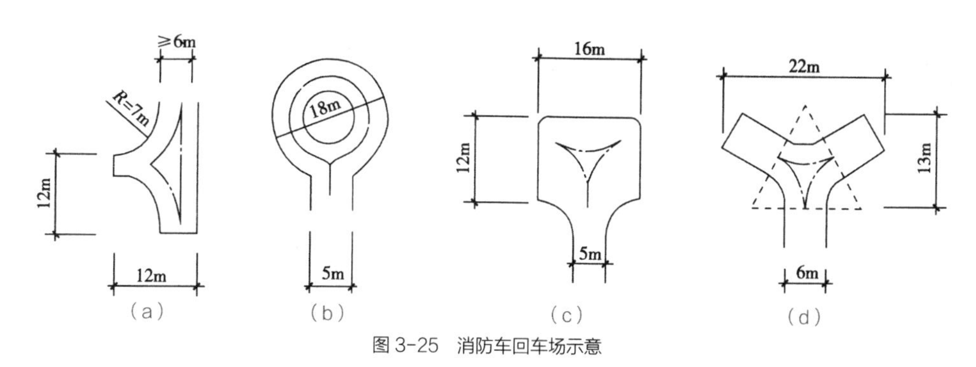

图 3-25 消防车回车场示意

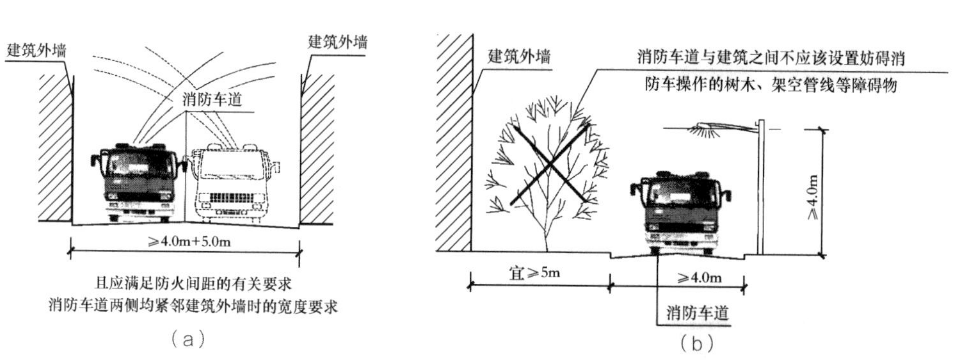

图 3-26 消防车道的技术要求

（a）消防车道两侧均紧邻外墙时的宽度要求；（b）消防车道与建筑物之间的要求

1）概述

消防登高面——登高消防车能够靠近高层主体建筑，便于消防车作业和消防人员进入高层建筑进行抢救人员和扑救火灾的建筑立面称为该建筑的消防登高面，也叫作建筑的消防扑救面。

消防救援场地——在高层建筑的消防登高面一侧，地面必须设置消防车道和供消防车停靠并进行灭火救人的作业场地，该场地就叫作消防救援场地。

消防救援口——除有特殊要求的建筑和甲类厂房可不设置消防救援口外，在建筑的外墙上应设置便于消防救援人员出入的门、窗或开口。

2）合理确定消防登高面

对于高层建筑，应根据建筑的立面和消防车道等情况，合理确定建筑的消防登高面。根据消防登高车的变幅角的范围以及实地作业，进深不大于 4m 的裙房不会影响举高车的操作，因此，高层建筑应至少沿一条长边或周边长度的 1/4 且不小于一条长边长度的底边连续布置消防车登高操作场地，该范围内的裙房进深不应大于 4m，如图 3-27 所示。建筑高度不大于 50m 的建筑，连续布置消防车登高操作场地有困难时，可间隔布置，但间隔距离不宜大于 30m，且消防车登高操作场地的总长度仍应符合上述规定，如图 3-28 所示。

建筑物与消防车登高操作场地相对应的范围内，应设置直通室外的楼梯或直通楼梯间的入口，方便救援人员可以快速进入建筑展开灭火和救援工作。

3）消防救援场地的设置要求

（1）最小操作场地面积

消防登高场地应结合消防车道设置。考虑到举高车的支腿横向跨距不超过 6m，同时考虑普通车（宽度为 2.5m）的交会以及消防队员携带灭火器具的通行，一般以 10m 为妥。根据登高车的车长 15m 以及车道的宽度，最小操作场地长度和宽度不应小于 15m × 10m。对于建筑高度大于 50m 的建筑，操作场地的长度和宽度分别不应小于 20m × 10m，且场地的坡度不宜大于 3%（图 3-28~ 图 3-30）。

（2）消防车登高场地的技术要求

①场地与厂房、仓库、民用建筑之间不应设置妨碍消防车操作的树木、架空管线等障碍物和车库出入口。

②场地的长度和宽度分别不应小于 15m 和 10m。对于建筑高度大于 50m 的建筑，场地的长度和宽度分别不应小于 20m 和 10m。

③场地及其下面的建筑结构、管道和暗沟等，应能承受重型消防车的压力。

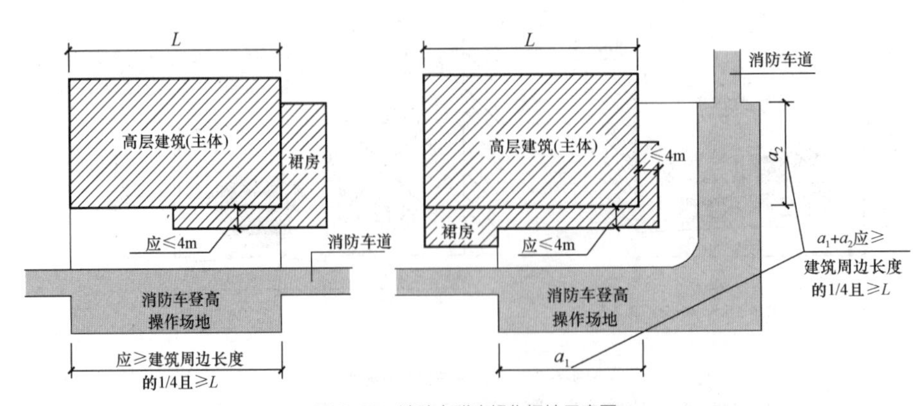

图 3-27　消防车登高操作场地示意图

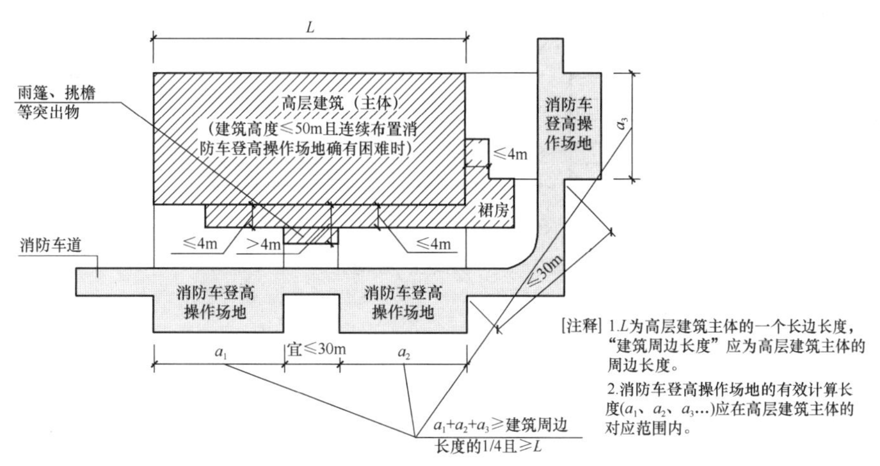

图 3-28　高度不大于 50m 高层公共建筑的消防车登高操作场地示意图

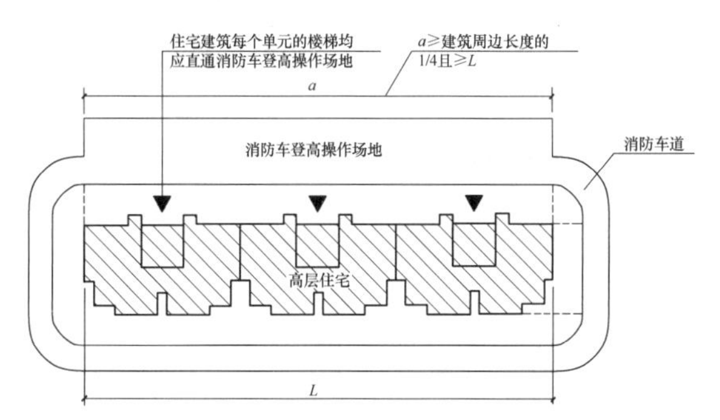

图 3-29　高层住宅建筑消防车登高操作场地示意图

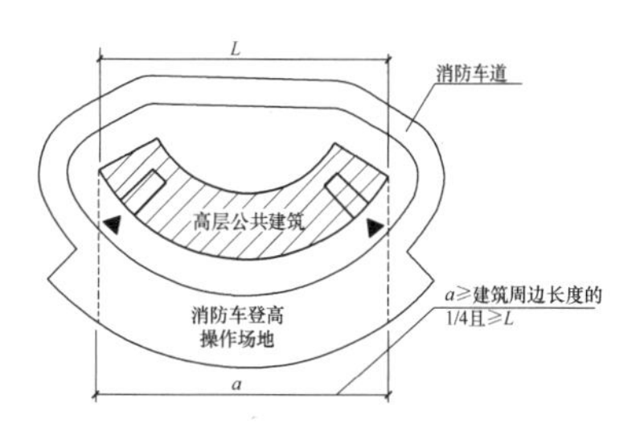

图 3-30　高层公共建筑消防车登高操作场地示意图

④场地应与消防车道连通，场地靠建筑外墙一侧的边缘距离建筑外墙不宜小于 5m，且不应大于 10m，场地的坡度不宜大于 3%。

（3）操作空间的控制

应根据高层建筑的实际高度，合理控制消防登高场地的操作空间，场地与建筑之间不应设置妨碍消防车操作的架空高压电线、树木、车库出入口等障碍，同时要避开地下建筑内设置的危险场所的泄爆口，如图 3-31 所示。

为了便于云梯车的消防作业，高层建筑与其邻近建筑物之间应保持一定距离。消防车登高操作场地与高层建筑的间距不小于 5m，消防车与建筑物之间的宽度，如图 3-32 所示，其中 B 值可根据配备的消防车参数来确定，各种消防车参数，见表 3-5。

4）消防救援口的设置要求

在灭火时，只有将灭火剂直接作用于火源或燃烧的可燃物，才能有效灭火。除少数建筑外，大部分建筑的火灾在消防队到达时均已发展到较大的规模，从楼梯间进入有时难以直接接近火源，因此有必要在外墙上设置供灭火救援用的入口。无外窗的建筑应每层设置消防救援口，有外窗的建筑应自第三层起每层设置消防救援口。消防救援口的净高度和净宽度均不应小于 1.0m，当利用门时，净宽度不应小于 0.8m，利用窗时，窗口下沿距室内地面不宜大于 1.2m，且沿外墙的每个防火分区在对应消防救援操作面范围内设置的消防救援口不应少于 2 个。消防救援口应易于从室内和室外打开或破拆，采用玻璃窗时，应选用安全玻璃。消防救援口应设置可在室内和室外识别的永久性明显标志，如图 3-33 所示。

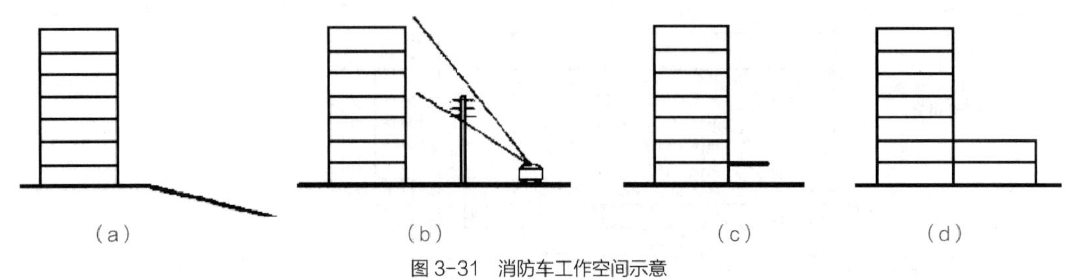

图 3-31 消防车工作空间示意
（a）斜坡；（b）电灯或电线杆；（c）突出物；（d）裙式建筑

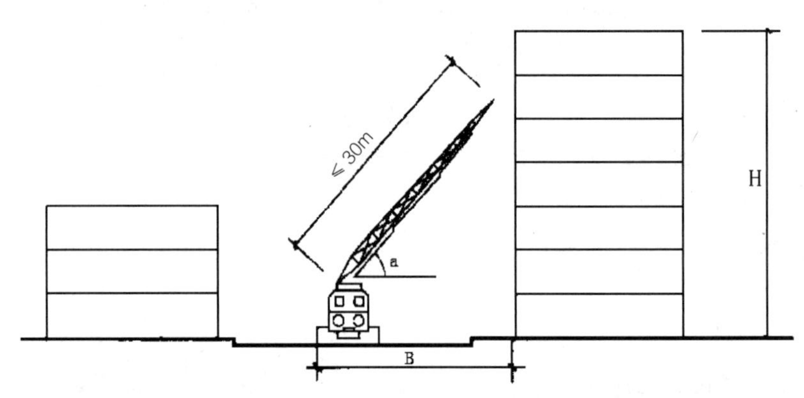

图 3-32 消防车与建筑之间的宽度

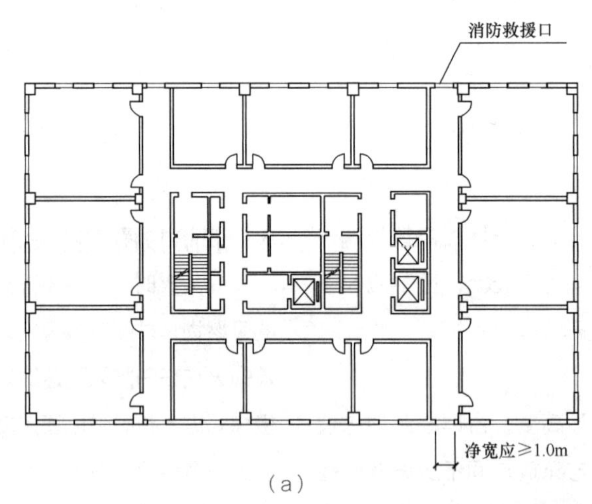

（a）

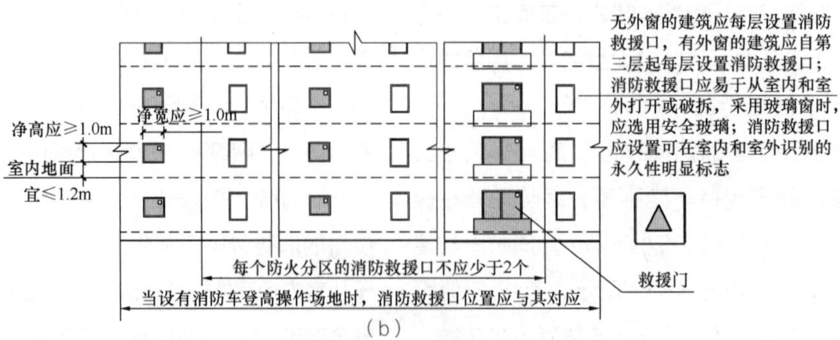

（b）

图 3-33 消防救援口设置示意图
（a）平面图；（b）立面图

各种消防车的满载总重量（kg） 表 3-5

名称	型号	满载重量	名称	型号	满载重量
水罐车	SG65，SG65A	17,280	泡沫车	CPP181	2,900
	SHX5350 GXFSG160	35,300		PM35GD	11,000
	CG60	17,000		PM50ZD	12,500
	SG120	26,000	供水车	GS140ZP	26,325
	SG40	13,320		GS150ZP	31,500
	SG55	14,500		GS150P	14,100
	SG60	14,100		东风 144	5,500
	SG170	31,200		GS70	13,315
	SG35ZP	9,365		GS1802P	13,500
	SG80	19,000	干粉车	GF30	1,800
	SG85	18,525		GF60	2,600
	SG70	13,260	干粉、泡沫联用消防车	PF45	17,286
	SP30	9,210		PF110	2,600
	EQ144	5,000	登高平台车	CDZ53	33,000
	SP36	9,700		CDZ40	2,630
	EQ153-F	5,500		CDZ32	2,700
	SG110	26,450		CDZ20	9,600
	SG35GD	11,000	举高喷射消防车	CJQ25	11,095
	SH5140 GXFSG55GD	4,000	抢险救援车	SHX5110 TTXFQJ73	14,500
泡沫车	PM40ZP	11,500	消防通信指挥车	CX10	3,230
	PM55	14,100		FXZ25	2,160
	PM60ZP	1,900		FXZ25A	2,470
	PM80，PM85	18,525		FXZ10	2,200
	PM120	26,000	火场供应消防车	XXFZM10	3,864
	PM35ZP	9,210		XXFZM12	5,300
	PM35GD	14,500		TQXZ20	5,020
	PP30	94,100		QXZ16	4,095
	EQ140	300			

3.4* 建筑总平面防火设计举例

在进行建筑总平面设计时，首先要弄清建设用地及周围环境有关情况。其次要根据规划要求的合理性确定建筑红线。第三，根据建筑性质、层数，合理确定建筑体量、位置及建筑物之间的关系。在进行具体布置时，要留够建筑防火间距和日照间距。布置道路时，要注意消防车道的要求及转弯半径、道路宽度、回车场地等。场地有坡度时，还要注意道路坡度是否合适。此外，还要安排绿化、室外管网及消火栓等。这些工作要反复推敲，以便达到既符合规范要求，又使各方满意（图 3-34）。

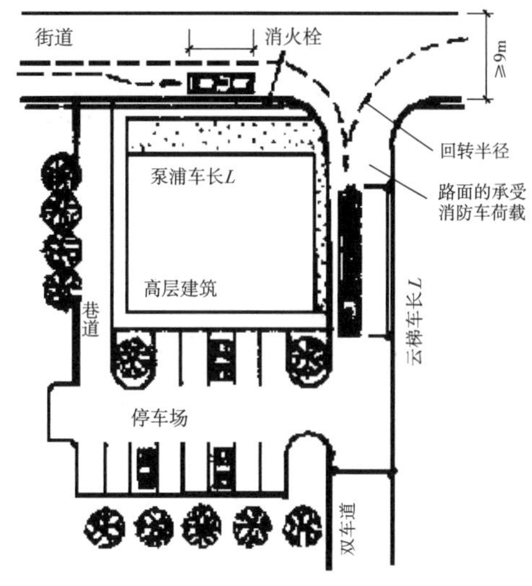

图 3-34 建筑总平面防火设计示意

下面介绍几个实际布置的总平面例子，从中我们可看到在总体布置中应考虑的问题。

3.4.1 北京中国国际贸易中心总平面防火设计

中国国际贸易中心占地约 12.8×104m^2，建筑面积为 42 万 m^2，拥有高、中档宾馆、办公楼、会议厅、展览厅、公寓、地下商场及地下车库等建筑，其总平面设计，如图 3-35 所示。

（1）在总平面设计方面，为了满足《建筑设计防火规范》GB 50016—2014（2018 年版）中关于“高层建筑至少沿一个长边或周边长度的 1/4 且不小于一个长边长度的底边连续布置消防登高操作场地，该范围内的裙房进深不应大于 4m”的规定，在裙房的后部设一消防车道，可使消防车达到裙房屋顶，靠近高层建筑主体，开展救火作业。当然，裙房屋顶结构按所用消防车辆的荷载进行设计。

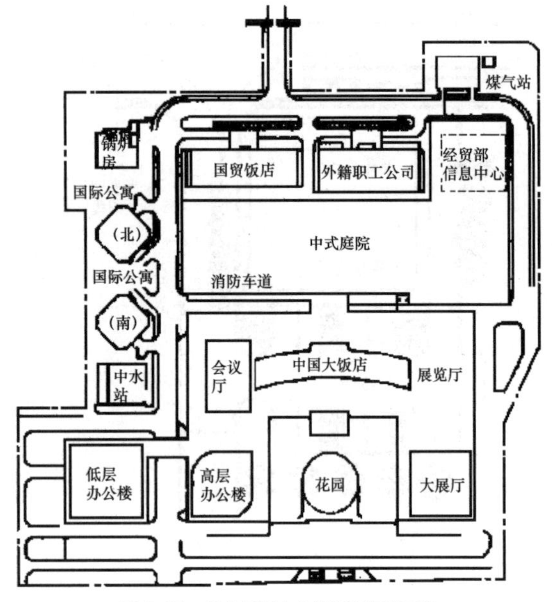

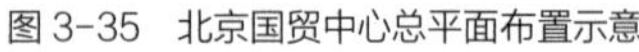
图 3-35 北京国贸中心总平面布置示意

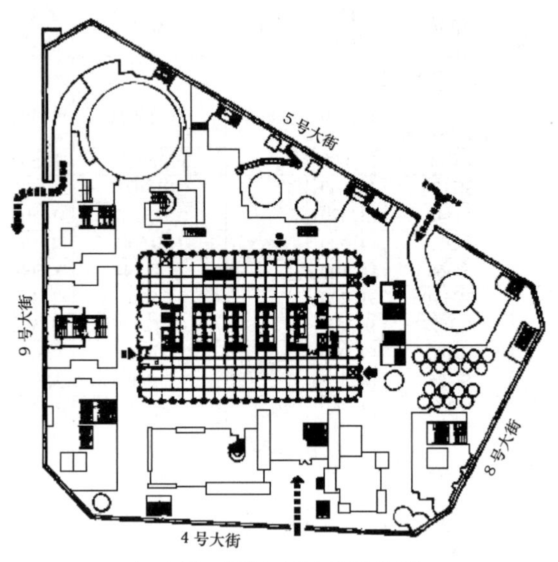

图 3-36 新宿中心大厦总平面示意

（2）各主要建筑均留出 13m 以上的距离，以便于消防车展开救火活动，同时设有环形消防车道，方便进出。

（3）建筑群 100kV 的变电站，设于低层办公楼南侧地下室中，用耐火极限为 4.00h 的防火墙与其他地下室分隔，形成专用的防火分区；5 个 10kV 的变电站均设于建筑物的地下室内，分别用防火墙分隔为独立的防火分区。

（4）建筑群设有 1 个防灾总监控中心和 4 个监控分中心，其中 1 个监控分中心与总监控中心在一起，设于低层办公楼一层西北角，其他 3 个分别设于展览厅北侧一层、南公寓一层、国贸饭店一层。总监控中心只执行监视功能，监控分中心执行监视和控制双重功能。

3.4.2 日本新宿中心大厦总平面防火设计

日本新宿中心大厦是一幢集办公、商场、停车场、诊疗所为一体的综合性大厦。占地面积 14,920m^2，总建筑面积 183,063m^2，地上 55 层，地下 5 层，塔楼 3 层，高度达 222.95m。

该大厦位于超高层建筑集中的东京新宿区，与朝日生命大厦、安田火灾海上保险大厦等隔街相望。大厦南面为 4 号街、东侧为 8 号街、北侧为 5 号街、西侧为 9 号街，交通方便，道路环绕，消防车进出与施救方便；与附近建筑的防火间距满足要求；同时，各个方向都布置了疏散道路，为消防救助活动创造了有利条件。新宿中心大厦总平面防火设计如图 3-36 所示。

3.4.3 某综合楼消防车道与消防车登高救援操作面

某市一栋综合楼，地下 4 层，地上 20 层，采用框架剪力墙结构，总建筑面积 30 万 m^2，如图 3-37 所示。主楼与其裙房之间设有防火墙等防火分隔设施。主楼主要使用功能为办公室，地上二十层主要使用功能为会议厅、多功能厅。裙房首层至地上六层主要使用功能为商场营业厅。

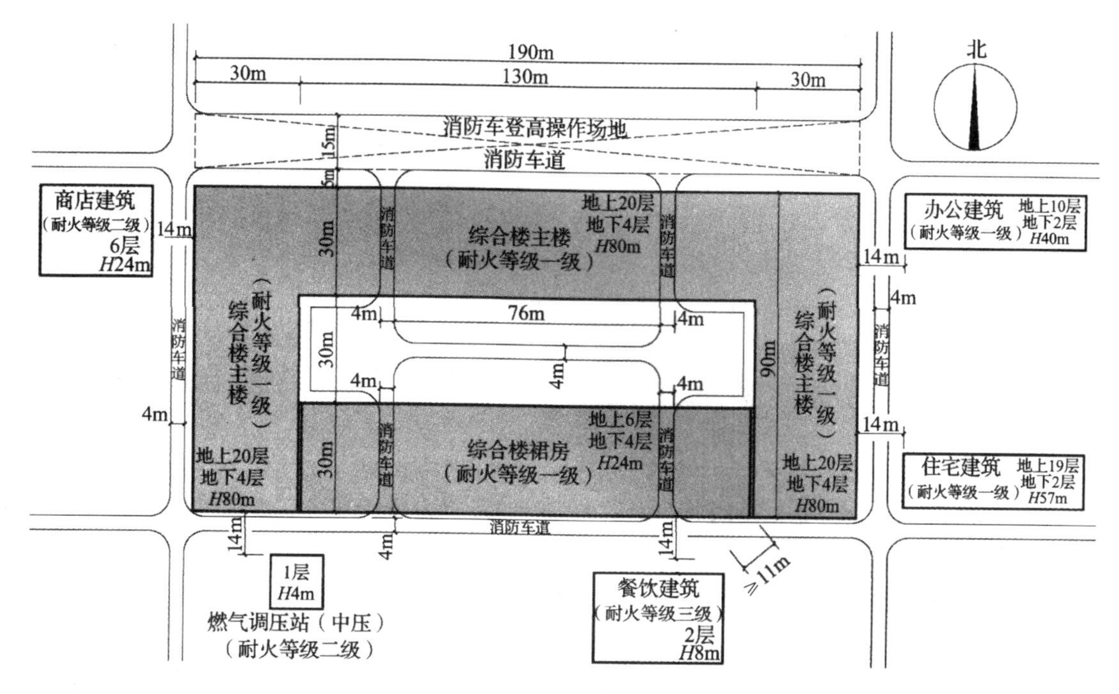

图 3-37　某综合楼消防车道与消防车登高救援操作面示意图

该综合楼与周边建筑之间的防火间距，不应小于表 3-6 的规定。

综合楼与周边建筑之间的防火间距（m）　表 3-6

建筑名称	多层商店建筑（耐火等级二级）	高层办公建筑（耐火等级一级）	高层住宅建筑（耐火等级一级）	多层餐饮建筑（耐火等级三级）	地上中压燃气调压站（耐火等级二级）
综合楼主楼	9	13	13	11	12
综合楼裙房	6	9	9	7	12

该综合楼的消防车道应符合下列要求：

（1）高层建筑的周围，应设环形消防车道。当设环形车道有困难时，可沿高层建筑的两个长边设置消防车道，当建筑的沿街长度超过 150m 或总长度超过 220m 时，应在适中位置设置穿过建筑的消防车道。有封闭内院或天井的高层建筑沿街时，应设置连通街道和内院的人行通道（可利用楼梯间），其距离不宜超过 80m。

（2）高层建筑的内院或天井，当其短边长度超过 24m 时，宜设有进入内院或天井的消防车道。

（3）消防车道的宽度不应小于 4m。消防车道距高层建筑外墙宜大于 5m，消防车道上空 4m 以下范围内不应有障碍物。

（4）穿过高层建筑的消防车道，其净宽和净空高度均不应小于 4m。

（5）消防车道与高层建筑之间，不应设置妨碍登高消防车操作的树木、架空管线等。

（6）消防登高作业面。

首先应根据灭火救援实际情况，合理确定该综合楼的消防车登高操作场地；然后根据其位置，再确定该综合楼的消防登高作业面的有关设置要求。该综合楼的底边至少有一个长边或周边长度的 1/4 且不小于一个长边长度，不应布置进深大于 4m 的裙房，且在此范围内必须设有直通室外的楼梯或直通楼梯间的出口。

3.4.4 总平面防火设计图例（图 3-38 ~ 图 3-41）

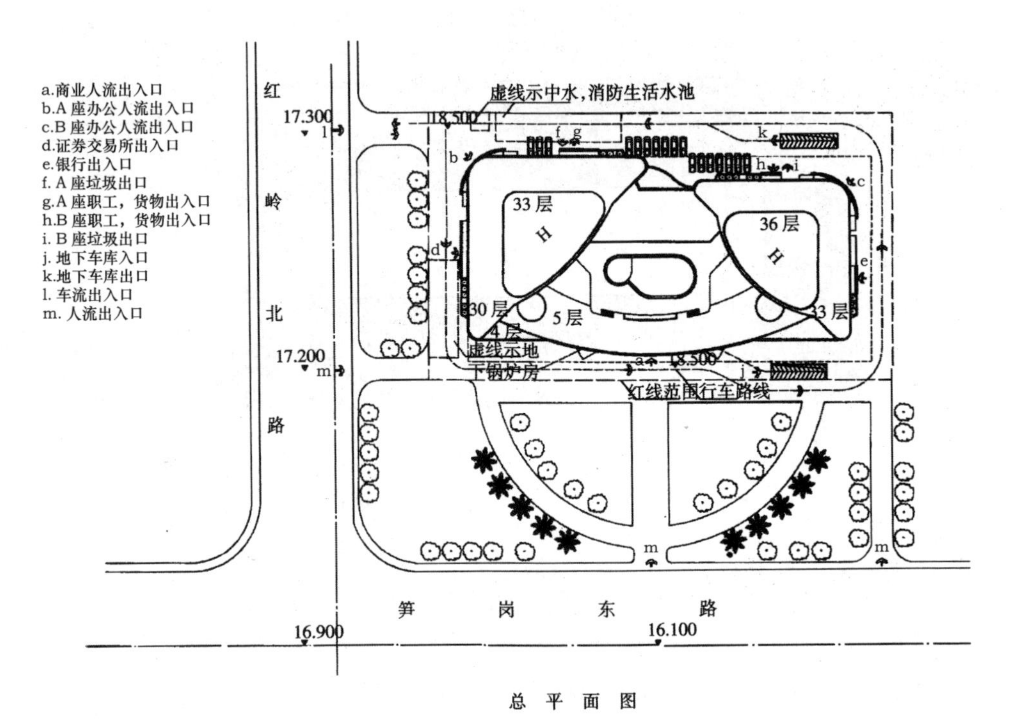

图 3-38 深圳某高层总平面示意

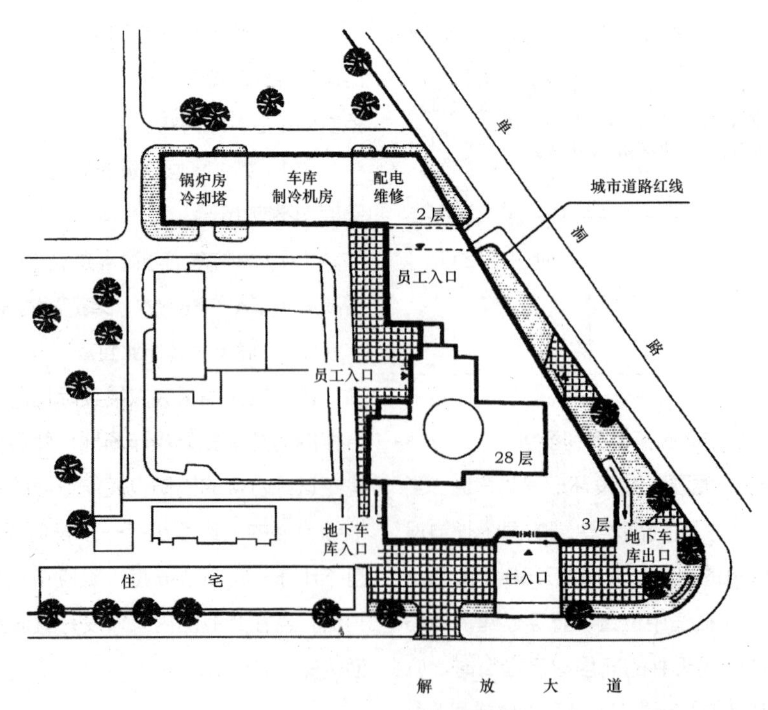

图 3-39 武汉某酒店总平面示意

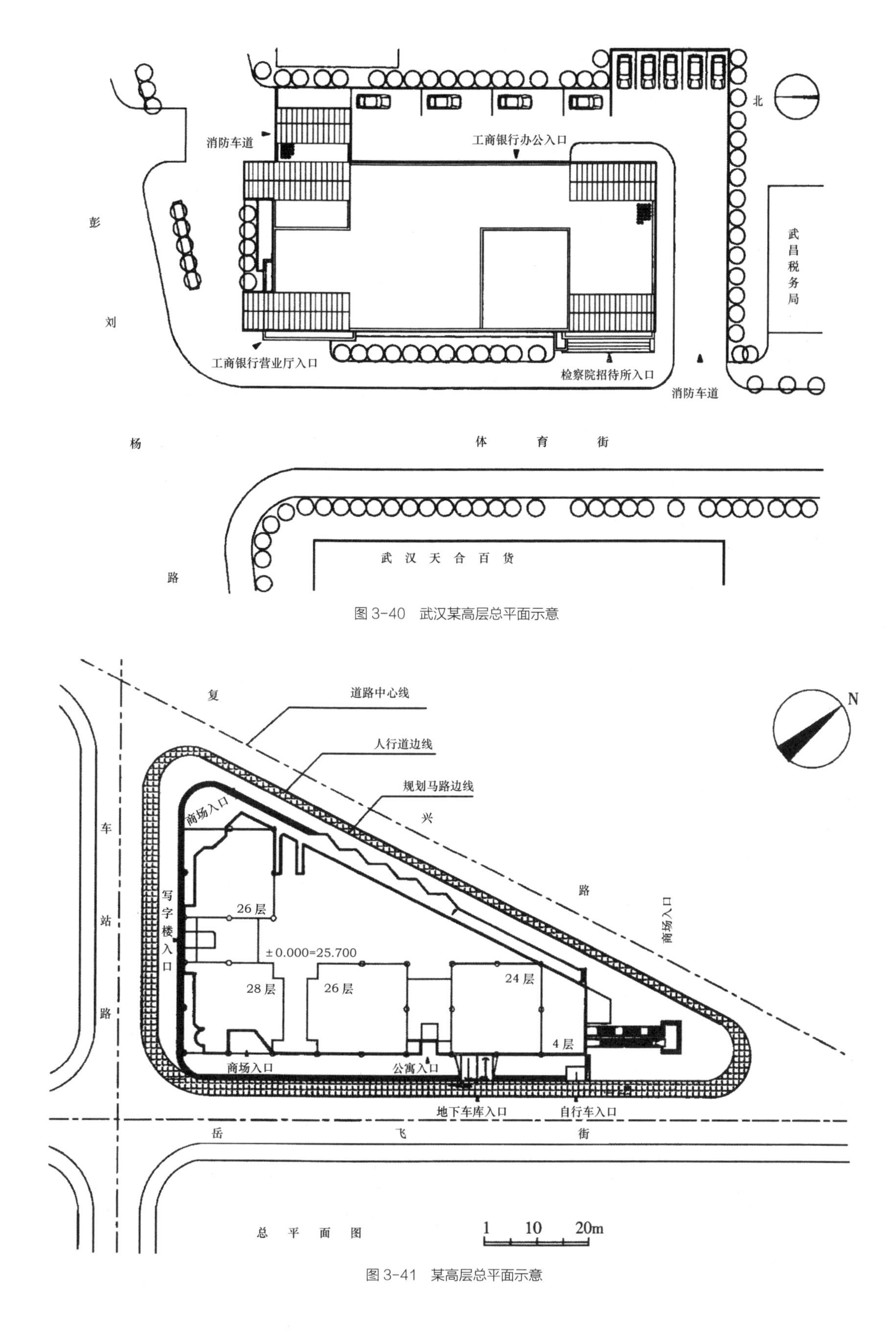

图 3-40 武汉某高层总平面示意

图 3-41 某高层总平面示意

第4章 Chapter 4 Fire Protection Design of Building Plane 建筑平面防火设计

本章主要是以旺盛期火灾为对象，阐述防止其扩大蔓延的基本方法。在建筑物内合理地设计防火分区，不仅可以把火灾造成的经济损失限制在可接受的范围内，同时对保证安全疏散和控制、扑救火灾，也具有极为重要的意义。如前所述，建筑物内火灾的蔓延大致有两种途径：即通过楼板、隔墙及其开口等，从内部蔓延；或通过外墙窗口喷出火焰，烧坏上层窗户，再通过外部蔓延到上层室内。针对这两种蔓延方式，探讨防火分隔的有关措施。

4.1 防火分区设计标准

4.1.1 概 述

当建筑物中某一房间发生火灾，火焰及热气流便会从门、窗、洞口或者从楼板或墙壁的烧损部位以及楼梯间等竖井，向其他空间蔓延扩大，最终可能将整座建筑物卷入火灾。因此，设想在一定时间内把火灾控制在建筑物一定的范围内，是十分重要的。

随着国家建设事业的发展，建筑物向大型化、多功能化发展。如已建成的有高层综合楼，上海金茂大厦 88 层，287,000m^2。就连 1959 年建成的北京人民大会堂建筑面积也高达 171,600m^2。像这样的规模，如不进行适当的分隔，一旦起火成灾，后果不堪设想。所谓防火分区，就是用防火墙、楼板等分隔构件，作为一个区域的边界构件，能够在一定时间内把火灾控制在某一范围的空间。

防火分区按照其作用，又可分为水平防火分区和竖向防火分区。水平防火分区是用以防止火灾在水平方向扩大蔓延，而竖向防火分区主要是防止多层或高层建筑竖向火灾蔓延。

4.1.2 防火分区设计标准

1) 民用建筑

建筑面积过大，室内容纳的人员和可燃物的数量相应增大，火灾时过火面积大，燃烧时间长，辐射热强烈，对建筑结构的破坏严重，火势难以控制，对消防扑救和人员、物资疏散都很不利。为了减少火灾损失，对建筑物防火分区的面积，按照建筑物耐火等级的不同给予相应的限制。即，耐火等级高的建筑防火分区面积可以适当加大，耐火等级低的建筑防火分区面积就要求减小。

高层建筑，其内部装修、陈设等可燃物多，设有贵重设备，并设有空调系统等，一旦失火迅速蔓延，疏散和扑救困难，容易造成人员伤亡和重大损失，所以对其防火分区应从严控制，每个防火分区面积规定为 1,500m^2。

一、二级耐火等级民用建筑的耐火性能较高，除了未加防火保护的钢结构以外，导致建筑物倒塌的可能性较小，一般能较好地限制火灾蔓延，有利于人员安全疏散及扑救火灾，所以，规定其防火分区面积为 2,500m^2。三级建筑物的屋顶是可燃的，可导致火灾蔓延扩大，其防火分区面积应比一、二级小，一般不超过 1,200m^2。四级耐火等级建筑的构件大多数是难燃或可燃的，其防火分区面积不宜超过 600m^2。同理，除了限制防火分区面积外，还对建筑物的层数也提出了限制。

地下室用途较为广泛，如用作市场、游乐场、仓库、旅馆等，可燃物多、人流较大。从防火安全角度来看，地下室一般是无窗房间，其出入口（楼梯）既是人流疏散口，又是热烟气的排出口，同时又是消防队救火的进入口。一旦形成火灾，人员交叉混乱，不仅造成疏散扑救困难，而且威胁上部建筑的安全。因此，地下室防火分区面积规定为 500m^2。

不同耐火等级的民用建筑防火分区的最大允许建筑面积，详见表 4-1。

在执行表 4-1 的规定时，应注意以下几点：

（1）建筑内设置自动灭火系统时，该防火分区的最大允许建筑面积可按表 4-1 的规定增加 1.0 倍，局部设置时，增加面积可按该局部面积的 1.0 倍计算，如图 4-1 所示。

（2）裙房与高层建筑主体之间设置防火墙时，裙房的防火分区可按单、多层建筑的要求确定。

高层建筑相连的裙房，建筑高度一般较低，火灾时疏散较快，扑救难度也较小，易于控制火灾蔓延。当高层建筑主体与裙房之间用防火墙时，其裙房的防火分区允许最大建筑面积，不应大于 2,500m^2；当设有自动灭火系统时，防火分区允许最大建筑面积可增加 1.0 倍，即 5,000m^2。

（3）当建筑物内设置自动扶梯、敞开楼梯等上下层相连通的开口时，其防火分区面积应按上下层相连通的面积叠加计算。当相连通楼层的建筑面积之和大于表 4-1 的规定时，应划分防火分区，如图 4-2 所示。

建筑物内设置中庭时，其防火分区面积应按上、下层相连通的建筑面积叠加计算；当叠加计算后的建筑面积大于表 4-1 的规定时，应采取相应技术措施。

不同耐火等级的民用建筑防火分区最大允许建筑面积　　表 4-1

名　称	耐火等级	防火分区的最大允许建筑面积（m²）	备　注
高层民用建筑	一、二级	1,500	对于体育馆、剧场的观众厅，防火分区的最大允许建筑面积可适当增加
单、多层民用建筑	一、二级	2,500	
	三级	1,200	—
	四级	600	—
地下或半地下建筑（室）	一级	500	设备用房的防火分区最大允许建筑面积不应大于 1,000m²

注：木结构建筑，参见现行《建筑设计防火规范》GB 50016—2014（2018 年版）的相关内容。

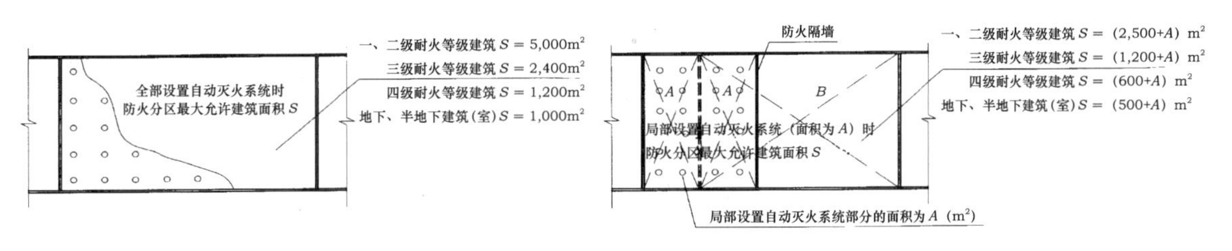

图 4-1　防火分区面积示意图

（4）防火分区之间应采用防火墙分隔。当采用防火墙确有困难时，可采用防火卷帘等防火分隔设施分隔，如图 4-3 所示。采用防火卷帘时应符合下列规定：

① 除中庭外，当防火分隔部位的宽度不大于 30m 时，防火卷帘的宽度不应大于 10m；当防火分隔部位的宽度大于 30m 时，防火卷帘的宽度不应大于该部位宽度的 1/3，且不应大于 20m，如图 4-4 所示。

② 防火卷帘的耐火极限不应低于 3.00h。

当防火卷帘的耐火极限符合现行国家标准《门和卷帘的耐火试验方法》GB/T 7633—2008 有关背火面温升的判定条件时，可不设置自动喷水灭火系统保护。

当防火卷帘的耐火极限符合现行国家标准《门和卷帘的耐火试验方法》GB/T 7633—2008 有关背火面辐射热的判定条件时，应设置自动喷水灭火系统保护。自动喷水灭火系统的设计应符合现行国家标准《自动喷水灭火系统设计规范》GB 50084—2017 的有关规定，但其火灾延续时间不应小于 3.0h。

③ 防火卷帘应具有防烟性能，与楼板、梁、墙、柱之间的空隙应采用防火材料封堵。

④ 需在火灾时自动降落的防火卷帘，应具有信号反馈的功能。

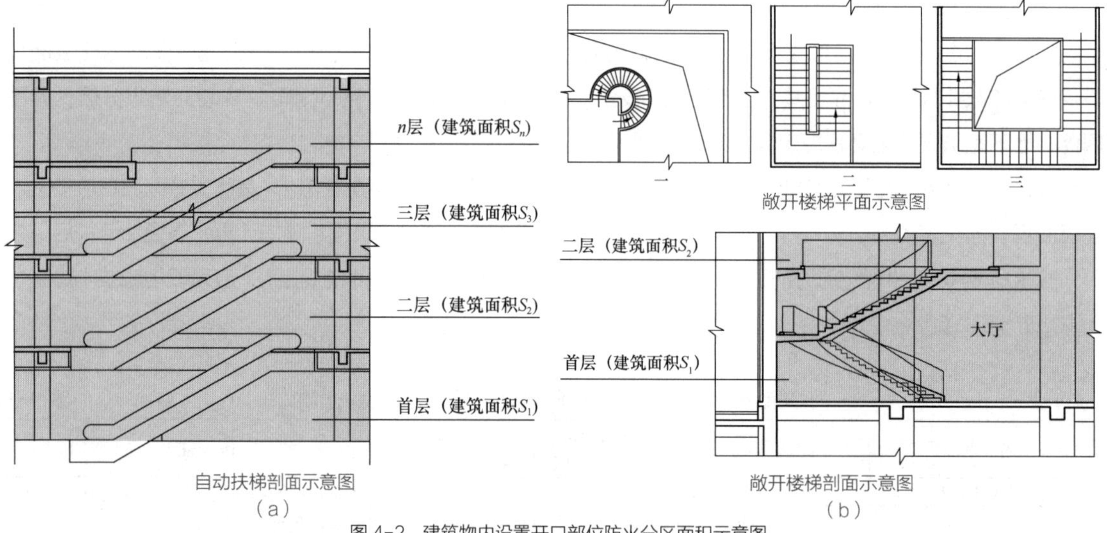

自动扶梯剖面示意图
（a）

敞开楼梯剖面示意图
（b）

图 4-2 建筑物内设置开口部位防火分区面积示意图
（a）自动扶梯；（b）敞开楼梯

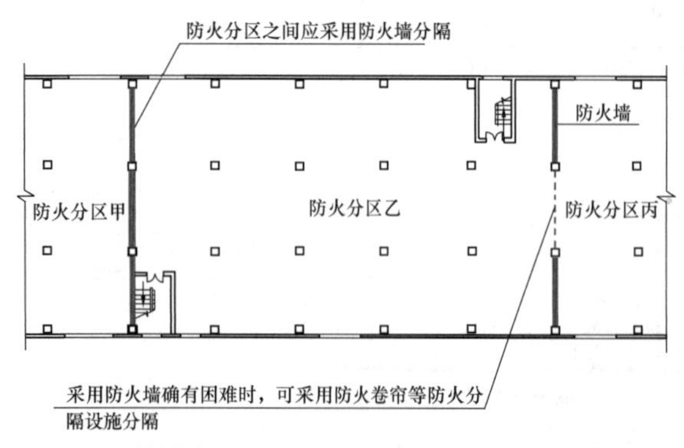

图 4-3 建筑物内采用防火墙分隔有困难时用防火卷帘代替示意图

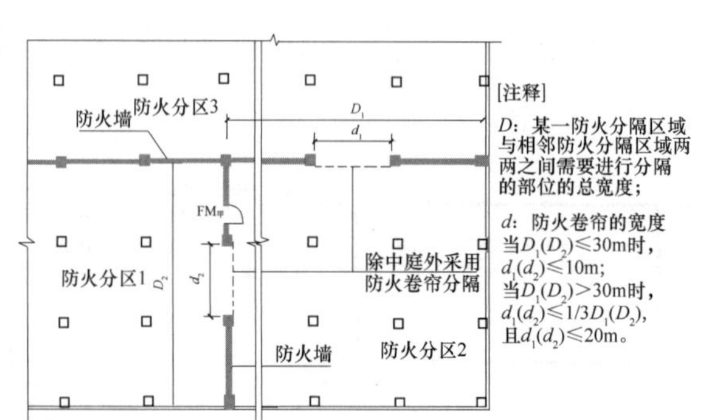

图 4-4 建筑物内防火卷帘宽度要求示意图

（5）一、二级耐火等级建筑内的营业厅、展览厅，当设置自动灭火系统和火灾自动报警系统，并采用不燃或难燃装修材料时，每个防火分区的最大允许建筑面积应符合下列规定：

设置在高层建筑主体内时，不应大于 4,000m²，如图 4-5 所示。

设置在单层建筑为或仅设置在多层建筑的首层时，不应大于 10,000m²，如图 4-6 所示。

设置在地下或半地下时，不应大于 2,000m²，如图 4-7 所示。

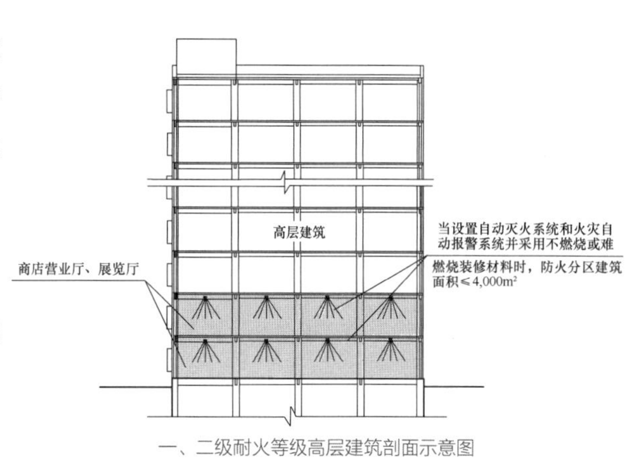

一、二级耐火等级高层建筑剖面示意图

图 4-5　高层建筑主体内的营业厅、展览厅防火分区面积示意图

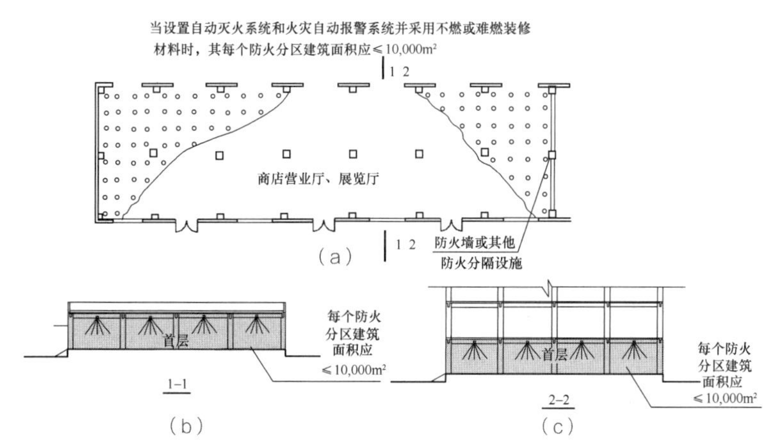

（a）

（b）　（c）

图 4-6　单层建筑为或仅设置在多层建筑的首层的营业厅、展览厅防火分区面积示意图

（a）设置在一、二耐火等级单层建筑或一、二级耐火级多层建筑的首层平面示意图；（b）设置在一、二耐火等级单层建筑内的商店营业厅、展览厅剖面示意图；（c）设置在一、二耐火等级单层建筑首层内的商店营业厅、展览厅剖面示意图

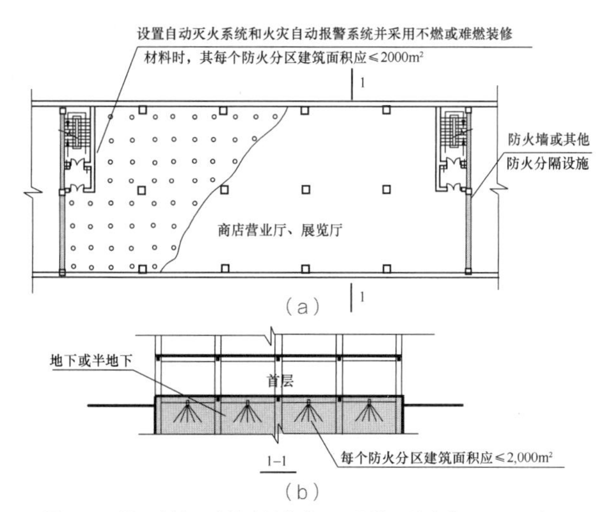

（a）

（b）

图 4-7　地下半地下建筑内的营业厅、展览厅防火分区面积示意图

（a）设置在一、二耐火等级建筑地下或半地下平面示意图；（b）设置在一、二耐火等级建筑地下或半地下的商店营业厅、展览厅剖面示意图

2）厂房

厂房可分为单层厂房、多层厂房和高层厂房。单层厂房，即使建筑高度超过 24m，其防火设计仍按单层考虑；建筑高度等于或小于 24m、二层及二层以上的厂房为多层厂房；建筑高度大于 24m、二层及二层以上的厂房为高层厂房。

工业厂房的层数和面积是由生产工艺所决定的，但同时也受生产的火灾危险类别和厂房耐火等级的制约。工业厂房的生产工艺、火灾危险类别、建筑物的耐火等级、层数和面积构成一个互相联系、互相制约的统一体。

层数太多，不利于疏散和扑救；面积过大，火灾容易在大范围内蔓延，同样不利于疏散和扑救；要求过严，会影响生产且浪费土地。

综合上述各种因素，为了使火灾时便于人员疏散，以及消防队控制、扑救火灾，甲类生产采用一、二级耐火等级的厂房，除了生产工艺必须采用多层者外，一般应采用单层；乙类生产采用一级耐火等级厂房时不受限制，即可以建造高层厂房，而采用二级耐火等级厂房时，不得超过 6 层。不得把甲、乙类生产布置在地下室或半地下室内；丙类生产的火灾危险性还是比较大的，可以采用三级耐火等级的厂房，其层数不超过 2 层；丁、戊类生产厂房当采用三级耐火等级时，最多不要超过 3 层。

甲类生产当采用一级耐火等级的单层厂房时，防火分区的面积可达 4,000m^2，采用多层厂房时防火分区的面积可达 3,000m^2。但是，甲类生产不得采用高层厂房。其他各类生产、各级耐火等级厂房的防火分区面积，要符合表 4-2 的有关规定。

考虑到高层厂房发生火灾时，危险性和损失大，扑救更困难，防火分区面积限制的要求也更加严格。乙类火灾危险性以下的生产，当采用高层厂房，其防火分区的面积为多层厂房的一半。丙类生产厂房设在厂房的地下室、半地下室时，其防火分区最大允许面积为 500m^2，丁、戊类为 1,000m^2。

但是，当甲、乙、丙类厂房设有自动灭火设备时，防火分区最大允许面积比表 4-2 的规定增加 1.0 倍；丁、戊类地上厂房设有自动灭火设备时，其防火分区的建筑面积不限；局部设置时，增加面积可按该局部面积的 1.0 倍计算。

3）仓库

仓库的特点，一是物资储存集中，而且许多仓库超量储存。有的仓库不仅库内超量储存，而且仓库之间的防火间距也堆放大量物资；二是仓库的耐火等级较低，原有的老仓库多数为三级耐火等级，甚至四级及其以下的仓库也占有一定比例，一旦失火，大多造成严重损失；三是库区水源不足，消防设施缺乏，扑救火灾难度大。

仓库也可分为单层仓库、多层仓库、高层仓库，其划分高度可参照工业厂房。层高在 7m 以上的机械操作和自动控制的货架仓库，称作高架仓库。高层仓库和高架仓库的共同特点是，储存物品比普通仓库（单层、多层）多数倍甚至数十倍，发生火灾时，疏散和抢救困难，其耐火等级不低于二级。

由于储存甲、乙类物品的仓库的火灾爆炸危险性大，所以，甲、乙类物品仓库宜采用单层建筑，不能设在建筑物地下室、半地下室内。一旦发生爆炸事故，将会威胁到整个建筑的安全。

甲类物品仓库失火后，燃烧速度快，火势猛烈，并且还可能发生爆炸。所以，其防火分区面积从严控制，以便能迅速控制火势蔓延，减少损失。考虑到仓库储存物资集中，可燃物多，发生火灾造成的损失大等因素，仓库的耐火等级、层数和面积要严于厂房和民用建筑。

丙类固体可燃物品仓库以及丁、戊类物品仓库，当采用一、二级耐火等级建筑时，其层数不限。

仓库设有自动灭火系统时，除冷库的防火分区外，每座仓库的最大允许占地面积和每个防火分区的最大允许建筑面积可按规定增加 1.0 倍。

综上所述，各类仓库的耐火等级、层数和面积应符合表 4-3 的要求。

厂房的层数和每个防火分区的最大允许建筑面积 表 4-2

生产的火灾危险性类别	厂房的耐火等级	最多允许层数	每个防火分区的最大允许建筑面积（m²）			
			单层厂房	多层厂房	高层厂房	地下或半地下厂房（包括地下或半地下室）
甲	一级	宜采用单层	4,000	3,000	—	—
	二级		3,000	2,000	—	—
乙	一级	不限	5,000	4,000	2,000	—
	二级	6	4,000	3,000	1,500	—
丙	一级	不限	不限	6,000	3,000	500
	二级	不限	8,000	4,000	2,000	500
	三级	2	3,000	2,000	—	—
丁	一、二级	不限	不限	不限	4,000	1,000
	三级	3	4,000	2,000	—	—
	四级	1	1,000	—	—	—
戊	一、二级	不限	不限	不限	6,000	1,000
	三级	3	5,000	3,000	—	—
	四级	1	1,500	—	—	—

仓库的层数和面积 表 4-3

储存物品的火灾危险性类别		仓库的耐火等级	最多允许层数	每座仓库的最大允许占地面积和每个防火分区的最大允许建筑面积（m²）						
				单层仓库		多层仓库		高层仓库		地下或半地下仓库（包括地下或半地下室）
				每座仓库	防火分区	每座仓库	防火分区	每座仓库	防火分区	防火分区
甲	3、4 项	一级	1	180	60	—	—	—	—	—
	1、2、5、6 项	一、二级	1	750	250	—	—	—	—	—
乙	1、3、4 项	一、二级	3	2,000	500	900	300	—	—	—
		三级	1	500	250	—	—	—	—	—
	2、5、6 项	一、二级	5	2,800	700	1,500	500	—	—	—
		三级	1	900	300	—	—	—	—	—
丙	1 项	一、二级	5	4,000	1,000	2,800	700	—	—	150
		三级	1	1,200	400	—	—	—	—	—
	2 项	一、二级	不限	6,000	1,500	4,800	1,200	4,000	1,000	300
		三级	3	2,100	700	1,200	400	—	—	—
丁		一、二级	不限	不限	3,000	不限	1,500	4,800	1,200	500
		三级	3	3,000	1,000	1,500	500	—	—	—
		四级	1	2,100	700	—	—	—	—	—
戊		一、二级	不限	不限	不限	不限	2,000	6,000	1,500	1,000
		三级	3	3,000	1,000	2,100	700	—	—	—
		四级	1	2,100	700	—	—	—	—	—

4）汽车停车库

车库的防火分类应分为四类，见本书 3.1.2。汽车库防火分区的最大允许建筑面积应符合表 4-4 的规定。其中，敞开式、错层式、斜楼板式汽车库的上下连通层面积应叠加计算，每个防火分区的最大允许建筑面积不应大于表 4-4 规定的 2.0 倍；室内有车道且有人员停留的机械式汽车库，其防火分区最大允许建筑面积应按表 4-4 的规定减少 35%。

4.2 建筑平面防火布置

建筑物的平面布置应符合规范要求，合理分隔建筑内部空间，防止火灾在建筑内部蔓延扩大，确保火灾时的人员生命安全，减少财产损失：

（1）建筑内部某部位着火时，能限制火灾和烟气在（或通过）建筑内部和外部的蔓延，并为人员疏散、消防人员的救援和灭火提供保护。

（2）建筑物内部某处发生火灾时，减少对邻近（上下层、水平相邻空间）分隔区域的强辐射热和烟气的影响。

（3）消防人员能方便进行救援，利用灭火设施进行灭火活动。

（4）设置有火灾或爆炸危险的建筑设备的场所，采取措施防止发生火灾或爆炸，及时控制灾害的蔓延扩大，尽可能防止对人员和贵重设备造成影响或危害。

本书仅就《建筑设计防火规范》GB 50016—2014（2018 版）和对燃油燃气、燃煤锅炉、油浸变压器、多油开关和柴油发电机组，商业服务网点和人员密集或行为能力较弱者场所的布置的问题，做简要阐述。

4.2.1 设备用房

建筑内的设备用房主要有燃油、燃气锅炉，油浸变压器、发电机房、消防控制室、水泵房、风机房等。

1）燃油、燃气锅炉，油浸电力变压器等

由于建筑规模的扩大和集中供热的需要，建筑所需锅炉的蒸发量越来越大。但锅炉在运行过程中又存在较大火灾危险，发生事故后的危害也较大，特别是燃油或燃气锅炉房，容易发生燃烧爆炸事故，应严格控制。可燃油油浸电力变压器发生故障产生电弧时，将使变压器内的绝缘油迅速发生热分解，析出氢气、甲烷、乙烯等可燃气体，压力骤增，造成外壳爆裂而大量喷油，或者析出的可燃气体与空气混合形成爆炸性混合物，在电弧或火花的作用下极易发生燃烧、爆炸。变压器爆炸后，火灾将随高温变压器油的流淌而蔓延，容易形成大范围的火灾。充有可燃油的高压电容器、多油开关等，也有较大的火灾危险性。在建筑防火设计中，应符合下列要求：

燃油或燃气锅炉房，油浸电力变压器、充有可燃油的高压电容器和多油开关等用房受条件限制必须布置在民用建筑内时，不应布置在人员密集场所的上一层、下一层或贴邻，并应符合下列规定：

（1）燃油或燃气锅炉房、变压器室应设置在首层或地下一层靠外墙部位，如图 4-8 所示。常（负）

汽车库防火分区的最大允许建筑面积　　表 4-4

耐火等级	单层汽车库	多层汽车库、半地下汽车库	地下汽车库、高层汽车库	单层甲乙类运输车汽车库、修车库
一、二级	3,000	2,500	2,000	500（必须是一级）
三级	1,000	不允许	不允许	不允许

注：除本规范另有规定外，防火分区之间应采用符合本规范规定的防火墙、防火卷帘等分隔。

压燃油或燃气锅炉房不应位于地下二层及以下，常（负）压燃气锅炉房可设在屋顶上，设置在屋顶上的常（负）压燃气锅炉房，距通向屋面的安全出口不应小于 6m，如图 4-9 所示。

采用相对密度（可燃气体与空气密度的比值）大于等于 0.75 的可燃气体为燃料的锅炉，不得设置在地下或半地下建筑（室）内。

（2）锅炉房、变压器室的疏散门应直通室外或安全出口，如图 4-10 所示。

（3）锅炉房、变压器室与其他部位之间应采用耐火极限不低于 2.00h 的防火隔墙和 1.50h 的不燃烧体楼板分隔。在隔墙和楼板上不应开设洞口，确需在隔墙上开设门、窗时，应采用甲级防火门、窗，如图 4-10 所示。

（4）锅炉房内设置储油间时，其总储存量不应大于 $1m^3$，且储油间应采用耐火极限≥ 3.00h 的防火隔墙与锅炉间隔开；确需在防火墙上开门时，应采用甲级防火门，如图 4-11 所示。

（5）变压器室之间、变压器与配电室之间，应采用耐火极限不低于 2.00h 的防火隔墙，如图 4-12 所示。

（6）油浸电力变压器、高压电容器室和多油开关室，应设置防止油品流散的设施。油浸电力变压器下面应设置储存变压器全部油量的事故储油设施，如图 4-12 所示。

（7）锅炉的容量应符合现行国家标准《锅炉房设计规范》GB 50041—2008 的有关规定。油浸电力变压器的总容量不应大于 1,260kV · A，单台容量不应大于 630kV · A。

（8）应设置火灾报警装置。

（9）应设置与锅炉、油浸变压器容量和建筑规模相适应的灭火设施。当建筑内其他部位设置自动喷水灭火系统时，应设置自动喷水灭火系统。

（10）燃气锅炉房应设置爆炸泄压设施，燃油或燃气锅炉房应设置独立的通风系统，燃气锅炉房应选用防爆型的事故排风机。当采取机械通风时，机械通风设施应设置导除静电的接地装置，通风量应符合下列规定：燃油锅炉房的正常通风量应按换气次数不少于 3 次 /h 确定，事故排风量应按换气次数不少于 6 次 /h 确定；燃气锅炉房的正常通风量应按换气次数不少于 6 次 /h 确定，事故排风量应按换气次数不少于 12 次 /h 确定。

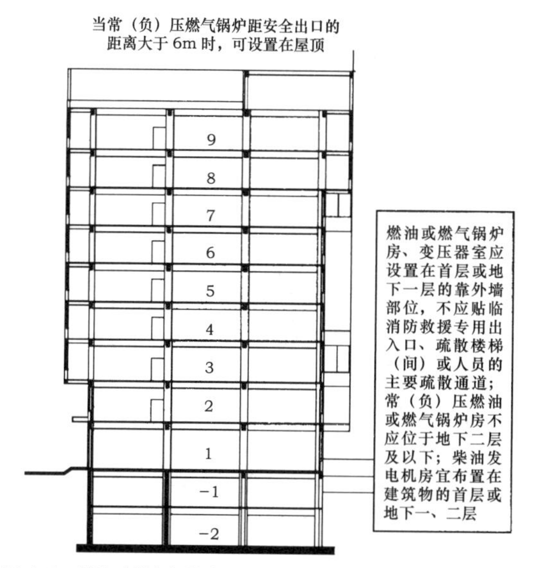

图 4-8　燃油或燃气锅炉房、变压器室确需设置在民用建筑内时的剖面示意图

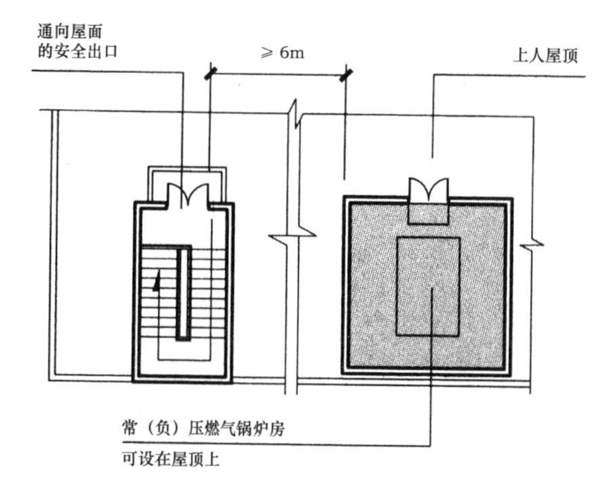

图 4-9　常（负）压燃气锅炉房设置在民用建筑屋顶示意图

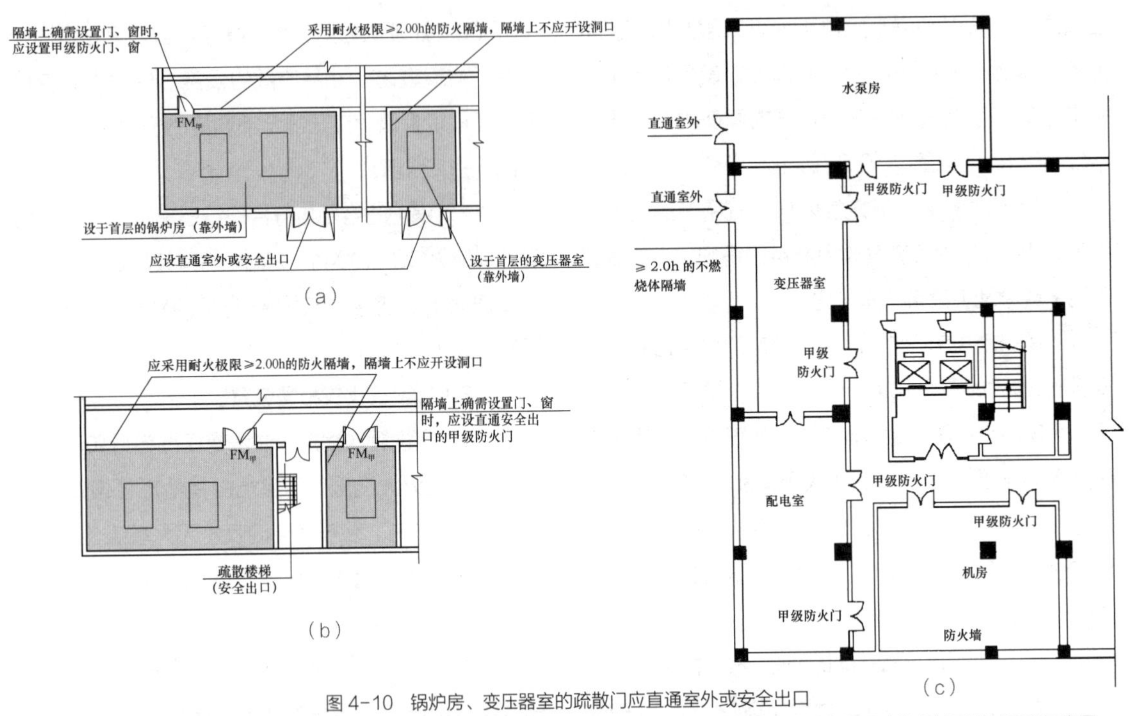

图 4-10 锅炉房、变压器室的疏散门应直通室外或安全出口

（a）锅炉房、变压器室确需布置在民用建筑内首层时平面示意图；（b）锅炉房、变压器室确需布置在民用建筑内地下层时平面示意图；（c）变压器室与配电室之间应设防火墙、甲级防火门

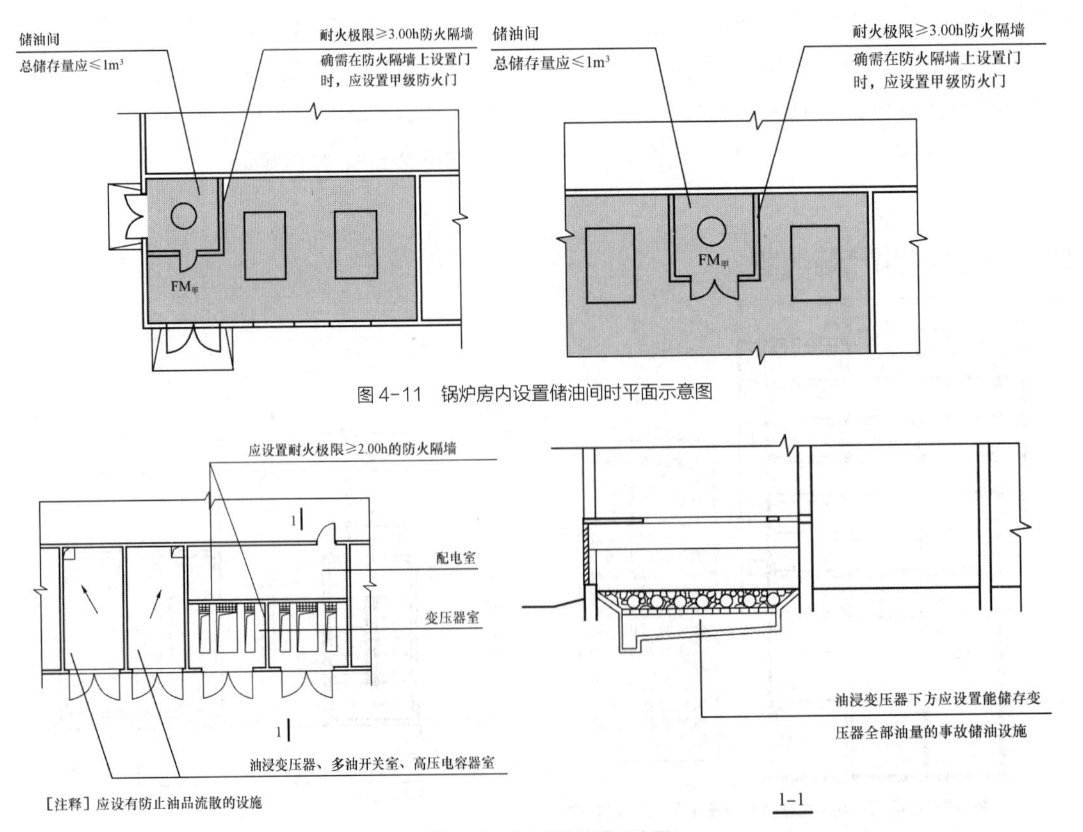

图 4-11 锅炉房内设置储油间时平面示意图

图 4-12 变压器室布置示意图

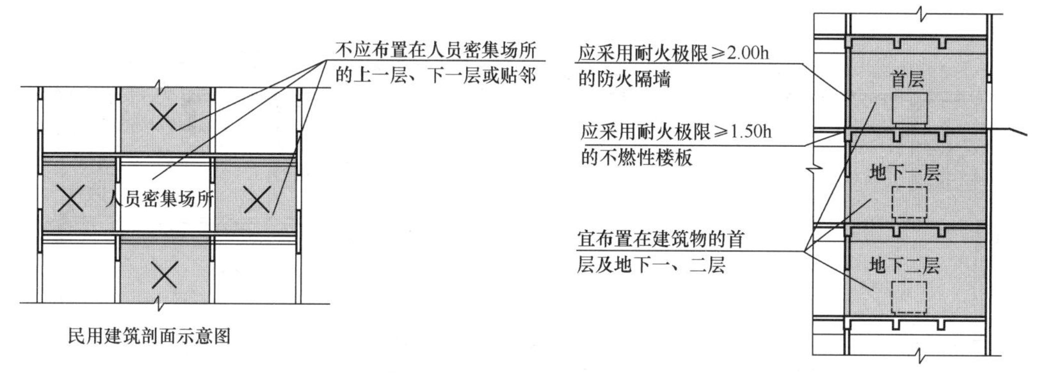

图 4-13 布置在民用建筑内柴油发电机房的剖面示意图

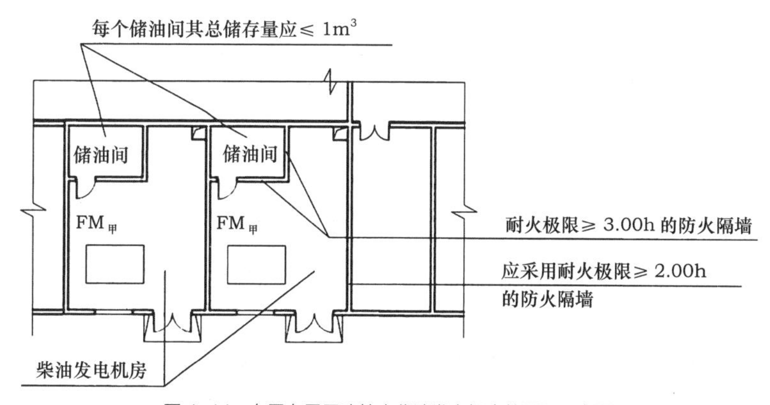

图 4-14 布置在民用建筑内柴油发电机房的平面示意图

2）柴油发电机房

柴油发电机房布置在民用建筑内时应符合下列规定:

(1) 宜布置在建筑物的首层或地下一、二层，不应布置在人员密集场所的上一层、下一层或贴邻，如图 4-13 所示。

(2) 应采用耐火极限不低于 2.00h 的防火隔墙和不低于 1.50h 的不燃烧体楼板与其他部位分隔，门应采用甲级防火门，如图 4-14 所示。

(3) 机房内应设置储油间，其总储存量不应大于 $1m^3$，储油间应采用耐火极限≥ 3.00h 的防火隔墙与发电机间分隔; 开应设置甲级防火门，如图 4-14 所示。

(4) 应设置火灾报警装置。

(5) 应设置与柴油发电机容量和建筑规模相适应的灭火设施，当建筑内其他部位设置自动喷水灭火系统时，机房内应设置自动喷水灭火系统。

3）消防控制室

消防控制室是建筑物内防火、灭火设施的显示控制中心。是火灾扑救的指挥中心，是保障建筑物安全的要害部位之一，应设在交通方便和发生火灾时不易蔓延燃烧的部位。故防火规范对消防控制室位置、防火分离和安全出口做了规定。我国目前已建成的高层建筑中，不少建筑都设有消防控制室，如图 4-15 所示。但也有把消防控制室设于地下层交通极不方便的部位，这样一旦发生大规模的火灾，在消防控制室坚持工作的人员就很难撤出大楼，故消防控制室应设置直通室外的安全出口。

一般认为在起火 15~20min 之后才开始蔓延燃烧，要是消防队能在 20min 内赶到现场扑灭火灾，就必须迅速报警，片刻贻误都会酿成巨大损失。当前，国际上已有各类先进安全的防火监测系统。我国规定了采用能够监控自动报警、自动灭火、机械排烟、

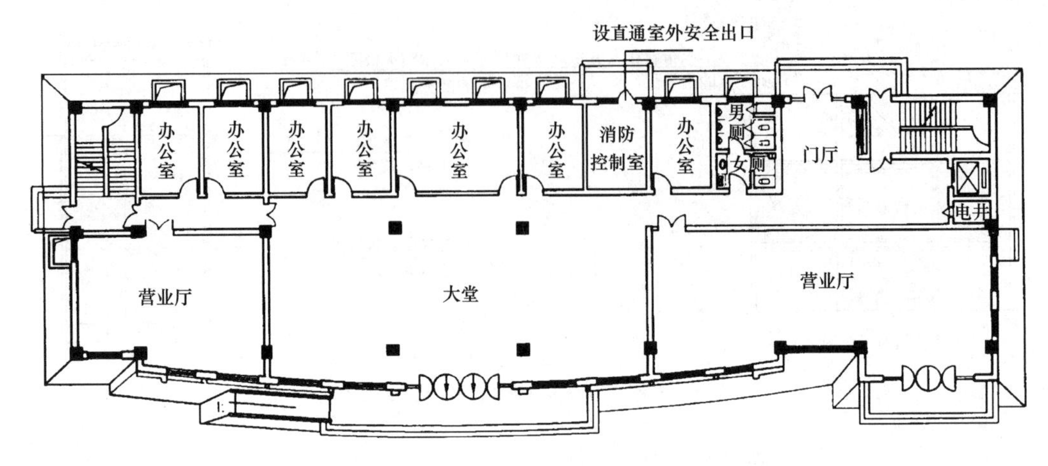

图 4-15　消防控制室应设直接对外出入口

消防电梯等设施的高层建筑消防控制中心。

消防控制室（中心）的位置与各服务点、消防点应有迅速联系的设备，以便尽快报警。同时，高层建筑内的广播系统，可以在收到报警信号后，核实灾情，及时通知人们有组织地疏散，以避免伤亡。消防中心在火灾时能由电气设备进行控制，停止普通电梯运行，切断非消防电源，接通消防电源，开启事故照明，开动排烟风机，关闭防火阀、防火门，检测消防电梯及消防水泵工作情况。消防中心应直通室外或靠近建筑入口处，便于消防队员尽快取得火灾情报。

设置火灾自动报警系统和需要联动控制的消防设备的建筑（群），应设置消防控制室。消防控制室的设置应符合下列规定：

（1）单独建造的消防控制室，其耐火等级不应低于二级。

（2）附设在建筑物内的消防控制室，宜设置在建筑物内首层或地下一层，并宜布置在靠外墙部位，如图 4-16、图 4-17 所示。

（3）不应设置在电磁场干扰较强及其他可能影响消防控制设备工作的房间附近，如图 4-16 所示。

（4）疏散门应直通室外或安全出口，如图 4-16、图 4-17 所示。

（5）应采用耐火极限不低于 2.00h 的防火隔墙和 1.50h 的楼板与其他部位分隔，如图 4-18 所示。

（6）应采取防水淹的技术措施。

4）消防水泵房

在火灾延续时间内人员和水泵机组都需要坚持工作。消防水泵是消防给水系统的心脏。因此，独立设置的消防水泵房的耐火等级不应低于二级；设在高层建筑物内的消防水泵房层应用耐火极限不低于 2.00h 的隔墙和 1.50h 的楼板与其他部位隔开。

火灾时为便于消防人员及时到达，规定了消防水泵房不应设置在地下三层及以下，或室内地面与室外出入口地坪高差大于 10m 的地下楼层，如图 4-19 所示。

为保证在火灾延续时间内，人员的进出安全，消防水泵的正常运行，因此规定消防水泵房当设在首层时，出口宜直通室外；设在楼层和地下室时，宜直通安全出口，以便于火灾时消防队员安全接近，如图 4-20 所示。

5）汽车停车库

根据实践经验和参考国外有关资料，对新建改建汽车库及附设在民用建筑内的汽车停车库做了防

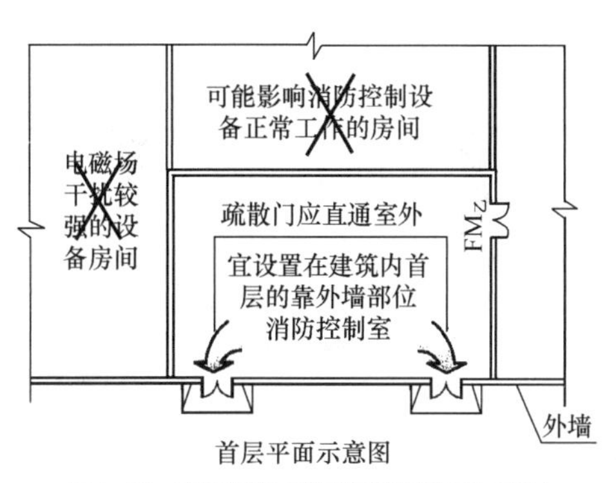

图 4-16 布置在首层的消防控制室平面示意图

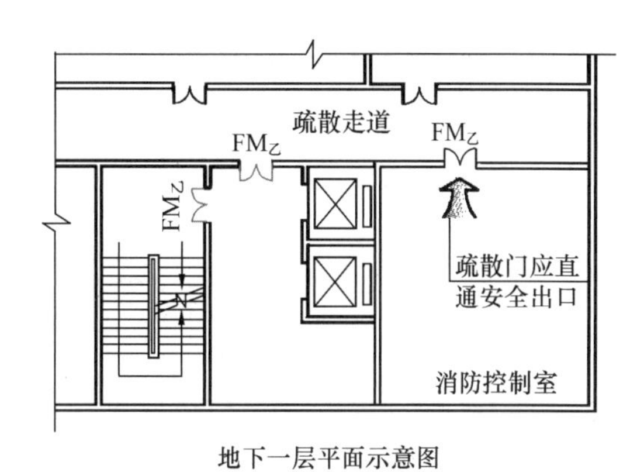

图 4-17 布置在地下一层的消防控制室平面示意图

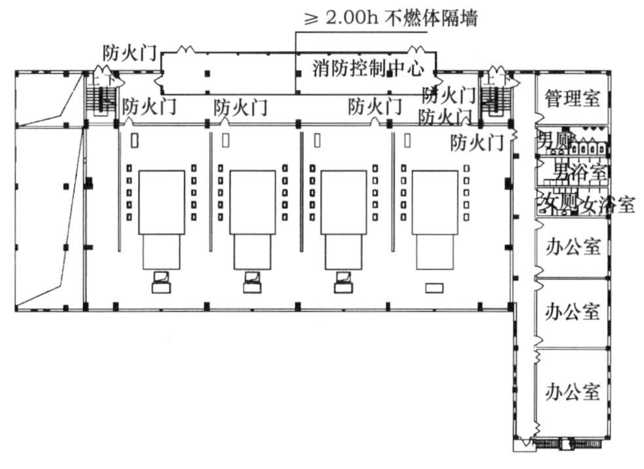

图 4-18 消防控制室（中心）墙体耐火极限要求

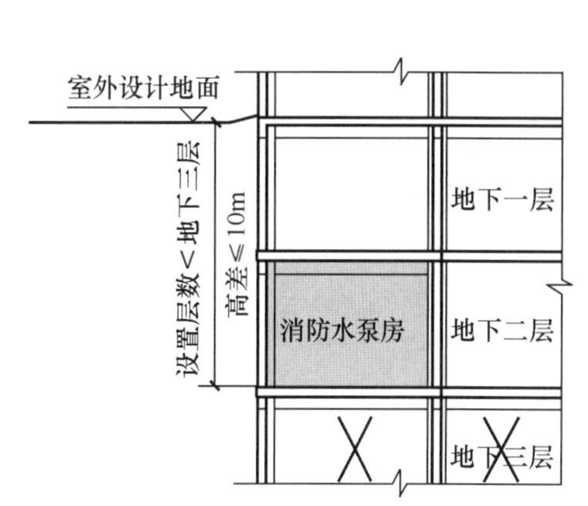

图 4-19 消防水泵房位置示意图

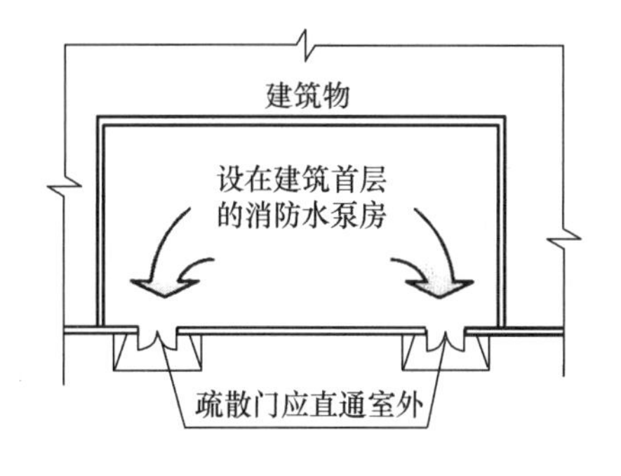

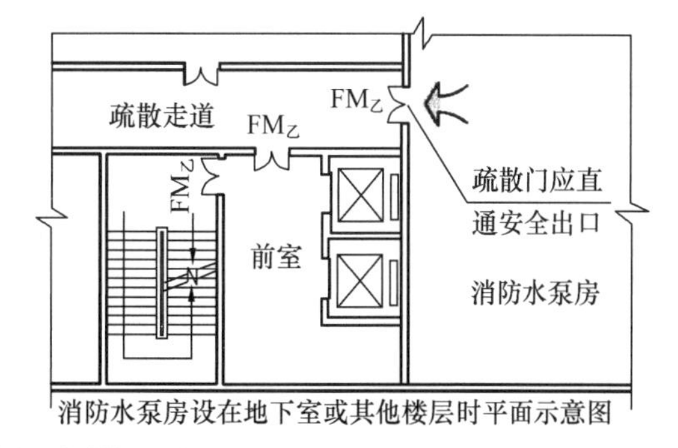

图 4-20 消防水泵房疏散门示意图

火规定：

（1）高层建筑内的汽车库的出口应与建筑物的其他出口分开布置，以避免发生火灾时造成混乱，影响疏散和扑救，如图 4-21 所示。

（2）为了使停车库火灾限制在一定范围内，一旦发生火灾，不至威胁到高层其他部位的安全，要求采用耐火极限不低于 3.00h 的防火墙和 2.00h 的楼板与其他部位隔开。汽车库的外墙门、窗、洞口

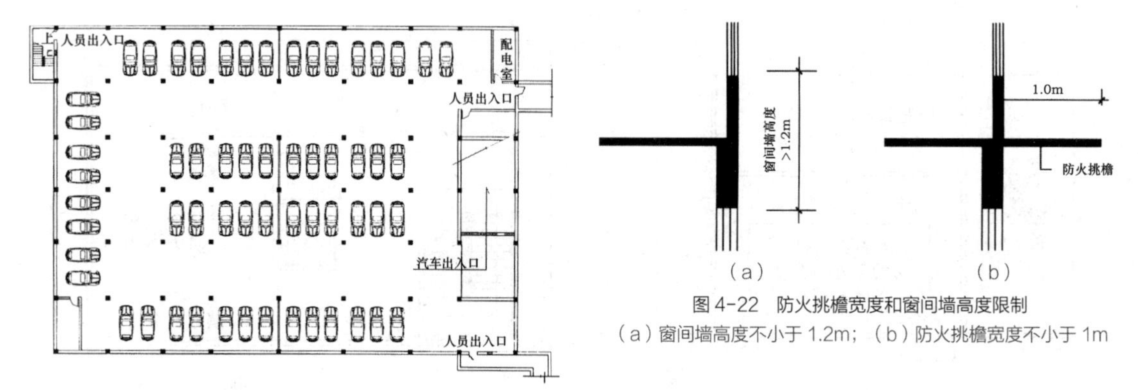

图 4-22 防火挑檐宽度和窗间墙高度限制
（a）窗间墙高度不小于 1.2m；（b）防火挑檐宽度不小于 1m

图 4-21 高层建筑的汽车库出入口与其他出口分开设置

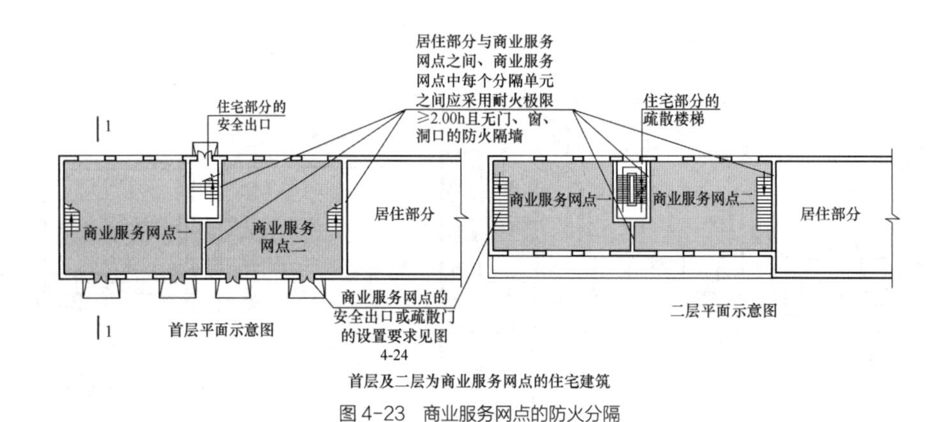

图 4-23 商业服务网点的防火分隔

上方应设置不燃烧体的防火挑檐，防火挑檐宽度不小于 1m，耐火极限不应低于 1.00h。外墙的上、下窗间墙高度不应小于 1.2 m，如图 4-22 所示。

4.2.2 商业服务网点的布置

商业服务网点是指设置在住宅建筑的首层或首层及二层，每个分隔单元建筑面积不大于 300m^2 的商店、邮政所、储蓄所、理发店等小型营业性用房，见本书 1.4.6（3）。如果多层或高层住宅下部设有这种服务设施的单元面积大于 300m^2 或层数大于 2 层时，应视作商住楼。住宅建筑的底层如布置商业服务网点时，应符合下列要求：

（1）设置商业服务网点的住宅建筑，其居住部分与商业服务网点之间应采用耐火极限不低于 2.00h 且无门、窗、洞口的防火隔墙和 1.50h 的不燃性楼板完全分隔，住宅部分和商业服务网点部分的安全出口和疏散楼梯应分别独立设置，如图 4-23 所示。

（2）商业服务网点中每个分隔单元之间应采用耐火极限不低于 2.00h 且无门、窗、洞口的防火隔墙相互分隔，当每个分隔单元任一层建筑面积大于 200m² 时，该层应设置 2 个安全出口或疏散门。每个分隔单元内的任一点至最近直通室外的出口的直线距离不应大于有关多层其他建筑位于袋形走道两侧或尽端的疏散门至最近安全出口的最大直线距离。室内楼梯的距离可按其水平投影长度的 1.50 倍计算，如图 4-24 所示。

当商业服务网点需要设置 2 个（及以上）安全出口来满足疏散距离要求时，除两个安全出口相邻

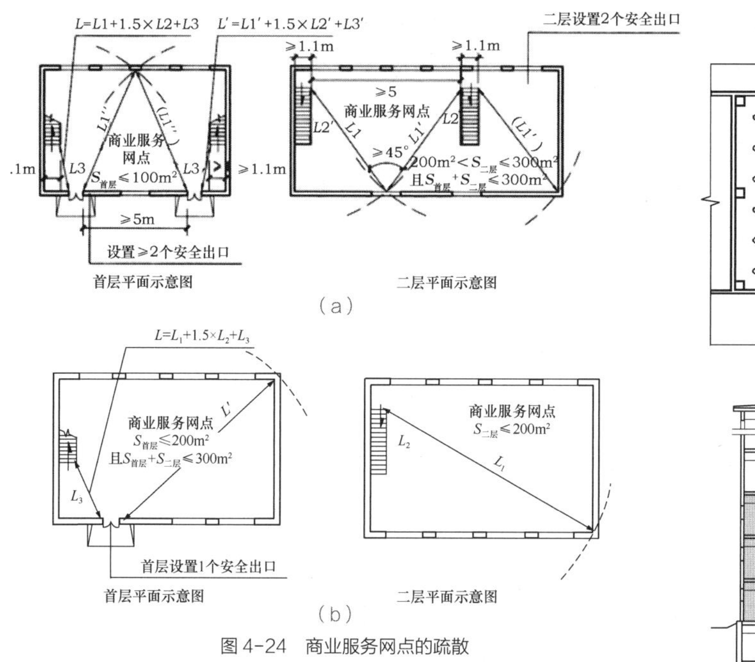

图 4-24　商业服务网点的疏散
（a）平面示意图一；（b）平面示意图二

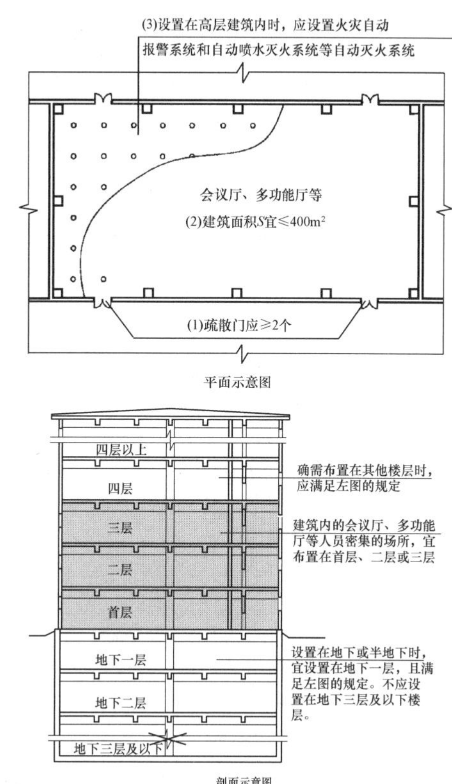

图 4-25　会议厅、多功能厅建筑布置示意图

最近边缘之间的水平距离不应小于 5m 外，部分房间增加了最远点与 2 个安全出口的连线夹角要求，如图 4-24 所示。

4.2.3　人员密集场所

一、二级耐火等级建筑内的会议厅、多功能厅等人员密集场所，宜布置在首层、二层或三层；确需布置在其他楼层时，如图 4-25、图 4-26 所示，应符合下列规定：

（1）一个厅、室的疏散门不应少于 2 个，且建筑面积不宜超过 400m²。

（2）设置在地下或半地下时，宜设置在地下一层，不应设置在地下三层及以下楼层。

（3）设置在高层建筑内时，应设置火灾自动报警系统和自动喷水灭火系统。

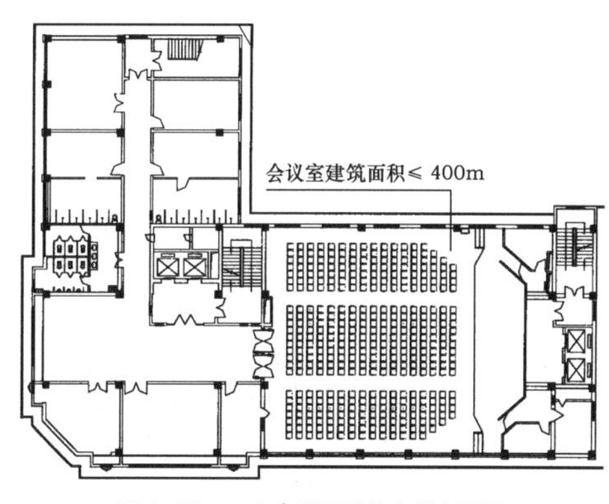

图 4-26　一个会议厅建筑实例布置图

4.2.4　歌舞娱乐场所

歌舞厅、录像厅、夜总会、放映厅、卡拉 OK 厅（含具有卡拉 OK 功能的餐厅）、游艺厅（含电子游艺厅）、桑拿浴室（不包括洗浴部分）、网吧等歌舞娱乐放映游艺场所（不含剧场、电影院）的布置应符合下列规定：

（1）不应设置在地下二层及二层以下楼层。

（2）宜布置在一、二级耐火等级建筑内的首层、二层或三层的靠外墙部位。

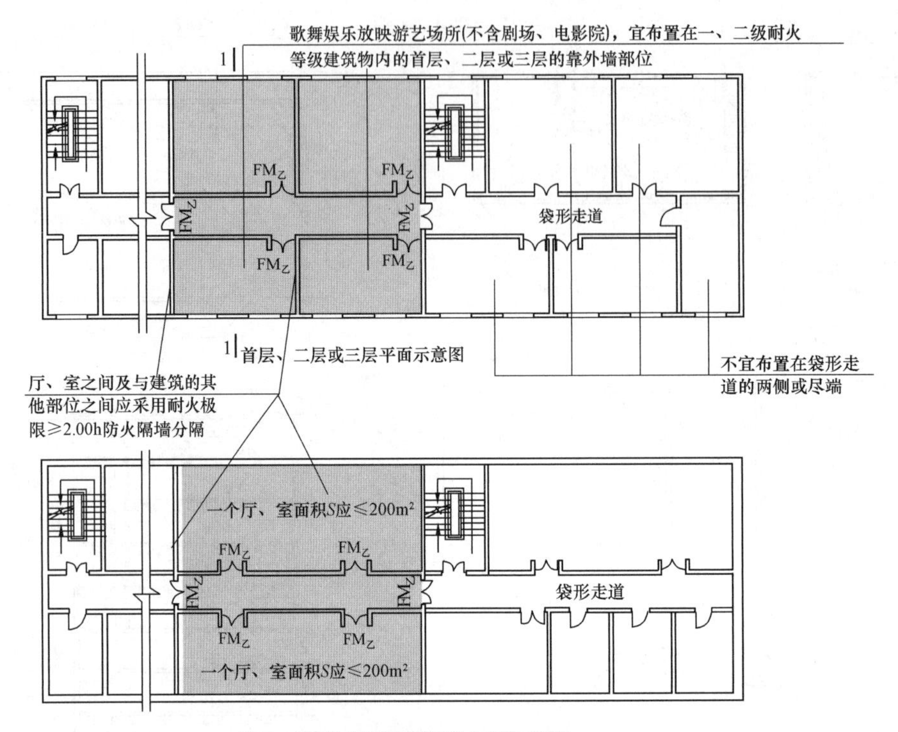

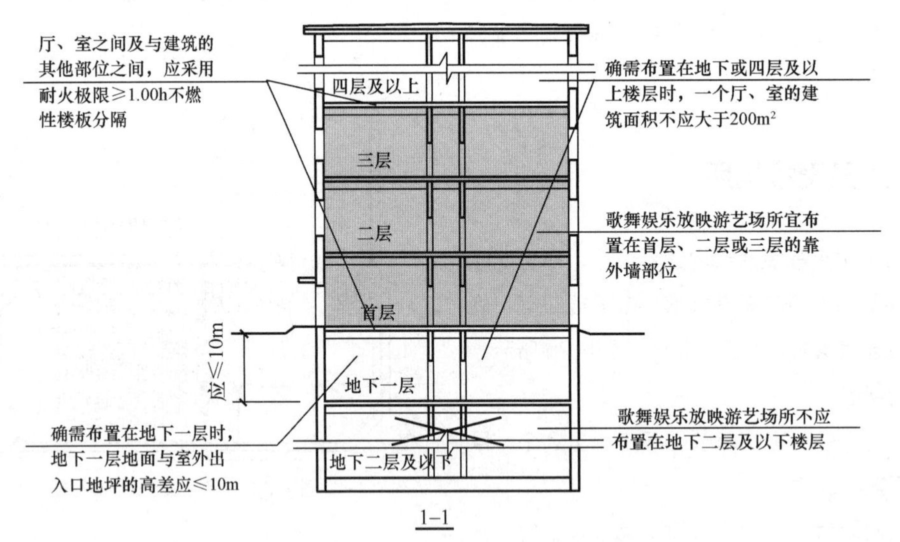

图 4-27 歌舞娱乐放映游艺场所布置要求

（3）不宜布置在袋形走道的两侧或尽端。

（4）确需布置在地下一层时，地下一层的地面与室外出入口地坪的高差不应大于 10m。

（5）确需布置在地下或四层及以上楼层时，一个厅、室的建筑面积不应大于 200m^2。

（6）厅、室之间及与建筑的其他部位之间，应采用耐火极限不低于 2.00h 的防火隔墙和 1.00h 的不燃性楼板分隔，设置在厅、室上的门和该场所及与建筑内其他部位相通的门均应采用乙级防火门，如图 4-27 所示。

4.2.5 儿童用房、活动场所

婴幼儿缺乏必要的自理能力，行动缓慢，易造成严重伤害，火灾时无法进行适当的自救和安全疏散活动，一般均需依靠成年人的帮助来实现疏散。因此，托儿所、幼儿园的儿童用房和儿童游乐厅（简称儿童用房与老幼场所）等儿童活动场所宜设置在独立的建筑内，且不应设置在地下或半地下；当采用一、二级耐火等级的建筑时，不应超过 3 层，如图 4-28 所示；采用三级耐火等级的建筑时，不应超过 2 层；采用四级耐火等级的建筑时，应为单层；确需设置在其他民用建筑内时，应符合下列规定：

（1）设置在一、二级耐火等级的建筑内时，应布置在首层或二、三层，如图 4-29 所示。

（2）设置在三级耐火等级的建筑内时，应布置在首层或二层，如图 4-30 所示。

（3）设置在四级耐火等级的建筑内时，应布置在首层，如图 4-31 所示。

（4）设置在高层建筑内时，应设置独立的安全出口和疏散楼梯，如图 4-32 所示。

（5）设置在单、多层建筑内时，宜设置独立的安全出口和疏散楼梯。

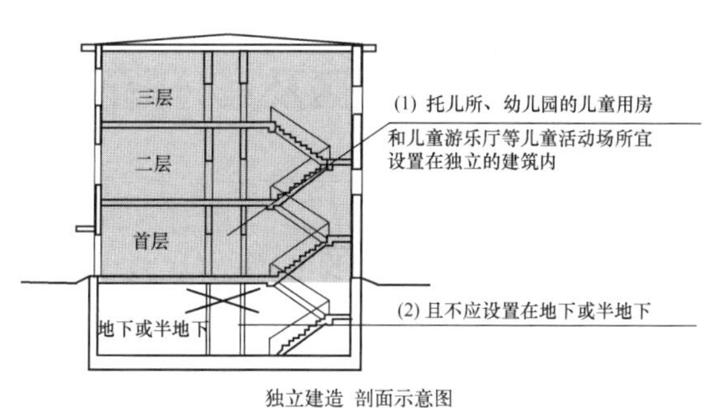

图 4-28 独立建造儿童用房与场所布置要求

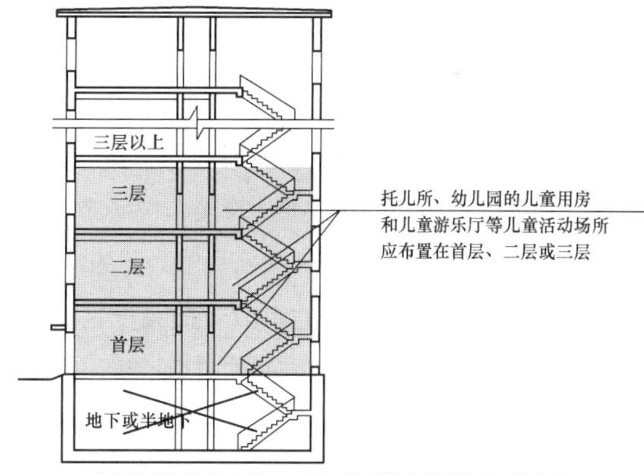

图 4-29 儿童用房与场所布置在其他一、二级耐火等级建筑内的要求

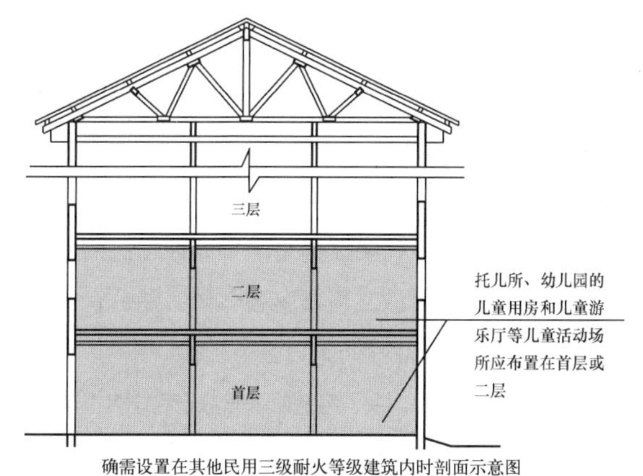

图 4-30 儿童用房与活动场所布置在其他三级耐火等级建筑内的要求

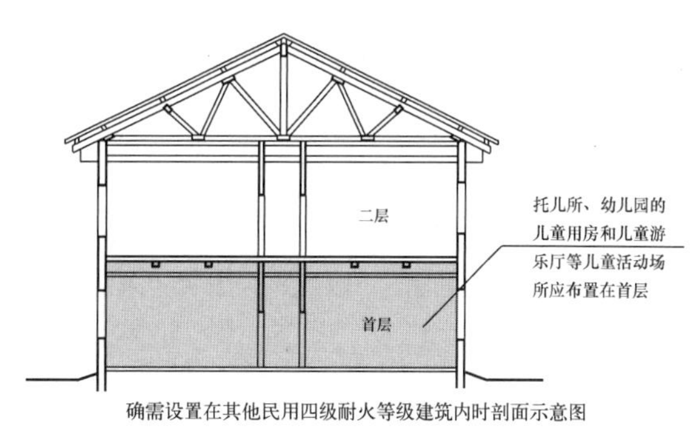

图 4-31 儿童用房与活动场所布置在其他四级耐火等级建筑内的要求

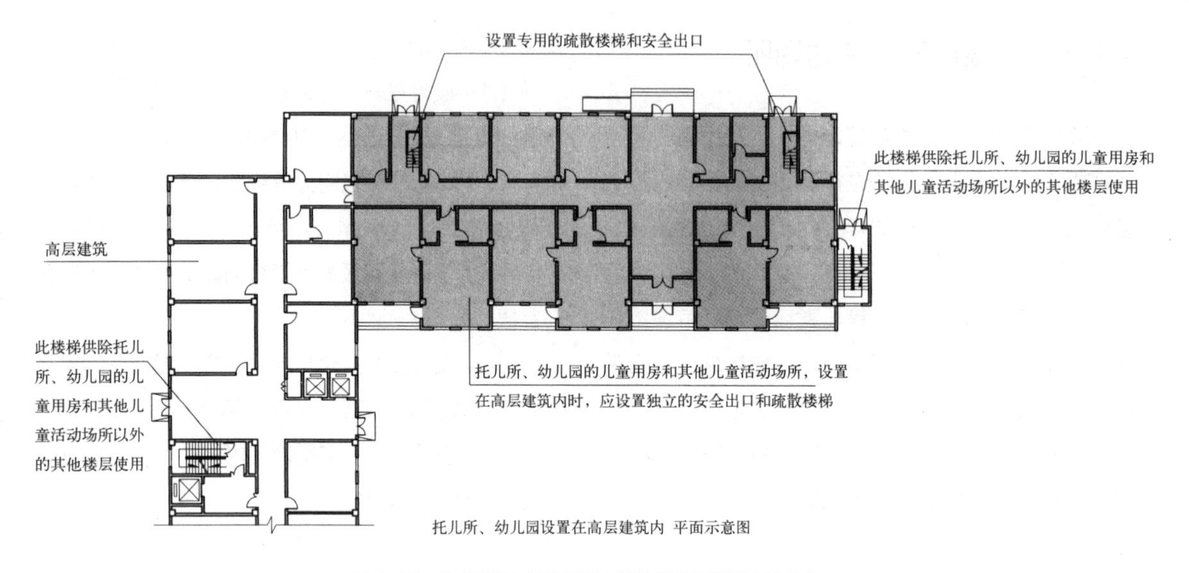

图 4-32 儿童用房与活动场所布置其他高层建筑内的要求

4.2.6 老年人照料设施

老年人照料设施的建筑高度或层数的要求，既考虑了我国救援能力的有效救援高度，也考虑了老年人照料设施中大部分使用人员行为能力弱的特点。当前，我国消防救援能力的有效救援高度主要为 32m 和 52m，这种状况短时间内难以改变。老年人照料设施中的大部分人员不仅在疏散时需要他人协助，而且随着建筑高度的增加，竖向疏散人数增加，人员疏散更加困难，疏散时间延长等，不利于确保老年人及时安全逃生。当确需建设建筑高度大于 54m 的建筑时，要在本规范规定的基础上采取更严格的针对性防火技术措施，按照国家有关规定经专项论证确定。

因此，我国规定：独立建造的一、二级耐火等级老年人照料设施的建筑高度不宜大于 32m，不应大于 54m；独立建造的三级耐火等级老年人照料设施，不应超过 2 层。

耐火等级低的建筑，其火灾蔓延至整座建筑较快，人员的有效疏散时间和火灾扑救时间短，而老年人行动又较迟缓，故要求此类建筑不应超过 2 层。

4.3 水平防火分区及其分隔设施

4.3.1 水平防火分区

所谓水平防火分区，就是采用具有一定耐火能力的墙体、门、窗和楼板，按规定的建筑面积标准，分隔的封闭空间。由于水平防火分区是按照建筑面积划分的，因此，也称为面积防火分区。

在充分认识防火分区的作用与意义的基础上，在实际的建筑设计与建设中，除了按照规范规定的建筑面积设置外，还应根据建筑物内部的不同使用功能区域，设置防火分区或防火单元，如图 4-33 所示。

在工业建筑中，要根据生产和储存物品的火灾危险性类别，是否散发有毒有害气体，是否有明火或高温生产工艺等划分防火分区。

划分防火分区，除了考虑不同的火灾危险性外，还要按照使用灭火剂的种类而加以分隔。例如，对于配电房、自备柴油发电机房等，当采用二氧化碳灭火系统时，由于这些灭火剂毒性大，应该分隔为

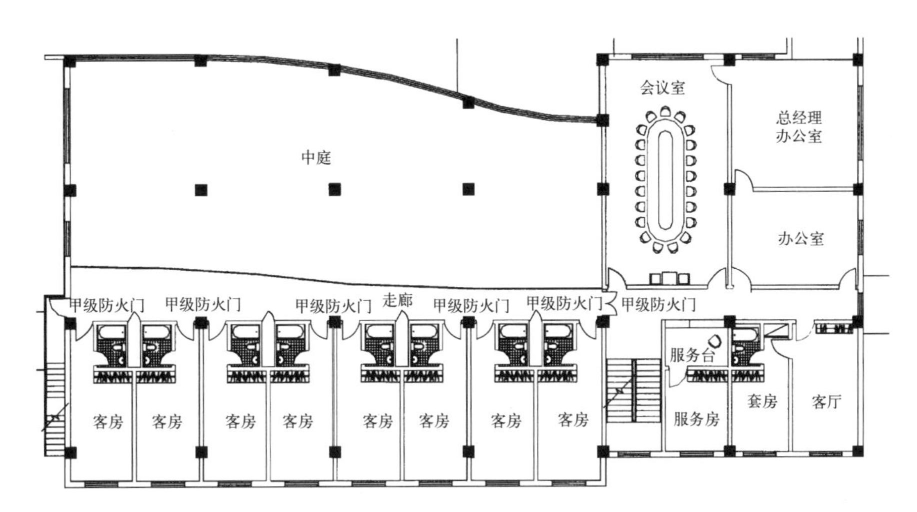

图 4-33 与中庭相通的门设为甲级防火门

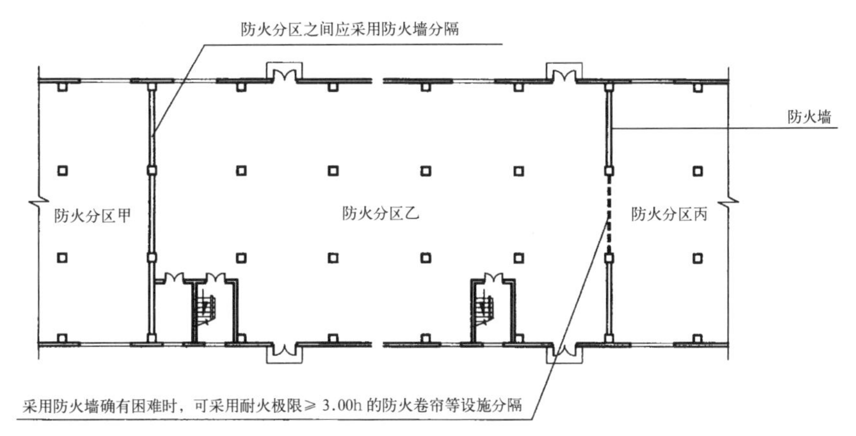

图 4-34 防火墙对防火分区的分隔

封闭单元，以便施放灭火剂后能够密闭起来，防止毒性气体扩散、伤人。此外，使用与储存不能用水灭火的化学物品的房间，应单独分隔起来。

对于设置贵重设备，储存贵重物品的房间，也要分隔成防火单元。

对于设在建筑内的自动灭火系统的设备室，应采用耐火极限不低于 2.00h 的防火隔墙，1.50h 的不燃性楼板和甲级（或乙级）防火门与其他部位隔开。这样，即使建筑物发生火灾，也必须保障灭火系统不受威胁，保障灭火工作顺利实施。

4.3.2 防火分隔设施

1）防火墙

防火墙是指用具有 3.00h 以上耐火极限的非燃烧材料砌筑在独立的基础（或框架结构的梁）上，用以形成防火分区，控制火灾范围的部件。根据防火墙所处位置和构造形式，可分为横向防火墙、纵向防火墙、室内防火墙、室外防火墙、独立防火墙等，如图 4-34 所示。

对防火墙的耐火极限、燃烧性能、设置部位和构造的要求如下：

（1）防火墙应为不燃烧体，耐火极限不应低于3.00h。

（2）防火墙应直接设置在建筑物的基础上或钢筋混凝土框架、梁等承重结构上，框架、梁等承重结构的耐火极限不应低于防火墙的耐火极限，如图4-35所示。

防火墙应从楼地面基层隔断至梁、楼板或屋面板的底面基层，如图4-36所示。当建筑屋顶承重结构和屋面板的耐火极限低于0.50h时，防火墙应高出屋面0.5m以上，如图4-37所示。

（3）任一侧的物件受到火灾的破坏倒塌，而作用到防火墙时，防火墙应仍能阻止火灾蔓延至防火墙的另一侧。

（4）当建筑物的外墙为难燃性或可燃性墙体时，防火墙应凸出墙的外表面0.4m以上，且防火墙两侧的外墙应为宽度不小于2m的不燃性墙体，其耐火极限不应低于该外墙的耐火极限，如图4-38所示。

（5）当建筑物的外墙为不燃性墙体时，防火墙可不凸出墙的外表面。紧靠防火墙两侧的门、窗、洞口之间最近边缘的水平距离不应小于2.0m；采取设置乙级防火窗等防止火灾水平蔓延的措施时，该距离不限，如图4-39所示。

（6）建筑内的防火墙不宜设置在转角处，确需设置时，内转角两侧墙上的门、窗、洞口之间最近边缘的水平距离不应小于4m，如图4-40所示。采取设置乙级防火窗等防止火灾水平蔓延的措施时，该距离不限。

（7）防火墙横截面中心线水平距离天窗端面小于4m，且天窗端面为可燃性墙体时，应采取防止火势蔓延的措施，如图4-41所示。

（8）防火墙上不应开设门、窗、洞口，确需开设时，应设置不可开启或火灾时能自动关闭的甲级防火门、窗，如图4-42所示。

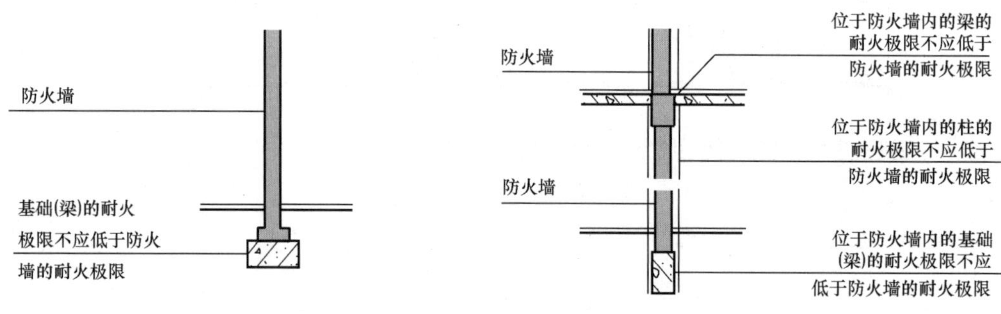

图4-35　防火墙下的基础梁、内部的梁与柱的耐火极限要求

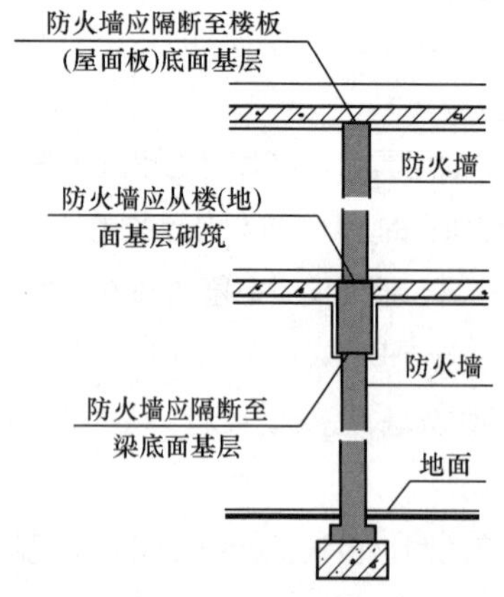

图4-36　防火墙下部与顶部隔断的部位要求

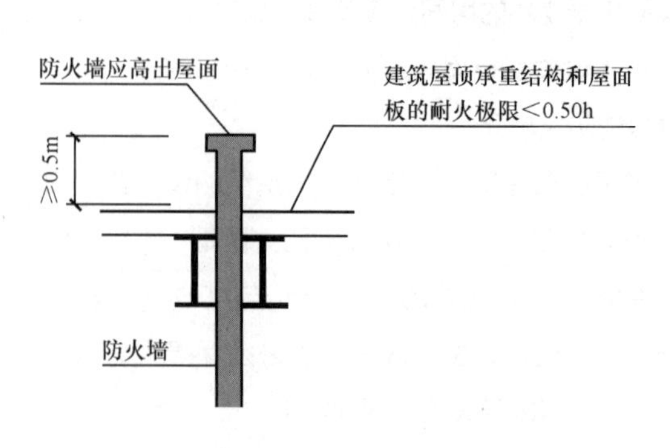

图4-37　防火墙高出屋面示意图

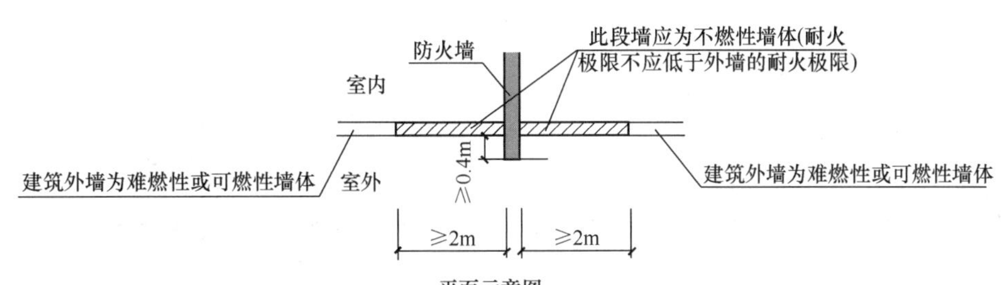

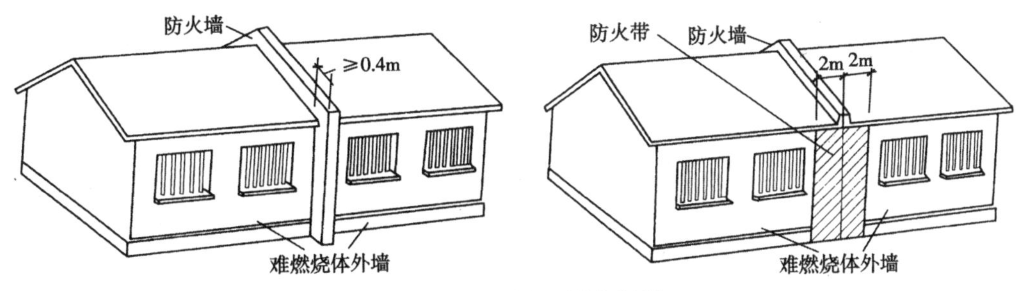

图 4-38　用防火墙分隔难燃烧体外墙

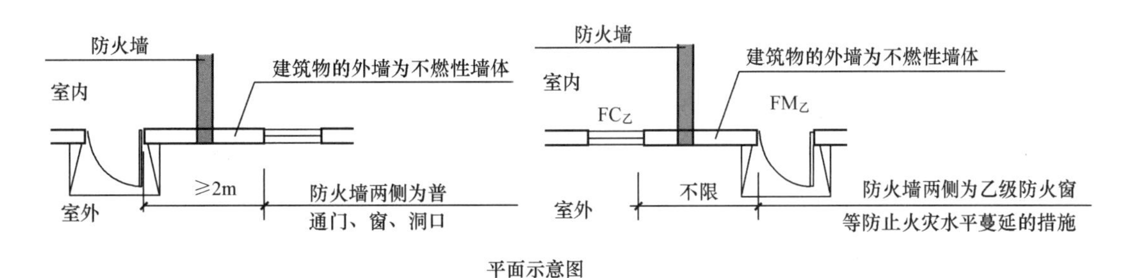

图 4-39　紧靠防火墙两侧的洞口之间距离要求或采取措施示意图

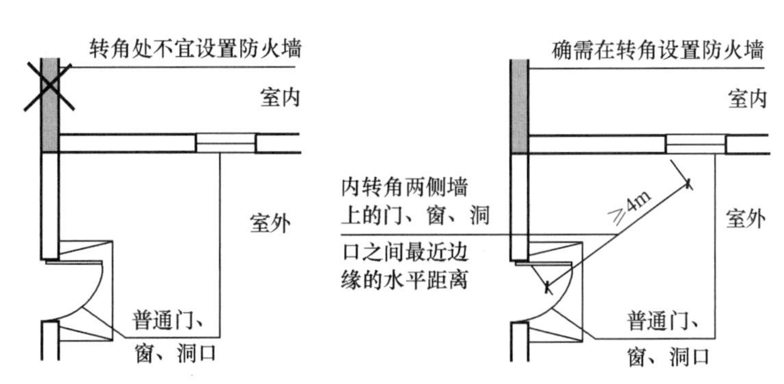

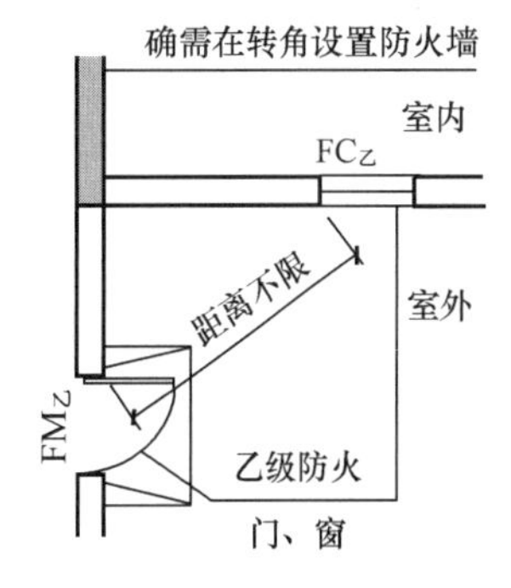

图 4-40　防火墙的平面布置示意图

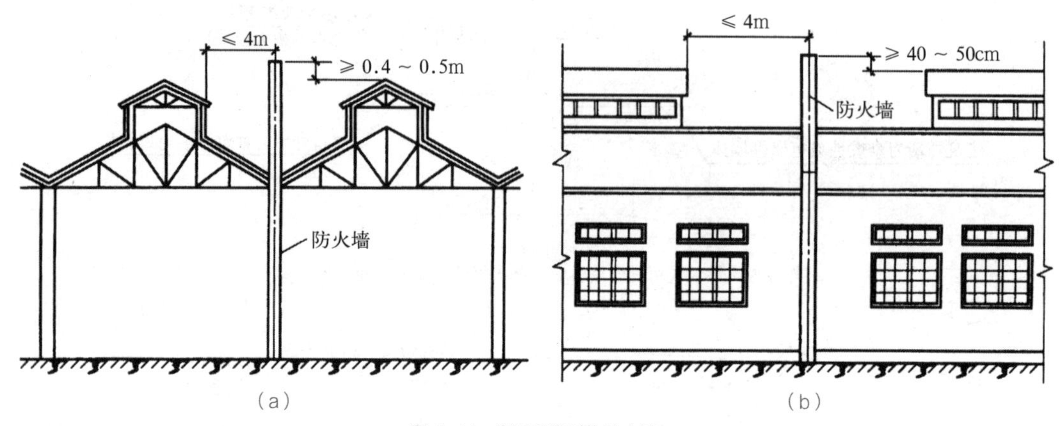

图 4-41　靠近天窗时的防火墙

（a）与天窗平行时；（b）与天窗垂直时

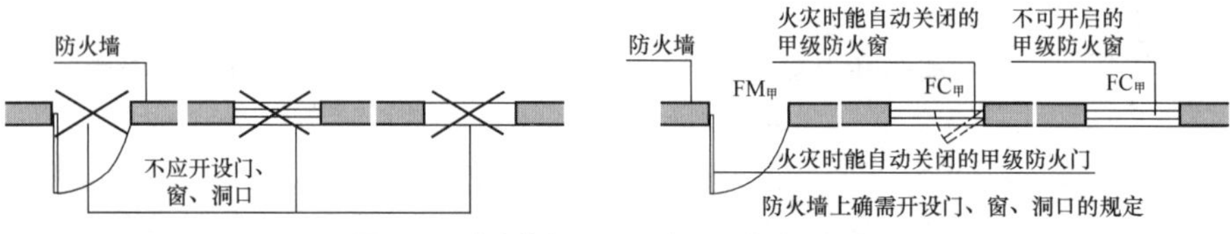

图 4-42　防火墙上开设洞口的平面布置示意图

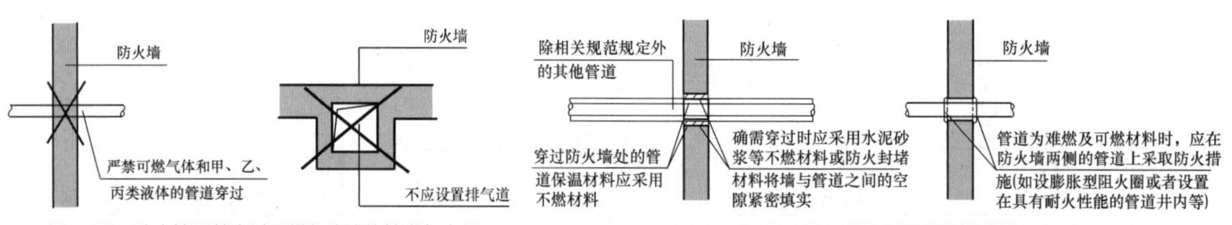

图 4-43　防火墙严禁穿过可燃气体液体管道与内部不应设置排气道示意图

图 4-44　防火墙严禁穿过其他管道做法示意图

（9）可燃气体和甲、乙、丙类液体的管道严禁穿过防火墙。防火墙内不应设置排气道，如图 4-43 所示。其他管道不宜穿过防火墙，确需穿过时，应采用防火封堵材料将墙与管道之间的空隙紧密填实；当管道为难燃及可燃材质时，应在防火墙两侧的管道上采取防火措施，如图 4-44 所示。

穿过防火墙处的管道保温材料，应采用不燃烧材料。

2）防火门、窗

防火门、窗是指既具有一定的耐火能力，能形成防火分区，控制火灾蔓延，又具有交通、通风、采光功能的维护设施，如图 4-45 所示。

一般说来，为了有效地防止火灾从一个防火分区蔓延到另一个防火分区，防火墙上最好不要开设门窗洞口。若生产工艺、产品、原材料输送、人员流通、采光等必需设置门、窗洞口时，就需装设防火门、窗。即使装设了防火门、窗，也造成了防火分区上的薄弱部位，因此，必须采用甲级防火门、窗。当采用具有 1.50h 的防火门、窗时，基本上满足控制火灾蔓延，争取消防队到场扑救的要求。

我国把防火门按照耐火极限分为甲、乙、丙三级。

（a）

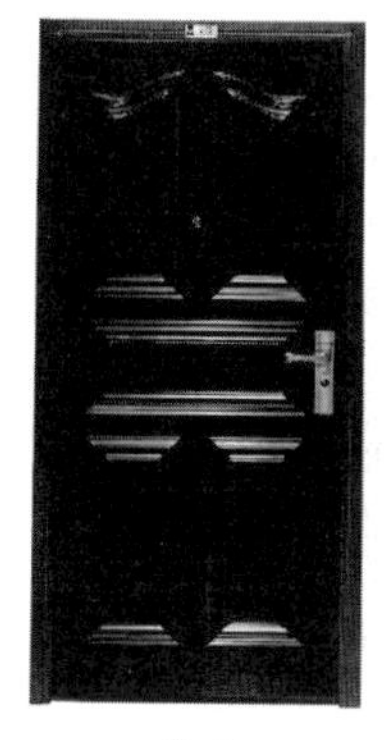

（b）

图 4-45　防火门图示
（a）钢质防火门；（b）木质防火门

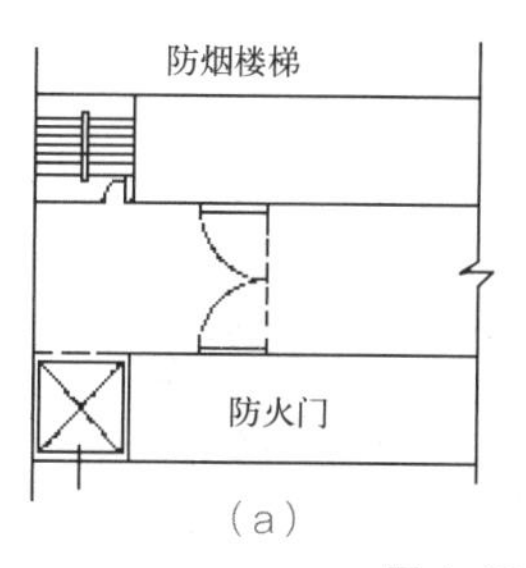

（a）

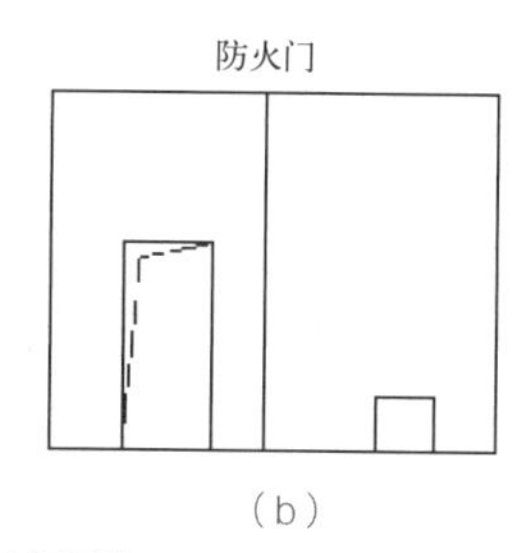

（b）

图 4-46　防火门示意
（a）防火门平时开启位置的平面图；（b）防火门上的通行小门及水带孔

图 4-47　复合钢质防火卷帘

甲级防火门的耐火极限不低于 1.50h，主要用于防火墙上；乙级防火门的耐火极限不低于 1.00h，主要用于疏散楼梯间及消防电梯前室的门洞口，以及单元式高层住宅开向楼梯间的户门等；丙级防火门的耐火极限不低于 0.50h，主要用于电缆井、管道井、排烟竖井等的检查门。

防火门、窗还有不燃烧体和难燃烧体之分。不燃烧体防火门是由不燃烧的钢板、镀锌铁皮、石棉板、矿棉等制作，而难燃烧体防火门是在可燃的木材、毛毡等外侧钉上铁皮、石棉板等制成。

图 4-46 是防烟楼梯与消防电梯合用的前室防火门。平时开启，防火门嵌入墙体内，不影响正常使用和美观。火灾时，防火门自动关闭，使走道的一部分形成前室。防火门上设有通行小门和水带孔，以便消防员以前室为据点，展开救火行动。

3）防火卷帘及其安装

防火卷帘是一种活动的防火分隔物，一般由钢板或铝合金板材制成，在建筑中使用比较广泛。如百货大楼的营业厅、自动扶梯的封隔、高层建筑外墙的门窗洞口（防火间距不满足要求时）等，如图 4-47 所示。

钢质防火卷帘门可依其安装位置、形式和性能进行分类。

（1）钢质防火卷帘门因安装在建筑物中位置的不同而有区别，可分为外墙用防火卷帘门和室内防火卷帘门。其中外墙卷帘也可由强度和耐火等级区分。而室内用卷帘则按其耐火等级、防烟性能来区分。

（2）按耐风压强度，可分为 500N/m^2、800N/m^2、1,200N/m^2 三种。

（3）按耐火极限，普通型防火卷帘门可分为耐火极限 1.50h 和 2.00h 两种。复合型防火卷帘门可分为 2.50h 和 3.00h 两种。

（4）普通型钢质防火防烟卷帘门，可分为耐火极限为 1.50h，漏烟量（压力差为 20Pa）小于 0.2m^3/m^2 · min 以及耐火极限为 2.00h，漏烟量（压力差为 20Pa）小于 0.2m^3/m^2 · min 两种。

（5）复合型钢质防火防烟卷帘门，也可分为耐火极限为 2.50h，漏烟量（压力差为 20Pa）小于 0.2m^3/m^2 · min 及耐火极限为 3.00h，漏烟量（压力差为 20Pa）小于 0.2 m^3/m^2 · min 两种。

防火卷帘如图 4-48、图 4-49 所示，防火构造应满足下列要求：

（1）门扇各接缝处、导轨、卷帘箱等缝隙处，

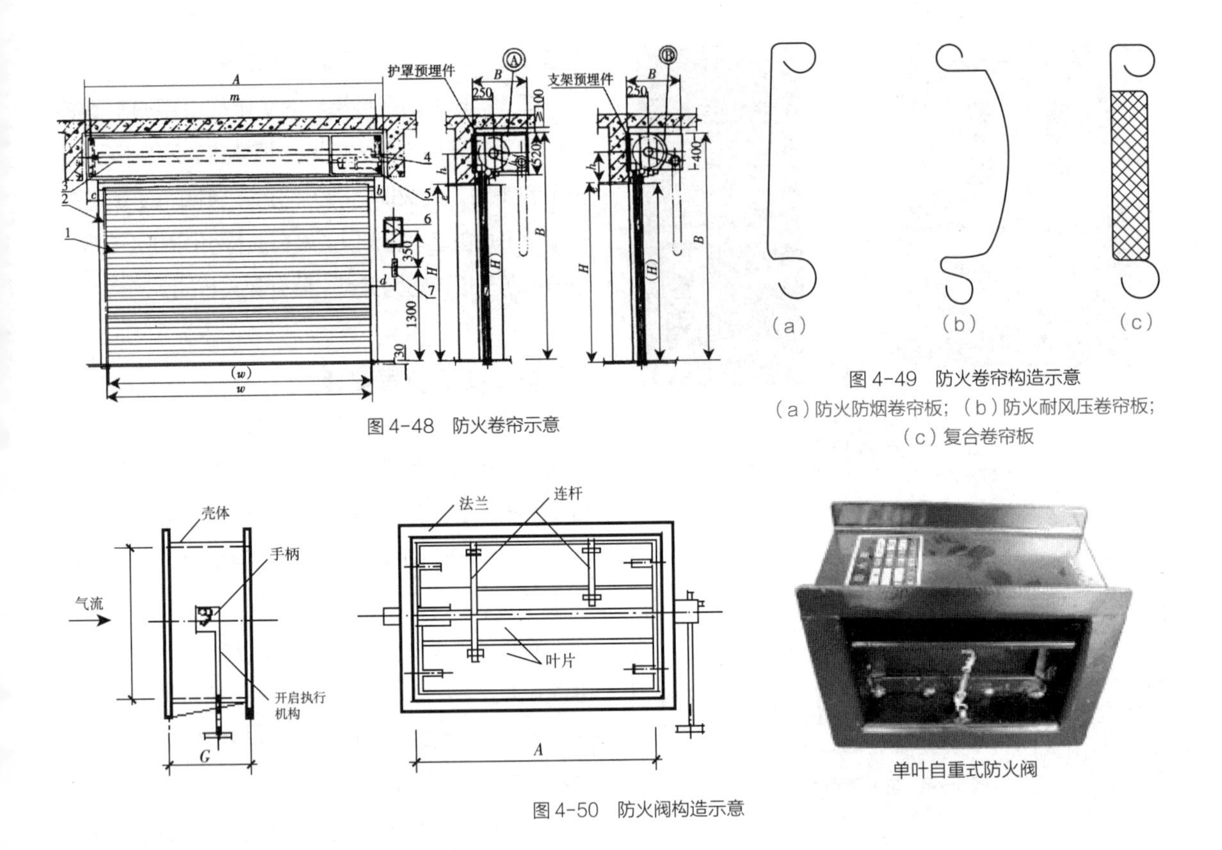

图 4-48 防火卷帘示意

图 4-49 防火卷帘构造示意
（a）防火防烟卷帘板；（b）防火耐风压卷帘板；（c）复合卷帘板

图 4-50 防火阀构造示意

应该采取密封措施，防止串烟火；

（2）门扇和其他容易被火烧着的部分，应涂防火涂料，以提高其耐火极限；

（3）设置在防火墙上或代作防火墙的防火卷帘，要同时在卷帘两侧设置水幕保护；

（4）要采用自动和手动两种开启装置。

使用卷帘时可能出现下列问题：其一是防火卷帘采用易熔合金的关闭方式，在易熔合金熔断之前，卷帘箱的缝隙、导轨及卷帘下部常常因受热而变形，致使卷帘无法落下；其二是在防火卷帘下往往堆放货物、纸箱、杂品等，使卷帘不能落下；其三是防火卷帘的气密性较低，防烟效果较差；其四是防火卷帘受火焰作用后，向受火面凸出，往往出现较大缝隙，失去阻止火势蔓延的作用；其五是灼热的防火卷帘能产生强烈的辐射热，当背火面附近有可燃物时，便会引起火灾蔓延。

所以，在选用防火卷帘时，应该注意采取保护措施，使之充分发挥作用。

4）防火阀

空调、通风管道一旦窜入烟火，就会导致火灾在大范围蔓延。因此，在风道贯通防火分区的部位（防火墙），必需设置防火阀。防火阀如图 4-50 所示，必须用厚 1.5mm 以上的薄钢板制作，火灾时由高温熔断装置或自动关闭装置关闭。为了有效地防止火灾蔓延，防火阀应该有较高的气密性。此外，防火阀应该可靠地固定在墙体上，防止火灾时因阀门受热、变形而脱落，同时还要用水泥砂浆紧密填塞贯通的孔洞空隙，如图 4-51 所示。

通风管道穿越变形缝时，应在变形缝两侧均设防火阀门，并在 2m 范围内必须用不燃烧保温隔热材料，如图 4-52 所示。

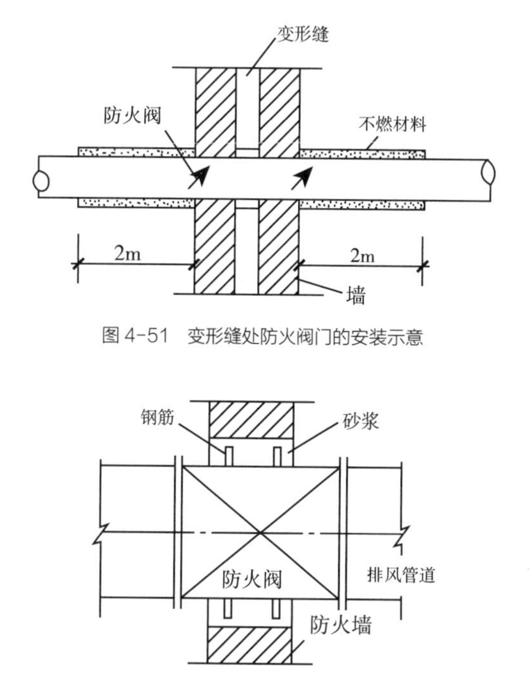

图 4-51 变形缝处防火阀门的安装示意

钢筋
砂浆
防火阀
排风管道
防火墙

图 4-52 防火阀门的安装构造

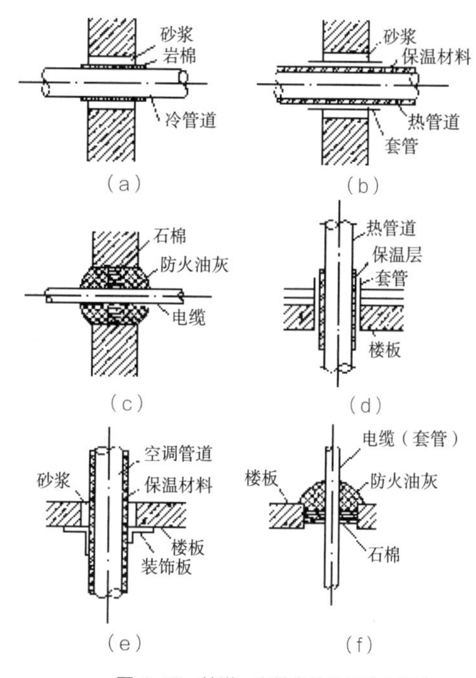

图 4-53 管道、电缆穿墙处的防火构造
（a）冷管道穿墙；（b）热管道穿墙；（c）电缆穿墙；
（d）穿越防火楼板；（e）穿越一般楼板；（f）电缆穿越楼板

5）管道穿越防火墙、楼板时的构造

如图 4-53 所示，对于贯通防火分区的给排水、通风、电缆等管道，也要与楼板或防火墙等可靠密封，并用水泥砂浆或石棉等紧密填塞管道与楼板、防火墙之间的空隙，防止烟、热气流窜出防火分区。

6）电缆穿越防火分区时的构造

当建筑物内的电缆是用电缆架布线时，因电缆保护层的燃烧，可能导致火灾从贯通防火分区的部位蔓延。电缆比较集中或者用电缆架布线时，危险性则特别大。因此，在电缆贯通防火分区的部位，用石棉或玻璃纤维等填塞空隙，两侧再用石棉硅酸钙板覆盖，然后再用耐火的封面材料覆面，这样，可以截断电缆保护层的燃烧和蔓延。

如上所述，贯通防火分区部位的耐火性能与施工详图的设计和施工质量密切相关。贯通防火分区的孔洞面积虽然小，但是当施工质量不合格时，就会失去防火分区的作用。因此，必须高度重视防火分区贯通部位的耐火安全问题。最好在施工期间进行中期检查监督和隐蔽工程验收，以确保防火分区耐火性能可靠。

4.4 竖向防火分区及其分隔设施

4.4.1 竖向防火分区

为了把火灾控制在一定的楼层范围内，防止从起火层向其他楼层垂直方向蔓延，必须沿建筑物高度划分防火分区，即竖向防火分区。由于竖向防火分区是以每个楼层为基本防火单元的，所以也称为层间防火分区，如图 4-54 所示。

竖向防火分区主要是由具有一定耐火能力的钢筋混凝土楼板做分隔构件。火灾实例说明，一、

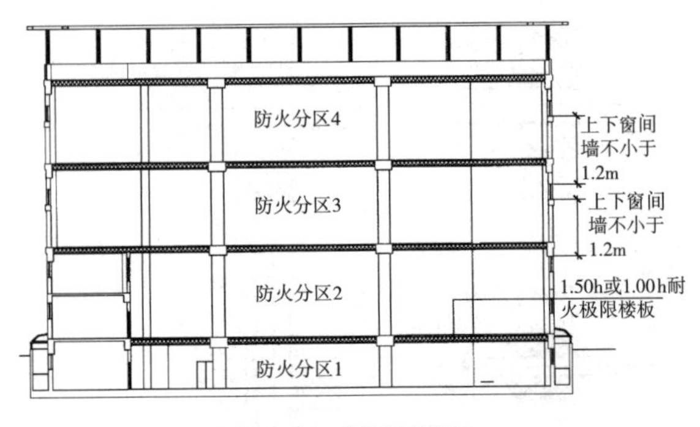

图 4-54 垂直防火分区

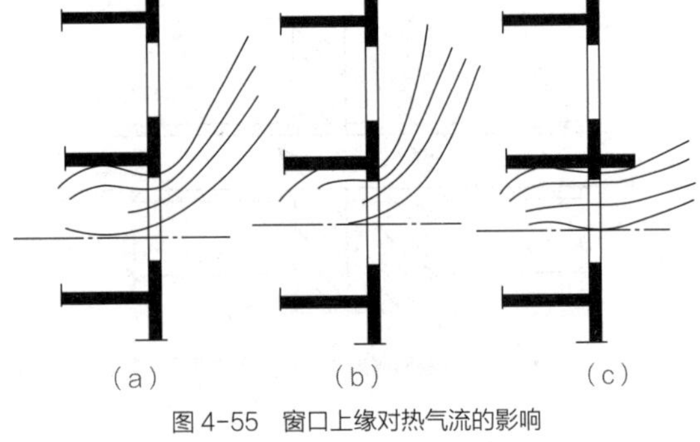

图 4-55 窗口上缘对热气流的影响
（a）窗口上缘较低距上层窗台远；（b）窗口上缘较高距上层窗台近；（c）窗口上缘有挑出雨篷使气流偏离上层窗口

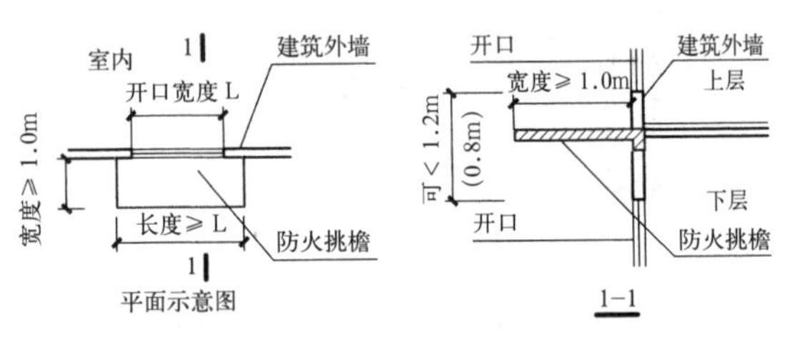

[注释]
1. 当室内设置自动喷水灭火系统时，上、下层开口之间的墙体高度执行括号内数字。
2. 如下部外窗的上沿以上为上一层的梁时，该梁高度可计入上、下层开口间的墙体高度。
3. 实体墙、防火挑檐的耐火极限和燃烧性能，均不应低于相应耐火等级建筑外墙的要求。

图 4-56 防火挑檐示意图

二级耐火等级的楼板，分别可以经受一般建筑火灾 1.50h 和 1.00h 的作用。这对于 80%以上的火灾来说，是安全的。

4.4.2 防止火灾从外窗蔓延

除了用耐火楼板形成层间防火分隔之外，科学研究和火灾实例表明，从外墙窗口向上层蔓延，也是现代高层建筑火灾蔓延的一个重要途径。这主要是因为，火灾层在轰燃之后，窗玻璃破碎，火焰经外窗喷出，在浮力及风力作用下，火向上窜越，将上层窗口及其附近的可燃物烤着，进而串到上层室内，形成逐层、甚至越层向上蔓延，致使整个建筑物起火。如巴西圣保罗的安得拉斯大楼火灾，就是这种蔓延方式的典型例子。为了防止火灾由外墙窗口向上蔓延，要求上下层窗口之间的墙尽可能高一些，一般不应小于 1.2m。

防止火灾从窗口向上层蔓延，可以采取减小窗口面积，或增加窗间墙的高度，或设置阳台、挑檐等措施，窗口上缘对热气流的影响，如图 4-55 所示。

现行《建筑设计防火规范》GB 50016—2014（2018 年版）规定：建筑外墙上、下层开口之间应设置高度不小于 1.2m 的实体墙或挑出宽度不小于 1m、长度不小于开口宽度的防火挑檐，如图 4-56 所示；当室内设置自动喷水灭火系统时，上、下层开口之间的实体墙高度不应小于 0.8m。当上、下层开口之间设置实体墙确有困难时，可设置防火玻璃，但高层建筑的防火玻璃墙的耐火完整性不应低于 1.00h，多层建筑的防火玻璃墙的耐火完整性不应低于 0.50h。外窗的耐火完整性不应低于防火玻璃墙的耐火完整性，如图 4-57 所示。

建筑幕墙应在每层楼板外沿处采取符合图 4-57 的防火措施，幕墙与每层楼板、隔墙处的缝隙应采用防火封堵材料封堵，如图 4-58 所示。

4.4.3 竖井防火分隔措施

楼梯间、电梯井、采光天井、通风管道井、电缆井、垃圾井等竖井串通各层的楼板，形成竖向连通孔洞。

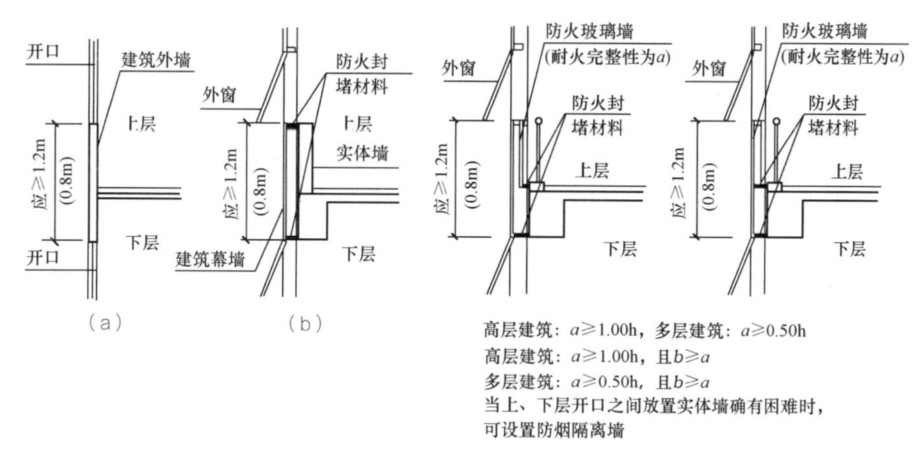

图 4-57 窗间墙高度及上下层开口之间设置玻璃幕墙示意图
（a）剖面示意图 1；（b）剖面示意图 2

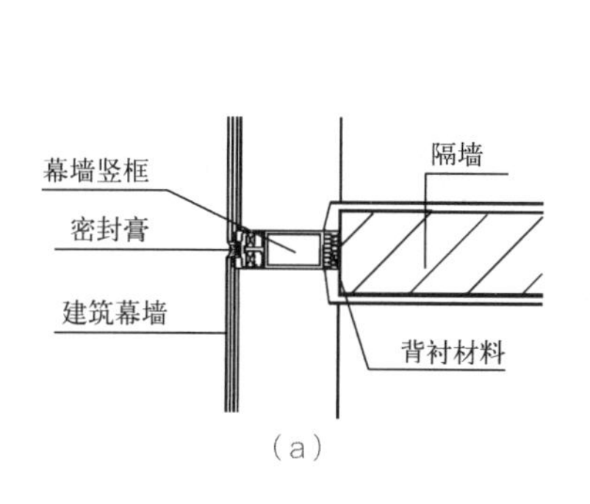

［注释］
1. 防火封堵材料应符合国家标准《防火封堵材料》GB 23864—2009 的要求。
2. 当防火封堵采用岩棉或压缩矿棉并喷涂防火密封漆等防火封堵措施时，其材料性能及构造应满足国家有关建筑防火封堵应用技术规范、幕墙规范中的相关要求。

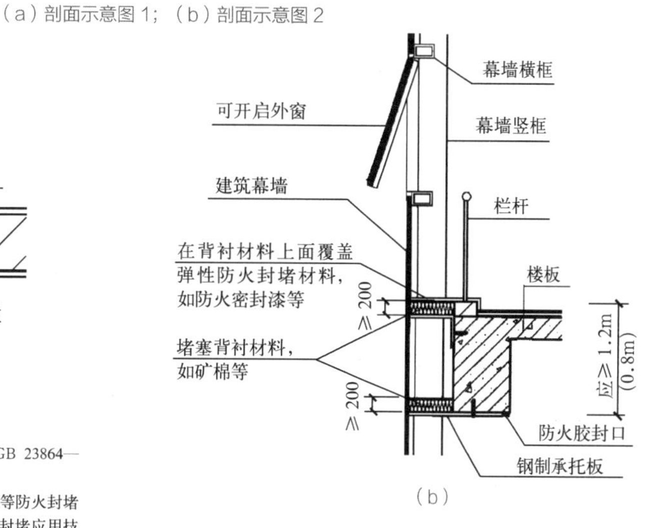

［注释］当室内设置自动喷水灭火系统时，上、下层开口之间的墙体高度执行括号内数字。

图 4-58 幕墙的防火分隔要求示意图
（a）平面示意图；（b）剖面示意图

因使用要求，竖井不可能在各层分别形成防火分区（中断），而是要采用具有 1.00h 以上（消防电梯井为 2.00h）耐火极限的不燃烧体做井壁，必要的开口部位设防火门或防火卷帘加水幕保护。这样就使得各个竖井与其他空间分隔开来，通常称为竖井分区，它是竖向防火分区的形式之一。应该指出的是，竖井应该单独设置，以防各个竖井之间互相蔓延烟火。若竖井分区设计不完善，烟火一旦侵入，就会形成火灾向上层蔓延的通道，其后果将不堪设想，例如：

日本东京国际观光旅馆，1976 年 4 月，因旅客将未熄灭的烟头扔进垃圾道，导致底层垃圾着火，火焰由垃圾道蔓延，从上层垃圾门窜出，烧毁 7 层～ 10 层的客房，造成了很大损失。

美国世界贸易中心，1975 年 2 月 23 日发生火灾，11 层建筑面积的 20% 被烧毁，损失 200 万美元。据查，这次大火是由 11 楼的董事室首先失火，很快烧到旁边的电话室，电话室顶棚及地板上均开有 300mm × 450mm 的电缆洞口，大火烧过洞口，顺着电线一直延烧至 19 层的电话室。

建筑各种竖井的防火设计构造要求，见表 4-5。

各种竖井的防火要求 表 4-5

名称	防火要求
电梯井	①应独立设置，井壁除设置电梯门、安全逃生门和通气孔洞外，不应设置其他开口 ②井内严禁敷设可燃气体和甲、乙、丙类液体管道，并不应敷设与电梯无关的电缆、电线等 ③消防电梯井壁应为耐火极限不低于 2.00h 的不燃性墙体 ④电梯门的耐火完整性不低于 2.00h
电缆井、管道井、排烟道、排气道	①应分别独立设置 ②井壁应为耐火极限不低于1.00h 的不燃性墙体 ③电缆井、管道井应在每层楼板处用相当于楼板耐火极限的不燃材料或防火封堵材料封堵 ④建筑内的电缆井、管道井与房间、走道等相连通的孔隙，应采用防火封堵材料封堵
垃圾道	①宜靠外墙独立设置，不宜设在楼梯间内，排气口应直接开向室外 ②垃圾斗宜设在垃圾道前室内，垃圾斗应用不燃材料制作并能自动关闭
电缆井、管道井、排烟道、排气道、垃圾道的检查门	①对于埋深大于 10m 的地下建筑或地下工程，应为甲级防火门 ②对于建筑高度大于 100m 的建筑，应为甲级防火门 ③对于层间无防火分隔的竖井和住宅建筑的合用前室，门的耐火性能不应低于乙级防火门的要求 ④对于其他建筑，门的耐火性能不应低于丙级防火门的要求，当竖井在楼层处无水平防火分隔时，门的耐火性能不应低于乙级防火门的要求

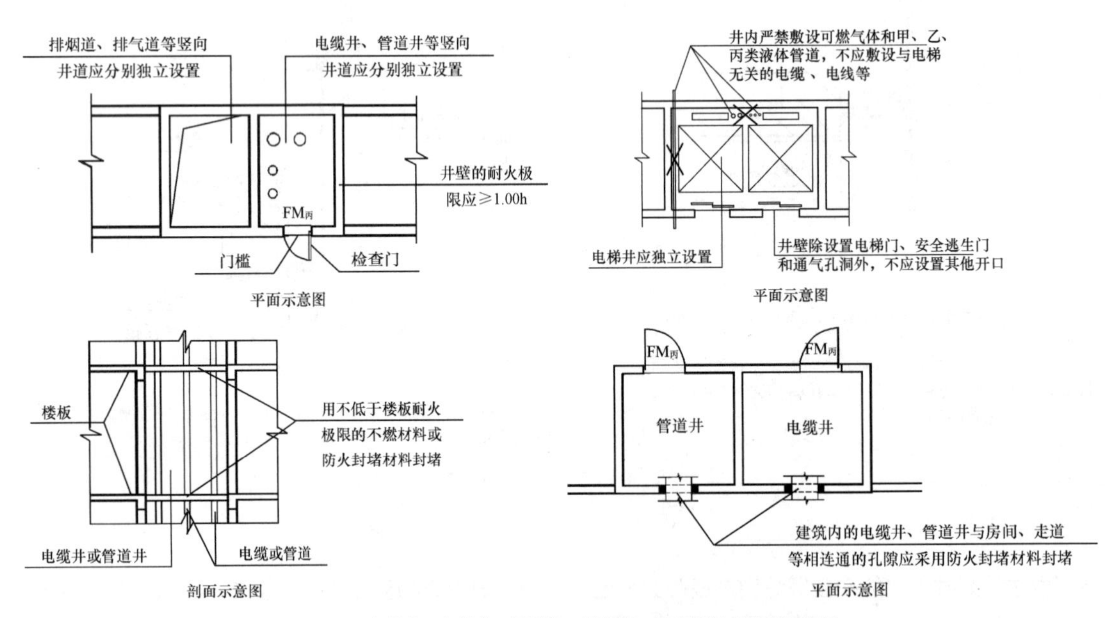

图 4-59 电梯井、电缆井、管道井、排烟道、排气道技术要求示意图

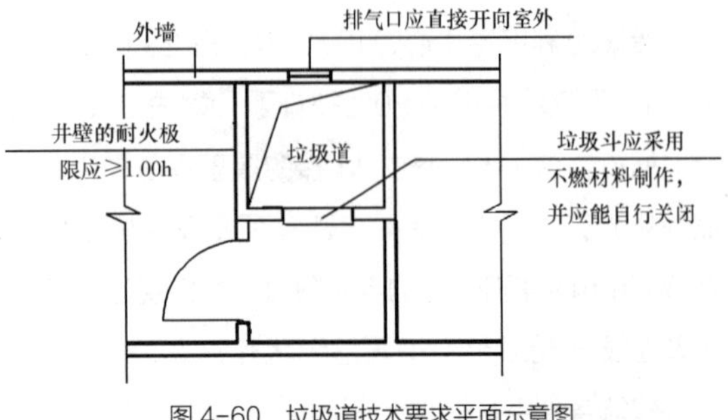

图 4-60 垃圾道技术要求平面示意图

电梯井、电缆井、管道井、排烟道、排气道如图 4-59 所示，垃圾道则如图 4-60 所示。

4.4.4 自动扶梯的防火设计

自动扶梯是建筑物楼层间连续运输效率最高的载客设备，适用于车站、地铁、空港、商场及综合

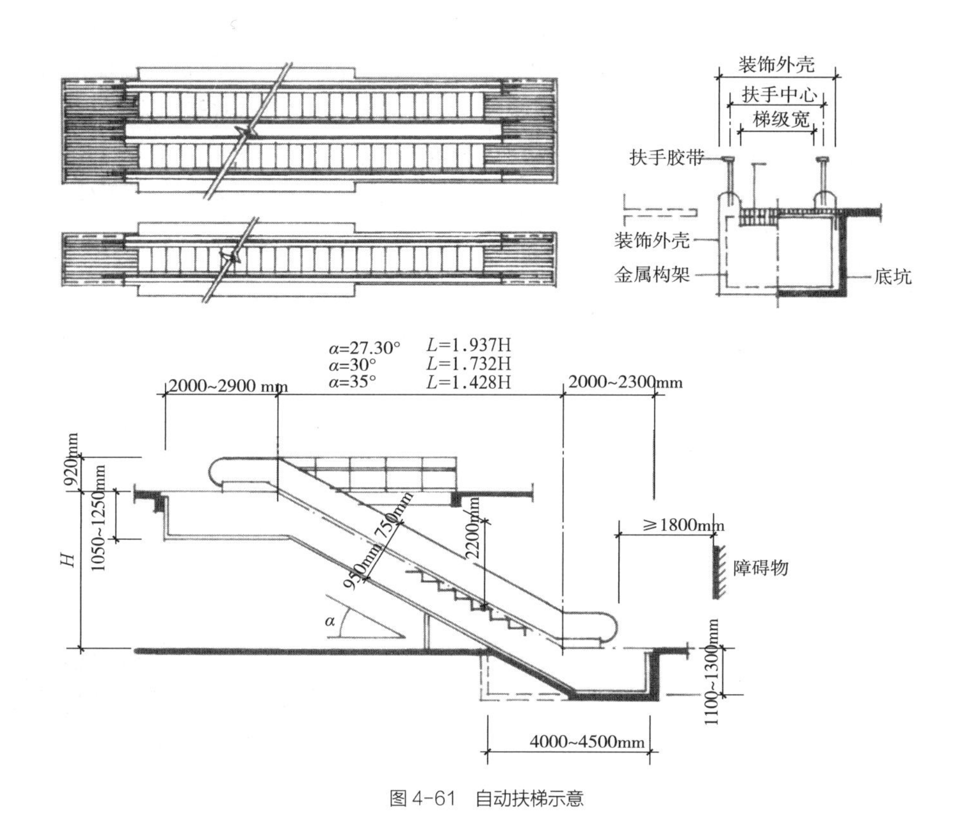

图 4-61　自动扶梯示意

大厦的大厅等人流量较大的场所。自动扶梯可正逆向运行，在停机时，亦可作为临时楼梯使用。

随着建设标准的提高、规模扩大、功能综合化的发展，自动扶梯的使用越来越广。自动扶梯不仅方便了顾客，而且也为建筑室内环境增色不少。自动扶梯的平面与剖面如图 4-61 所示。

1）自动扶梯的火灾危险性

首先，由于设置自动扶梯，使得数层空间连通，导致防火分区面积超过规范规定。一旦某层失火，烟火很快会通过自动扶梯空间上蹿下跳、上下蔓延，形成难以控制之势。若以防火隔墙分隔，则不能体现自动扶梯豪华、壮观之势；若以防火卷帘分隔，会有卷帘之下空间被占用，卷帘长期不用失灵等问题。总之，自动扶梯的竖向空间形成了竖向防火分区的薄弱环节。自动扶梯安装的部位，是人员多的大厅（堂）。火灾实例证明，当某处着火，若发现晚，报警迟，往往形成大面积立体火灾，致使自动扶梯自身也遭火烧毁。

此外，自动扶梯本身运行及人们使用过程中，也会出现火灾事故：

（1）机器摩擦　机器在运行过程中，尤其是自动扶梯靠主拖动机械拖动，在扶梯导轨上运行时，因未及时加润滑油，或者未清除附着在机器轴承上面的落尘、杂废物，使机器发热，引起附着可燃物燃烧成灾。

（2）电气设备故障　自动扶梯在运行中离不开电，从过去的电气事故看，一是电动机长期运转，由于自动扶梯传动油泥等物卡住，负荷增大，致使电动机的电流增大，将电机烧毁而引起附着可燃物着火，酿成火灾；二是对电机和线路在运行过程中，缺乏严格检查制度，导致绝缘破坏，也未及时修理导致养患成灾。

（3）吸烟不慎　自动扶梯设在人员密集、来往频繁的场所，络绎不绝的人群中吸烟者不少，有人随便扔烟头，抛到自动扶梯角落处或缝隙里，容易引起燃烧事故。如英国伦敦军王十字街地铁车站4号自动扶梯起火，由于燃烧迅速猛烈，造成31人死亡，54人受伤。经事后查明原因，可能是有人乱扔烟头或火柴梗，漏到自动扶梯缝隙之中，引起机器附着可燃物燃烧所致。

综上所述，对自动扶梯采取防火分隔措施是十分必要的。

2）自动扶梯防火要求

根据自动扶梯的火灾危险性和工程实际，应采取如下防火安全措施：

（1）自动扶梯连通的数层空间，应按图4-62所示方法控制防火分区面积。

（2）在自动扶梯上方四周加装喷水头，其间距为2m，发生火灾时既可喷水保护自动扶梯，又起到防火分隔作用，以阻止火势向竖向蔓延。

（3）在自动扶梯四周安装水幕喷头，其流量采用1L/s，压力为350kPa以上。

（4）在自动扶梯四周安装防火卷帘，或两对面安装卷帘，另两面设置固定轻质防火隔墙（轻质墙体）。

①在四周安装防火卷帘，如北京国际贸易大厦、西安民生大楼，在自动扶梯的四周或两面设有防火卷帘（图4-63），此时应安装水幕保护。

②在出入的两对面设防火卷帘，非出入的两侧面设轻质防火隔墙，以阻止火势的蔓延，减少损失。

（5）采用不燃烧材料作装饰材料。

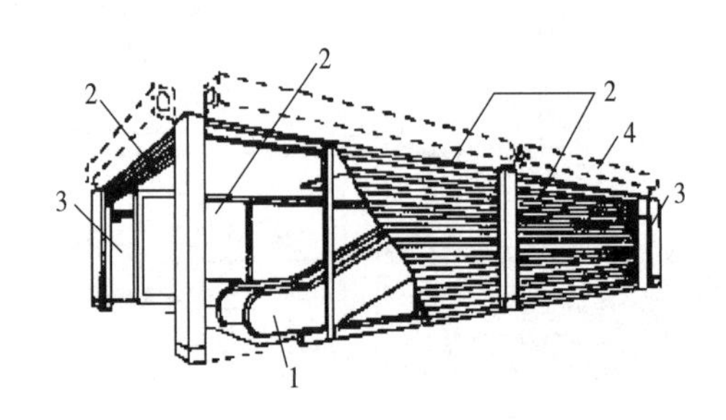

图4-63 自动扶梯防火分隔示意
1—电动扶梯；2—卷帘；3—自动关闭的防火门；4—吊顶内的转轴箱

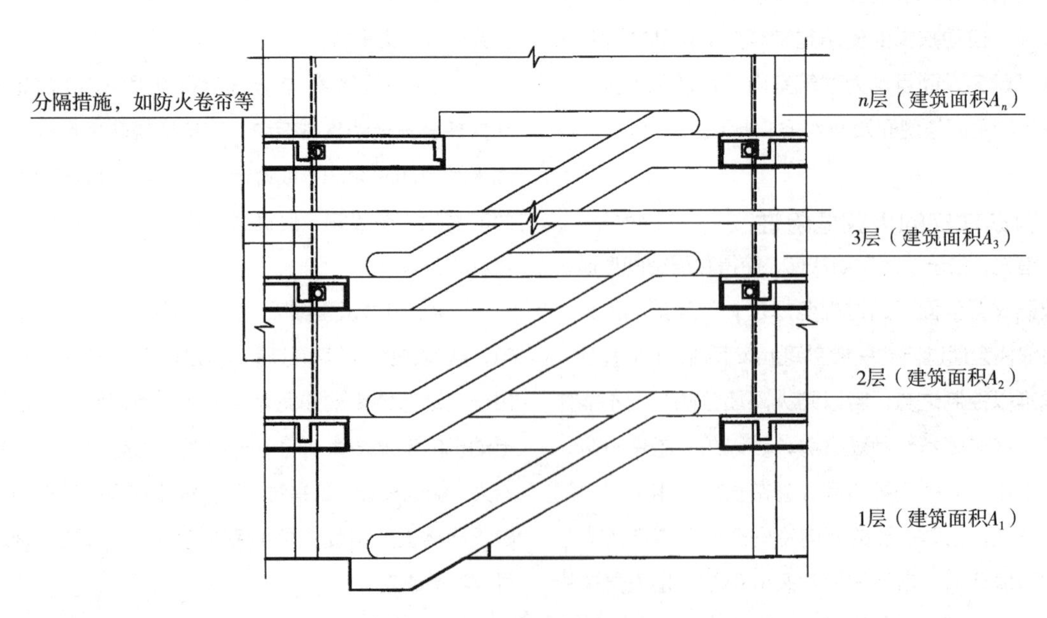

图4-62 自动扶梯连通空间的防火分区面积

4.5 中庭的防火设计

4.5.1 中庭的发展与特点

中庭的概念由来已久，希腊人最早在建筑中利用露天庭院（天井）这个概念。后来，罗马人加以改进，在天井上盖屋顶，便形成了有屋顶的大空间——中庭。人们对中庭的叫法不一，有人称它为“四季厅”，也有人称它为“共享空间”。

近年来，建筑中庭的设计在世界上非常流行，由于旅游事业的发展，现代旅馆建筑中，建筑师围绕建筑物墙体，用大型建筑的内部大空间作为核心，以其丰富的想象力，创造出一个室内如同外部自然环境一般的美妙环境。这样的大空间中庭，可为顾客和公众提供高端、大气、遐想和心理上的满足。

在大型中庭空间中，可以用于集会、举办音乐会、舞会和各种演出，其大空间的团聚气氛显示出良好的效果。中庭空间具有以下特点：

① 在建筑物内部、上下贯通多层空间；

② 多数以屋顶或外墙的一部分采用钢结构和玻璃，使阳光充满内部空间；

③ 中庭空间的用途是不特定的。

中庭防火设计如图 4-64 所示。

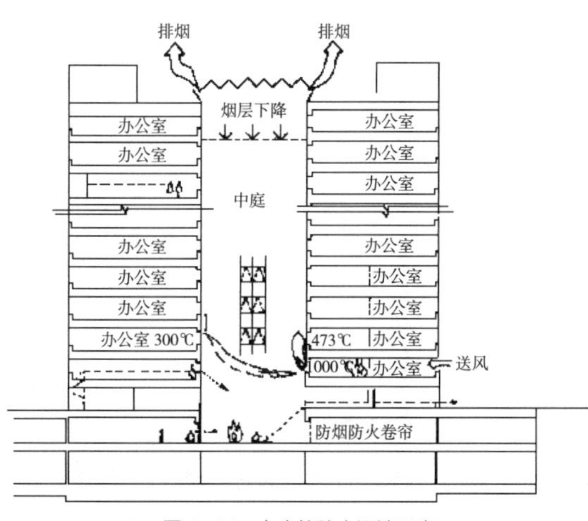

图 4-64 中庭的防火设计示意

4.5.2 中庭建筑火灾的危险性

近年来，随着建筑物大规模化和综合化趋势的发展，出现了贯通数层，乃至数十层，具有很高顶棚的封闭式中庭设计，这种空间不同于传统的内部划分成层的建筑空间。

设计中庭的建筑，最大的问题是发生火灾时，其防火分区被上下贯通的大空间所破坏。因此，当中庭防火设计不合理或管理不善时，有火灾急速扩大的可能性。其危险在于：

（1）火灾不受限制地急剧扩大：中庭空间一旦失火，类似室外火灾环境条件，火灾由“通风控制型”燃烧转变为“燃料控制型”燃烧，因此，很容易使火势迅速扩大，如沈阳商业城火灾便是一例。

（2）烟气迅速扩散：由于中庭空间形似烟囱，因此易产生烟囱效应。若在中庭下层发生火灾，烟火就进入中庭；若在上层发生火灾，中庭空间未考虑排烟时，就会向周围楼层扩散，进而扩散到整个建筑物。

（3）疏散危险：由于烟气迅速扩散，楼内人员会产生心理恐惧，人们争先恐后夺路逃命，极易出现伤亡。

（4）火灾易扩大：中庭空间的顶棚很高，因此采取以往的火灾探测和自动喷水灭火装置等方法不能达到火灾早期探测和初期灭火的效果。即使在顶棚下设置了自动洒水喷头，由于太高，而温度达不到额定值，洒水喷头就无法启动。

（5）灭火和救援活动可能受到的影响：

①同时可能出现要在几层楼进行灭火；

②消防队员不得不逆疏散人流的方向进入火场；

③火灾迅速多方位扩大，消防队难以围堵扑灭火灾；

④烟雾迅速扩散，严重影响消防活动；

⑤火灾时，屋顶和壁面上的玻璃因受热破裂而散落，对消防队员造成威胁；

⑥建筑物中庭的用途不固定，将会有大量不熟

悉建筑情况的人员参与活动，并可能增加大量的可燃物，如临时舞台、照明设施、座席等，将会增大火灾发生的概率，加大火灾时人员的疏散难度。

正因为中庭存在上述问题，所以必须采取有效措施，方可妥善解决。

4.5.3 中庭防火设计规定

《建筑设计防火规范》GB 50016—2014（2018 年版）对中庭防火设计规定：中庭防火分区面积应按上下层相连通的面积叠加计算，当相连通楼层的建筑面积之和大于表 4-1 的规定时，如图 4-65 所示，应采取如下措施：

（1）与周围连通空间应进行防火分隔：当采用防火隔墙时，其耐火极限不应低于 1.00h；当采用防火玻璃墙时，其耐火隔热性和耐火完整性不应低于 1.00h，采用耐火完整性不低于 1.00h 的非隔热性防火玻璃墙时，应设置自动喷水灭火系统进行保护；采用防火卷帘时，其耐火极限不应低于 3.00h，并应符合本书 4.1.2 的规定；与中庭相连通的门、窗，应采用火灾时能自行关闭的甲级防火门、窗，如图 4-66 所示。

（2）高层建筑内的中庭回廊应设置自动喷水灭火系统和火灾自动报警系统，如图 4-67 所示。中庭每层回廊都要设自动喷水灭火设备，以提高扑救初期火灾的效果。宜采用快速响应喷头，湿式系统，以提高灭火和隔火的效果；每层回廊应设火

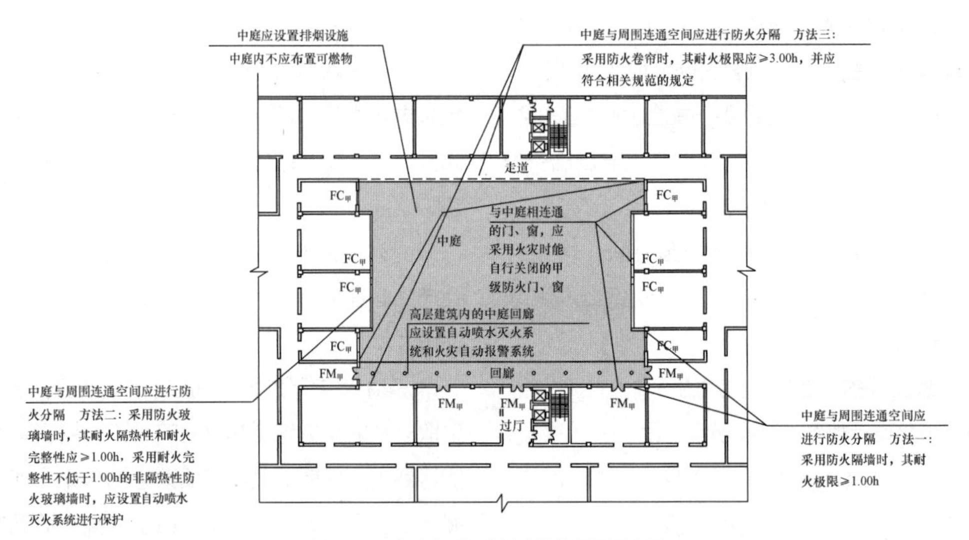

图 4-65 中庭应采取的技术措施平面示意图

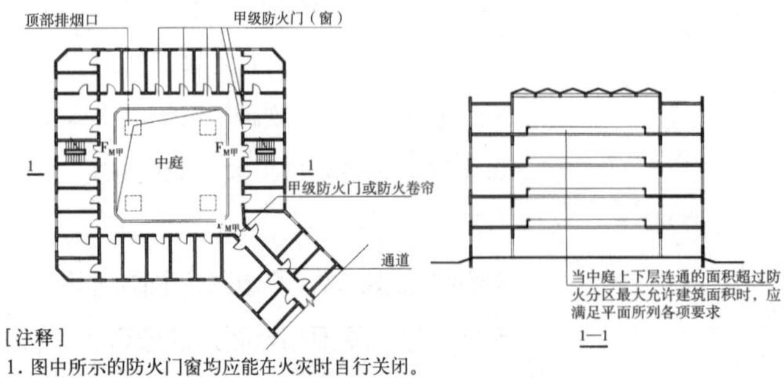

图 4-66 通向中庭的门窗用甲级防火门窗

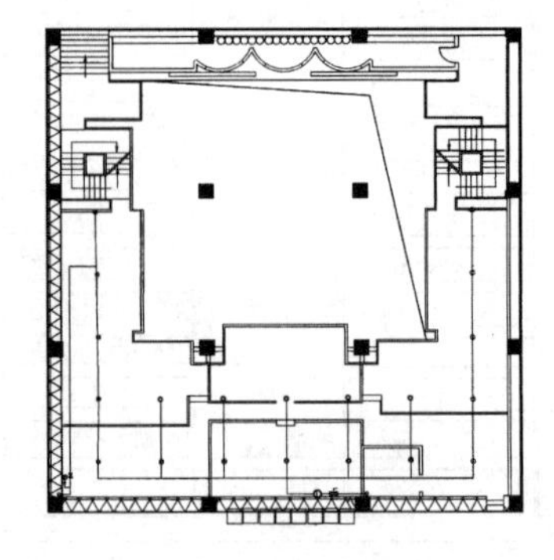

图 4-67 喷头布置示意图

灾自动报警设备，以求早报警，早扑救，减少火灾损失。

（3）中庭应设置排烟设施。

（4）中庭内不应布置可燃物。

4.5.4 中庭防火设计举例

1）西安阿房宫凯悦饭店

（1）建筑概况

西安阿房宫凯悦饭店位于西安市大差市口东南角，占地 16,330m^2，总建筑面积 44,642m^2，建筑总高度为 40.5m，地下 1 层，地上 12 层。

饭店主楼呈东座、西座及中间体相连接布置。东座内设有高达 40m 的中庭，即中庭空间贯通全部上下楼层。东、西座因建筑物竖向渐渐内缩，外形呈塔形。东座是围绕中庭周边布置的塔楼，中庭空间内设有两部可通视的观光电梯，在整个共享空间显得静中有动。

该饭店地下层为后勤服务用房，一、二层为各类公用房，三层以上为客房。共设有客房约 500 个标准间。

阿房宫凯悦饭店的三层与中庭平面如图 4-68 所示。

（2）防火安全设计

①防火分区：建筑物地下一层建筑面积 5,790 m^2，共划分为 8 个防火分区，最大的防火分区为 953m^2，最小的为 391m^2（整个地下室均设自动灭火设备）。

一层为大厅、中庭、娱乐中心、商店、中西餐厅等公共用房和消防控制室，建筑面积共计 6,902m^2，分为 8 个防火分区。最大的防火分区面积为 1,930m^2，最小的为 362m^2。由于首层功能复杂，个别分区设置了复合防火卷帘并加水幕保护。

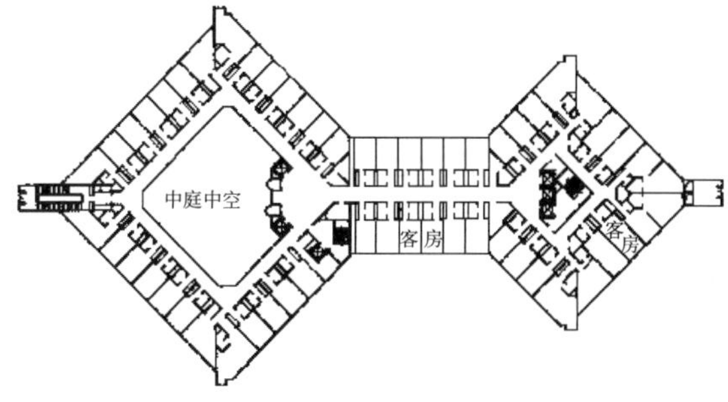

图 4-68 西安阿房宫凯悦饭店的三层与中庭平面示意

二层为健身中心、会议厅、宴会厅和电话总机室等，总建筑面积为 6,644m^2，防火分区面积的控制基本与一层相同。

三层以上为标准客房层，由于建筑设计是竖向每层内缩，所以每层面积不等，从三层起，所有客房层，均划分为两个防火分区。

②中庭防火分区设计：该建筑东座设有 18.45m × 18.45m 的中庭。中庭部分与客房相邻，其空间贯通整个东座大楼 12 层。为了防止火势向上蔓延和不使这两部分某一方发生火灾殃及他方，在垂直方向采取了防火分隔措施。除中庭四周内墙为耐火构造外，各层回廊周围面向中庭所有客房的门均采用甲级防火门，所有安全疏散楼梯间及其前室，包括消防电梯前室的门均采用乙级火门。

③防排烟：中庭空间的排烟设施设在顶棚上。发生火灾时，设在中庭顶棚上的排烟风机通过自控系统立即启动，打开天窗排烟。

④自动灭火系统：环绕中庭走廊的吊顶、中庭屋顶设置了自动喷水灭火系统，主要是为了形成防火分区及保护中庭金属屋顶。

2）日本新宿 NS 大楼中庭防火设计

日本新宿 NS 大楼是集商场、办公、餐饮于一体的综合大楼，建筑占地面积 14,053m^2，总建筑面积 166,767.8m^2；共有地下 3 层，地上 30 层，总高度为 133.65m；大楼的 3 层以下采用钢与钢筋混凝土结构，4 层以上为钢结构。NS 大楼的标准层平面是由两个 L 形平面组成的口形平面，中庭面积约 1,750m^2，中庭空间容积约 230,000m^3。大楼地下 3 层为停车场，1、2 层为商场，3~28 层为办公楼，29、30 层为餐厅。

NS 大楼标准层防火、防烟分区划分，如图 4-69 所示。其中庭的幕墙用夹丝防火玻璃，墙壁用不燃

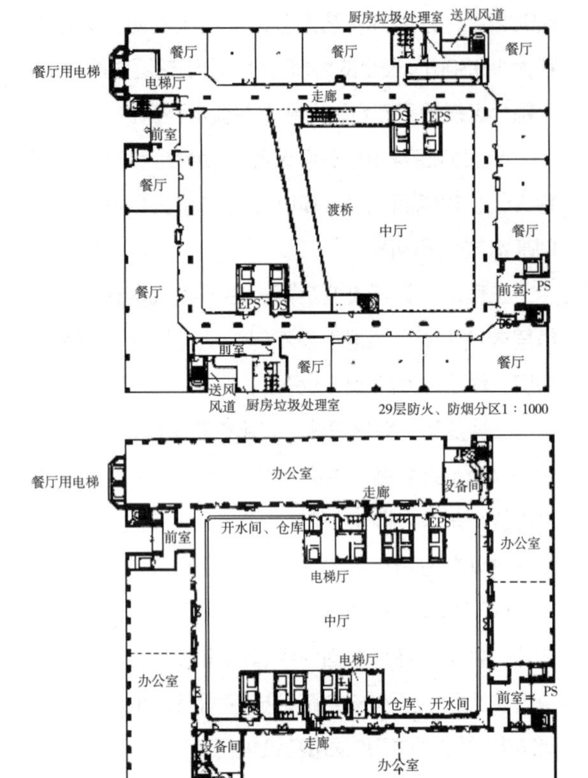

图 4-69 日本新宿 NS 大厦防火、防烟分区设计

材料，环绕中庭的走廊为第一安全分区；东南、西北两个 L 形平面之间设计为完善的防火、防烟分区，当一个 L 形平面内发生火灾时，逃至另一个 L 形平面就达到安全区了。

29、30 层的餐厅街，考虑到用火较多，失火概率较办公楼大，就餐人数较多，约是办公楼工作人员的 3~4 倍。为了防火安全，把每个饭馆作为一个独立的防火分区，并加大了第一安全区——走廊的面积。

4.6* 防火分区设计举例

4.6.1 某综合体育馆防火分区设计

某综合体育馆其建筑功能为中型综合性体育馆，体育馆主体空间为单层，附属空间为二层，檐口高度 17.10m，占地面积 5,331.64m²，总建筑面积为 11,248.34m²，设有比赛大厅、看台区、网球馆、游泳馆以及休息、娱乐、设备等附属用房。体育馆设固定看台以及活动看台，整个体育馆可容纳 3,600 观众，地下室建筑面积 1,414m²，主要为设备用房及管道走廊。

某体育馆看台层（二层）6 部楼梯只有 2 部直通室外，在紧急状况时 若将体育馆主体空间作为独立的防火分区设计，观众厅的人员 1/3 通过室外楼梯疏散到室外，2/3 的人员由主馆进入另外一个防火分区，将另一防火分区作为临时安全区域，

防火分区设计按相关规范相关规定划分，如图 4-70~ 图 4-73 所示。

具体如下：

（1）体育馆首层的比赛场地和二层观众大厅的主体空间作为一个独立防火分区（图中防火分区 D）；

（2）一层、二层的辅助用房作为一个防火分区（图中防火分区 G），防止附属空间发生的火灾波及主馆；

（3）地下室设 3 个防火分区（图中防火分区 A、B、C）。每个防火分区有一部楼梯，在防火墙上设一个通向相邻防火分区的防火门作为第二安全出入口。

4.6.2 某高层综合大厦防火分区设计

日本东京某大厦是集商场、电影院、办公、停车场为一体的综合大厦。大厦占地面积 8,221.85m²，总建筑面积 78,630.99m²；共有地下 4 层，用作停车场，地上 14 层，其中 1~7 层为商场，8 层为避难层，9~14 层为电影院。大厦地下 4 层 ~ 地上 2 层为钢与钢筋混凝土结构，地上 3 层以上为钢结构。

如图 4-74 所示，用防火缓冲区把 5 个建筑体量分隔开（其中右侧的一块为二期待建工程），建筑体量之间避免直接连通，在防火方面当作另一栋建筑来设计。水平缓冲区把电影院与商场分隔开，同

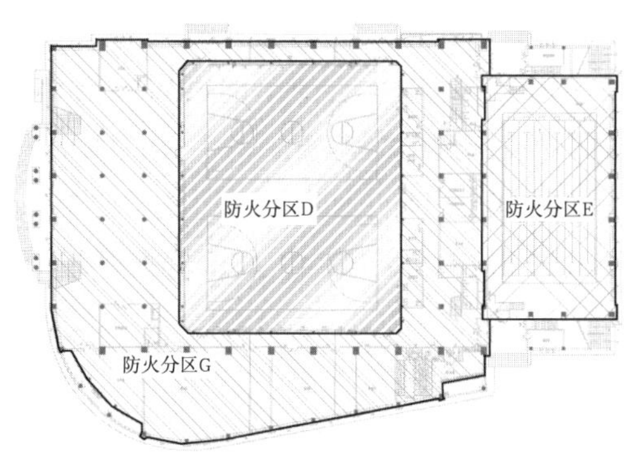

图 4-70 比赛大厅首层防火分区示意图
（图中防火分区 D 为比赛大厅）

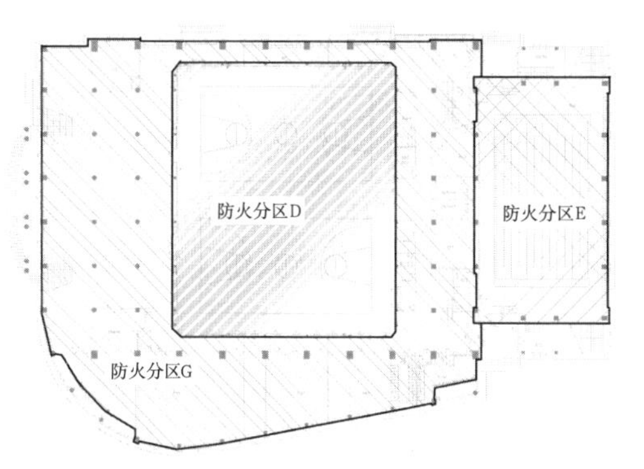

图 4-71 比赛大厅二层防火分区示意图
（图中防火分区 D 为比赛大厅）

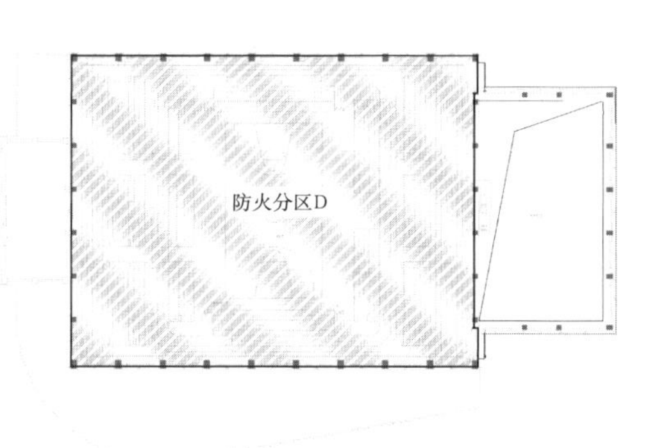

图 4-72 比赛大厅、看台层防火分区示意图

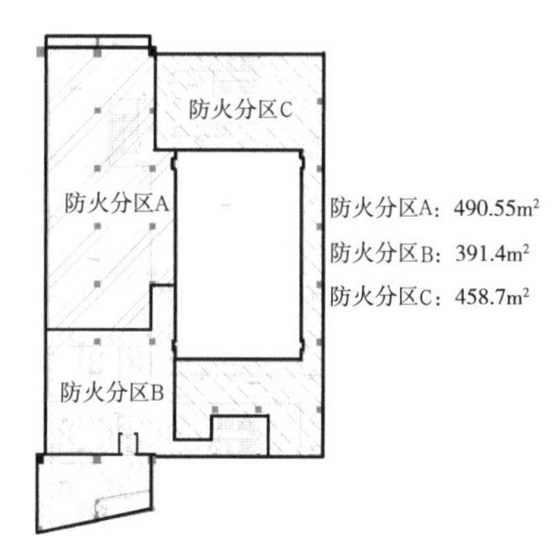

图 4-73 地下室防火分区示意图

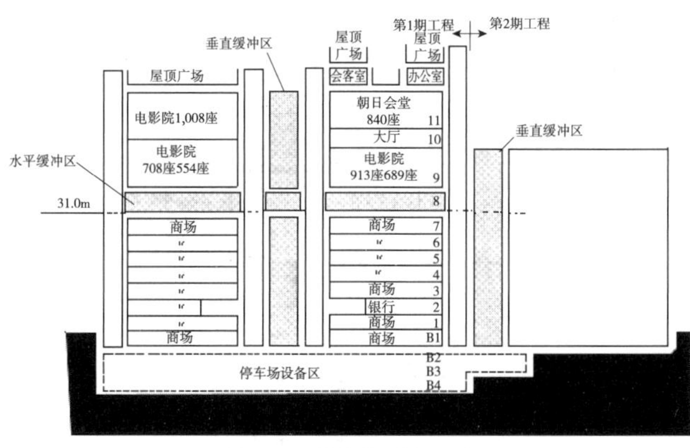

图 4-74 防火分区剖面示意

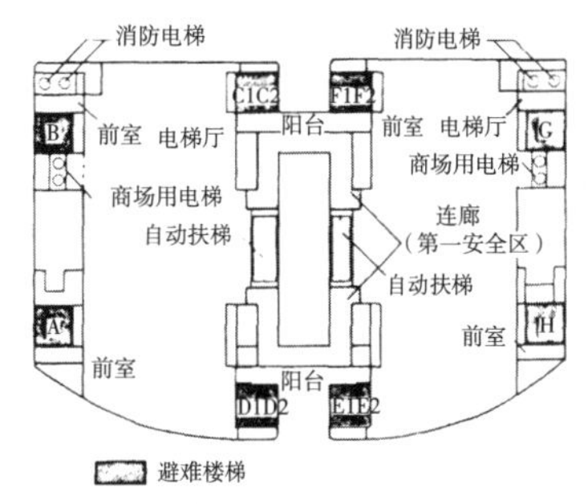

图 4-75 商场平面防火、防烟分区示意

时形成了中部避难层（第 8 层）。

图 4-75 是商场平面的防火、防烟分区示意。在平面的对称轴两侧布置自动扶梯、疏散楼梯、电梯等，形成中心核，并以不燃墙壁、防火卷帘、夹丝防火玻璃、防火门等形成防火缓冲区，两侧商场为独立的防火分区，每一商场面积为 1,700m²，每一商场又以挡烟垂壁分隔为两个防烟分区，如图中虚线所示。

4.6.3 某饭店防火分区设计

某饭店占地 7,332.8m²，总建筑面积 50,788.32m²，标准层建筑面积 1,100m²，地下 3 层，地上 23 层，总高度达 87.88m，是一座现代化饭店。标准层平面及防火分区划分如图 4-76 所示。

（1）高层主体以层为单位划分防火分区。

（2）加强各类竖井的防火分隔，如楼梯间、电梯井、管道井、电缆井等，均作为竖井防火分区，单独划分。特别是高层用的电梯厅，为了防止烟气向上层传播，将电梯厅单独划分为防火分区。

（3）日常使用明火，火灾危险较大的厨房、餐具间等，划为单独的防火分区。

（4）客房门采用具有防火、防烟功能的乙级防火门，使走廊形成了第一安全分区。由走廊进入中心核的出入口均用防火、防烟的防火门，使中心核处的疏散设施更加安全可靠。

（5）客房以两间为单位形成小的防火单元，为了防止发生火灾及火灾扩大，内部装修尽量采用不燃材料。

4.6.4 建筑防火分区图例

如图 4-77~ 图 4-81 所示为防火分区的分隔构造示意。

图 4-77 高层主体与裙房之间的防火分区（防火门改 FM 甲或甲级防火门）

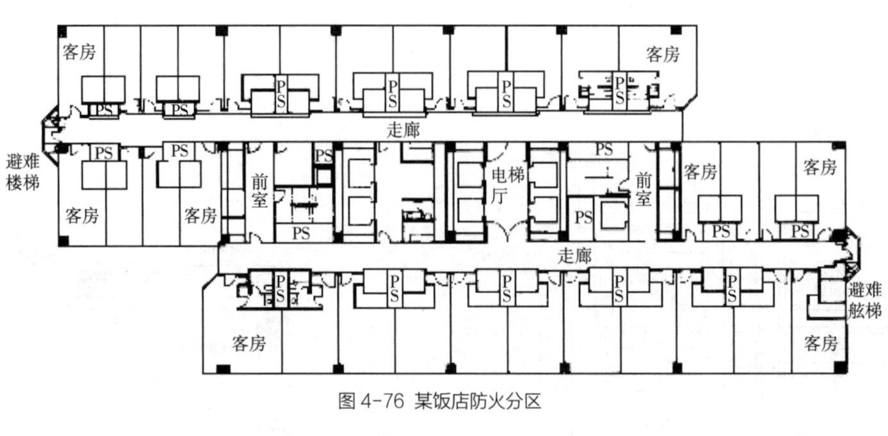

图 4-76 某饭店防火分区

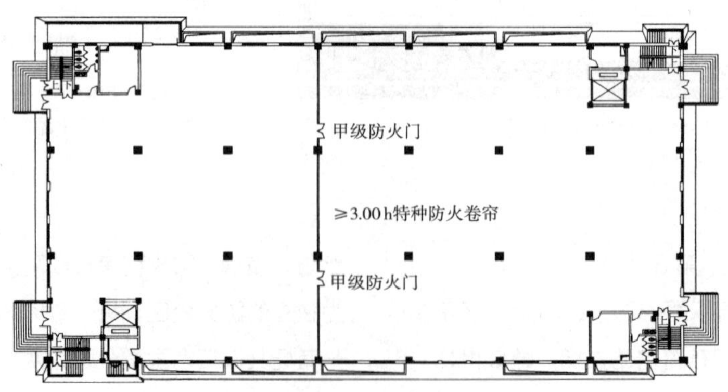

图 4-77 防火分区的分隔构造

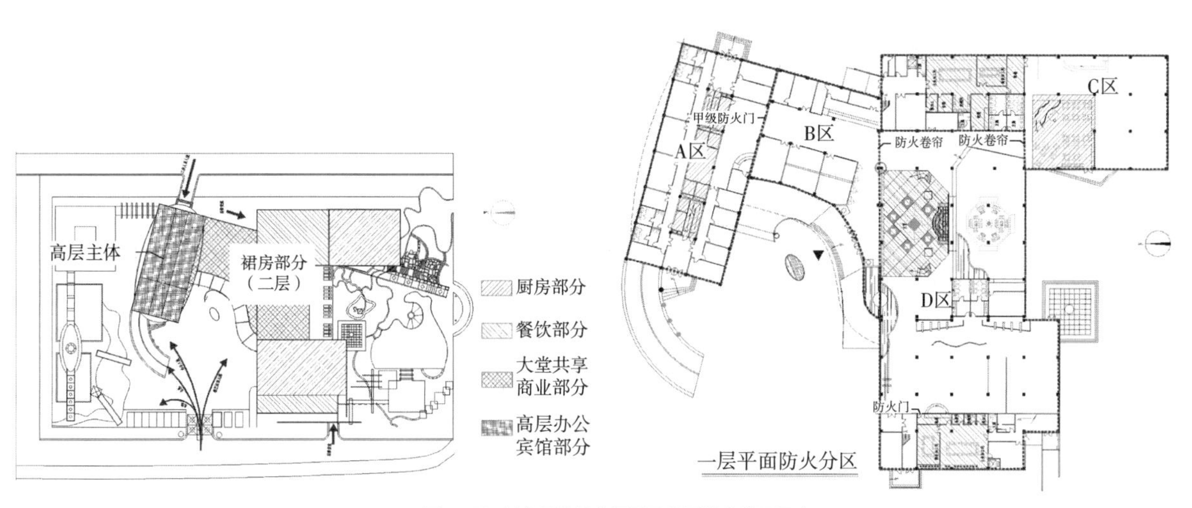

图 4-78 某高层旅馆总平面及首层防火分区示意

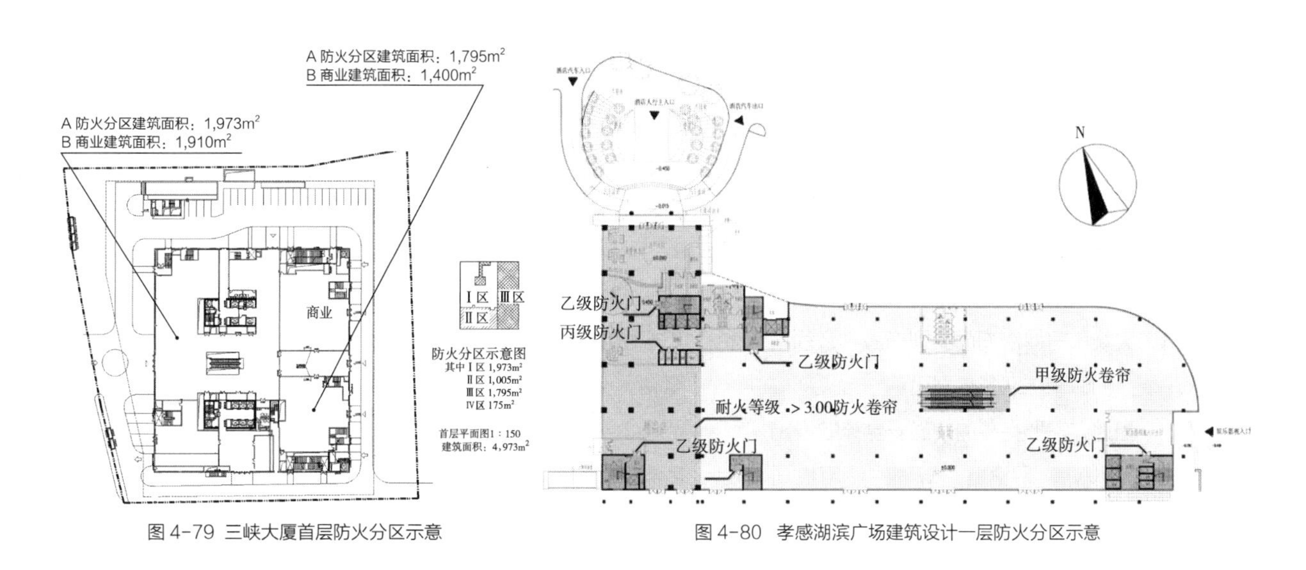

图 4-79 三峡大厦首层防火分区示意　　图 4-80 孝感湖滨广场建筑设计一层防火分区示意

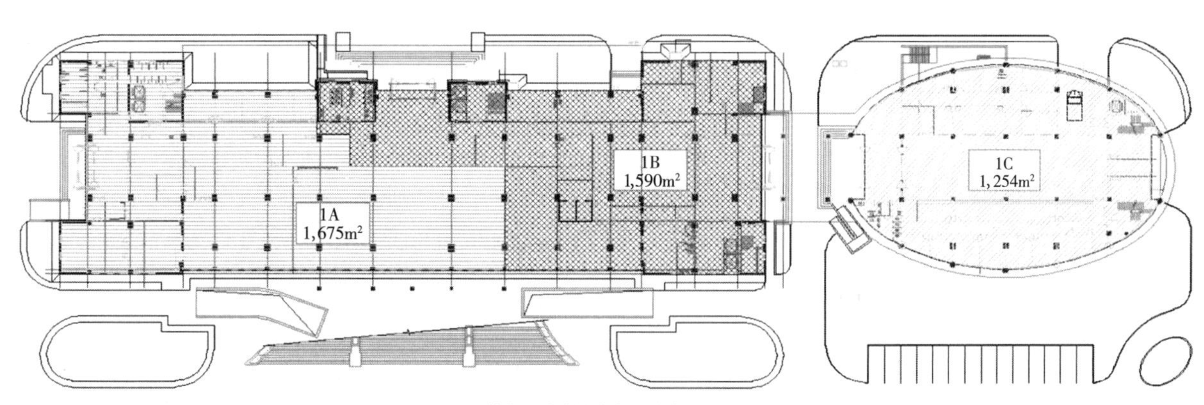

图 4-81 某人民法院综合审判楼底层防火分区示意

第5章 Chapter 5 Safe Evacuation Design 安全疏散设计

5.1 安全分区与疏散路线

建筑应根据其建筑高度、规模、使用功能和耐火等级等因素合理设置安全疏散和避难设施。安全出口和疏散门的位置、数量、宽度及疏散楼梯的形式应满足人员安全疏散的要求。

建筑物发生火灾时，为了避免建筑物内的人员因烟气中毒、火烧和房屋倒塌而受到伤害，必须尽快撤离失火建筑，同时消防队员也要迅速对起火部位进行火灾扑救。因此，需要完善的交通安全疏散设施。

安全疏散设计，是根据建筑物的使用性质、人们在火灾事故时的心理状态与行动特点、火灾危险性大小、容纳人数、面积大小合理布置交通疏散设施，为人员的安全疏散设计一条安全路线。

5.1.1 火灾事故时人的心理与行为

火灾时，人们疏散的心理和行为与正常情况下的心理状态是不同的，见表 5-1。例如，在紧张和恐惧心理下，不知所措，盲目跟随他人行动，甚至钻入死胡同等，都是火灾事故疏散时的异常心理状态。在这些心理状态的支配下，往往造成惨痛的后果。

疏散人员的心理与行为　　表 5-1

(1) 向经常使用的出入口、楼梯口疏散	在旅馆、剧场等发生火灾时，一般旅客和观众习惯于从原出入口或走过的楼梯疏散，而很少使用不熟悉的出入口或楼梯。就连自己的住处也要从常用的楼梯去疏散，只有当这一退路被火焰、烟气等封闭了，才不得已另求其他退路
(2) 习惯于向明亮的方向疏散	人具有朝向光明的习性，故以明亮的方向为行动的目标。例如，在旅馆、饭店等建筑物内，假设从房间内走出来后走廊里充满烟雾，这时如果一个方向黑暗，相反明亮方向的话，就会向明亮方向疏散
(3) 奔向开阔空间	这一点，与上述趋向光明处的心理是相同，在大量火灾实例中，确有这些现象
(4) 对烟火怀有恐惧心理	对于红色火焰怀有恐惧心理是动物的一般习性，一旦被烟火包围，则不知所措。因此，即使身处安全之地，亦要逃向相反的方向
(5) 危险迫近，陷入极度慌乱之中，就会逃向狭小角落	在出现死亡事故的火灾中，往往发现缩在房间、厕所或把头插进橱柜的尸体

续表

（6）越是慌乱，越容易跟随他人	人在极度的慌乱之中，就会变得失去正常行动的能力，于是无形中产生跟随他人的行为
（7）紧急情况下能发挥出意想不到的力量	遇到紧急情况时，失去了正常的理智行动，把全部精力集中在应付紧急情况上，会发挥出平时意想不到的力量。如遇火灾时，甚至敢从高楼跳下去

5.1.2 疏散安全分区

当建筑物内某一房间发生火灾，并达到轰燃时，沿走廊的门窗被破坏，导致浓烟、火焰涌向走廊。若走廊的吊顶上或墙壁上未设有效的阻烟、排烟设施，则烟气就会继续向前室、楼梯间蔓延。另一方面，发生火灾时，人员的疏散行动路线，也基本上和烟气的流动路线相同，即，房间→走廊→前室→楼梯间。因此，烟气的蔓延扩散，将对火灾层人员的安全疏散形成很大的威胁。为了保障人员疏散安全，理想状况是疏散路线上各个空间的防烟、防火性能逐步提高，楼梯间的安全性达到最高。为此，需要把疏散路线上的各个空间划分为不同的区间，称为疏散安全分区。离开火灾房间后先要进入走廊，走廊的安全性高于火灾房间，故称走廊为第一安全区；依此类推，前室为第二安全分区，楼梯间为第三安全分区。一般说来，当进入疏散楼梯间，即可认为达到了相当安全的空间。安全分区的划分，如图 5-1 所示：

高层建筑中，一类高层民用建筑及高度超过 32m 的二类高层民用建筑及高层厂房等要设防烟楼梯间。

这样，建筑物的走廊为第一安全分区，防烟前室为第二安全分区，楼梯间为第三安全分区。所以，人员疏散进入防烟楼梯间，便认为到达安全之地。

为了保障各个安全分区在疏散过程中的防烟、防火性能，一般可采用在走廊的吊顶上和墙壁上设置与感烟探测器联动的防排烟设施，并且设防烟楼梯间。同时，还要考虑各个安全分区的事故照明和疏散指示等，为火灾中的人员设计一条求生的安全路线。

5.1.3 疏散设施的布置与疏散路线

根据火灾事故中疏散人员的心理与行为特征，在进行建筑平面设计，尤其是布置疏散楼梯间时，原则上应使疏散的路线简捷，并能与人们日常生活的活动路线相结合，使人们通过生活了解疏散路线，并尽可能使建筑物内的每一房间都能向两个方向疏散，避免出现袋形走道。

1）合理组织疏散流线

综合性高层建筑，应按照不同用途，分别布置疏散路线，以便平时管理，火灾时便于有组织地疏散（图 5-2）。如某高层建筑，地下一、二层为停车场，地上有商场、办公用房、旅馆。为了便于安全使用，有利火灾时紧急疏散，在设计中必须做到

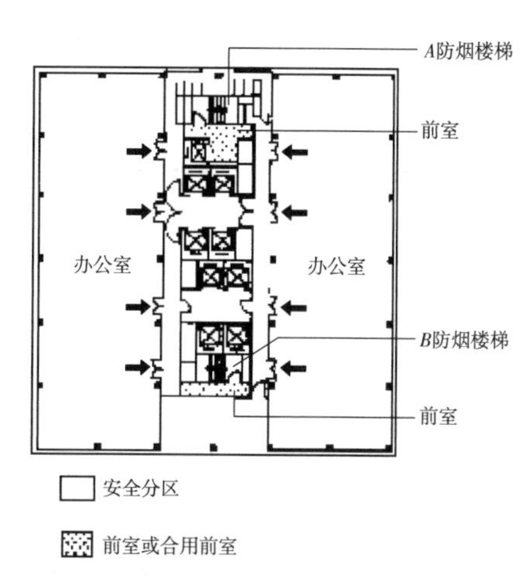

图 5-1　安全分区示意

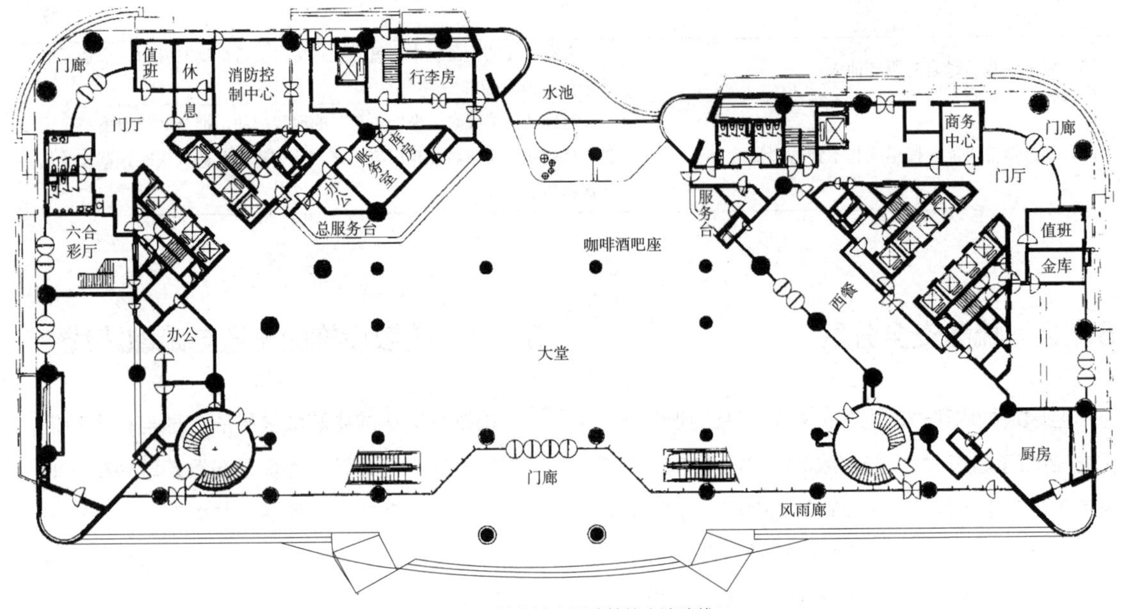

图 5-2　综合性高层建筑的人流路线

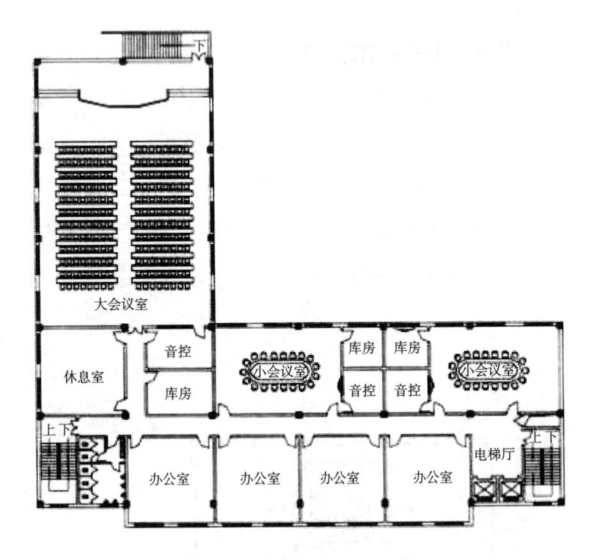

图 5-3　某高层 L 形办公楼二层的疏散路线

车流与人流完全分流，百货商场与其上各层的办公、居住人流分流。

2）在标准层（或防火分区）的端部设置

对中心核式建筑，布置环形或双向走道；一字形、L 形建筑，端部应设疏散楼梯，以便于双向疏散。如图 5-3 所示。

3）靠近电梯间设置

如图 5-4 所示，发生火灾时，人们往往首先考虑熟悉并经常使用的、由电梯所组成的疏散路线，靠近电梯间设置疏散楼梯，既可将常用路线和疏散路线结合起来，有利于疏散的快速和安全。如果电梯厅为开敞式时，楼梯间应按防烟楼梯间设计，以免电梯井蔓延烟火而切断通向楼梯的道路。

4）靠近外墙设置

这种布置方式有利于采用安全性最大的、带开敞前室的疏散楼梯间形式。同时，也便于自然采光通风和消防队进入高楼灭火救人，如图 5-5 所示。

5）出口保持间距

建筑安全出口应均匀分散布置，也就是说，同一建筑中的出口距离不能太近。太近则会使安全出口集中，导致人流疏散不均匀，造成拥挤，甚至伤亡。

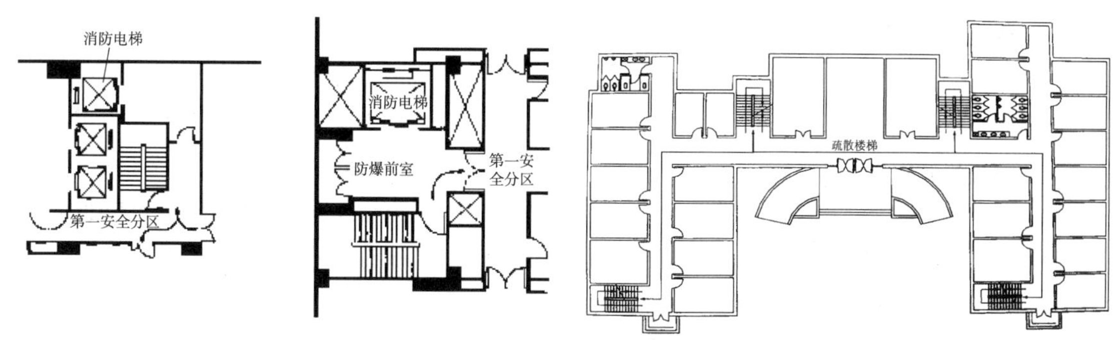

图 5-4　靠近电梯设置疏散楼梯

图 5-5　疏散楼梯靠外墙设置

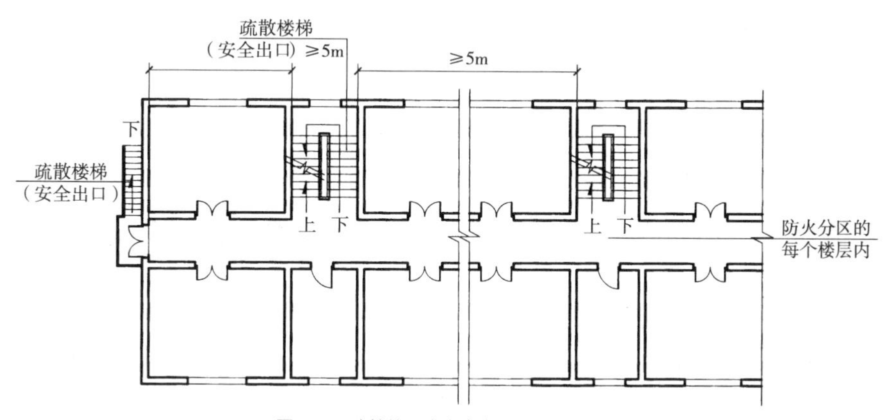

图 5-6　建筑的两个安全出口的间距示意图

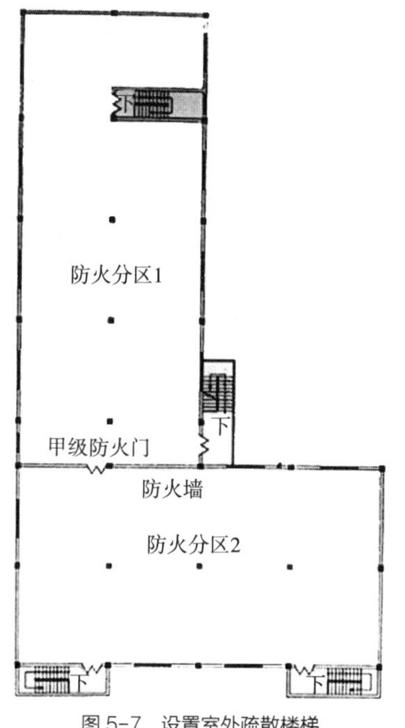

图 5-7　设置室外疏散楼梯

而且，出口距离太近，还会出现同时被烟火封堵的危险。因此，建筑中每个防火分区或一个防火分区的每个楼层、每个住宅单元每层相邻两个安全出口以及每个房间相邻 2 个疏散门最近边缘之间的水平距离不应小于 5m，如图 5-6 所示。

6）设置室外疏散楼梯

当建筑设置内楼梯不能满足疏散要求时，可设置室外疏散楼梯，既安全可靠，又可节约室内面积。室外疏散楼梯的优点是不占使用面积，有利于降低建筑造价，又是良好的自然防烟楼梯，如图 5-7 所示。

5.2 安全疏散时间与距离

5.2.1 允许疏散时间

建筑物发生火灾时，人员能够疏散到安全场所的时间叫允许疏散时间。如 5.1 节所述，由于建筑物的疏散设施不同，对普通建筑物（包括大型公共民用建筑）来说，允许疏散时间是指人员离开建筑物，到达室外安全场所的时间，而对于高层建筑来说：是指到达封闭楼梯间、防烟楼梯间、避难层的时间。

影响允许疏散时间的因素很多，主要可从两个方面来分析。一方面是火灾产生的烟气对人的威胁；另一方面是建筑物的耐火性能及其疏散设计情况、疏散设施可否正常使用。

根据国内外火灾统计，火灾时人员的伤亡，大多数是因烟气中毒、高温和缺氧所致。而建筑物中烟气大量扩散与流动以及出现高温和缺氧，是在轰燃之后才加剧的。火灾试验表明，建筑某一房间从着火到出现轰燃的时间大多在 5~8min。

建筑构件的耐火极限，一般都比出现一氧化碳等有毒烟气、高温或严重缺氧的时间晚。所以，在确定允许疏散时间时，首先要考虑失火建筑烟气中毒问题。允许疏散时间应控制在轰燃之前，并适当考虑安全系数。一、二级耐火等级的公共建筑与高层民用建筑，其允许疏散时间为 5~7min，三、四级耐火等级建筑的允许疏散时间为 2~4min。

影剧院、礼堂的观众厅，容纳人员密度大，安全疏散比较重要，所以允许疏散时间要从严控制。一、二级耐火等级的影剧院允许疏散时间为 2min，三级耐火等级的允许疏散时间为 1.5min。由于体育馆的规模一般比较大，观众厅容纳人数往往是影剧院的几倍到几十倍，火灾时的烟层下降速度、温度上升速度、可燃装修材料、疏散条件等，也不同于影剧院，疏散时间一般比较长，所以对一、二级耐火等级的体育馆，其允许疏散时间为 3~4min。

厂房的疏散时间，是根据生产的火灾危险性不同而异。考虑到甲类厂房的火灾危险性大，燃烧速度快，允许疏散时间控制在 30s，而乙类厂房较甲类厂房要小，燃烧速度比甲类慢，故允许疏散时间控制在 1min 左右。

5.2.2 疏散速度

疏散速度是安全疏散的一个重要指标。它与建筑物的使用功能，使用者的人员构成、照明条件有关，其差别比较大，表 5-2 是群体情况下疏散人员行动能力分类。

5.2.3 安全疏散距离

安全疏散距离包括两个含义，一是要考虑房间内最远点到房门的疏散距离，二是从房门到疏散楼梯间或外部出口的距离。现分述如下：

1）房间内最远点到房门的距离

当房间面积过大时，可能集中人员过多，要把较多的人群集中在一个宽度很大的出口进行疏散是难以保障安全的。因为疏散距离大，就会超过允许的疏散时间。

房间内任一点到该房间直通疏散走道的疏散门的直线距离，不应大于表 5-3 中规定的袋形走道两侧或尽端的疏散门至最近安全出口的直线距离，如图 5-8 所示。

2）大型公共建筑

对于人员密集的影剧院、体育馆等，室内最远点到疏散门口距离是通过限制走道之间的座位数和排数来控制的。在布置疏散走道时，横走道之间的座位排数不超过 20 排；纵走道之间的座位数，影剧院、礼堂等每排不超过 22 个，体育馆每排不超过

疏散人员行动能力的分类　　表 5-2

人员特点	群体行动能力			
	平均步行速度（m / s）		流动系数（人 / m·s）	
	水平（V）	楼梯（V）	水平（N）	楼梯（N′）
仅靠自力难以行动的人：重病人、老人、婴幼儿、弱智者、身体残疾者等	0.8	0.4	1.3	1.1
不熟悉建筑内的通道、出入口等位置的人员：旅馆的客人、商店顾客、通行人员等	1.0	0.5	1.5	1.3
熟悉建筑物内的通道、出入口等位置的健康人建筑物内的工作人员、职员、保卫人员等	1.2	0.6	1.6	1.4

直通疏散走道的房间疏散门至最近安全出口的直线距离（m）　　表 5-3

名称			位于两个安全出口之间的疏散门			位于袋形走道两侧或尽端的疏散门		
			耐火等级			耐火等级		
			一、二级	三级	四级	一、二级	三级	四级
托儿所、幼儿园、老年人照料设施			25	20	15	20	15	10
歌舞娱乐放映游艺场所			25	20	15	9	—	—
医疗建筑	单、多层		35	30	25	20	15	10
	高层	病房部分	24	—	—	12	—	—
		其他部分	30	—	—	15	—	—
教学建筑	单、多层		35	30	25	22	20	10
	高 层		30	—	—	15	—	—
高层旅馆、展览建筑			30	—	—	15	—	—
其他建筑	单、多层		40	35	25	22	20	15
	高 层		40	—	—	20	—	—

注：1. 建筑内开向敞开式外廊的房间疏散门至最近安全出口的直线距离可按本表的规定增加 5m，如图 5−11 所示。

2. 直通疏散走道的房间疏散门至最近敞开楼梯间的直线距离，当房间位于两个楼梯间之间时应按表 5−3 的规定减少 5m；当房间位于袋形走道两侧或尽端时，应按表 5−3 的规定减少 2m，如图 5−12 所示。

3. 建筑物内全部设置自动喷水灭火系统时，其安全疏散距离可按本表的规定增加 25%，如图 5−10 ～图 5−12 所示。

26 个，这样，就有效地控制了室内最远点到安全出口的距离，如图 5−9 所示。

3）从房门到安全出口疏散距离

根据建筑物使用性质、耐火等级情况的不同，对房门到安全出口的疏散距离提出不同要求，以便各类建筑在发生火灾时，人员疏散有相应的保障。

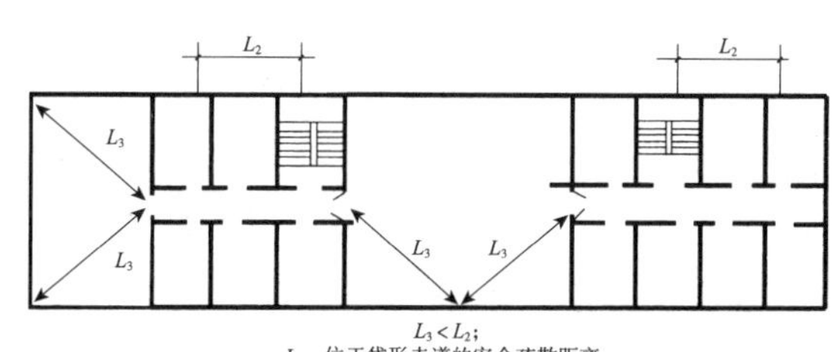

图 5−8　房间疏散距离的要求

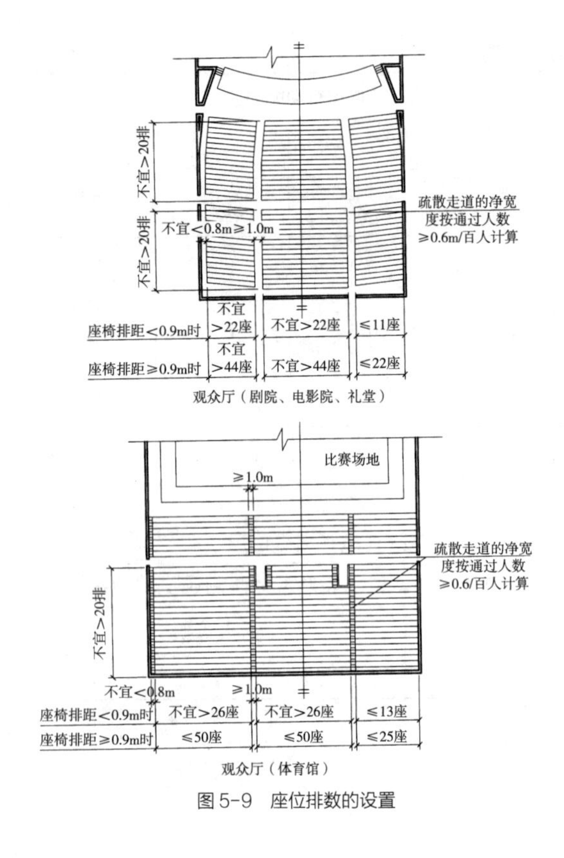

图 5-9　座位排数的设置

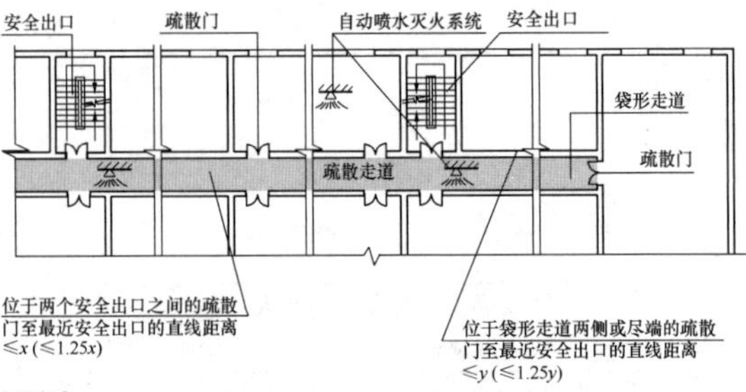

[注释]

1. x 为表 5-3 中位于两个安全出口之间的疏散门至最近安全出口的最大直线距离（m）；
   y 为表 5-3 中位于袋形走道两侧或尽端的疏散门至最近安全出口的最大直线距离（m）。
2. 建筑物内全部设自动喷水灭火系统时，安全疏散距离按括号内数字。

图 5-10　直通疏散走道的房间疏散门至最近安全出口的直线距离示意图

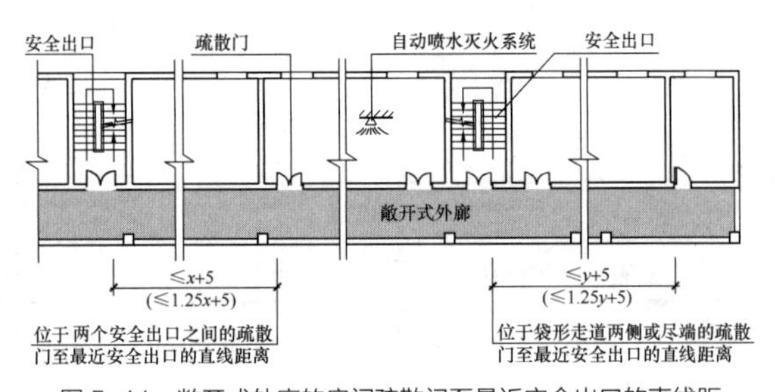

图 5-11　敞开式外廊的房间疏散门至最近安全出口的直线距离示意图

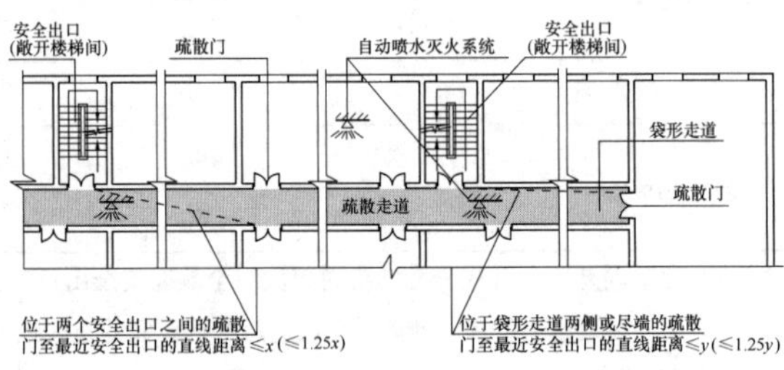

图 5-12　直通疏散走道的房间疏散门至最近敞开楼梯间的直线距离示意图

例如，对托儿所、幼儿园、医院等建筑，其内部大部分是孩子和病人，无独立疏散能力，而且疏散速度很慢，所以，这类建筑的疏散距离应尽量短捷。学校的教学楼等，由于房间内的人数较多，疏散时间比较长，所以到安全出口的距离不宜过大。对居住建筑，火灾多发生在夜间，一般发现比较晚，而且建筑内部的人员身体条件不等，老少兼有，疏散比较困难，所以疏散距离也不能太大。此外，对于大量非确定服务对象的公共建筑，如旅馆等，由于顾客对疏散路线不熟悉，发生火灾时容易引起惊慌，找不到安全出口，往往耽误疏散时间，故从疏散距离上也要区别对待。高层建筑的疏散更困难，人们对于高层建筑火灾的惊慌与恐惧更为严重，因此，疏散距离较一般民用建筑要求更加严格。

（1）公共建筑安全疏散距离

①直通疏散走道的房间疏散门至最近安全出口的直线距离不应大于表5-3的规定，如图5-10所示。

②楼梯间应在首层应直通室外，确有困难时，可在首层采用扩大的封闭楼梯间或防烟楼梯间前室。当层数不超过 4 层且未采用扩大的封闭楼梯间或防烟楼梯间前室时，可将直通室外的安全出口设置在离楼梯间不大于 15m 处，如图 5-13 所示。

③一、二级耐火等级建筑内的疏散门或安全出

口不少于 2 个的观众厅、展览厅、多功能厅、餐厅、营业厅等，当房间内任意一点与两个疏散门的连线夹角≥ 45° 时，室内任意一点至最近的疏散门或安全出口的直线距离≤ 30m（37.5m），如图 5-14 所示；当房间内的某一点与两个疏散门的连线夹角＜ 45° 时，此点至最近的疏散门或安全出口的直线距离≤ 20m（22m），如图 5-15 所示；当房间室内任一点至最近疏散门或安全出口的直线距离均≤ 20m（22m）时，疏散走道通至最近的安全出口长度 $L=L_1+L_2$ ≤ 40m（50m），如图 5-16 所示。

当疏散门不能直通室外地面或疏散楼梯间时，应采用长度不大于 10m（12.5m）的疏散走道至最近的安全出口。当该场所设置自动喷水灭火系统时，室内任一点至最近安全出口的安全疏散距离可分别增加 25%，即括号中的数据。

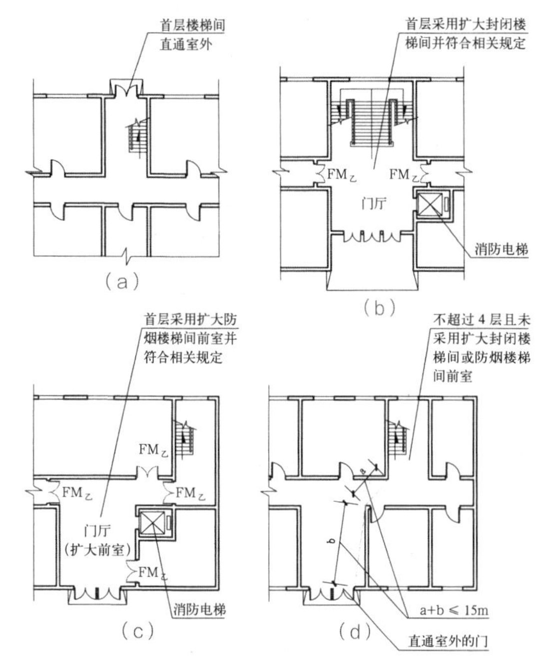

图 5-13　首层楼梯间要求示意图

（a）楼梯间应在首层直通室外；（b）首层采用扩大的封闭楼梯间；（c）首层采用防烟楼梯间前室；（d）当层数≤ 4 层且未采用扩大的封闭楼梯间或防烟楼梯间前室时，首层楼梯间设置要求

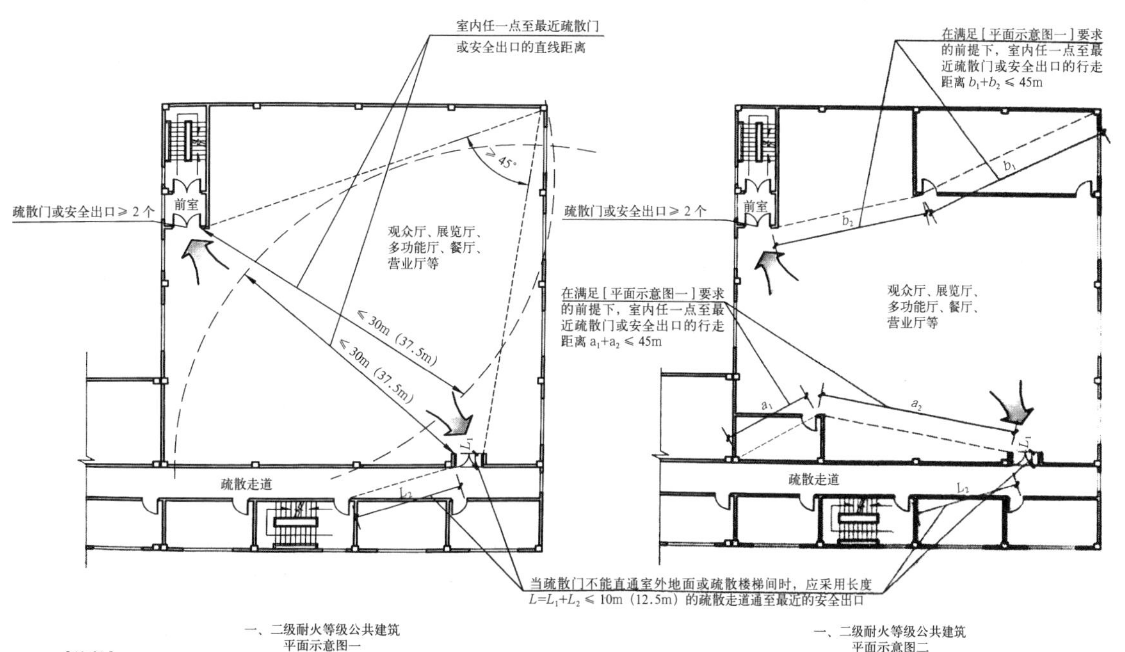

图 5-14　建筑内大空间任意一点与两个疏散门的连线夹角≥ 45° 时疏散距离示意图

④房间内任一点至房间直通疏散走道的疏散门的直线距离，不应大于表5-3规定的袋形走道两侧或尽端的疏散门至最近安全出口的直线距离，如图5-17所示。

(2)住宅建筑安全疏散距离

①直通疏散走道的房间疏散门至最近安全出口的直线距离不应大于表5-4的规定。

②户内任一点直通疏散走道的户门的直线距离，不应大于表5-4中规定的袋形走道两侧或尽端的疏散门至最近安全出口的直线距离。跃层式住宅，户内楼梯的距离可按梯段水平投影长度的1.5倍计算，如图5-19所示。

(3)汽车库安全疏散距离

汽车库室内任一点至最近人员安全出口的疏散距离不应大于45m，当设置自动灭火系统时，其距离不应大于60m，如图5-20所示，对于单层或设置在建筑首层的汽车库，室内任一点至室外最近出口的疏散距离不应大于60m。

(4)厂房安全疏散距离

厂房的安全疏散距离是根据火灾危险性与允许疏散时间及厂房的耐火等级所确定的。如表5-5所示，火灾危险性越大，对于安全疏散距离要求越严，

住宅建筑直通疏散走道的房间疏散门至最近安全出口的直线距离（m） 表5-4

住宅建筑类别	位于两个安全出口之间的户门			位于袋形走道两侧或尽端的户门		
	一、二级	三级	四级	一、二级	三级	四级
单、多层	40	35	25	22	20	15
高层	40	—	—	20	—	—

注：1. 开向敞开式外廊的户门至最近安全出口的最大直线距离可按本表的规定增加5m。
2. 直通疏散走道的户门至最近敞开楼梯间的直线距离，当户门位于两个楼梯间之间时，应按本表的规定减少5m；当户门位于袋形走道两侧或尽端时，应按本表的规定减少2m。
3. 住宅建筑内全部设置自动喷水灭火系统时，其安全疏散距离可按本表的规定增加25%。
4. 跃廊式住宅的户门至最近安全出口的距离，应从户门算起，小楼梯的一段距离可按其水平投影长度的1.5倍计算，如图5-18所示。

厂房内任一点至最近安全出口的直线距离（m） 表5-5

生产的火灾危险性类别	耐火等级	单层厂房	多层厂房	高层厂房	地下或半地下厂房（包括地下室或半地下室）
甲	一、二级	30	25	—	—
乙	一、二级	75	50	30	—
丙	一、二级	80	60	40	30
	三级	60	40	—	—
丁	一、二级	不限	不限	50	45
	三级	60	50	—	—
	四级	50	—	—	—
戊	一、二级	不限	不限	75	60
	三级	100	75	—	—
	四级	60	—	—	—

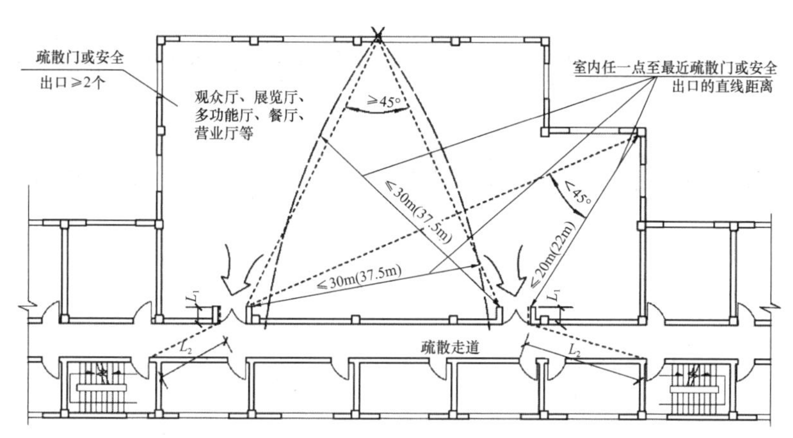

图 5-15 建筑内大空间内的某一点与两个疏散门的连线夹角 < 45° 疏散距离示意图

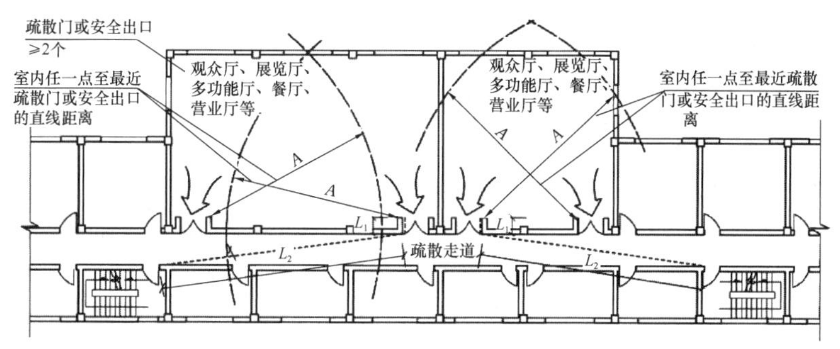

图 5-16 建筑内大空间内的任一点至最近安全出口的疏散距离示意图

A= 单、多层≤ 22m（27.5m），高层≤ 20m（25m）

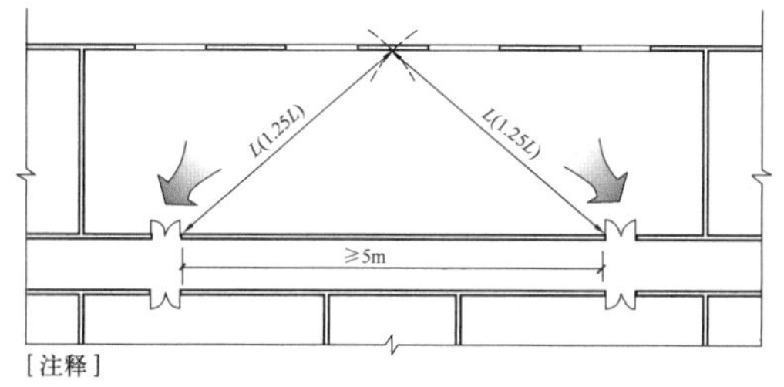

［注释］

建筑物内全部设自动喷水灭火系统时，安全疏散距离按括号内数字。

图 5-17 房间内任一点到疏散门的最大直线距离平面示意图

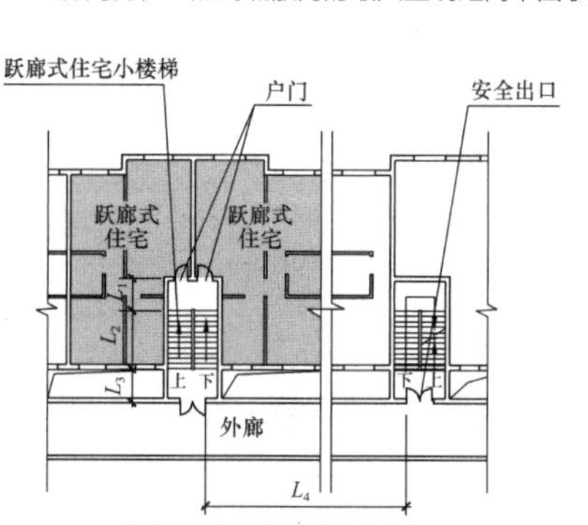

图 5-18 跃廊式住宅户门至最近安全出口的直线距离示意图

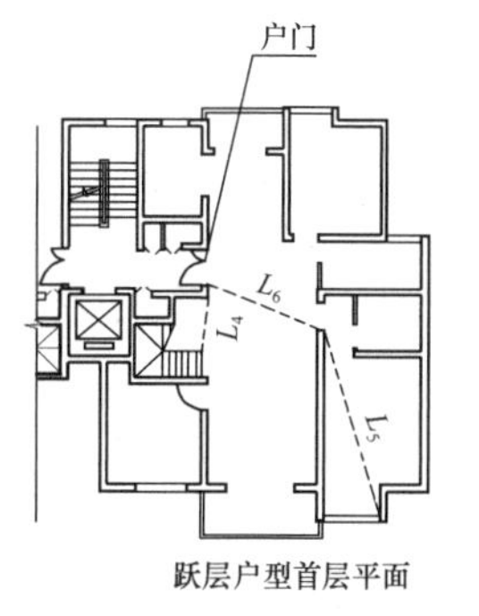

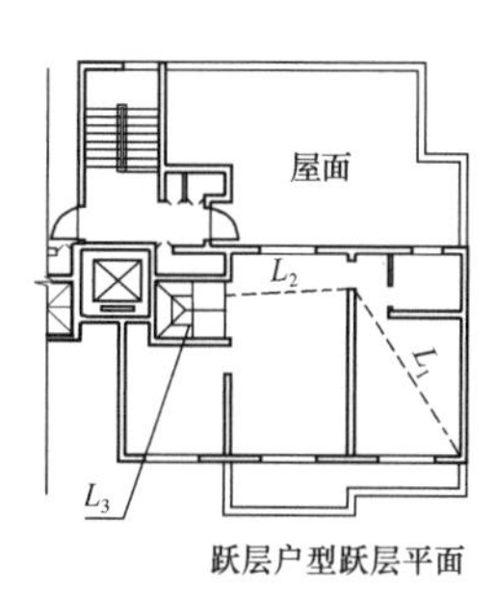

［注释］

跃层式住宅举例：户内任一点至其直通疏散走道的户门的最大直线距离 $L=L_1+L_2+1.5\times L_3+L_4$。$L_3$ 为户内楼梯梯段的水平投影长度。

假如上左图无室内楼梯，属于平层式住宅，户内任一点至其直通疏散走道的户门的最大直线距离 $L=L_5+L_6$

图 5-19 住宅户内任一点至户门的疏散距离示意图

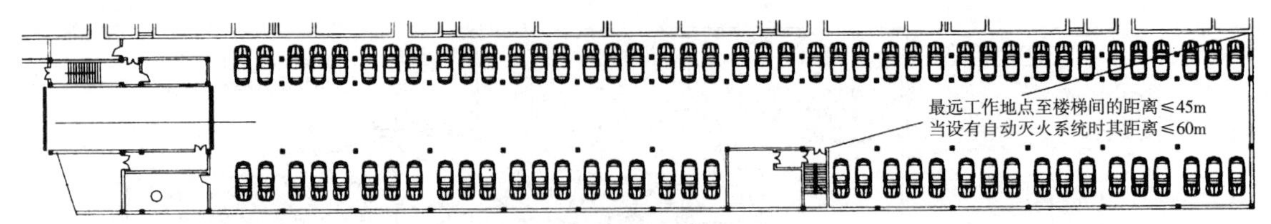

图 5-20 汽车库安全疏散距离

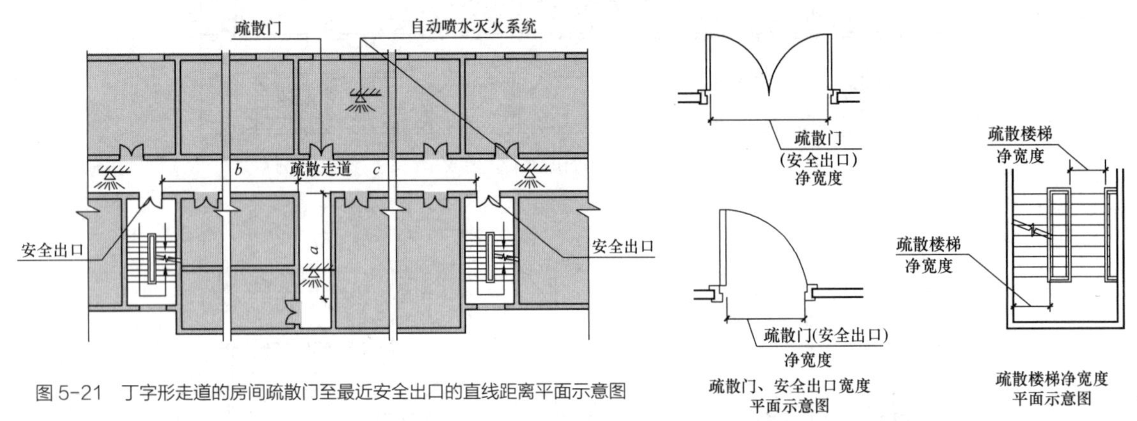

图 5-21 丁字形走道的房间疏散门至最近安全出口的直线距离平面示意图

图 5-23 疏散门与疏散楼梯的宽度计量方法平面示意图

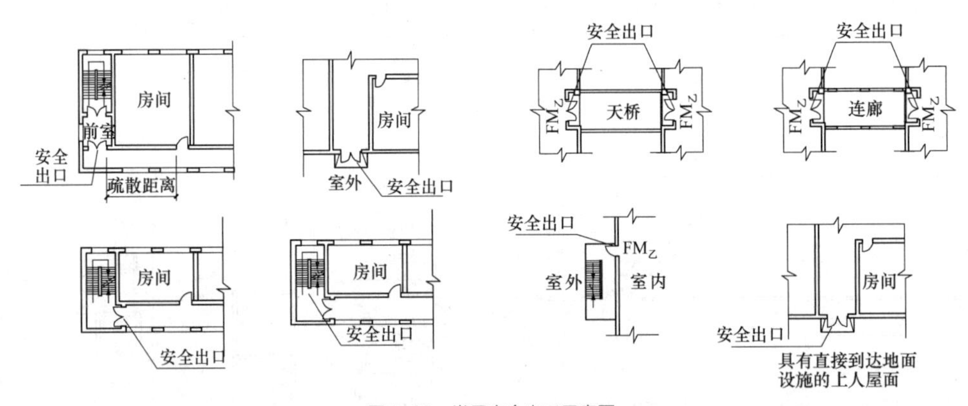

图 5-22 常见安全出口示意图

厂房耐火等级越低，对于安全疏散距离要求越严。而对于丁、戊类生产，当采用一、二级耐火等级的厂房时，其疏散距离可以不受限制。

（5）丁字形走道疏散距离

丁字形走道的房间门至最近安全出口的直线距离，如图 5-21 所示。对于除托儿所、幼儿园、老年人照料设施、歌舞娱乐放映游艺场所，单、多层医疗建筑，单、多层教学建筑以外的下列建筑应同时满足以下要求：

$$a \leqslant b \text{ 且 } a \leqslant c \quad (5\text{-}1)$$

对于一、二级耐火等级其他建筑：

$$2a+b \leqslant 40 \text{ 或且 } 2a+c \leqslant 40^{①} \quad (5\text{-}2)$$

如果设自动灭火系统，$2a+b \leqslant 50$ 或且 $2a+c \leqslant 50$[①]　（5-3）

① 《建筑设计防火规范》GB 500161—2014（2019 版）没有此项规定，此处引用浙江省规定。

5.3 安全出口

5.3.1 安全出口的宽度与数量

1）安全出口的宽度

安全出口是指供人员安全疏散用的楼梯间、室外楼梯的出入口或直通室内外安全区域的出口，如图 5-22 所示。疏散门与疏散楼梯的宽度计量方法如图 5-23 所示。

安全出口的宽度是由疏散宽度指标计算出来的。宽度指标是对允许疏散时间、人体宽度、人流在各种疏散条件下的通行能力等进行调查、实测、统计、研究的基础上建立起来的。本节简要介绍工程设计中所应用的计算安全出口宽度的简捷方法——百人宽度指标。

百人宽度指标可按下式计算：

$$B=\frac{N}{A\cdot t}b \qquad (5\text{-}4)$$

式中 B——百人宽度指标，即每 100 人安全疏散需要的最小宽度（m）；

N——疏散总人数（人）；

t——允许疏散时间（min）

A——单股人流通行能力，平坡时 A=43 人 /min；阶梯地时，A=37 人 /min。

b——单股人流的宽度，人流不携带行李时，b=0.55m。

【例 5-1】 试求 t=2min 时（三级耐火等级）的百人宽度指标。已知，平坡地时，A_1=43 人 /min；阶梯地时 A_2=37 人 /min

已知：N=100 人，t=2min，A_1=43 人 /min；A_2=37 人 /min，b=0.55m。

求：平坡地时，B_1=？ 阶梯地时，B_2=？

解：$B_1=\frac{N}{A_1\cdot t}b=\frac{100}{43\times 2}\times 0.55=0.64\text{m}$

取 0.65m

$B_2=\frac{N}{A_2\cdot t}b=\frac{100}{37\times 2}\times 0.55=0.74\text{m}$

取 0.75m

答：三级建筑的百人宽度指标，平坡地时为 0.65m，阶梯地时为 0.75m。

决定安全出口宽度的因素很多，如建筑物的耐火等级与层数、使用人数、允许疏散时间、疏散路线是平地还是阶梯等。为了使设计既安全又经济，符合实际使用情况，对上述计算结果作适当调整，规定各类建筑安全出口的宽度指标：

（1）普通建筑安全出口宽度

剧场、电影院、礼堂、体育馆除外的普通建筑，如：学校、商店、办公楼、候车（船）室、展览厅及歌舞娱乐放映游艺场所等民用建筑：

①每层的房间疏散门、安全出口、疏散走道和疏散楼梯的各自总净宽度，应根据疏散人数按每 100 人的最小疏散净宽度不小于表 5-6 的规定计算确定，如图 5-24 所示。一栋建筑物的地上与地下部分的疏散楼梯的总净宽度计算互为独立，互不影响。当每层人数不等时，疏散楼梯的总净宽度可分层计算，地上建筑内下层楼梯的总宽度应按该层及以上疏散人数最多一层的人数计算；地下建筑内上

每层的房间疏散门、安全出口、疏散走道和疏散楼梯的每 100 人最小疏散净宽度（m / 百人） 表 5-6

建筑层数		建筑的耐火等级		
		一、二级	三级	四级
地上楼层	1~2 层	0.65	0.75	1.00
	3 层	0.75	1.00	–
	≥ 4 层	1.00	1.25	–
地下楼层	与地面出入口地面的高差 $\Delta H\leqslant$ 10m	0.75	–	–
	与地面出入口地面的高差 ΔH >10m	1.00	–	–

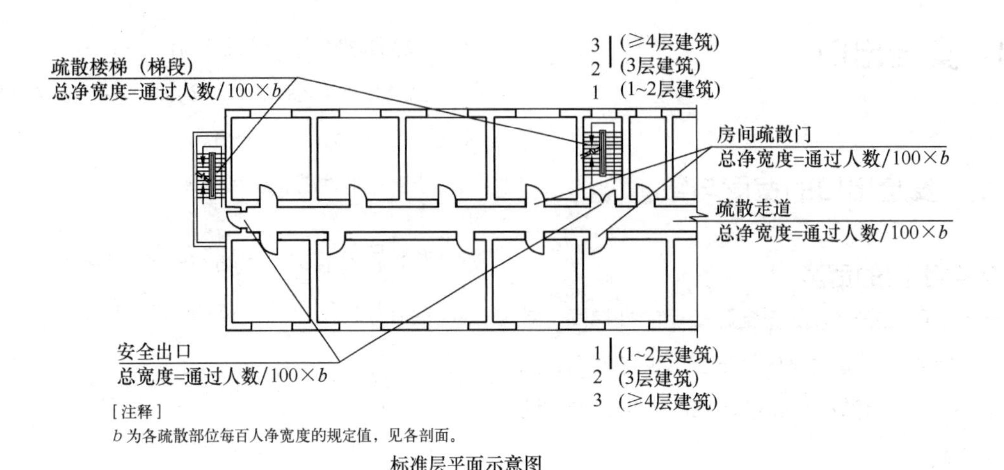

图 5-24 普通建筑疏散宽度指标示意图

层楼梯的总净宽度应按该层及以下层疏散人数最多一层的人数计算。

当建筑内各层人数不相等时，楼梯的总宽度可以按照分段的办法计算，下层楼梯的总宽度要按该层及该层以上人数多的一层计算。如：一座二级耐火等级的 6 层民用建筑，第四层的使用人数最多为 400 人，第五层、第六层每层的人数均为 200 人。计算该建筑的疏散楼梯总宽度时，根据楼梯宽度指标 1.0m/ 百人的规定，第四层和第四层以下每层楼梯的总宽度为 4.0m；第五层和第六层每层楼梯的总宽度可为 2.0m。

再如：十三层设计疏散人数为 300 人，则十三层及以下各层楼梯和首层疏散外门的最小总净宽度按 300 人计算；十九层为 200 人，则十四层

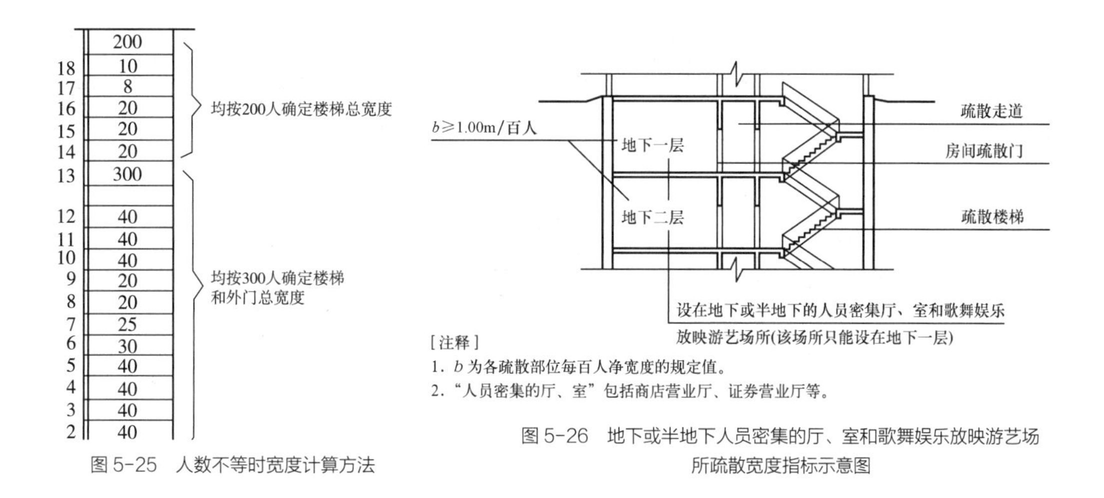

图 5-25　人数不等时宽度计算方法

图 5-26　地下或半地下人员密集的厅、室和歌舞娱乐放映游艺场所疏散宽度指标示意图

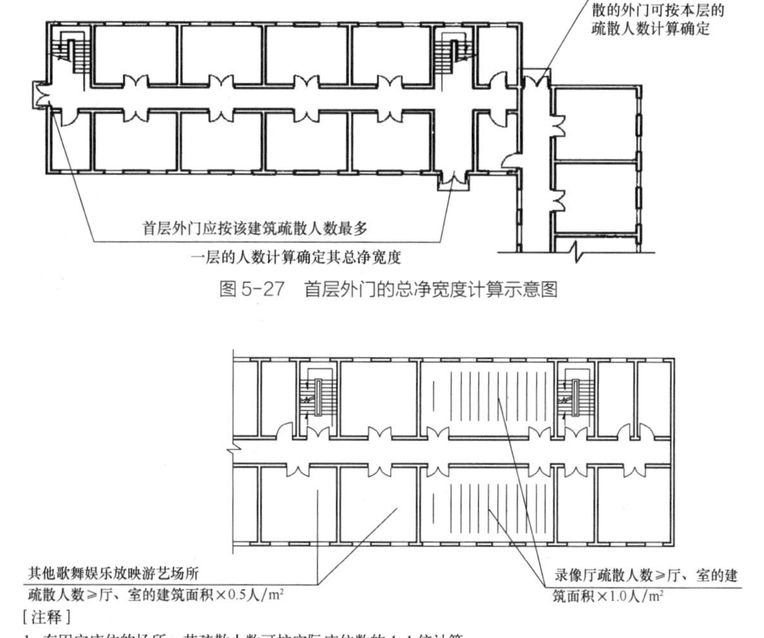

图 5-27　首层外门的总净宽度计算示意图

图 5-28　歌舞娱乐放映游艺场所疏散人数计算方法示意图

至十九层的楼梯最小总净宽度均按 200 人计算，如图 5-25 所示。

②地下或半地下人员密集的厅、室和歌舞娱乐放映游艺场所，房间疏散门、安全出口、疏散走道和疏散楼梯的各自总净宽度，应根据疏散人数按每 100 人不小于 1m 计算确定，如图 5-26 所示。人员密集的厅、室一般包括商场营业厅、证券厅等。

③首层外门的总净宽度应按该建筑疏散人数最多一层的人数计算确定，不供其他楼层人员疏散的外门，可按本层的疏散人数计算确定，如图 5-27 所示。

④歌舞娱乐放映游艺场所的录像厅的疏散人数，应根据厅、室的建筑面积按不小于 1 人 /m^2 计算；其他歌舞娱乐放映游艺场所的疏散人数，应根据厅、室的建筑面积按不小于 0.5 人 /m^2 计算确定，如图 5-28 所示。

商店营业厅内的人员密度（人 /m²） 表 5-7

楼层位置	地下二层	地下一层	地上第一、二层	地上第三层	≥ 4 层
人员密度	0.56	0.60	0.43 ~ 0.60	0.39 ~ 0.54	030 ~ 0.42

大型公共建筑疏散宽度指标 表 5-8

宽度指标（m/ 百人） / 疏散部位		影剧院、礼堂		体 育 馆		
观众厅座位数（个）		≤ 2,500	≤ 1,200	3,000 ~ 5,000	5,001 ~ 10,000	10,000 ~ 20,000
耐火等级		一、二级	三级	一、二级	一、二级	一、二级
门和走道	平坡地面	0.65	0.85	0.43	0.37	0.32
	阶梯地面	0.75	1.00	0.50	0.43	0.37
楼梯		0.75	1.00	0.50	0.43	0.37

⑤有固定座位的场所，其疏散人数可按实际座位数量的 1.1 倍计算确定。

⑥商店的疏散人数应按每层营业厅建筑面积乘以表 5-7 规定的人员密度计算。对于建材商店、家具和灯饰展示建筑，其人员密度按表 5-7 确定值的 30% 确定，如图 5-29 所示。

⑦当裙房与高层建筑主体之间采用不开设门、窗、洞口的防火墙分隔时，裙房的疏散宽度指标可按有关单、多层建筑的要求确定。

⑧消防电梯、客货电梯、自动扶梯、自动人行道，其出口与宽度均不应计作安全疏散设施。

（2）大型公共建筑

人员密集的公共场所如剧院、电影院、礼堂、体育馆的疏散走道、疏散楼梯、疏散门、安全出口各自总宽度，应根据其通过人数和疏散净宽度指标计算确定，并应符合下列要求：

①观众厅内疏散走道的净宽度应按每 100 人不小于 0.6m 计算，且不应小于 1.0m，边走道的净宽度不宜小于 0.8m。

在布置疏散走道时，横走道之间的座位排数不宜超过 20 排；纵走道之间的座位数，剧院、电影院、礼堂等，每排不宜超过 22 个；体育馆每排不宜超过 26 个；前后排座椅的排距不小于 0.9m 时可增加一倍，但不得超过 50 个；仅一侧有纵走道时座位数应减少一半，如图 5-30 所示。

②剧院、电影院、礼堂和体育馆等场所供观众疏散的所有内门、外门、楼梯和走道的各自总宽度，应按表 5-8 规定的指标及公式 5-3 计算确定。

体育馆疏散设施计算疏散总净宽度时，应考虑容量大的观众厅，计算出的需要宽度不应小于根据容量小的观众厅计算出的需要宽度。否则，应采用较大宽度。如：一座容量为 5,400 人的体育馆，按规定指标计算出来的疏散宽度为 54 × 0.43=23.22（m），而一座容量为 5,000 人的体育馆，按规定指标计算出来的疏散宽度则为 50 × 0.50=25（m），在这种情况下就应采用 25m 作为疏散宽度。容量小于 3,000 人的体育馆，其疏散宽度计算方法见表 5-8 中的影剧院。

对于剧场、电影院、礼堂、体育馆等场所，表 5-8 仅适用于独立建造的情况，当附设在其他建筑内时，其疏散楼梯和走道的净宽度指标应执行表 5-6 的规定。

③有等场要求的入场门不应该作为观众厅的疏散门。

④电影院、剧院、礼堂和体育馆等观众厅内疏散走道的宽度按每百人 0.6m 的指标计算，这一宽

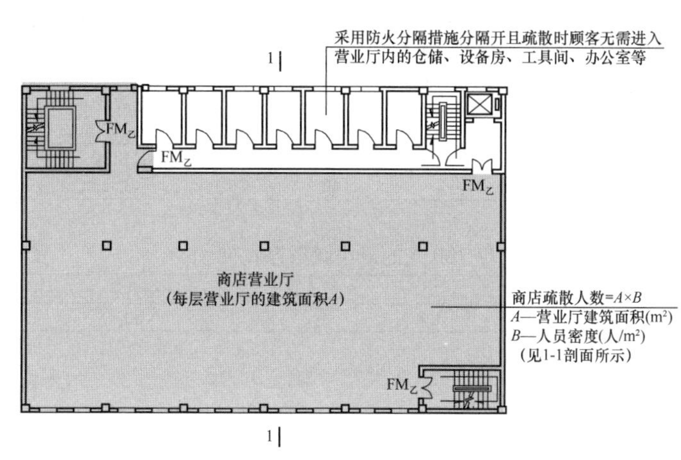

［注释］建筑面积 A 包括营业厅内展示货架、柜台、走道等顾客参与购物的场所，以及营业厅内的卫生间、楼梯间、自动扶梯等的建筑面积。对于采用防火分隔措施分隔开且疏散时顾客无需进入营业厅内的仓储、设备房、工具间、办公室等可不计入该建筑面积。

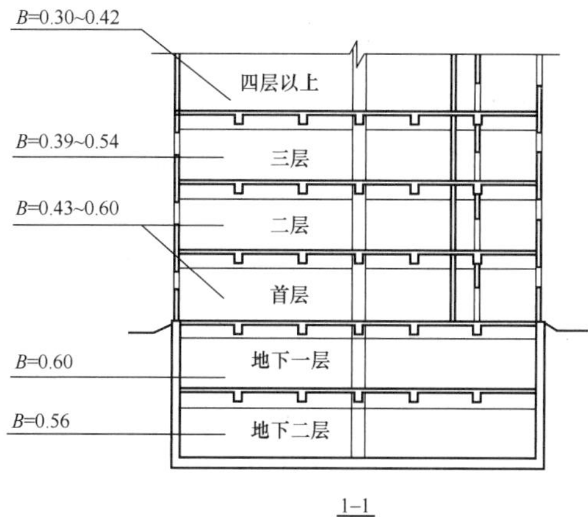

［注释］

1. 据表 5-7 确定人员密度值（B）时，应考虑商店的建筑规模，当建筑规模较小（比如营业厅的建筑面积小于 5,000m²）时宜取上限值，当建筑规模大于 20,000m² 时，可取下限值，在二者之间，可按线性插值法取值。

2. 对于建材商店、家具和灯饰展示建筑，可按 B 的 30% 确定。但当一座商店建筑内设置有多种商业用途时，考虑到不同用途区域可能会随经营状况或经营者的变化而变化，尽管部分区域可能用于家具、建材经销等类似用途，但人员密度仍需要按照该建筑的主要商业用途来确定，不能再按照上述方法折减。

图 5-29　商店营业厅疏散人数计算方法示意图

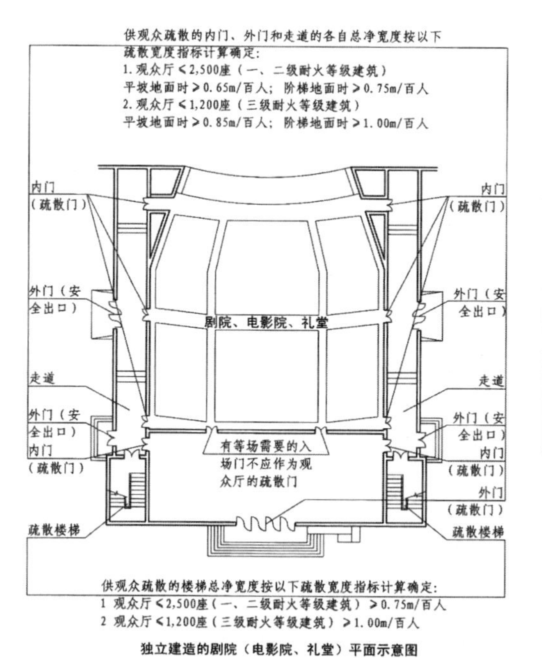

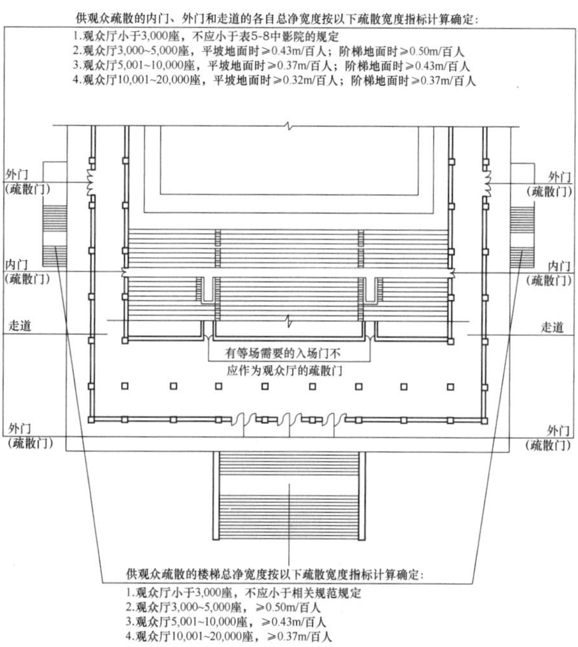

图 5-30　厅、室座位布置要求

高层公共建筑内楼梯间的首层疏散门、首层疏散外门、疏散走道和疏散楼梯的最小净宽度（m） 表 5-9

建筑类别	楼梯间的首层疏散门、首层疏散外门	走道		疏散楼梯
		单面布房	双面布房	
高层医疗建筑	1.30	1.40	1.50	1.30
其他高层公共建筑	1.20	1.30	1.40	1.20

厂房疏散楼梯、走道和门的每 100 人的最小疏散净宽度 表 5-10

厂房层数	1~2	3	≥ 4
最小疏散净宽度（m ／百人）	0.6	0.8	1.00

度基本上是按下式计算：

$$B_{总}=b_1+b_2+\cdots+b_i+\cdots+b_n$$
$$=\frac{N_{总}}{100}\times b\ (\mathrm{m}) \quad (5\text{-}5)$$

式中 b 是大型公共建筑疏散宽度指标，b_i 是各个走道的宽度。

在进行观众厅疏散走道布置时，应注意中间走道的最小宽度不得小于 1.1m，约是两股人流的宽度，边走道应尽量宽一些。因为无论正常使用的散场时，还是发生事故时，人员大量拥向两侧的安全出口，所以边走道宽一些，通行能力就会大大提高。

（3）疏散设施的最小净宽度

一般地，公共建筑内疏散门和安全出口的净宽度不应小于 0.8m，疏散走道和疏散楼梯不应小于 1.1m。

高层公共建筑内楼梯间的首层疏散门、首层疏散外门、疏散走道和疏散楼梯的最小净宽度不应小于表 5-9 的规定，如图 5-31 所示。

（4）厂房的疏散宽度

工业厂房的疏散楼梯、走道和门的百人宽度指标如表 5-10 所示。计算方法同民用建筑，但疏散楼梯的最小净宽度不宜小于 1.1m，疏散走道的最小净宽度不宜小于 1.4m，门的最小净宽度不宜小于 0.8m。当每层疏散人数不相等时，疏散楼梯的总净宽度应分层计算，下层楼梯总净宽度应按该层及以上疏散人数最多一层的疏散人数计算。

首层外门的总净宽度应按该层以及其以上疏散人数最多一层的疏散人数计算，且该门的最小净宽度不应小于 1.2m，如图 5-32 所示。

2）安全出口的数量

（1）普通公共建筑的安全出口数量

在建筑设计中，应根据使用要求，结合防火安全需要布置门、走道和楼梯。一般要求建筑物都有两个或两个以上的安全出口。

为了保证公共场所的安全，应该有足够数量的安全出口。在正常使用的条件下，疏散是比较有秩序地进行，而紧急疏散时，则由于人们处于惊慌的心理状态下，必然会出现拥挤等许多意想不到的现象。所以平时使用的各种内门、外门、楼梯等，在发生事故时，不一定都能满足安全疏散的要求，这就要求在建筑物中应设置较多的安全出口，保证起火时能够迅速安全疏散，如图 5-33 所示。

（2）剧场、电影院、礼堂和体育馆等大型公共建筑疏散门的数量

剧场、电影院、礼堂和体育馆等大型公共建筑疏散门的数量，当人员密度很大时，即使有两个出口，也是不够的。根据火灾事故统计，通过一个出口的人员过多，常常会发生意外，影响安全疏散。因此对于人员密集的大型公共建筑，为了保证安全疏散，必须控制每个安全出口的人数。剧场、电影院、礼堂和体育馆的观众厅和多功能厅，其疏散门的数量应经计算确定，且不应少于 2 个，并应符合下列规定：

剧场、电影院、礼堂的观众厅和多功能厅，每个疏散门的平均疏散人数不应超过 250 人；当容纳

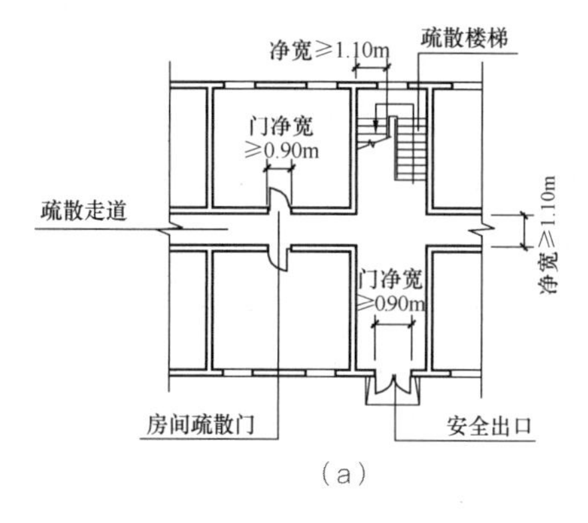

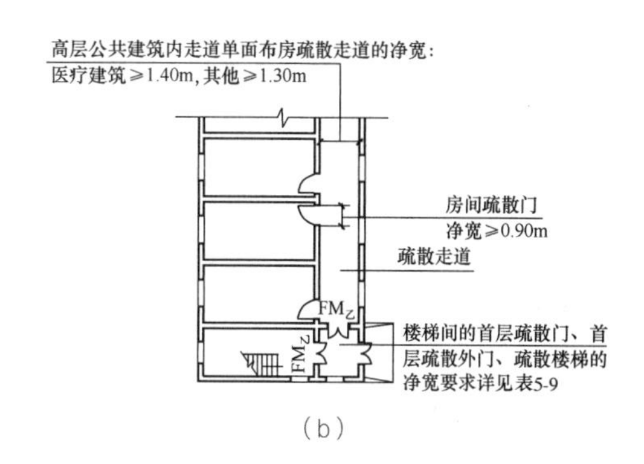

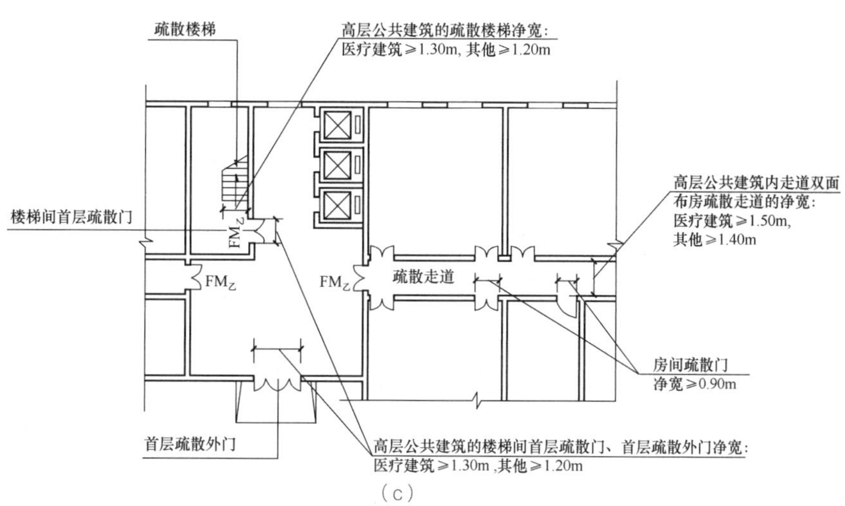

图 5-31 公共建筑内疏散设施的最小净宽度示意图
（a）公共建筑平面示意图；（b）高层公共建筑平面示意图 1；（c）高层公共建筑平面示意图 2

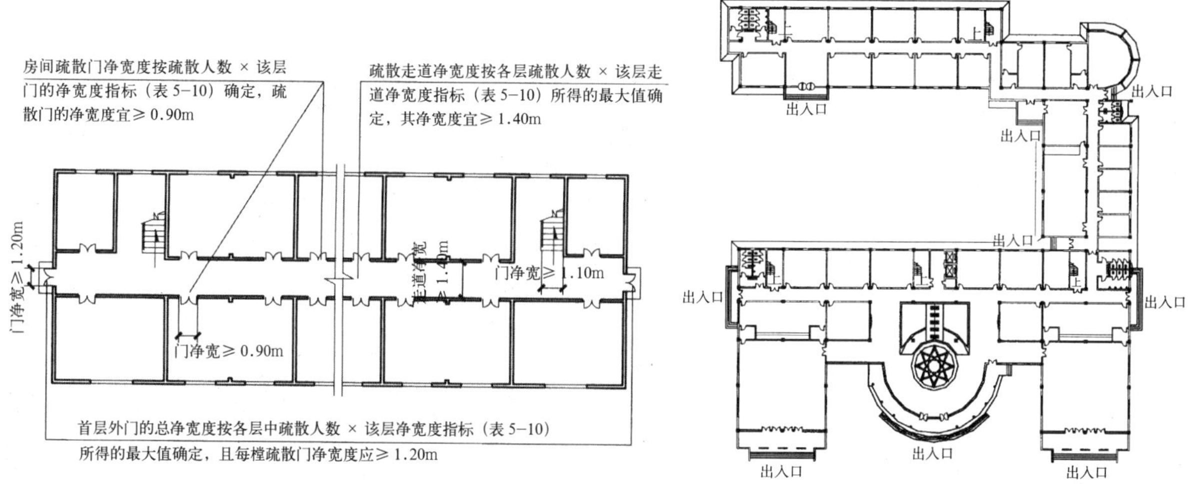

图 5-32 厂房疏散设施宽度示意图

图 5-33 设置足够的安全出口

人数超过 2,000 人时，其超过 2,000 人的部分，每个疏散门的平均疏散人数不应超过 400 人，如图 5-34 所示。

体育馆的观众厅，每个疏散门的平均疏散人数不宜超过 400 ~ 700 人，如图 5-35 所示。

（3）公共建筑设置一个安全出口的条件

①公共建筑内每个防火分区或一个防火分区的每个楼层，其安全出口的数量应经计算确定，且不应少于 2 个，如图 5-36 所示。设置 1 个安全出口或 1 部疏散楼梯的公共建筑应符合下列条件之一：

a. 除托儿所、幼儿园外，建筑面积不大于 200m² 且人数不超过 50 人的单层公共建筑或多层公共建筑的首层，如图 5-37 所示。

b. 除医疗建筑，老年人照料设施，托儿所、幼儿园的儿童用房，儿童游乐厅等儿童活动场所和歌舞娱乐放映游艺场所等外，符合表 5-11 规定的公共建筑，如图 5-38 所示。

②设置不少于 2 部疏散楼梯的一、二级耐火等级多层公共建筑，如顶部局部升高，当高出部分的层数不超过 2 层、人数之和不超过 50 人且每层建筑面积不大于 200m² 时，高出部分可设置 1 部疏散楼梯，但至少应另外设置 1 个直通主体建筑上人平屋面的安全出口，且上人屋面应符合人员安全疏散的要求，如图 5-39 所示。

③一、二级耐火等级公共建筑内的安全出口全部直通室外确有困难的防火分区，可利用通向相邻防火分区的甲级防火门作为安全出口，但应符合下列要求：

利用通向相邻防火分区的甲级防火门作为安全出口，应采用防火墙与相邻防火分区进行分隔。

建筑面积大于 1,000m² 的防火分区，直通室外的安全出口不应少于 2 个；建筑面积不大于 1,000m² 的防火分区，直通室外的安全出口不应少于 1 个，如图 5-40 所示。

该防火分区通向相邻防火分区的疏散净宽度不应大于表 5-6 规定计算所需总净宽度的 30%，建筑各层直通室外的安全出口总净宽度不应小于表 5-6 规定的安全出口总净宽度。

可设置 1 部疏散楼梯的公共建筑　　表 5-11

耐火等级	最多层数	每层最大建筑面积（m²）	人数
一、二级	3 层	200	第二、三层的人数之和不超过 50 人
三级	3 层	200	第二、三层的人数之和不超过 25 人
四级	2 层	200	第二层人数不超过 15 人

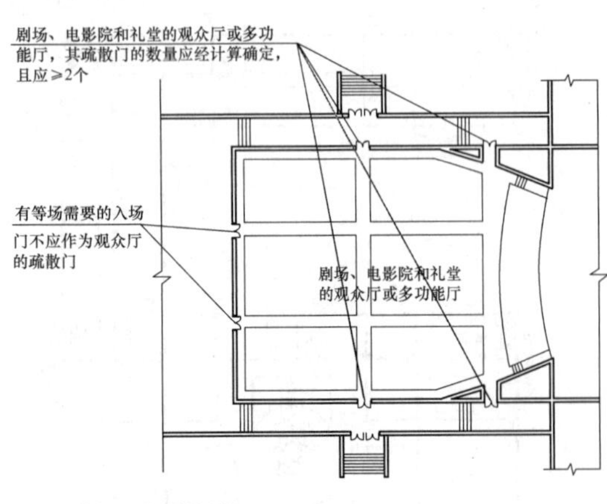

[注释]疏散门数量计算举例：
当观众厅容纳人数$x \leqslant 2,000$（人），疏散门数量$n \geqslant x/250$。
当观众厅容纳人数$x > 2,000$（人），疏散门数量$n \geqslant 2,000/250+(x-2,000)/400$。

图 5-34　剧场、电影院、礼堂的观众厅和多功能厅疏散门数量的计算

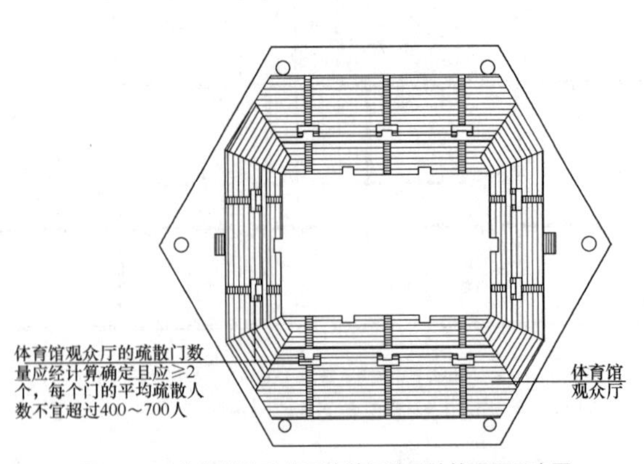

图 5-35　体育馆的观众厅疏散门数量计算平面示意图

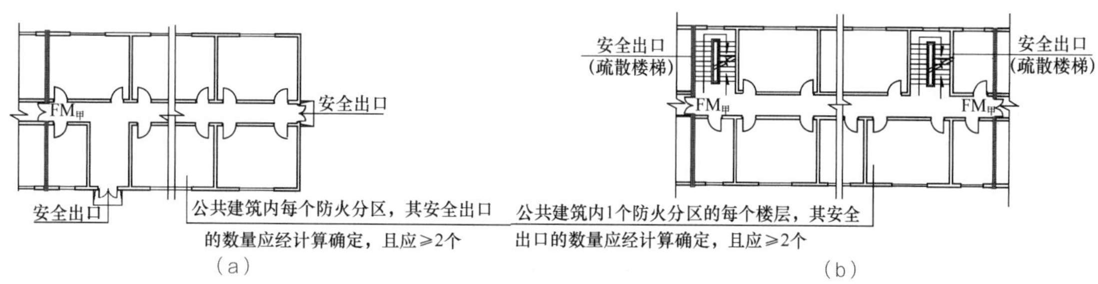

图 5-36　每个防火分区或一个防火分区的每个楼层的安全出口的数量

（a）首层平面示意图；（b）标准层平面示意图

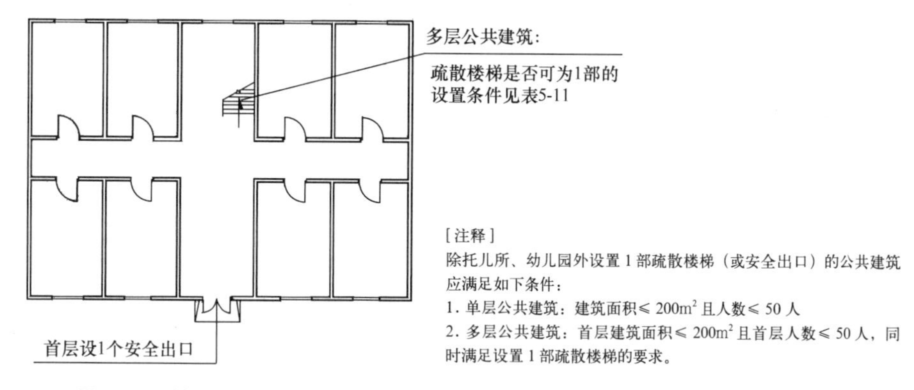

图 5-37　除托儿所、幼儿园外的单层公共建筑或多层公共建筑的首层设置一个安全出口的条件

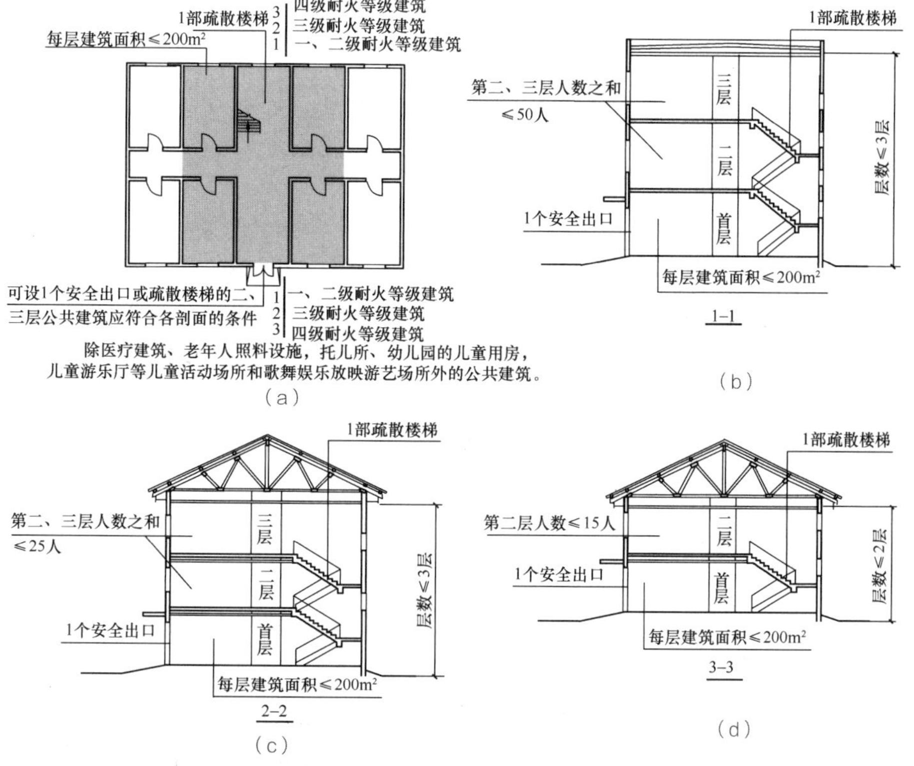

图 5-38　可设置 1 部疏散楼梯的公共建筑

（a）首层平面示意图；（b）一、二级耐火等级建筑；（c）三级耐火等级建筑；（d）四级耐火等级建筑

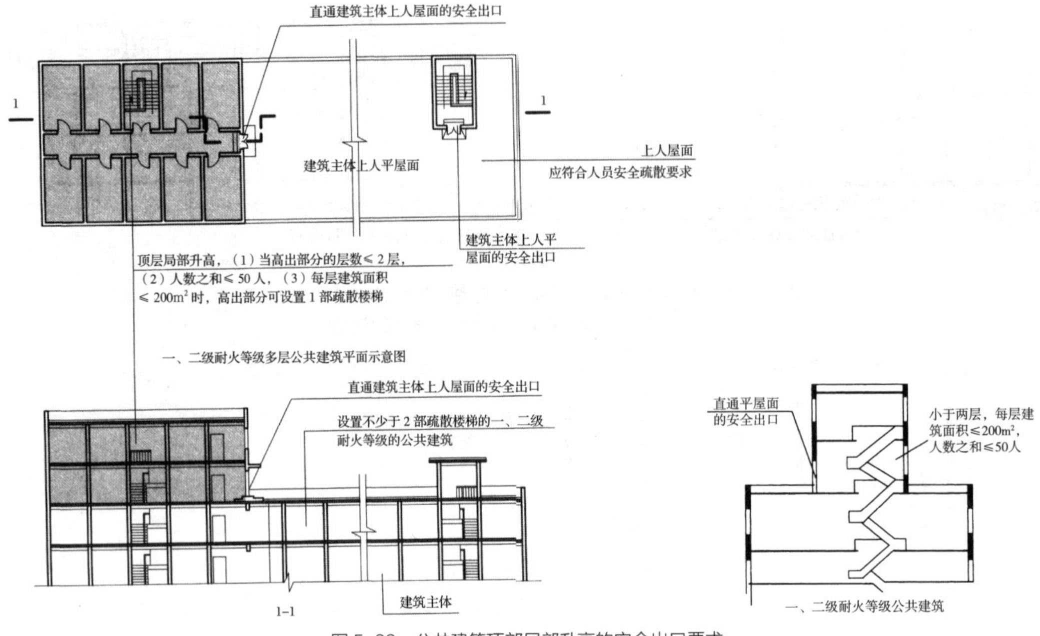

图 5-39 公共建筑顶部局部升高的安全出口要求

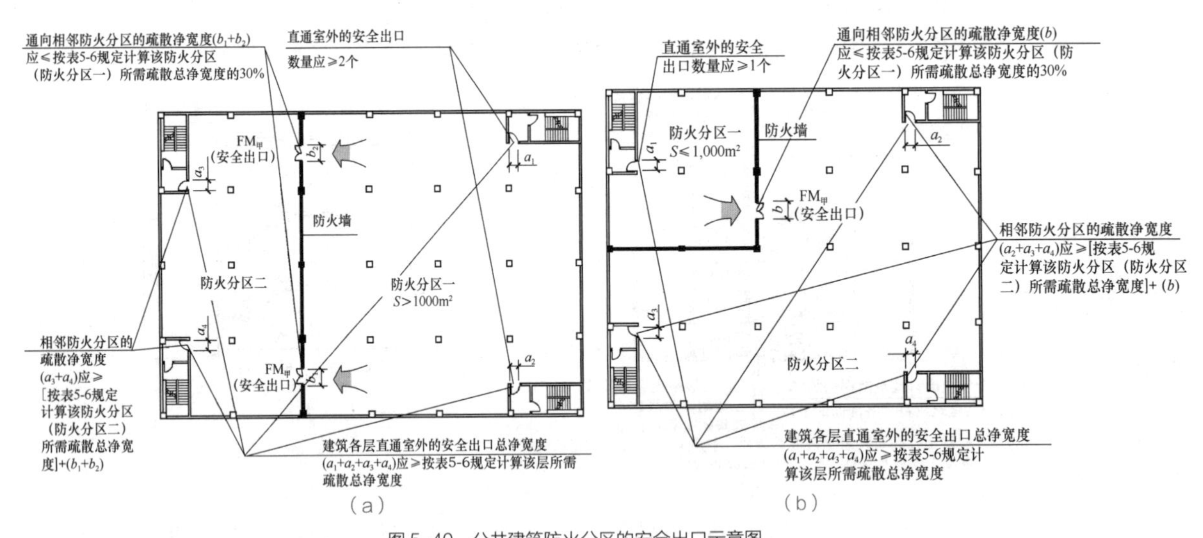

（a） （b）

图 5-40 公共建筑防火分区的安全出口示意图

（a）一、二级耐火等级公共建筑平面示意图；（b）一、二级耐火等级公共建筑平面示意图

④除歌舞娱乐放映游艺场所外，防火分区建筑面积不大于 200m^2 的地下或半地下设备间、防火分区建筑面积不大于 50m^2，且经常停留人数不超过 15 人的其他地下或半地下建筑（室），可设置 1 个安全出口或 1 部疏散楼梯，如图 5-41 所示。

（4）住宅建筑设置安全出口的数量与条件

①建筑高度不大于 27m，当每个单元任一层的建筑面积大于 650m^2 或任一户门至最近安全出口的距离大于 15m 时，每个单元每层的安全出口不应少于 2 个。每个单元可设一部楼梯间的条件如图 5-42

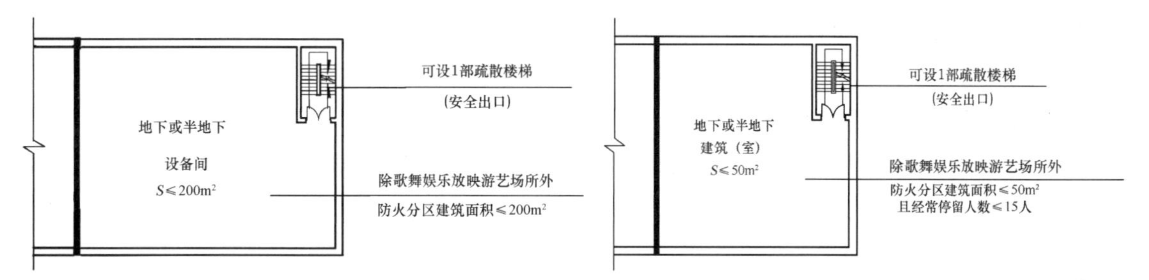

图 5-41 地下半地下设备间、建筑（室）设 1 个安全出口要求

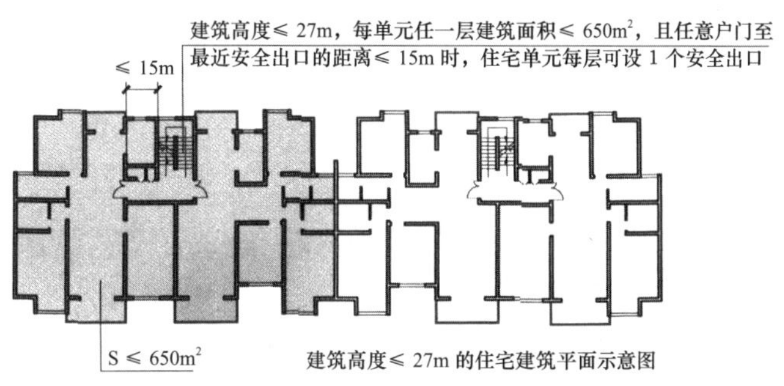

图 5-42 建筑高度≤ 27m 的住宅建筑，每个单元每层设置 1 个安全出口的条件

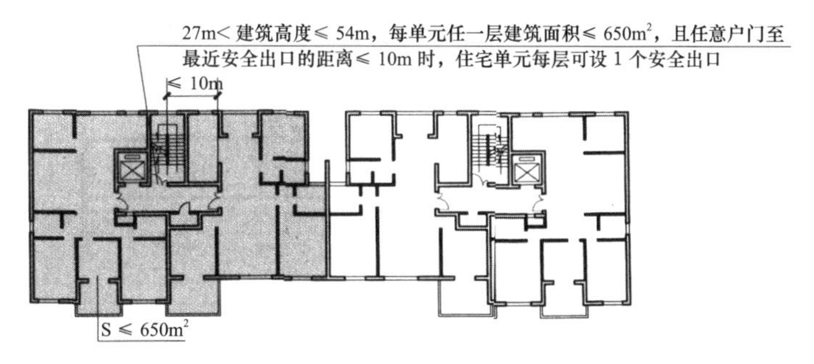

图 5-43 27m< 建筑高度≤ 54m 的住宅建筑，每个单元每层设置 1 个安全出口的条件

所示。

②建筑高度大于 27m、不大于 54m，当每个单元任一层的建筑面积大于 650m² 或任一户门至最近安全出口的距离大于 10m 时，每个单元每层的安全出口不应少于 2 个。

建筑高度大于 27m，但不大于 54m 的住宅建筑，每个单元设置 1 部疏散楼梯时，如图 5-43 所示。且疏散楼梯应通至屋面，且单元之间的疏散楼梯应能够通过屋面连通，户门应用乙级防火门，如图 5-44 所示。当疏散楼梯不能通至屋面，或不能通过屋面连通时，应设置 2 个安全出口。如果仅有一个单元，楼梯间需通至屋面即可。

③建筑高度大于 54m，每个单元每层的安全出口不应少于 2 个，如图 5-45 所示。

④当 27m < 建筑高度≤ 54m 的住宅建筑和建筑高度 > 54m 的住宅建筑拼合时，各单元的楼梯数量应根据各单元的建筑高度分别确定：建筑高度大于 54m 的建筑，每个单元每层的安全出口不应少于 2 个；建筑高度≤ 54m 的建筑，当每个单元设置一座疏散楼梯时，疏散楼梯应通至屋面。住

宅建筑单元之间的墙应采用防火隔墙，如图 5-46 所示。

（5）可以设置一个疏散门的房间

公共建筑内房间的疏散门数量应经计算确定且不应少于 2 个。除托儿所、幼儿园、老年人建筑、医疗建筑、教学建筑内位于走道尽端的房间外，符合下列条件之一的房间可设置 1 个疏散门：

①位于两个安全出口之间或袋形走道两侧的房间，对于托儿所、幼儿园、老年人建筑，建筑面积不大于 50m²；对于医疗建筑、教学建筑，建筑面积不大于 75m²；对于其他建筑或场所，建筑面积不大于 120m²，如图 5-47 所示。

②位于走道尽端的房间，建筑面积小于 50m² 且疏散门的净宽度不小于 0.80m，或由房间内任一点至疏散门的直线距离不大于 15m、建筑面积不大于 200m² 且疏散门的净宽度不小于 1.40m，如图 5-47 所示。

③歌舞娱乐放映游艺场所内建筑面积不大于 50m² 且经常停留人数不超过 15 人的厅、室，如图 5-48 所示。

④除歌舞娱乐放映游艺场所外，防火分区建筑面积不大于 200m² 的地下或半地下设备间、防火分区建筑面积不大于 50m² 且经常停留人数不超过 15 人的其他地下或半地下建筑（室），可设置 1 个疏散门，如图 5-49 所示。

5.3.2 疏散门的构造要求

疏散门应向疏散方向开启，但房间内人数不超过 60 人，且每樘门的平均通行人数不超过 30 人时，

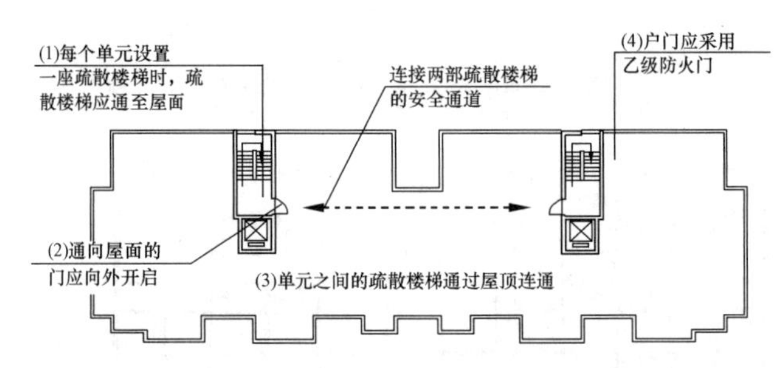

图 5-44 27m< 建筑高度≤ 54m 的住宅建筑屋顶平面示意图

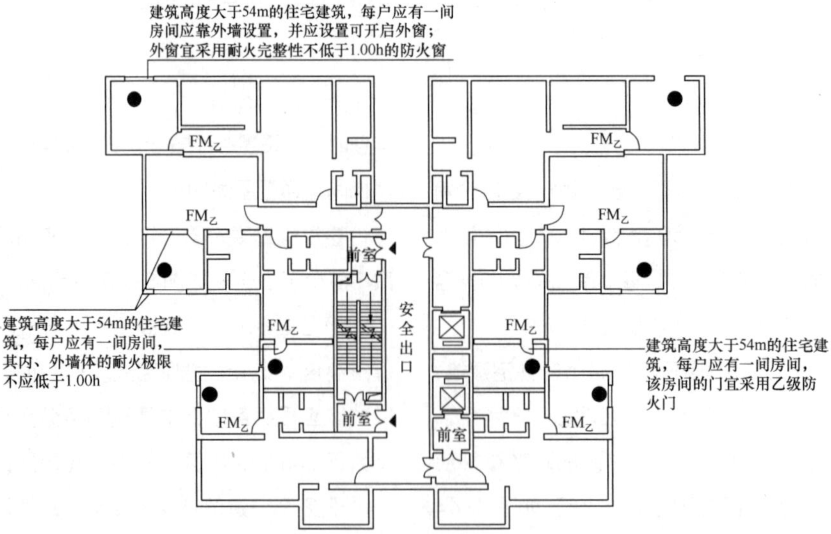

建筑高度大于54m的住宅建筑，每户应有一间房间应靠外墙设置，并应设置可开启外窗；外窗宜采用耐火完整性不低于1.00h的防火窗

建筑高度大于54m的住宅建筑，每户应有一间房间，其内、外墙体的耐火极限不应低于1.00h

建筑高度大于54m的住宅建筑，每户应有一间房间，该房间的门宜采用乙级防火门

图 5-45 建筑高度 >54m 的住宅建筑，每个单元每层设置 2 个安全出口示意图

门的开启方向可以不限。疏散门不应采用转门。

为了便于疏散，人员密集的公共场所观众厅的入场门、太平门等，不应设置门槛，其净宽度不应小于 1.4m，且紧靠门口内外各 1.4m 范围内不应设置台阶踏步，以防摔倒、伤人，如图 5-50 所示。人员密集的公共场所的疏散楼梯、太平门，应在室内设置明显的标志和事故照明。人员密集的公共场所的室外疏散通道的净宽度不应小于疏散走道总宽度的要求，且不应小于 3m，并应直通宽敞地带，如图 5-51 所示。

高层建筑直通室外的安全出口上方，应设置挑出宽度不小于 1m 的防护挑檐，以防止建筑物上的跌落物伤人，确保火灾时疏散的安全，如图 5-52 所示。

5.3.3 疏散指示标志

疏散指示标志的合理设置，对人员安全疏散具有重要作用，国内外实际应用表明，在疏散走道和主要疏散路线的地面上或者靠近地面的墙上设置发光疏散指示标志，对安全疏散起到很好的作用，可以更有效地帮助人们在浓烟弥漫的情况下，及时识别疏散出口位置和方向，迅速沿发光疏散指示标志顺利疏散，避免造成伤亡事故。为此，需以包括电致发光型（如灯光型、电子显示型等）和光致发光型（如蓄光自发光型）作为发光疏散标志。这些疏散指示标志适用于歌舞娱乐放映游艺场所和地下大空间场所，作为辅助疏散指示标志使用，如图 5-53 所示。

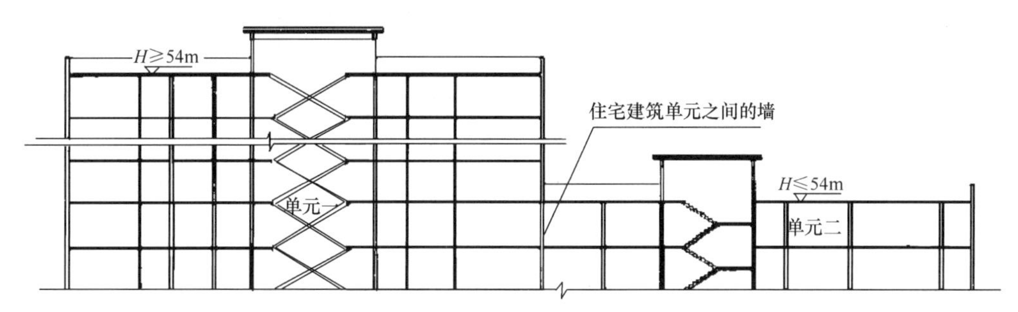

图 5-46 27m ＜建筑高度≤ 54m 的住宅建筑和建筑高度＞ 54m 的住宅建筑拼合时技术要求示意图

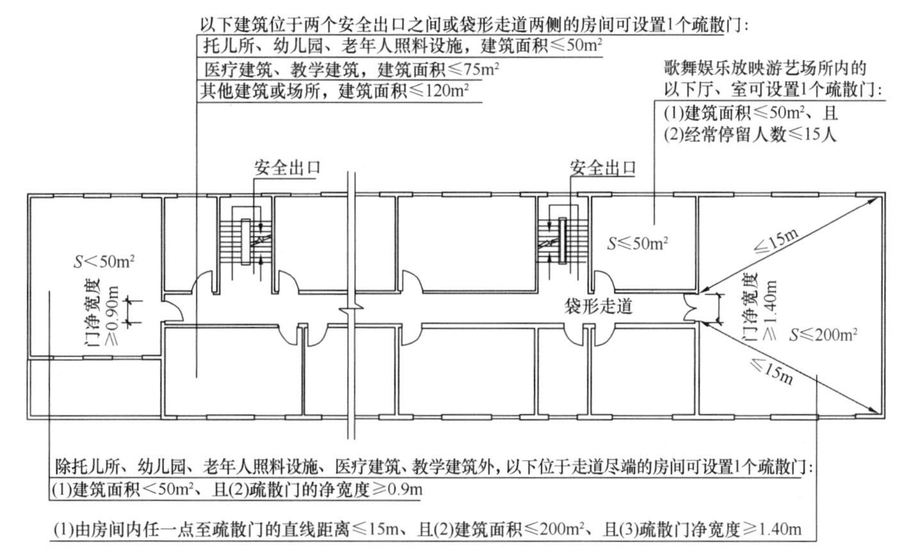

图 5-47 设 1 个疏散门的房间要求示意图

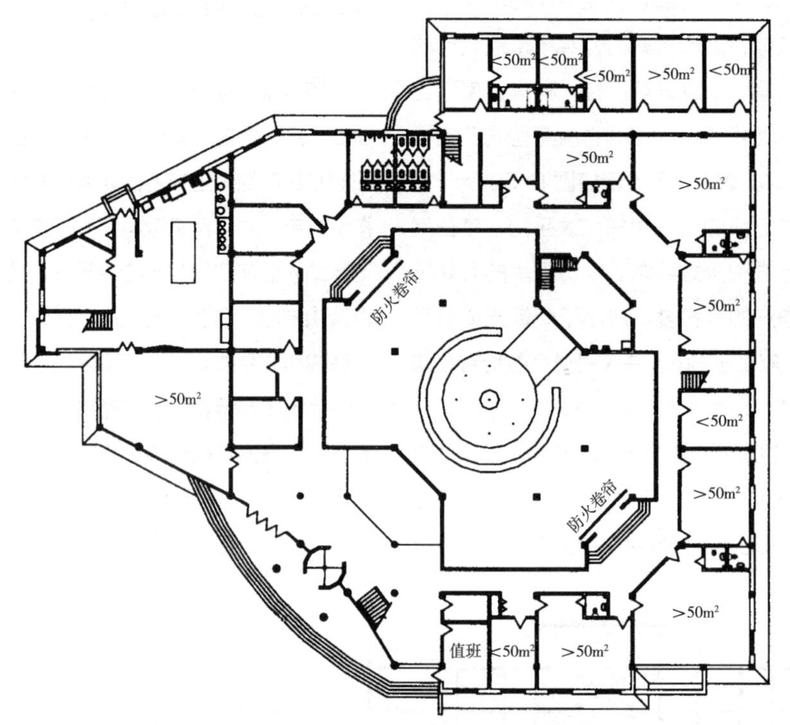

图 5-48 歌舞娱乐放映游艺场所疏散门的数量示意图

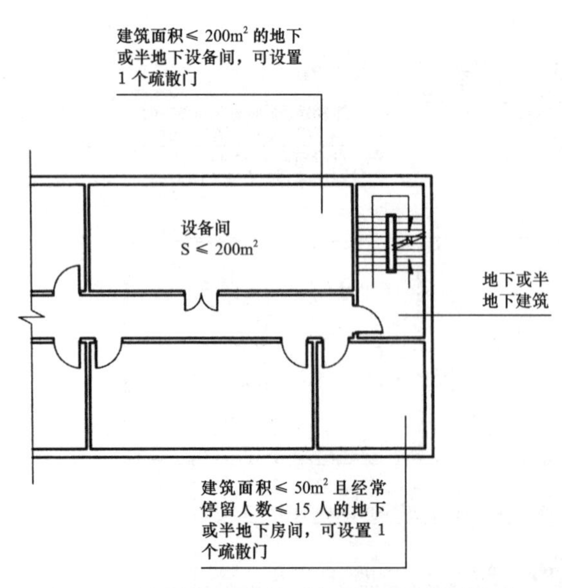

图 5-49 地下半地下设备间、房间设置一个疏散门的条件

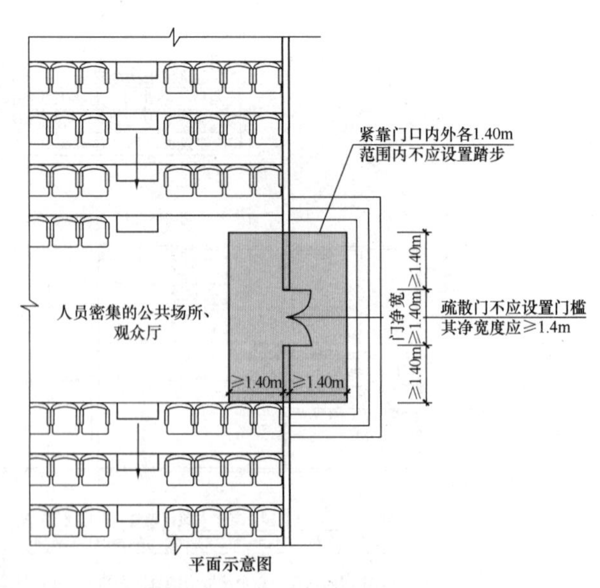

图 5-50 人员密集场所大门的要求

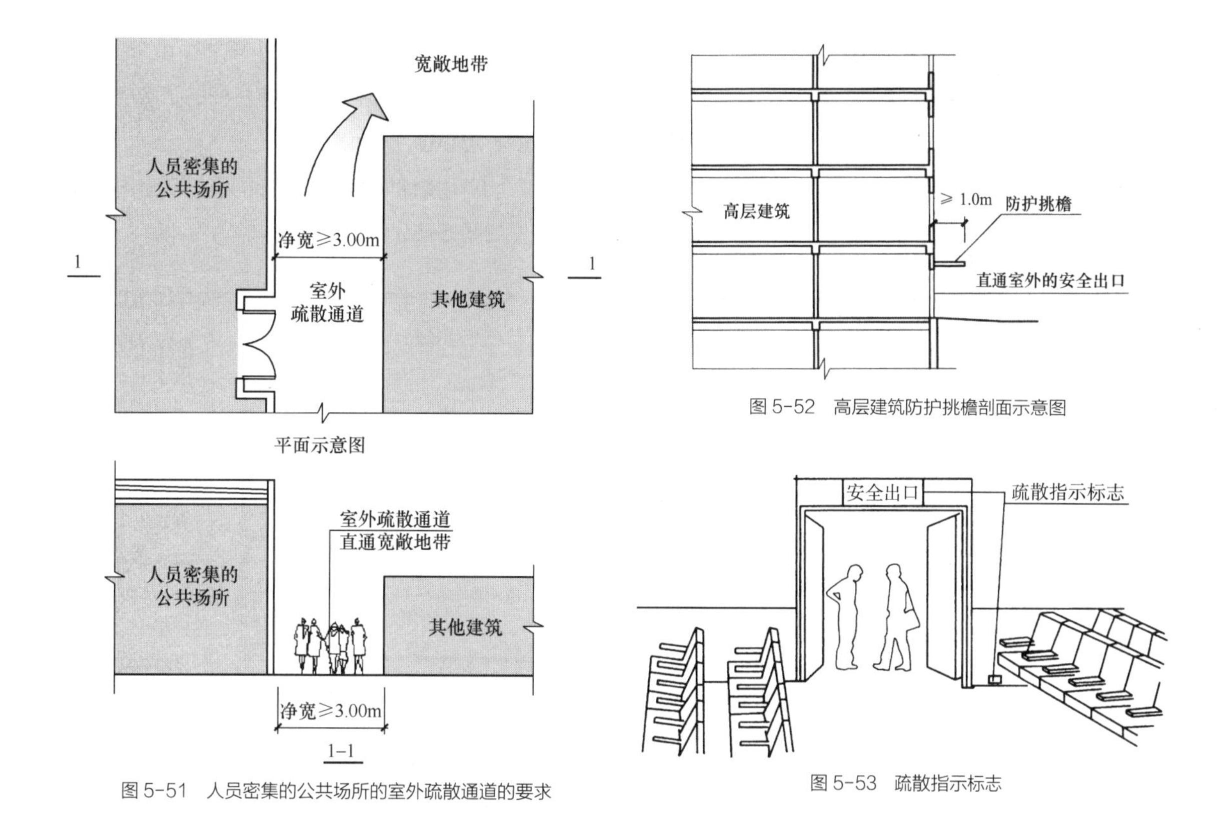

图 5-51 人员密集的公共场所的室外疏散通道的要求

图 5-52 高层建筑防护挑檐剖面示意图

图 5-53 疏散指示标志

5.4 疏散楼梯

当发生火灾时，普通电梯如未采取有效的防火防烟措施，因供电中断，一般会停止运行。此时，楼梯便成为最主要的垂直疏散设施。它是楼内人员的避难路线，是受伤者或老弱病残人员的救护路线，还可能是消防人员灭火进攻路线，足见其作用之重要。

楼梯间防火性能的优劣，疏散能力的大小，直接影响着人员的生命安全与消防队的扑救工作。普通楼梯间相当于一个大烟囱，火灾时烟火就会拥入其间，造成火灾蔓延，增加人员伤亡，严重妨碍救火。

5.4.1 敞开楼梯间

室内楼梯除楼梯井外，梯段或楼梯平台有临空时，称为敞开楼梯；楼梯均由墙体或门围合，称为封闭楼梯间；当封闭楼梯间与楼层连接处无墙体与门围合称为敞开楼梯间，如图 5-54 所示。

疏散楼梯间的一般规定如下：

（1）楼梯间应能天然采光和自然通风，并宜靠外墙设置。靠外墙设置时，楼梯间、前室及合用前室外墙上的窗口与两侧门、窗、洞口最近边缘的水平距离不应小于 1.0m，如图 5-55 所示。如果没有通风条件，进入楼梯间的烟气不容易排除，疏散人员无法进入；没有直接采光，紧急疏散时，即使是白天，楼梯使用也不方便。

（2）楼梯间内不应设置烧水间，可燃材料储藏室、垃圾道，如图 5-56 所示。

（3）楼梯间内不应有影响疏散的凸出物或其他障碍物，如图 5-57 所示。

（4）楼梯间内不应敷设甲、乙、丙类液体的管道，如图 5-58 所示。

（5）敞开楼梯间内不应设置可燃气体管道，当住宅建筑的敞开楼梯间内确需设置可燃气体管道和可燃气体计量表时，应采用金属管和设置切断气源的阀门。封闭楼梯间、防烟楼梯间及其前室内禁止穿过或设置可燃气体管道，如图 5-59 所示。

（6）疏散楼梯净宽度不应小于 1.1m。建筑高度不大于 18m 的住宅中一边设有栏杆的疏散楼梯，其净宽度不应小于 1.0m。

（7）封闭楼梯间、防烟楼梯间及其前室不应设置卷帘，如图 5-59 所示。

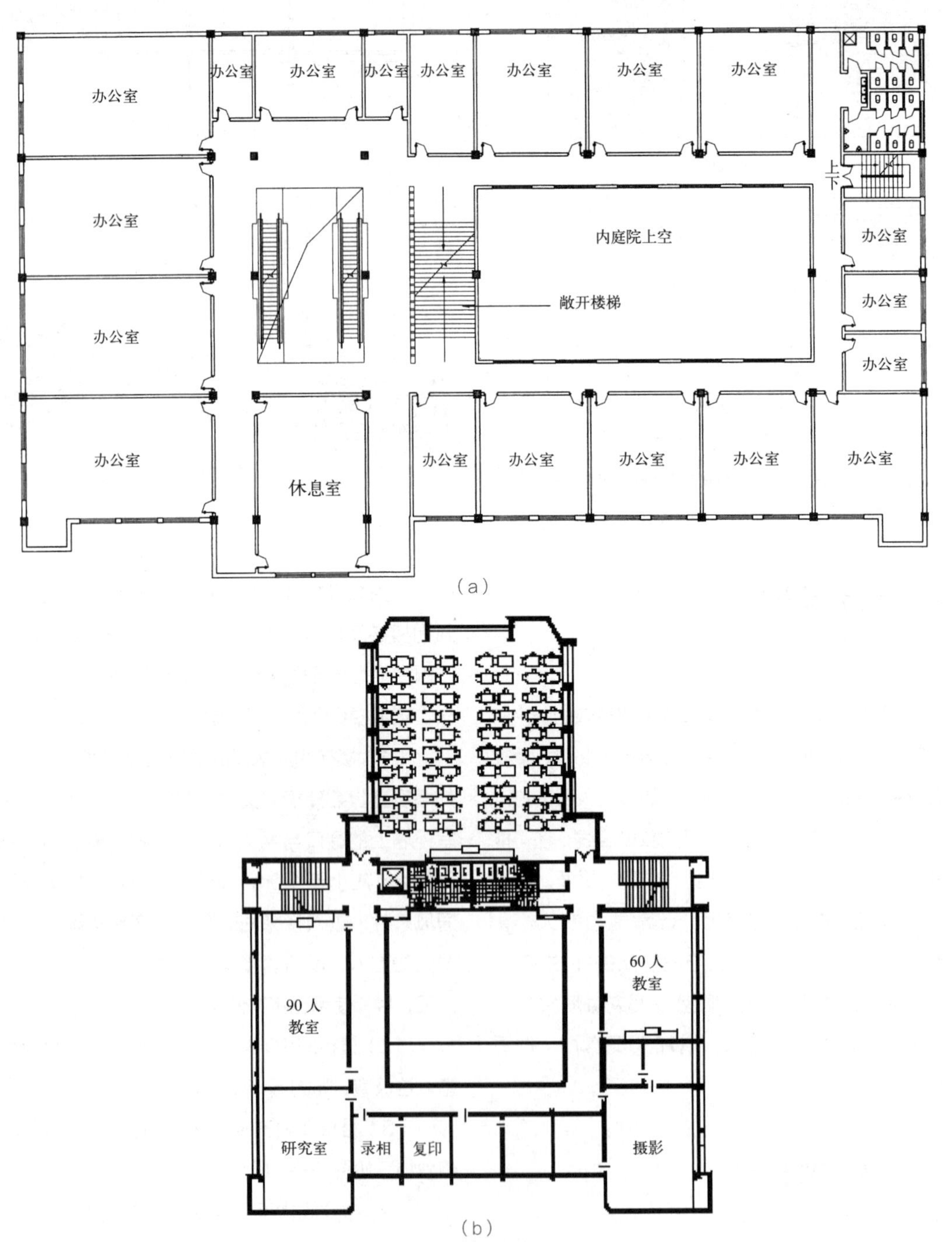

图 5-54 敞开楼梯间的应用

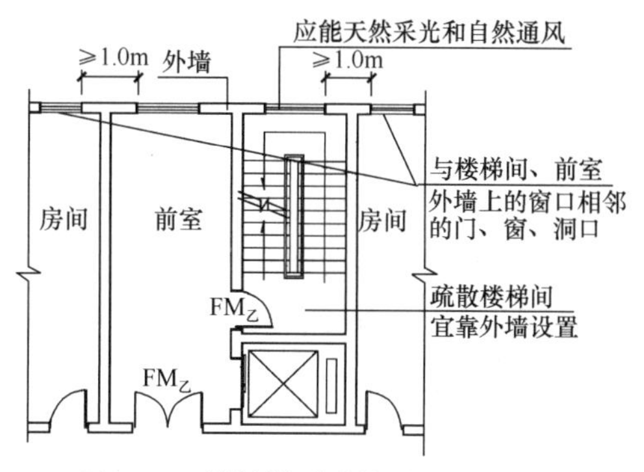

图 5-55　疏散楼梯间靠外墙开外窗平面示意图

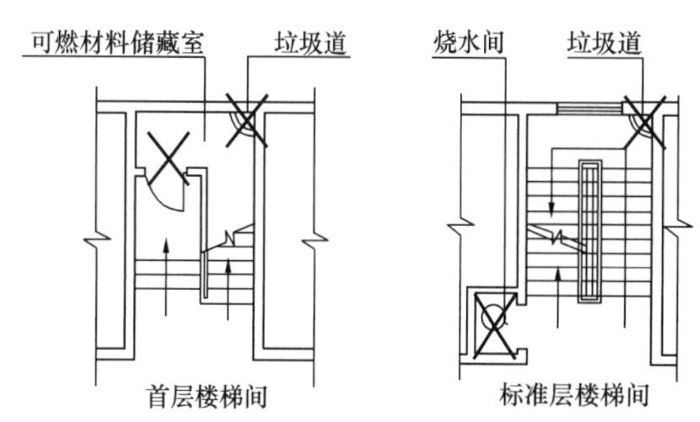

图 5-56　疏散楼梯间内不设垃圾道烧水间可燃材料储藏室示意图

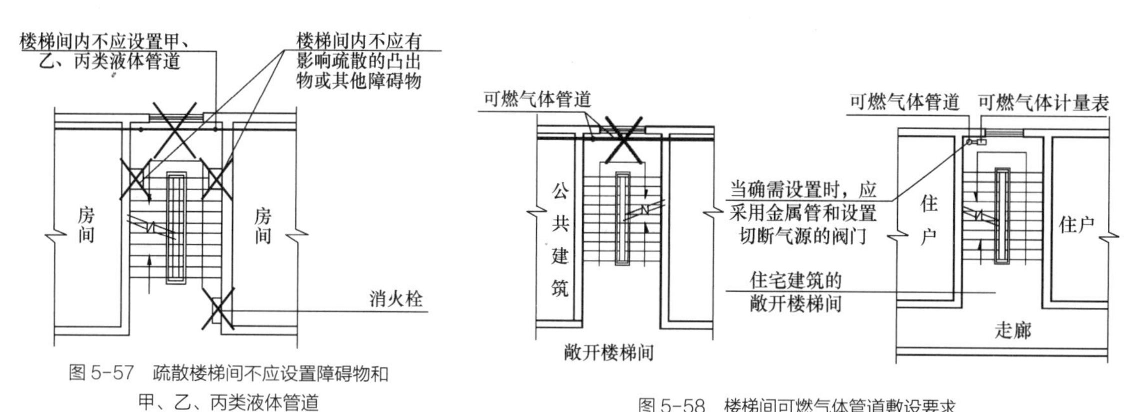

图 5-57　疏散楼梯间不应设置障碍物和甲、乙、丙类液体管道

图 5-58　楼梯间可燃气体管道敷设要求

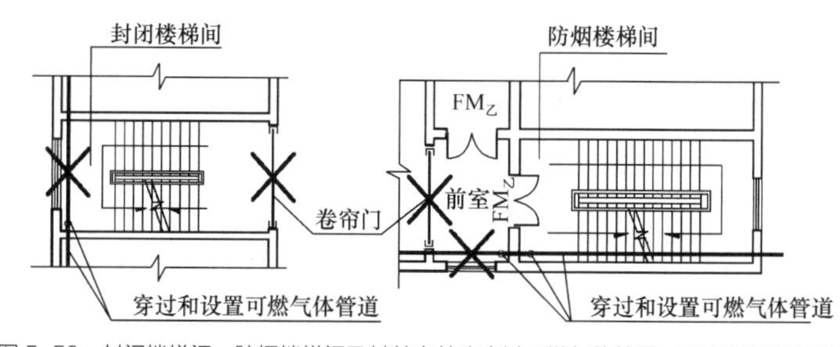

图 5-59　封闭楼梯间、防烟楼梯间及其前室禁止穿过可燃气体管道，不应设置卷帘示意图

5.4.2　封闭楼梯间

根据目前我国经济技术条件和建筑设计的实际情况，当建筑标准不高，而且层数不多时，也可采用不设前室的封闭楼梯间，即用具有一定耐火能力的墙体和门将楼梯与走廊分隔开，使之具有一定的防烟阻火能力，如图 5-60 所示。封闭楼梯间的门有双向开启的弹簧门图 5-60（a）与防火门图 5-60（b）之分。

1）封闭楼梯的设计标准

下列多层公共建筑，除与敞开式外廊直接相连的楼梯间外，应采用封闭楼梯间：

（1）医疗建筑、旅馆及类似使用功能的建筑。

（2）设置歌舞娱乐放映游艺场所的建筑。

（3）商店、图书馆、展览建筑、会议中心及类似使用功能的建筑。

（4）6 层及以上的其他建筑，如图 5-61 所示。

（5）老年人照料设施的疏散楼梯或疏散楼梯间

宜与敞开式外廊直接连通，不能与敞开式外廊直接连通的室内疏散楼梯应采用封闭楼梯间。

高层公共建筑：裙房与建筑高度≤ 32m 的二类高层建筑应采用封闭楼梯间。

居住建筑：建筑高度大于 21m、不大于 33m 的住宅建筑，其疏散楼梯间应采用封闭楼梯间；当户门为乙级防火门时，可采用敞开楼梯间。

工业建筑：高层仓库、高层厂房和甲、乙、丙类多层厂房应设置封闭楼梯间或室外楼梯。

地下建筑：地下≤ 2 层，且地下二层的室内地面与室外出入口地坪高差≤ 10m 时，应设置封闭楼梯间。

2）封闭楼梯间的设计注意问题

（1）当裙房与高层建筑主体之间设置防火墙时，裙房的疏散楼梯间形式可按《建筑设计防火规范》GB 50016—2014（2018 年版）有关单多层建筑的要求确定。当裙房与高层建筑主体之间采用不开设门、窗、洞口的防火墙分隔时，裙房的疏散宽度指标可按本规范有关单、多层建筑的要求确定。

（2）楼梯间的首层可将走道和门厅等包括在楼梯间内，形成扩大的封闭楼梯间，但应采用乙级防火门等措施与其他走道和房间隔开，如图 5-62 所示。

（3）除楼梯间的门之外，楼梯间的内墙上不应开设其他门窗洞口，如图 5-63 所示。

（4）高层厂房（仓库）、人员密集的公共建筑、人员密集的多层丙类厂房设置封闭楼梯间时，通向楼梯间的门应采用乙级防火门，并应向疏散方向开启，如图 5-64 所示。其他建筑封闭楼梯间的门可采用双向弹簧门，如图 5-60（a）所示。

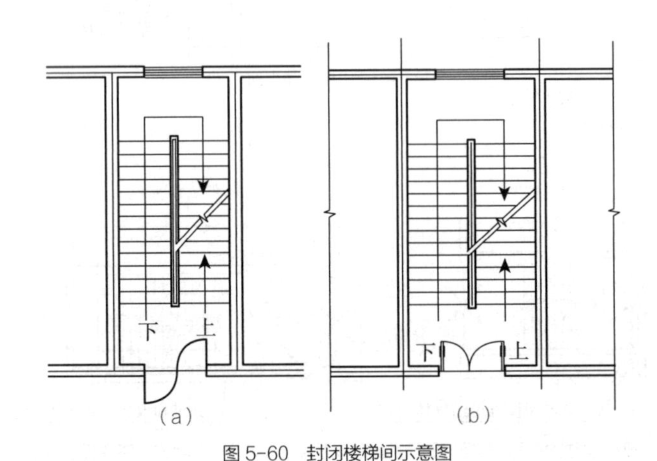

图 5-60　封闭楼梯间示意图

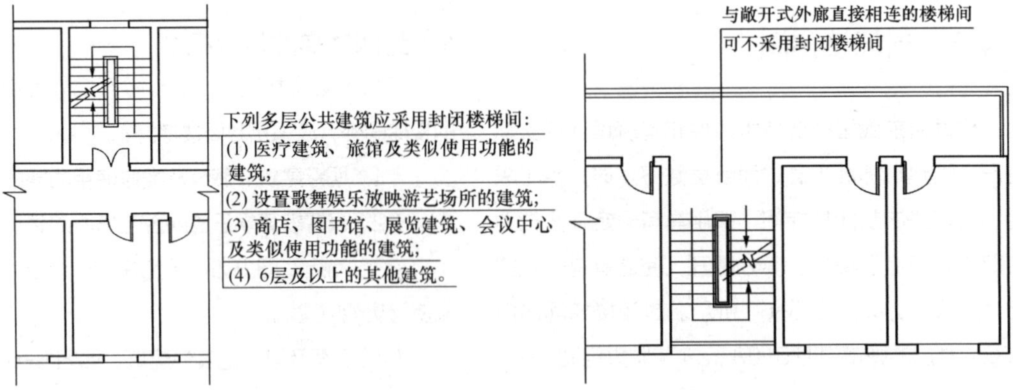

下列多层公共建筑应采用封闭楼梯间：
(1) 医疗建筑、旅馆及类似使用功能的建筑；
(2) 设置歌舞娱乐放映游艺场所的建筑；
(3) 商店、图书馆、展览建筑、会议中心及类似使用功能的建筑；
(4) 6层及以上的其他建筑。

与敞开式外廊直接相连的楼梯间可不采用封闭楼梯间

图 5-61　封闭楼梯间的适用范围

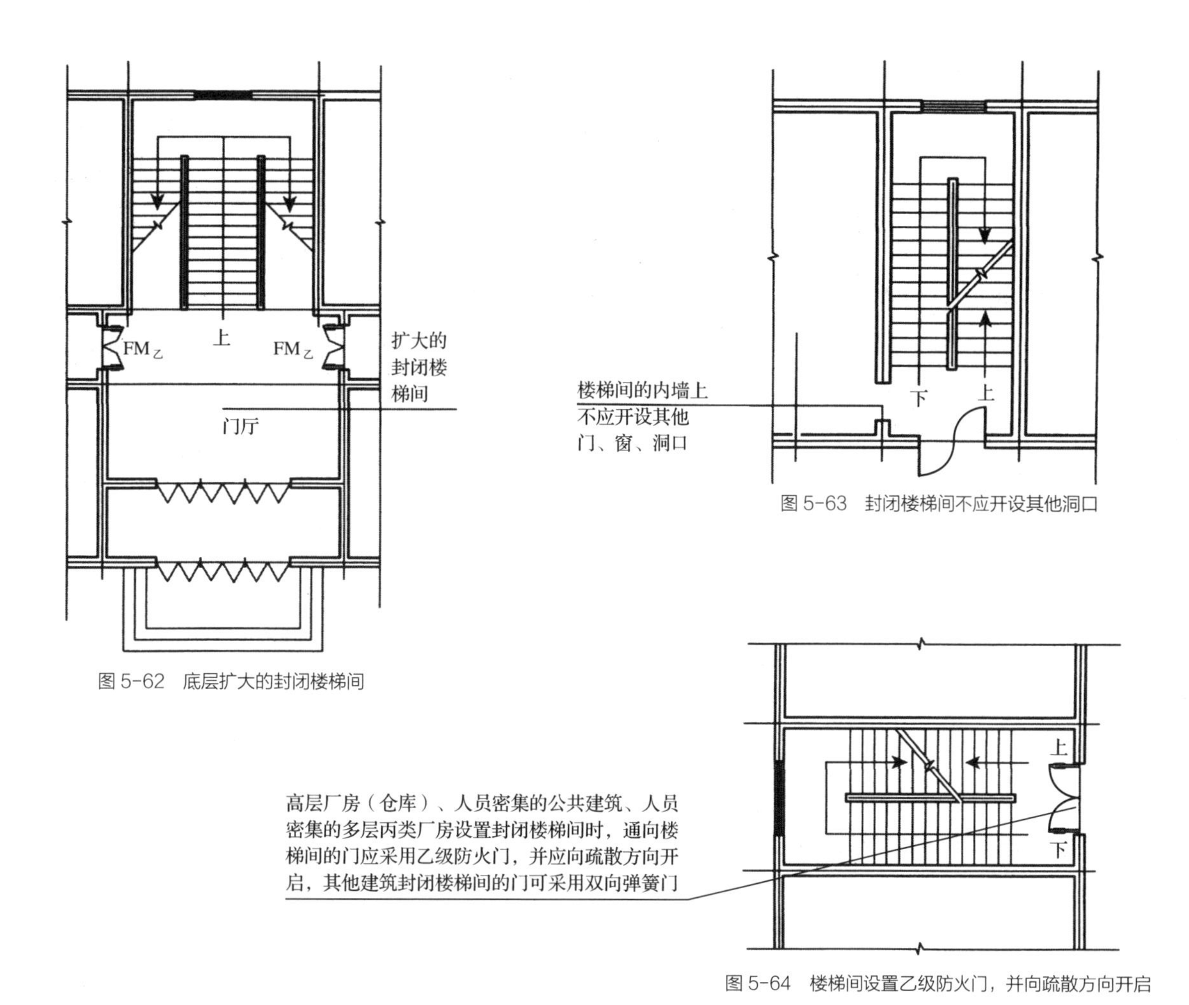

图 5-62 底层扩大的封闭楼梯间

图 5-63 封闭楼梯间不应开设其他洞口

图 5-64 楼梯间设置乙级防火门，并向疏散方向开启

5.4.3 防烟楼梯间

在楼梯间入口之前，设置能阻止火灾时烟气进入的前室，或阳台、凹廊的楼梯间，称为防烟楼梯间。

1）防烟楼梯间的设计标准

在高层建筑中，防烟楼梯间安全度最高。发生火灾时，能够保障所在楼层人员疏散安全，并有效地阻止火灾经楼梯间向起火层以外的其他楼层蔓延。同时也为消防队扑救火灾准备了有利的条件。防烟楼梯间是高层建筑中常用的楼梯形式，根据规范要求，以下几种情况必须设置防烟楼梯间：

（1）一类高层公共建筑和建筑高度大于 32m 的二类高层公共建筑。

（2）建筑高度大于 24m 的老年人照料设施，其室内疏散楼梯应采用防烟楼梯间。建筑高度大于 32m 的老年人照料设施，宜在 32m 以上部分增设能连通老年人居室和公共活动场所的连廊，各层连廊应直接与疏散楼梯、安全出口或室外避难场地连通。

（3）高度大于 33m 的住宅建筑，户门不宜直接开向前室，确有困难时，每层开向同一前室的户门不应大于 3 樘且应采用乙级防火门。

（4）建筑高度大于 32m 且任一层人数超过 10 人的高层厂房。

（5）地下≥ 3 层，或室内地面与室外出入口地坪高差＞ 10m 的地下建筑

2）带开敞前室的防烟楼梯间

这种类型的特点是以阳台或凹廊作为前室，疏散人员须通过开敞的前室和两道防火门才能进入封闭的楼梯间内。其优点是自然风力能将随人流进的烟气迅速排走，同时，转折的路线也使烟很难进入楼梯间，无需再设其他的排烟装置。因此，这是安全性最高的和最为经济的楼梯间。但是，只有当楼梯间能靠外墙时才有可能采用，故有一定的局限性。

（1）利用阳台做开敞前室。如图 5-65 所示，是以阳台作为开敞前室的防烟楼梯间，人流通过阳台才能进入楼梯间，烟气经此扩散到大气中，所以防烟、排烟的效果很好。

（2）利用凹廊做开敞前室。如图 5-66 所示，是凹廊作为开敞前室的例子。除了自然排烟效果好之外，在平面布置上也有特点，如将疏散楼梯与电梯厅配合布置，使经常用的流线和火灾时疏散路线结合起来。

3）带封闭前室的防烟楼梯间

这种类型的特点是人员须通过封闭的前室和两道防火门，才能到达楼梯间内，与前一种类型相比，其主要优点是，可靠外墙布置，亦可放在建筑物核心筒内部。平面布置十分灵活，且形式多样，主要缺点是防排烟比较困难；位于内部的前室和楼梯间须设机械防烟设施，设备复杂和经济性差，而且效果得不到完全保证。当靠外墙时可利用窗口自然排烟。

（1）利用自然排烟的防烟楼梯间

设于走廊的两种防烟楼梯间，一是设在高层建筑的走廊端部的防烟楼梯间；二是设在走廊中间的防烟楼梯间，如图 5-67 所示。后者，在平面布置时，宜设靠外墙的防烟前室，并在外墙上设有开启面积不小于 $2m^2$ 的窗户。这是高层建筑中使用比较普遍的、利用自然条件的防烟楼梯间。这种楼梯间的工作条件是，保证由走道进入前室和由前室进入楼梯间的门必须是乙级防火门。平时及火灾时乙级防火门处于关闭状态，前室外墙上的窗户，平时可以是关闭状态，但发生火灾时窗户应全部开启。

（2）采用机械防烟的楼梯间

高层建筑高度越来越大，为满足抗风，抗震的需求，筒体结构得到了广泛的应用。例如上海 420m 的金茂大厦，就是采用筒体结构体系。筒体结构的建筑采用中心核式布置。由于其楼梯位于建筑物的内核，因而只能采用机械加压防烟楼梯间，如图 5-68 所示。加压方式有仅给楼梯间加压（图 5-68a）和分别对楼梯间和前室加压（图 5-68b）以及仅对前室加压（图 5-68c）等不同的方式，应根据实际情况选用。楼梯间加压应保持正压 40~50Pa，并利用气压的渗漏对前室间接加压，使之高于走道的压力；当采用楼梯间与前室分别加压并共用同一竖井时，应采用压差自动调节设施，使得楼梯间与前室相对走道分别保持 40~50Pa 和 25~30Pa 的压力。

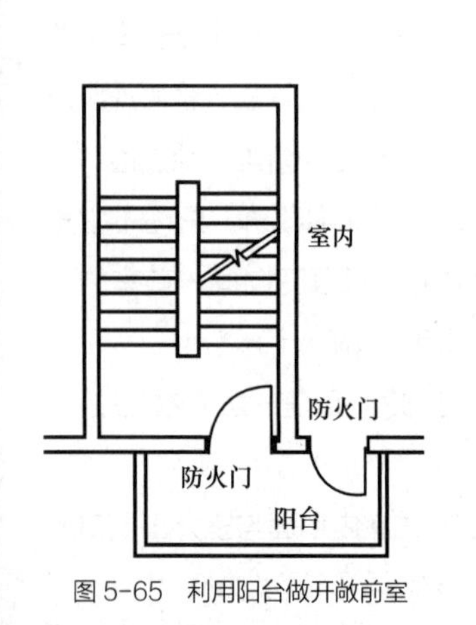

图 5-65　利用阳台做开敞前室

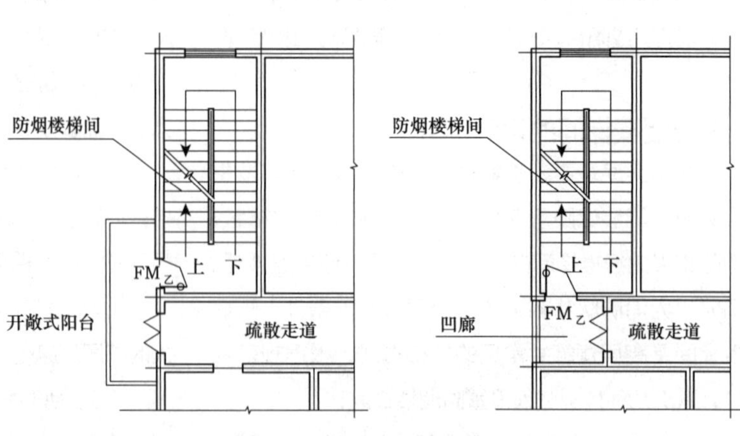

图 5-66　利用凹廊做开敞前室

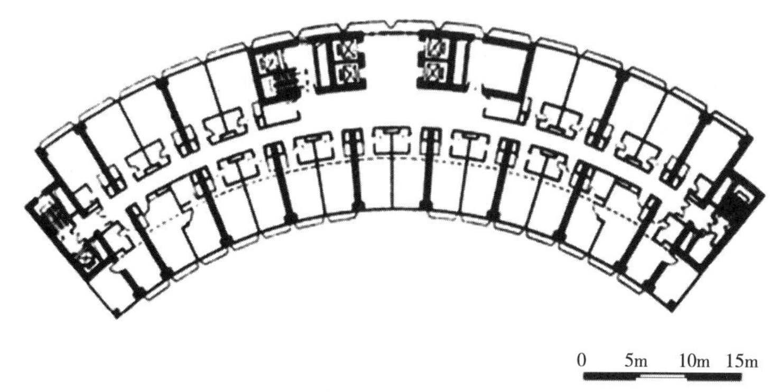

图 5-67 靠外墙的防烟楼梯间平面示意

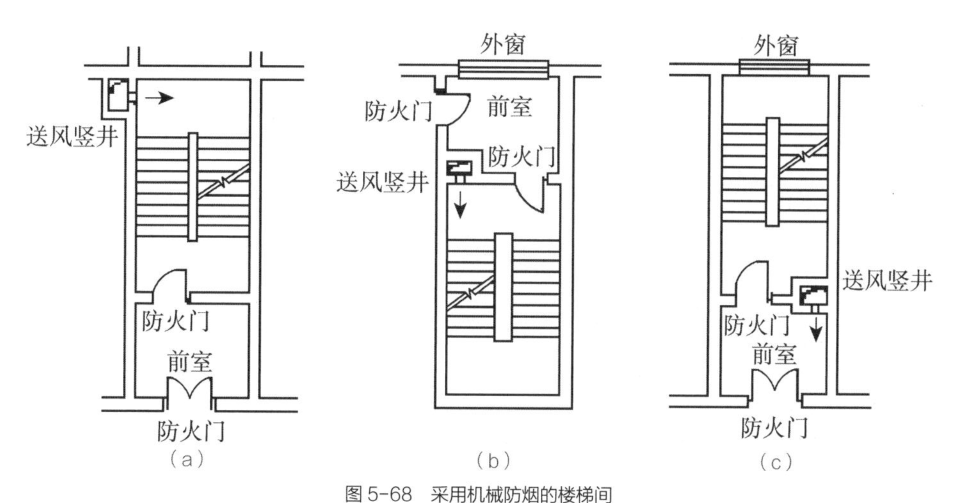

图 5-68 采用机械防烟的楼梯间
（a）仅给楼梯间加压；（b）楼梯间和前室加压；（c）仅对前室加压

5.4.4 剪刀楼梯间

剪刀楼梯，又称为叠合楼梯或套梯。它是在同一楼梯间设置一对相互重叠，又相互分隔的两座楼梯，剪刀楼梯在每层楼之间的梯段一般为单跑梯段。

剪刀楼梯是在同一楼梯间里设置了两座楼梯，形成两条垂直方向的疏散通道。因此，在平面设计中可利用较狭窄的空间，节约使用面积。正因为如此，剪刀楼梯在国内外高层建筑中得到了广泛的应用，如图 5-69 所示为剪刀楼梯示意图。

1）剪刀楼梯间特点

剪刀楼梯既可以节省使用面积，又能保障安全疏散。对于塔式住宅和塔式公共建筑采用剪刀楼梯，在设计中应符合下述要求：

（1）剪刀楼梯是垂直方向的两条疏散通道，两梯段之间如没有分隔，则两条通道是处在同一空间内的。一旦楼梯间的一个出入口进烟，就会使整个楼梯间充满烟雾。为了防止这种情况的发生，在两个楼梯段之间设分隔墙，使两条疏散通道成为相互隔绝的独立空间，即使有一个楼梯进烟，还能保证另一个楼梯无烟，以提高剪刀楼梯的疏散可靠性。

（2）剪刀楼梯是高层住宅（尤其是塔式高层住宅）设计中，常采用的较为经济、合理的处理手法，既满足了使用功能要求，又可减少公摊面积。采用了剪刀楼梯的高层住宅户门、主楼梯间的门一般开向共同使用的短过道内，使过道具有扩大前室的功能。其具体的防火措施是：开向前室的门均为乙级防火门；分隔前室的墙体为≥ 2.00h 的不燃烧墙体，楼板为≥ 1.50h 的不燃烧体楼板。

（3）剪刀楼梯必须是防烟楼梯间。对于公共建筑，当采用剪刀楼梯时，其前室应分别独立设置。对于住宅建筑，如仅设一个共用前室，则两个楼梯间和前室应分别独立设加压送风系统。就是说，当剪刀楼梯的两个入口合用一个防烟前室时，有 3 个风机和独立的加压送风系统。在发生火灾的情况下，使前室有足够的风量阻挡烟气的进入，以保障疏散人员的安全。

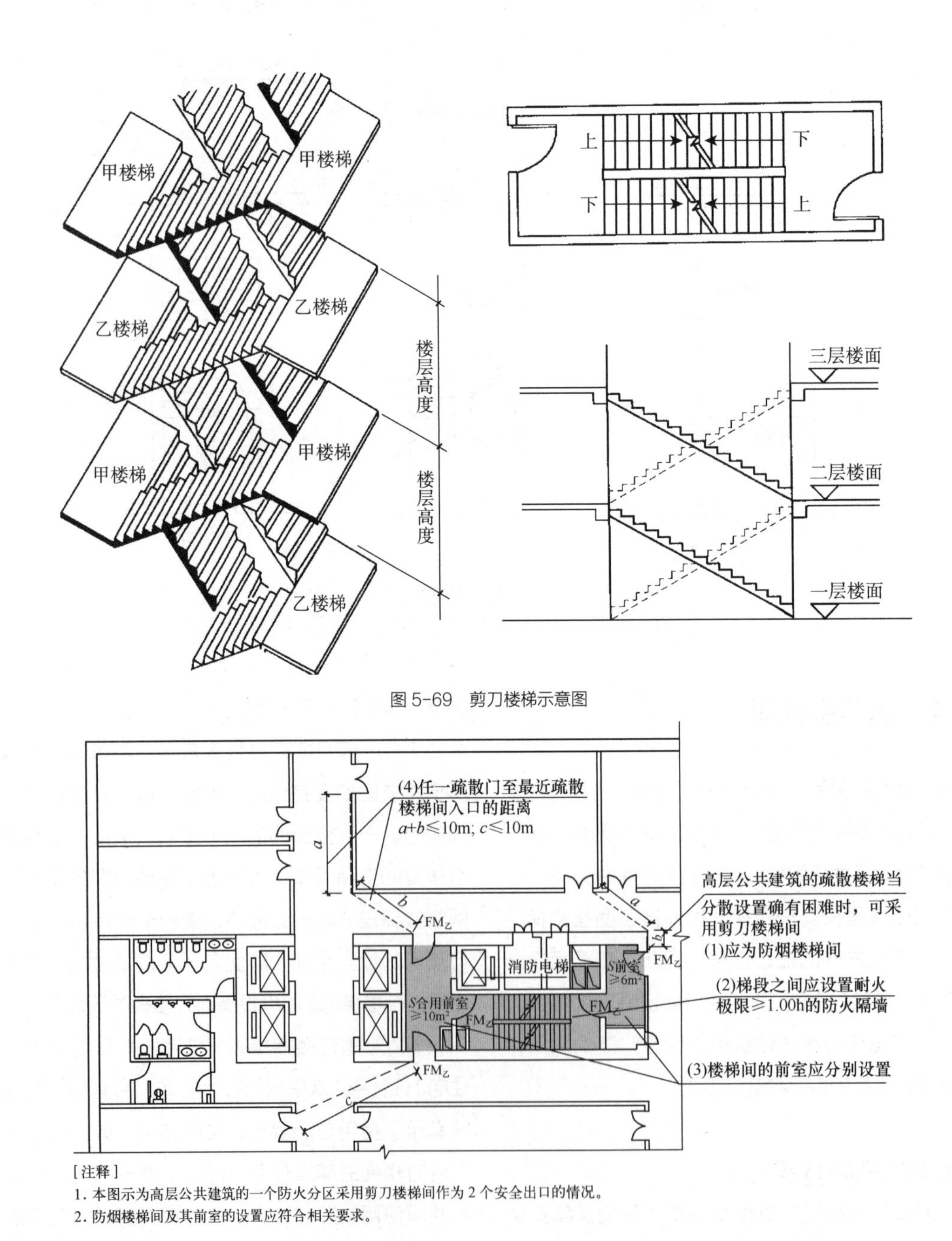

图 5-69　剪刀楼梯示意图

[注释]
1. 本图示为高层公共建筑的一个防火分区采用剪刀楼梯间作为 2 个安全出口的情况。
2. 防烟楼梯间及其前室的设置应符合相关要求。

图 5-70　公共建筑剪刀楼梯间设置要求

2）公共建筑剪刀楼梯间设计要求

高层公共建筑的疏散楼梯，当分散设置确有困难且从任一疏散门至最近疏散楼梯间入口的距离不大于 10m 时，可采用剪刀楼梯间，如图 5-70 所示，并应符合下列规定：

（1）楼梯间应为防烟楼梯间。

（2）梯段之间应设置耐火极限不低于 1.00h 的防火隔墙。

（3）楼梯间的前室应分别设置。前室的使用面积，不小于 $6m^2$，与消防电梯合用前室时，不小于 $10m^2$。

3）住宅建筑剪刀楼梯间设计要求

住宅单元的疏散楼梯，当分散设置确有困难且从任一户门至最近疏散楼梯间入口的距离不大于 10m 时，可采用剪刀楼梯间，如图 5-71 所示，并应符合下列规定：

（1）应采用防烟楼梯间。

（2）梯段之间应采用耐火极限不低于 1.00h 的防火隔墙。

（3）楼梯间的前室不宜共用；共用时，前室的使用面积不小于 $6m^2$。

（4）楼梯间的前室或共用前室不宜与消防电梯

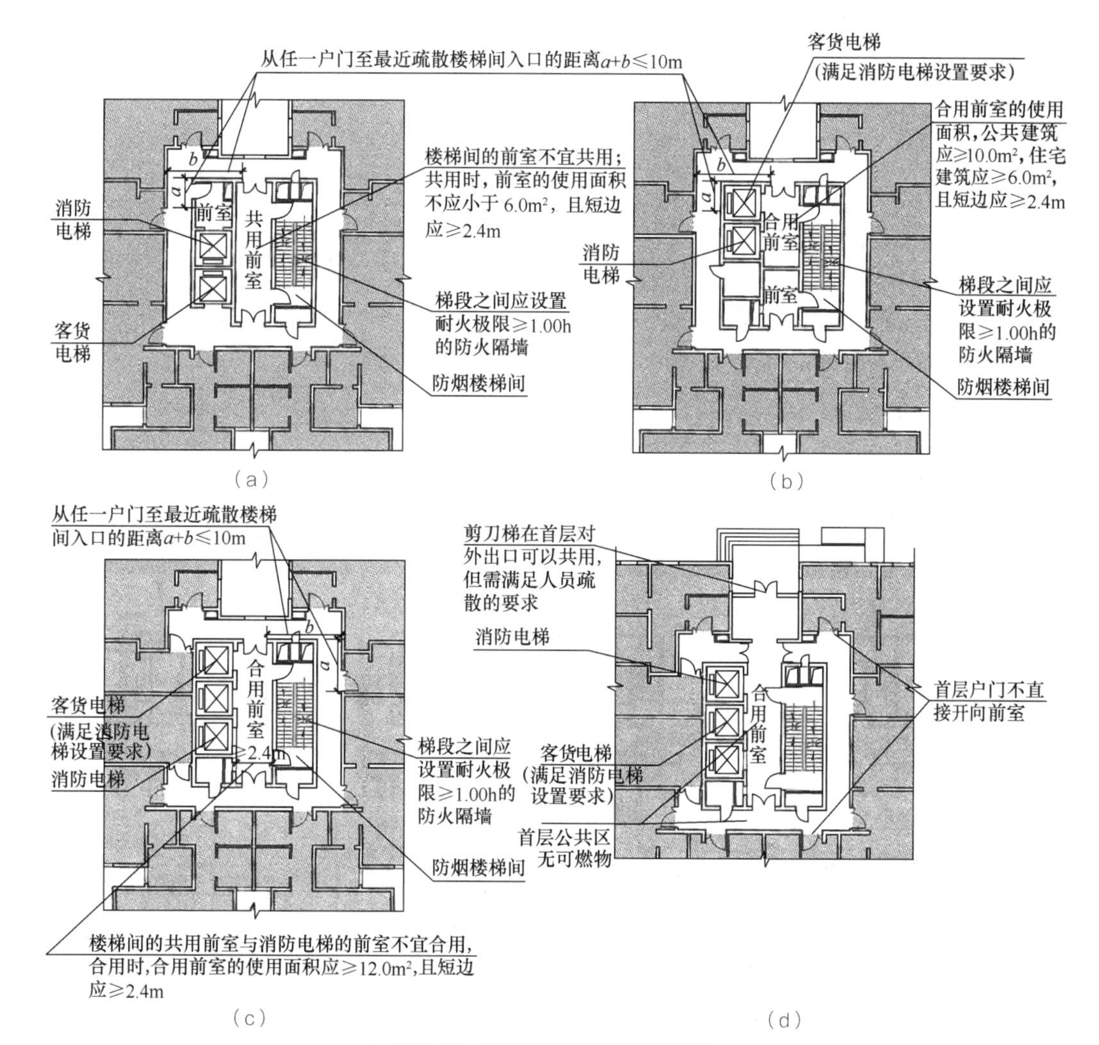

图 5-71 住宅建筑剪刀楼梯间设置要求

（a）共用前室平面示意图；（b）合用前室平面示意图；（c）标准层平面示意图；（d）首层平面示意图

的前室合用；楼梯间的共用前室与消防电梯的前室合用时，合用前室的使用面积不应小于 12.0m^2，且短边不应小于 2.4m。

（5）剪刀楼梯间服务 4 户时的入口方向要求：剪刀楼梯间服务 4 户时，当两部剪刀楼梯间共用前室，进入剪刀楼梯间前室的入口应该位于不同方向，不能通过同一个入口进入共用前室，如图 5-72 所示。

（6）剪刀楼梯间服务 3 户时的入口方向要求：剪刀楼梯间服务 3 户时，当两部剪刀楼梯间共用前室，可以通过同一个入口进入共用前室，如图 5-73 所示。

4）剪刀楼梯间应用举例

美国芝加哥玛利娜双塔，1967 年建成，设有剪刀楼梯。两幢楼各为 60 层，高 177m，是世界闻名的多瓣圆形平面玻璃塔楼，双塔下部的 18 层都是停车场，第十九层是机房，第二十层到第六十层是住宅。在塔楼中心的钢筋混凝土圆筒内，共设有 5 台电梯和 1 座带有排气天井的剪刀楼梯。这是世界上使用剪刀楼梯层数最多的高层建筑，如图 5-74 所示。

上海联谊大厦，高 30 层，每层面积约 1,000m^2，大厦为各国有关银行、商业公司驻沪办事机构的办公用房，采用剪刀楼梯，设有两个前室，如图 5-75 所示。

山西国际大厦，地上 27 层，高 97m，每层面积约 1,000m^2，为山西省外事机构统建办公楼，中心采用剪刀楼梯，设双前室，如图 5-76 所示。

福建省人民政府驻深圳办事处大楼为剪刀楼梯合用前室，如图 5-77 所示。

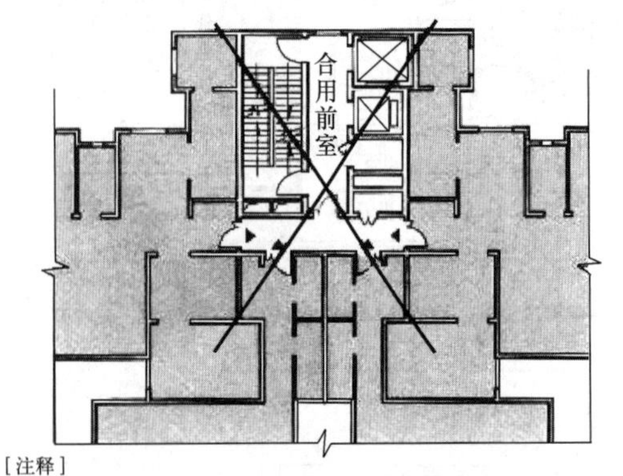

[注释]
剪刀楼梯间服务 4 户，当两部剪刀楼梯间共用前室时，进入剪刀楼梯间前室的入口应该位于不同方位，不能通过同一个入口进入共用前室。

户型示意图一

图 5-72　剪刀楼梯间服务 4 户要求示意图

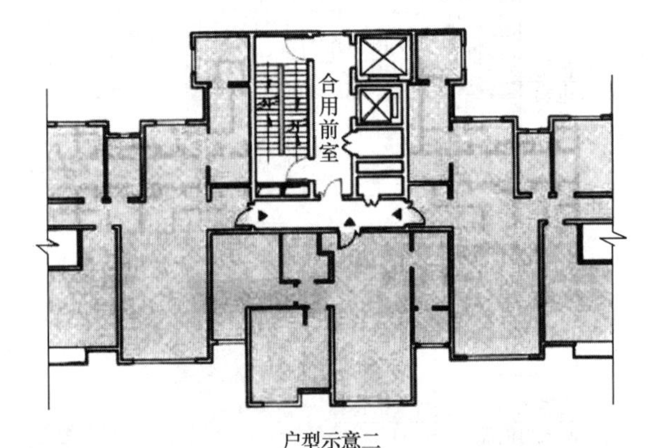

户型示意二

图 5-73　剪刀楼梯间服务 3 户要求示意图

图 5-74　美国芝加哥玛利娜双塔平面示意

1—起居室；2—餐室；3—卧室 4—厨房；5—浴室；6—储存间

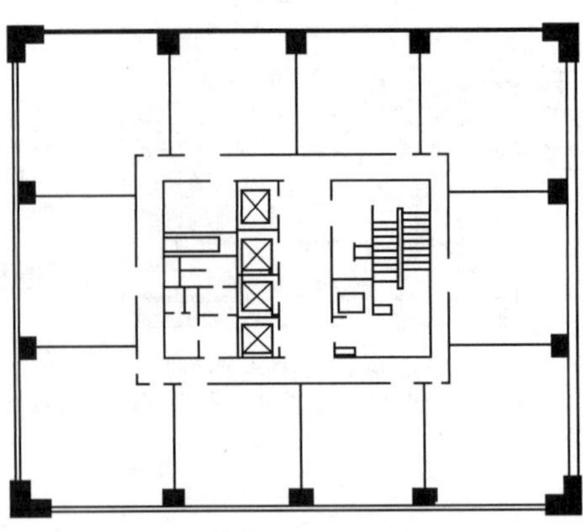

图 5-75　上海联谊大厦标准层平面图

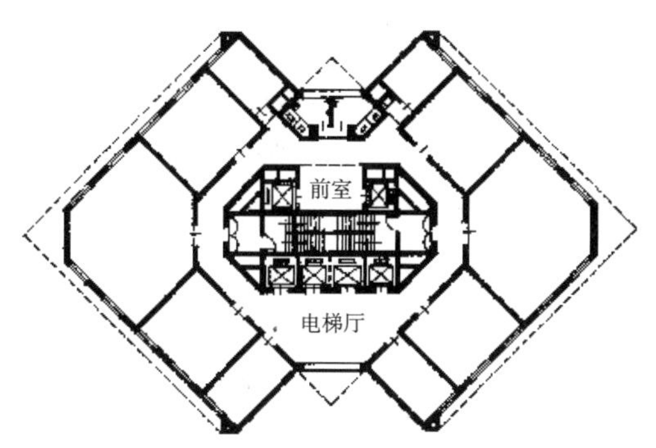

图 5-76 山西国际大厦标准层平面

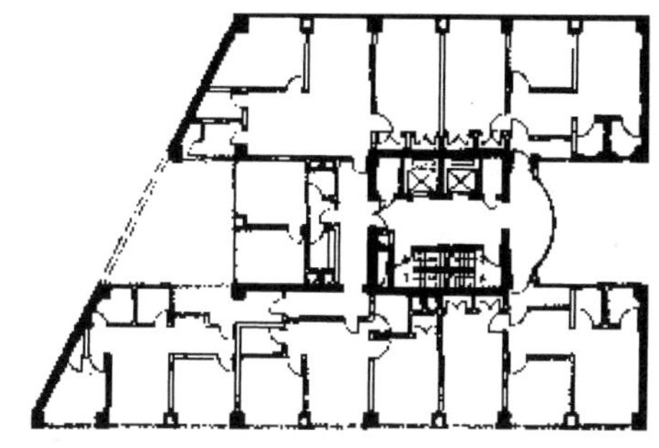

图 5-77 福建省人民政府驻深圳办事处 5-24 层平面图

5.4.5 室外疏散楼梯

在建筑外墙上设置简易的、全部开敞的室外楼梯，且常布置在建筑端部，不占室内有效的建筑面积。它不易受到烟气的威胁，在结构上，可以采取悬挑方式，是防烟效果和经济性好的楼梯。缺点是室外疏散楼梯易造成心理上的高空恐惧感。

室外疏散楼梯的设置应符合下列要求（图 5-78）：

（1）栏杆扶手的高度不应低于 1.1m，楼梯的净宽度不应小于 0.8m。

（2）倾斜角度不应大于 45°。

（3）梯段和平台均应采取不燃材料制作。平台的耐火极限不应低于 1.00h，梯段的耐火极限不应低于 0.25h。

（4）通向室外楼梯的门应采用乙级防火门，并应向室外开启。在室外疏散楼梯各层开门位置的首层对应位置，不应设置其他门（也不能是疏散门）。

（5）除疏散门外，楼梯四周 2m 内的墙面上不应设置门、窗、洞口。疏散门不应正对梯段，如图 5-79 所示。

5.4.6 疏散楼梯间的设计要求

1）耐火构造

一、二级耐火等级建筑的疏散楼梯间的墙体耐火极限应为 2.00h 以上，采用不燃材料；楼梯梯段耐火极限应为 1.00~1.50h 以上，可用钢筋混凝土制作，也可用钢材加防火保护层。另外，楼梯间的内装修采用 A 级材料。开敞阳台的前室楼梯除要考虑一定的耐火能力外，还应该能承受密集的人员荷载。

2）前室

前室的功能是火灾烟气的隔离空间和人员滞留的暂避地，在发生火灾情况下，前室自身就是第二安全分区。要保证前室不得作其他房间使用。

防烟楼梯间前室使用面积，公共建筑不小于 6m^2，居住建筑不小于 4.5m^2，与消防电梯合用前室时，公共建筑、高层厂房（仓库），不小于 10m^2，居住建筑不小于 6m^2，如图 5-80 所示。

3）门窗洞口

分隔走道与前室、前室与楼梯的两道门应为耐火极限在 1.00h 以上的乙级防火门，封闭楼梯间的门亦同。各门开启的方向均须与疏散方向一致。楼梯间及防烟楼梯间前室的内墙上，除开设通向公共走道的疏散门外，不应开设其他房间的门、窗、洞口，如图 5-80 所示。

4）尺寸与面积

疏散楼梯的宽度及前室面积等应通过计算确定。其控制数据如下：梯段和平台的宽度不宜小于 1.2m，踏步宽不宜小于 25cm，高不宜高于 20cm，防火门的净宽不宜小于 0.8m。疏散楼梯不应做扇形踏步，但踏步上下两级所形成的平面角不超过 10°，且每级离扶手 25cm 处的踏步宽度超过 22cm 时可以例外，疏散楼梯不允许做旋转式，但在个别层内兼起装饰作用时可予考虑。

5) 上下畅通

为了方便使用，要求从首层到顶层的楼梯间不改变位置，且首层应有直通室外的出口。但超高层建筑中的避难层，考虑防烟与避难的需要，可以在避难层错位。

同时，高层建筑的楼梯间，都要求通向屋顶。在高层建筑下部出现火灾、当烟火向上蔓延时，起火层以上各层人员不会穿越浓烟烈火向下避难，而大多会跑向屋顶。上海某楼房在火灾时，烟、火封住了楼梯、起火层以上各层的人员无法向地面疏散，只能从楼梯间冲向顶层，而顶层没有设通向屋顶的开口，致使逃向顶层的人，窒息在顶层的楼梯间内。为了确保疏散安全，通向屋顶的疏散楼梯间不应少于两座，且不应穿越其他房间，通向屋顶的门应向屋顶方向开启。

6) 附属设备

在疏散楼梯间门洞口醒目位置应装设诱导标志，前室和楼梯间内要设事故照明。封闭的前室内要有防烟措施，前室应设置消火栓及电话，以便灭火时能与防灾控制中心保持联系。

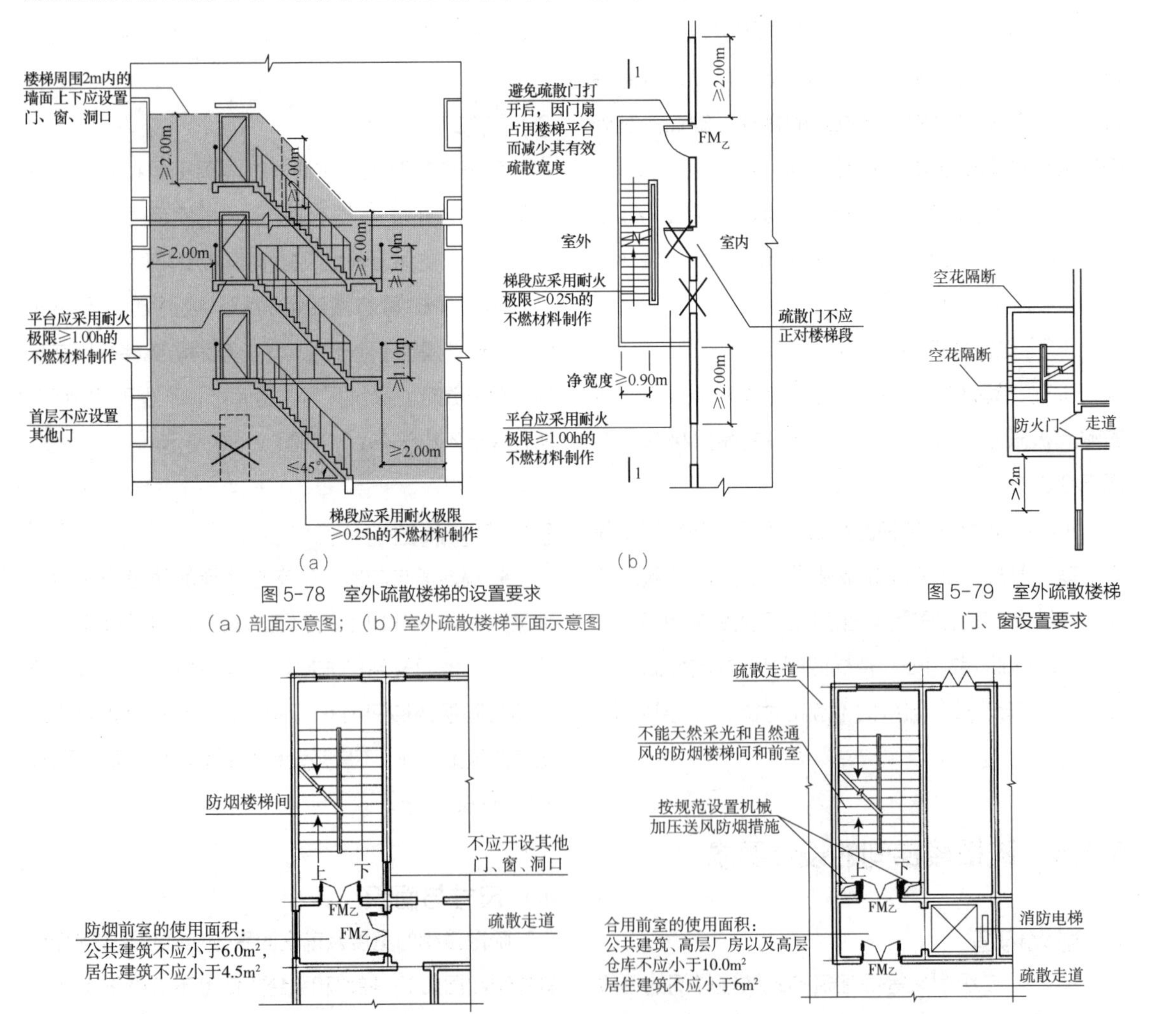

图 5-78 室外疏散楼梯的设置要求

（a）剖面示意图；（b）室外疏散楼梯平面示意图

图 5-79 室外疏散楼梯门、窗设置要求

图 5-80 前室的使用面积

5.5* 避难层（间）

5.5.1 超高建筑设置避难层的意义

对于高度超过 100m 的超高层公共建筑来说，一旦发生火灾，要将建筑物内的人员全部疏散到地面是非常困难的，甚至是不可能的。加拿大有关研究部门就使用一座宽度为 1.1m 的楼梯为实验对象，将不同楼层、不同的人数的高层建筑中的人员疏散到室外，进行了测定和测算研究，结论如表 5-12 所示。

我国除 54m 以下的高层住宅之外，其他高层民用建筑每个防火分区的疏散楼梯都不少于两座。因此，与表 5-13 相比，可使疏散时间减少 1/ 2。但是，当建筑高度在 100m（30 层）以上时，将人员疏散到室外，所需时间仍然超过安全允许时间。对于高度达 300 ~ 400m 的综合性超高层建筑，其内部从业及其他人员多达数万甚至超过 10 万，要将如此众多之人员在安全允许时间内疏散到室外，是绝对不可能的。

因此，对于建筑高度超过 100m 的建筑，包括公共和住宅建筑，设置避难层（间）是非常必要的。

5.5.2 超高建筑避难层（间）的设计要求

1）第一个避难层设置高度及避难层间距

从高层建筑的首层到第一个避难层之间，不应大于 50m。发生火灾时，聚集在第 1 个避难层避难者，若不能再经楼梯疏散，此时，就可利用云梯车将人员救助出来。目前一些城市的登高消防车，最大作业高度在 30~45m 之间，少数大城市的登高消防车在 50m 左右。

此外，根据各种建筑设备及管道等的布置需要，并考虑建成后使用与管理的需要，避难层之间的间隔楼层，不宜大于 50m，如图 5-81 所示。这样，既可控制一个区间的疏散时间不至于过长，又能在较好的扑救作业范围内，同时可与设备层结合布置。

2）疏散楼梯在避难层的分隔与错位

通向避难层的疏散楼梯应在避难层分隔、同层错位或上下层断开，使人员均必须经避难层方能上下。

对于大型超高层建筑来说，为避免防烟失控或防火门关闭不灵时，烟气波及整座楼梯，应采取楼梯间在避难层错位的布置方式。即到达避难层时，该楼梯竖井便告一“段落”，人流需转换到同层邻近位置的另一段楼梯再向下疏散。两楼梯间应尽量靠近，以免水平疏散时间过长；同时还应设置明确的疏散标志，以便顺利地转移、疏散。

这种不连续的楼梯竖井能有效地阻止烟气竖向扩散，但会使设计、施工及疏散更加复杂，所以，应根据超高层建筑的规模、层数等，宜沿垂直每隔 2 个或 3 个避难层错位一次。疏散楼梯应在避难层分隔、同层错位或上下层断开的做法，是为了使需要避难的人员不错过避难层（间）。其中，“同层错位和上下层断开”的方式是强制避难的做法，此时人员均须经避难层方能上下；“疏散楼梯在避难层分隔”的方式，可以使人员选择继续通过疏散楼梯疏散还是前往避难区域避难，如图 5-82（b）所示。

3）避难层（间）面积

避难层（间）的净面积应能满足设计避难人数避难的要求，并宜按 5.0 人 /m^2 计算，如图 5-83 所示。

不同楼层、不同人数的高层建筑使用楼梯疏散需要的时间（min） 表 5-12

建筑层数	每层 240 人	每层 120 人	每层 60 人	建筑层数	每层 240 人	每层 120 人	每层 60 人
50	131	66	33	20	51	25	13
40	105	52	26	10	38	19	9
30	78	39	20				

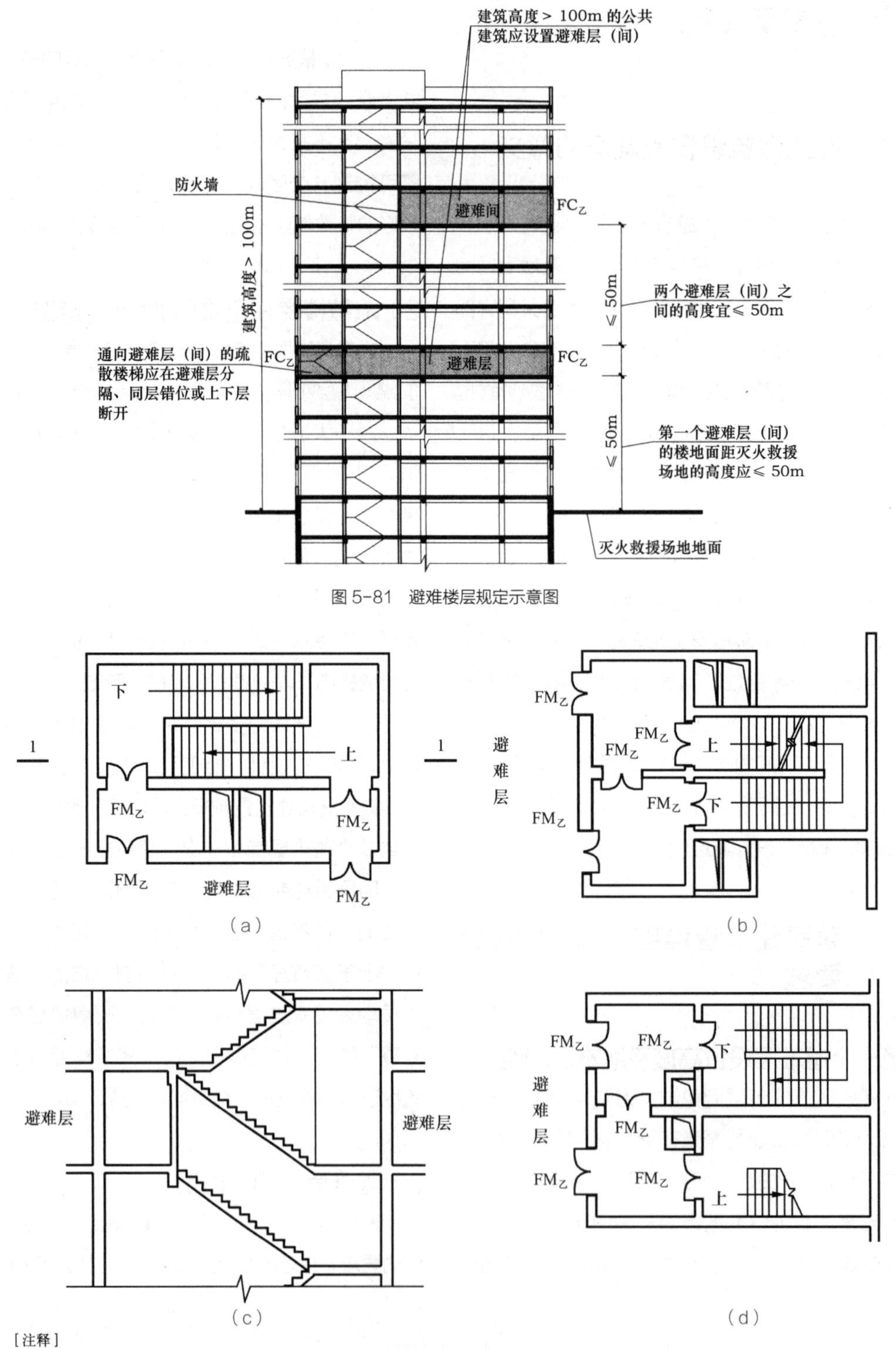

图 5-81　避难楼层规定示意图

［注释］

防烟楼梯在避难层（间）的做法平面示意图：通向避难层（间）的疏散楼梯应在避难层分隔、同层错位或上下层断开，但人员均必须经避难层方能上下。

图 5-82　避难层（间）疏散楼梯分隔示意

（a）防烟楼梯在避难层上下层断开平面示意图；（b）防烟楼梯在避难层分隔平面示意图；（c）1-1 剖面示意图；（d）防烟楼梯在避难层同层错位平面示意图

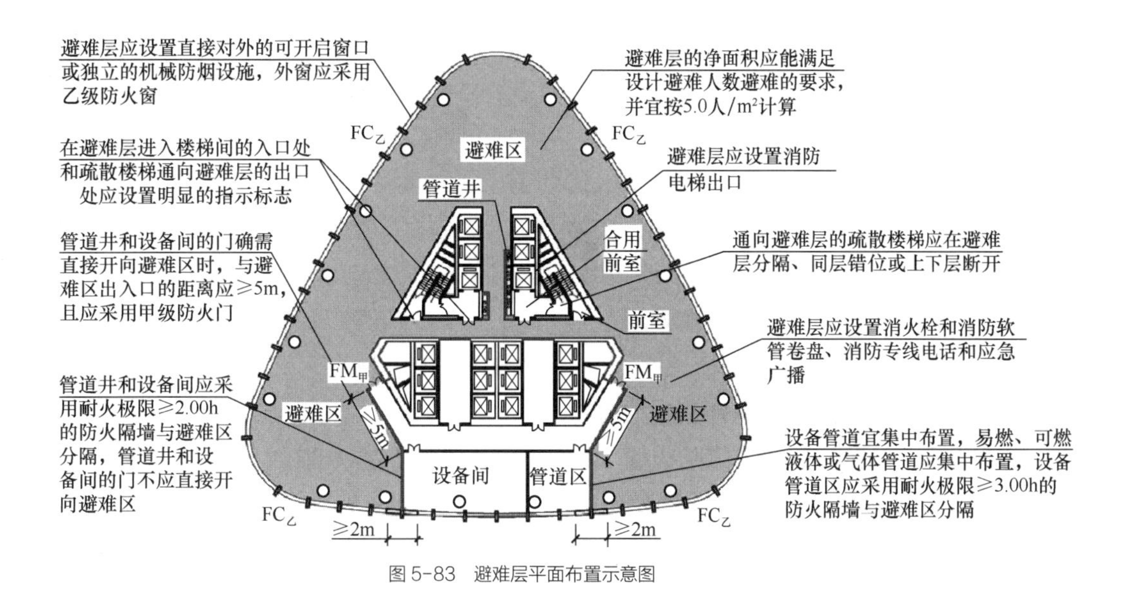

图 5-83 避难层平面布置示意图

例如，某超高层建筑避难层间距大约为 15 层，每层的人数为 100 人。则总避难人数为 100×（15-1）=1400 人。按照避难层（间）面积指标 5 人 /m^2 计算，则避难层的面积应为：1400÷5=280m^2，避难层（间）的面积是使用面积。

4）避难层与各种设备

（1）避难层与设备层

避难层可与设备层结合布置。由于避难层与空调、上下水设备层的合理间隔层数比较接近，而设备层的层高一般较使用楼层低，二者结合布置，利用设备层这种非常用空间作避难层，是提高建筑空间利用率的一种较好途径。在设计时，各种设备、管道竖井尽量集中布置，分隔成间，既方便设备的维护管理，又使避难层（间）面积充足、完整，有利于避难使用。

避难层可兼作设备层。设备管道宜集中布置，其中易燃、可燃液体或气体管道应集中布置，设备管道区应采用耐火极限不低于 3.00h 的防火隔墙与避难区分隔。管道井和设备间应采用耐火极限不低于 2.00h 的防火隔墙与避难区分隔，管道井和设备间的门不应直接开向避难区；确需直接开向避难区时，与避难区出入口的间距不应小于 5m，且应采用甲级防火门，如图 5-83 所示。

避难层内不应设置易燃、可燃液体或气体管道，不应开设除外窗、疏散门之外的其他开口。

（2）避难层应设置消防电梯出口

超高层建筑火灾中，人们经过惊恐紧张的一段疏散后，年老、体弱、孕妇等往往会出现突发情况，需要消防人员的紧急救助。此外，火灾烟气，火焰的蔓延，往往也需要消防队员紧急扑救。

（3）应设置消火栓和消防软管卷盘

为了扑救超高层建筑中波及避难层（间）的火情，如避难层之下层经外窗翻卷上来的火焰等，应配置消火栓、消防软管卷盘等灭火设备。

（4）应设置消防专线电话和应急广播

避难层在火灾时停留为数众多的避难者，为了及时向防火中心和地面消防救灾指挥部反映情况，避难层应设与大楼防灾中心联接的专线电话，并宜设便于消防队无线电话使用的天线插孔。

此外，为了防灾中心和地面消防救灾指挥部组织指挥营救人员，发出解除火警信号等，避难层（间）应设有线广播喇叭。

（5）应设疏散指示标志

在避难层（间）进入疏散楼梯间的入口处和疏散

楼梯间通向避难层（间）的出口处，应设疏散指示标志。

（6）避难层（间）应急照明

规模较大的超高层建筑的避难层，由于层高较低（一般 2.2~2.5m），即使在白天光线都较暗，而夜间避难则更不用说了。为了保障人员安全，消除和减轻人们的恐惧心理，避难层（间）应设事故照明，其供电时间不应小于 1.50h，照度不应低于 3lx。

（7）应设置直接对外的可开启外窗或独立的防烟设施，外窗应采用乙级防火窗

避难层有敞开式和封闭式两种。所谓敞开式避难层，指周边围护墙上开设的窗口（与其他标准层开窗相同）有的不设窗扇，有的设置固定金属百叶窗，这种敞开式避难层由于四周有窗洞或百叶窗，通风条件好，可以进行自然排烟。而封闭式避难层（间）在四周的墙上设有固定玻璃窗扇，为此，应设独立的防排烟设施。

5.5.3　高层病房楼和洁净手术部避难间

为了满足高层病房楼和手术室中难以在火灾时及时疏散的人员的避难需要和保证其避难安全。高层病房楼应在二层及以上的病房楼层和洁净手术部设置避难间，如图 5-84 所示。

（1）避难间服务的护理单元不应超过 2 个，其净面积应按每个护理单元不小于 25.0m^2 确定。

每个护理单元的床位数一般是 40~60 床，建筑面积为 1,200~1,500m^2，按 3 人间病房、疏散着火房间和相邻房间的患者共 9 人，每个床位按 2m^2 计算，共需要 18m^2，加上消防员和医护人员、家属所占用面积，规定避难间面积不小于 25m^2。

（2）避难间兼作其他用途时，应保证人员的避难安全，且不得减少可供避难的净面积。

（3）应靠近楼梯间，并应采用耐火极限不低于2.00h的防火隔墙和甲级防火门与其他部位分隔。

避难间可以利用平时使用的房间，如每层的监护室，也可以利用电梯前室。病房楼按最少 3 部病床电梯对面布置，其电梯前室面积一般为 24~30m^2。但合用前室不适合用作避难间，以防止病床影响人员通过楼梯疏散，如图 5-85 所示。

（4）应设置消防专线电话和消防应急广播。

（5）避难间的入口处应设置明显的指示标志。

（6）应设置直接对外的可开启窗口或独立的机械防烟设施，外窗应采用乙级防火窗。

5.5.4　老年人照料设施避难间

为满足老年人照料设施中难以在火灾时及时疏散的老年人的避难需要，根据我国老年人照料设施中人员及其管理的实际情况，对照医疗建筑避难间设置的要求，规定如下：

3 层及 3 层以上总建筑面积大于 3,000m^2（包括设置在其他建筑内三层及以上楼层）的老年人照料设施，应在二层及以上各层老年人照料设施部分的每座疏散楼梯间的相邻部位设置 1 间避难间；当老年人照料设施设置与疏散楼梯或安全出口直接连通的开敞式外廊、与疏散走道直接连通且符合人员避难要求的室外平台等时，可不设置避难间，如图 5-86 所示。

考虑到火灾的随机性，要求每座楼梯间附近均应设置避难间。建筑的首层人员由于能方便地直接到达室外地面，故可以不要求设置避难间。

避难间内可供避难的净面积不应小于 12m^2，避难间可利用疏散楼梯间的前室或消防电梯的前室，其他要求应符合高层病房楼和洁净手术部避难间的规定，如图 5-87 所示。

考虑到失能老年人的自身条件，供该类人员使用的超过 2 层的老年人照料设施要按核定使用人数配备简易防毒面具，以提供必要的个人防护措施，降低火灾产生的烟气对失能老年人的危害。供失能老年人使用且层数大于 2 层的老年人照料设施，应按核定使用人数配备简易防毒面具。

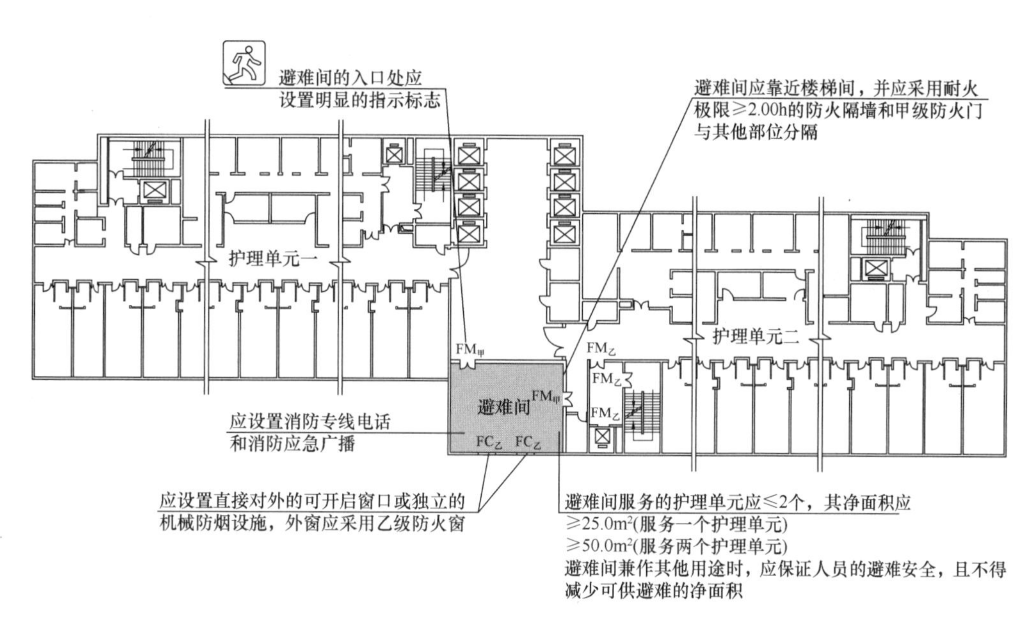

图 5-84 高层病房楼和洁净手术部避难间设置要求（平面布置图）

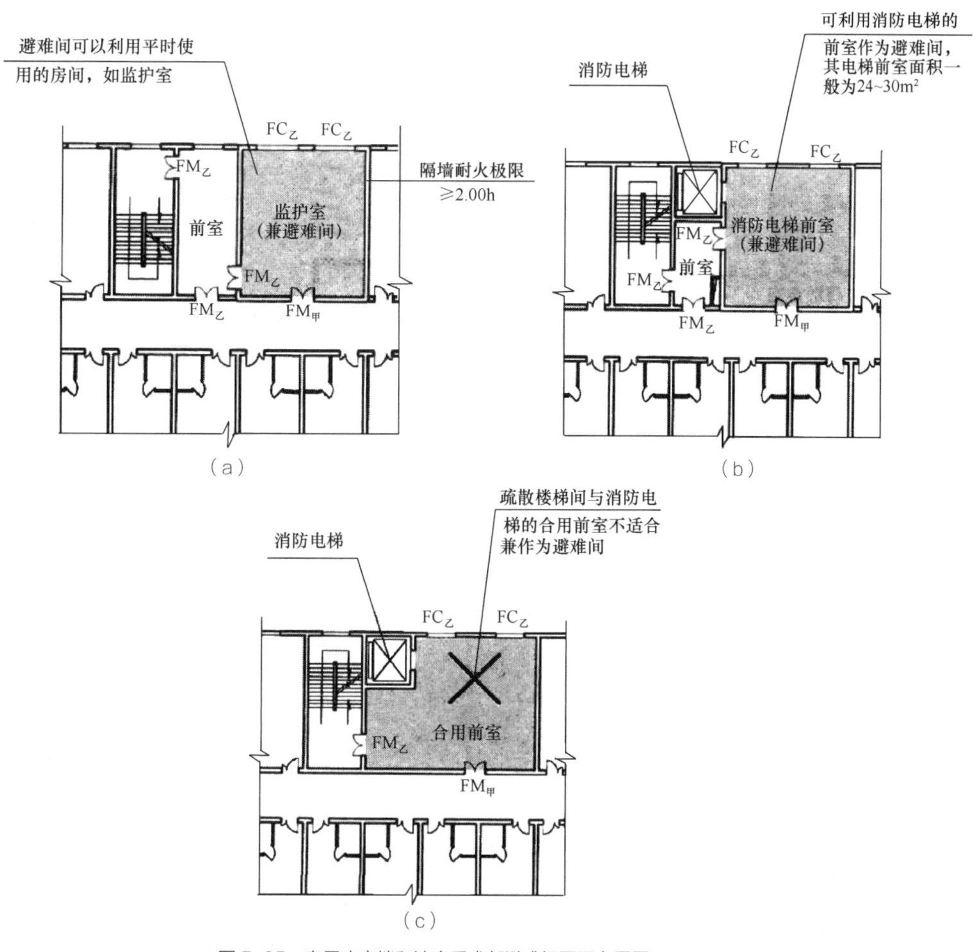

图 5-85 高层病房楼和洁净手术部避难间平面布置图

（a）监护室作为避难间；（b）消防电梯前室作为避难间；（c）合用前室不适合作为避难间

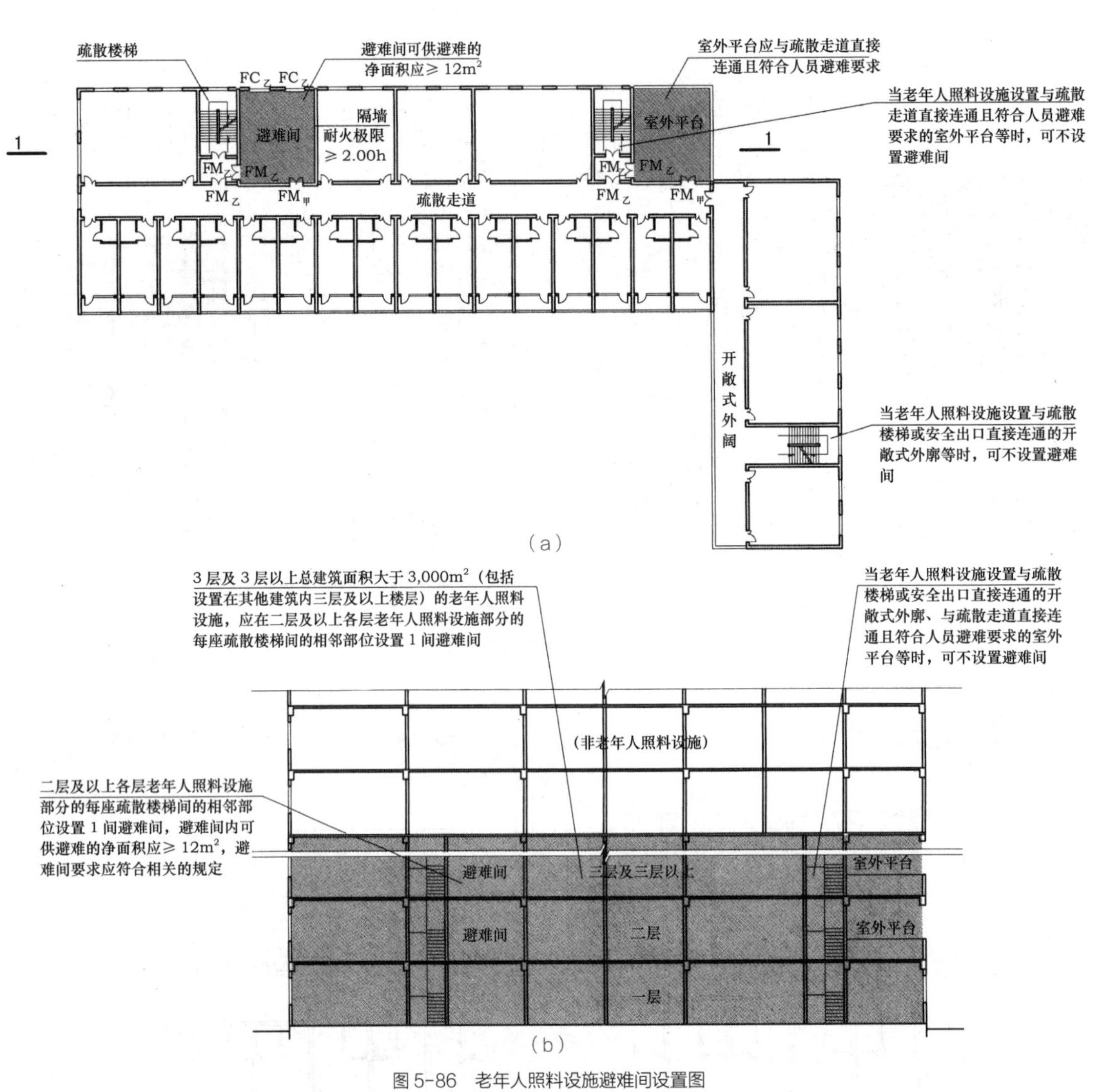

图 5-86　老年人照料设施避难间设置图

（a）3 层及 3 层以上总建筑面积大于 3,000m²（包括设置在其他建筑内三层及以上楼层）的老年人照料设施平面图示意图；（b）剖面示意图

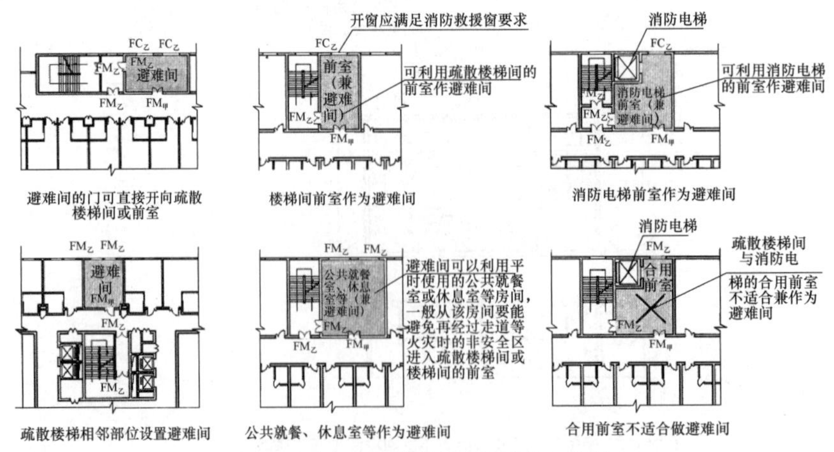

图 5-87　老年人照料设施避难间设置位置示意图

5.6 辅助疏散设施

5.6.1 屋顶直升飞机停机坪

对于建筑高度超过 100m，且标准层面积超过 2,000m^2 的公共建筑，宜在屋顶设置直升飞机停机坪或供直升飞机救助的设施，以备抢救火灾受困人员。从避难的角度而言，可以把它看作垂直疏散的辅助设施之一。利用直升飞机营救被困于屋顶的避难者，消防队员可“从天而降”，灭火救人。因此，它是十分有效的疏散及灭火救援的辅助设施。

1）设置直升飞机停机坪的意义

利用直升飞机救助被困的避难者，并通过屋顶进入建筑内部灭火，已在世界众多的高层建筑火灾中得到证实。例如，巴西圣保罗市 31 层的安得拉斯大楼，屋顶设有直升飞机停机坪，1972 年发生火灾时，直升飞机从屋顶救出 410 人；哥伦比亚波哥大市 36 层的航空大楼，1973 年发生火灾时，有数百人跑到屋顶避难，政府调用 5 架直升飞机，经过两个多小时救出 250 余人；1981 年智利桑塔玛利埃大楼发生火灾后，直升飞机悬停于屋顶，运送 300 多名消防员投入灭火，使火势很快得到控制。而巴西圣保罗市焦玛大楼，1974 年发生火灾时，因屋顶未设直升飞机停机坪，而且火势迅猛，直升飞机无法靠近屋顶，致使在屋顶避难的 90 人死于高温浓烟之中。

2）直升飞机停机坪的设计要求

直升飞机是由于其翼面转动获得上升动力的飞机。直升飞机有以下三个特点：①在较小的场地上能起飞和降落；②具有施加动力于旋转机翼而悬停的能力；③由地面上升时，具有以自身的动力滑行的能力。

屋顶直升飞机停机坪的设计要求如下：

（1）起降区（直升飞机的起飞、着陆的场地）

起降区面积的大小，主要取决于可能接受直升飞机的机翼直径 D 与飞机的长度。为了直升飞机的安全降落，当采用圆形与方形平面的停机坪时，其直径或边长尺寸应等于直升飞机机翼直径 D 的 1.5 倍，当采用矩形平面时，则其短边尺寸大于或等于直升飞机的长度。并在距此范围 5m 之内，不应有设备机房、电梯机房、水箱间、共用天线等设置在屋顶平台上的障碍物。民用直升飞机的技术数据如表 5-13 所示。

民用直升飞机技术数据　　表 5-13

国名	直升飞机名称	驾驶员 / 乘客	尺寸（m）			总重量（kg）
			旋翼直径	全长	总高	
英国	林克司	1 / 10	12.80	15.16	3.65	3,628
法国	IISA–3180 IISA–	5	10.20	9.70	2.76	1,500
	3100	7	11.00	10.05	3.09	2,100
	SA–321F	2/27	18.90	23.05	4.94	13,000
德国	MBBBO–105	5	9.82	8.55	2.98	1,070
意大利	A–109A	2/6	11.00	11.15	3.20	2,300
	贝尔 212	1/14	14.63	17.40	4.40	5,084
美国	205A–1	2/25	14.63	17.40	4.42	4,300
	S–58T	2/12	18.90	22.12	5.18	8,620
	S–61L	3/30	21.85	26.97	7.75	19,050
中国	直五型	11–15	21.00	25.02	4.40	7,600
苏联	米 –4	2/11	21.00	16.80	5.18	7,200
	米 –6	5/65	35.00	41.74	9.86	42,500
	米 –8	2/28	21.29	35.22	5.60	12,000
	米 –10	3	35.00	41.80	9.80	43,700
	米 –12	6	35.00	37.00	12.5	9,700

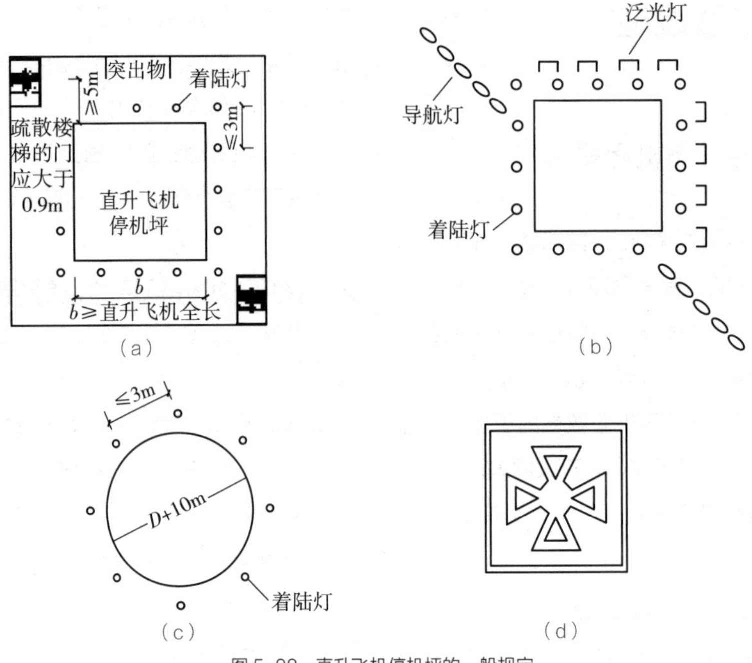

图 5-88 直升飞机停机坪的一般规定

起降区场地的耐压强度，由直升飞机的动荷载、静荷载以及起落架的构造形式决定，同时考虑冲击荷载的影响，以防直升飞机降落控制不良，导致建筑物破坏。

接地区要设在起降区内，划出一定范围供直升飞机着陆。接地区宜在地面漆以实线，标出边界，如图 5-88 所示。

（2）设置待救区与出口

设置待救区，以容纳疏散到屋顶停机坪的避难人员。用钢质栅栏等与直升飞机起降区分隔，防止避难人员拥至直升飞机处，延误营救时间，避免营救工作中出现不应有的伤亡事故。

建筑通向停机坪的出口不应少于 2 个，每个出口的净宽度不宜小于 0.80m。出口的门应按疏散门的要求设计，如图 5-89 所示。

（3）四周应设置航空障碍等，并应设置应急照明

为了保障直升飞机的夜间起降，完成抢险救灾任务，停机坪上要装设照明设施，以便夜间正常使用。例如，起降场地的边界灯、嵌入灯、着陆方向灯等。

（4）在停机坪的适当位置应设置消火栓

用于扑救避难人员携带来的火种，以及直升飞机可能发生的火灾事故。

5.6.2 阳台应急疏散梯

在高层建筑的各层设置专用的疏散阳台，其地面上开设洞口，用附有栏杆的钢梯（又称避难舷梯）连接各层阳台，如图 5-90 所示。

采用这种疏散设施时，应用防火门将阳台和走道进行分隔。对阳台所在的墙面、防火门以及阳台、栏杆等的要求与室外疏散楼梯基本相同。这种阳台一般设置在袋形走廊的尽端，也可设于某些疏散条件困难之处，作为辅助性的垂直疏散设施。设置方式是在阳台上开设约 600mm × 600mm 的洞口，火灾时人员可打开洞口的盖板，沿靠墙的铁爬梯或悬挂的软梯至下层，再转入其他安全区域疏散到底层。

需要注意的是，洞口盖板宜设自闭装置，人员通过后即能回弹关上，洞口在相邻层错位布置（即隔层相同），以避免一通到底而造成不安全感和意

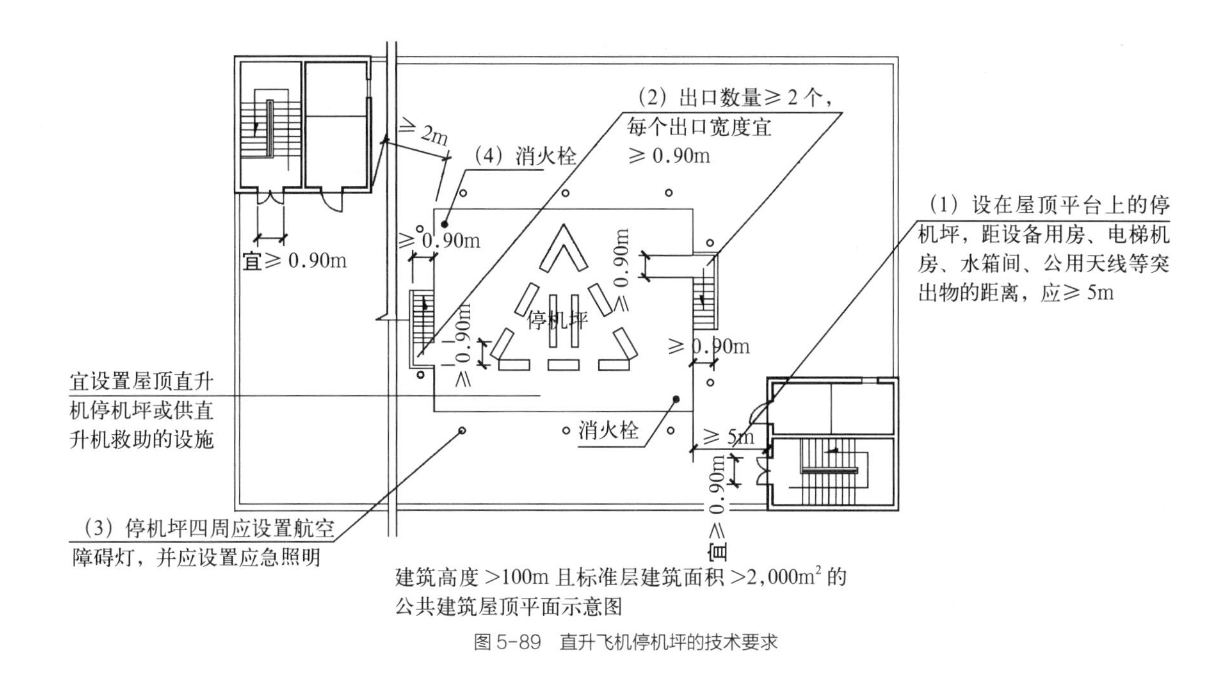

图 5-89 直升飞机停机坪的技术要求

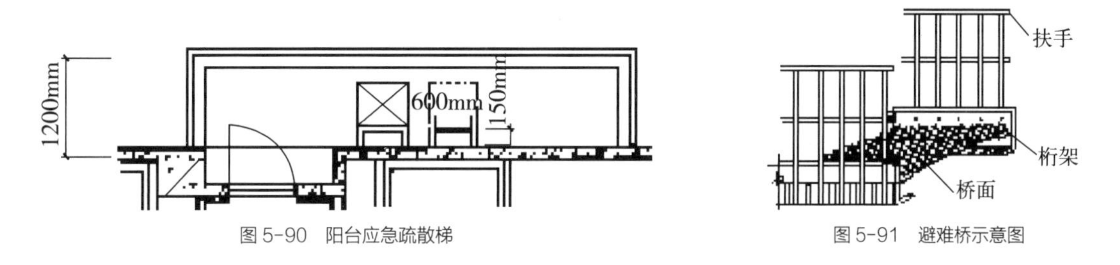

图 5-90 阳台应急疏散梯

图 5-91 避难桥示意图

外事故。同时，距地 1.5m 以上的爬梯应设保护罩，防止人员未抓牢时仰面跌下。

5.6.3 避难桥

这种桥分别安装在两座高层建筑相距较近的屋顶或外墙窗洞处，将两者联系起来，形成安全疏散的通道。避难桥由梁、桥面板及扶手等组成，如图 5-91 所示。

为了保证安全疏散，桥面的坡度要小于 1/5，当坡度大于 1/5 时，应采取阶梯式踏步。有坡度的板面要有防滑措施，桥面与踢脚之间不得有缝隙。踢脚板的高度不得小于 10cm，扶手的高度不应低于 1.1m，其支杆之间的距离不应大于 18cm。避难桥要用不燃烧材料制作，其设计荷载一般按 3.5kN/m。计算，并控制其挠度不得超过 1/300。

5.6.4 避难扶梯

这种梯子一般安装在建筑物的外墙上，有固定式和半固定式，其构造图如 5-92 所示。为了保证疏散者的安全，踏板面的宽度不小于 20cm，踏步高度不超过 30cm，扶梯的有效宽度不小于 60cm，扶手的高度不小于 70cm，当扶梯高度超过 4m，每隔 4m 要设一个平台，平台的长度要在 1.2m 以上。扶梯应采用钢、铝合金等不燃材料制作，并要具有一定的承载能力，踏板的设计荷载不应低于 1.3kN/m^2，平台的设计荷载应按 3.5kN/m。计算。

GZH-10 型自救缓降器技术性能 表 5-14

型号	最大下滑重量（kg）	自救绳极限拉力（kN）	安全绳拉力极限（kN）	人控制下滑力（kN）	使用高度（m）	耐温（℃）	
						自救绳	安全带
GZH-10	1.50	5.00~6.23	6.50	<0.15	38 53 74	200	100

图 5-92 避难扶梯示意图

5.6.5 避难袋

避难袋可作为一些高层建筑的辅助疏散设施。避难袋的构造共有三层，最外层由玻璃纤维制成，可耐 800℃的高温；第二层为弹性制动层，能束缚住下滑的人体和控制下滑速度；最内层张力大而柔软，使人体以舒适的速度向下滑降。

避难袋可以用在建筑物的外部或内部。用于建筑物外部时，装设在低层部分窗口处的固定设施内，失火后将其取出向窗外打开，即可通过避难袋滑到室外地面脱离危险。当用于建筑物内部时，避难袋设于防火竖井内，人员打开防火门进入按层分段设置的袋中之后，即可滑到下一层或下几层。

5.6.6 缓降器

GZH-10 型高层建筑自救缓降器，是从高层建筑下滑自救的器具，操作简单，下滑平稳。消防队员还可带着一人滑至地面。对于伤员、老人、体弱者或儿童，可由地面人员控制而安全降至地面，也可携带物品下滑或停顿在某一位置上，也是消防队员在火灾中抢救人员和物资时随身携带的器具。

1）构造与技术性能

GZH-10 型高层建筑自救缓降器，主要由摩擦棒、套筒、自救绳和绳盒等组成，国内生产的缓降器根据自救绳分为三种规模：

6～10 层适用，绳长 38m；

11～16 层适用，绳长 53m；

16～20 层适用，绳长 74m。

GZH-10 型自救缓降器，其技术性能如表 5-14 所示。

2）使用方法

（1）将自救绳和安全钩牢固地系在楼内的固定物上，把垫子放在绳子和楼房结构中间，以防自救绳磨损。

（2）穿戴好安全带和防护手套，然后携带好自救绳盒或将盒子抛至楼下。

（3）将安全带和缓降器的安全钩挂牢。

（4）一手握住套筒，另一手拉住由缓降器下引出的自救绳，然后开始下滑。

（5）速度控制。放松为正常下滑速度，拉紧为减速直至停止。

（6）第一个人滑到地面后，第二人方可开始使用。

5.7 消防电梯

5.7.1 消防电梯的设置范围

高层建筑发生火灾时，要求消防队员迅速到达高层部分去灭火和援救遇险人员。从楼梯而上要受到疏散人流的阻挡，且通过楼梯登高后体力消耗大，难以进行有效地灭火作业。

《建筑设计防火规范》GB 50016—2014（2018年版）规定了下列建筑应设置消防电梯：

（1）一类高层公共建筑和高度大于 32m 的其他二类高层公共建筑；5 层及以上且总建筑面积大于 3,000m^2（包括设置在其他建筑内五层及以上楼层）的老年人照料设施。

（2）建筑高度超过 33m 的住宅建筑。

（3）建筑高度大于 32m，且已设置电梯的厂房（仓库）。

（4）设置消防电梯的建筑的地下、半地下室，埋深大于 10m 且总建筑面积大于 3,000m^2 的其他地下、半地下建筑（室）。

消防电梯应分别设置在不同的防火分区内，且每个防火分区不少于 1 台。符合消防电梯要求的客梯或货梯，可以兼作消防电梯。在同一高层建筑里，要避免所有的消防电梯设置在同一防火分区内。这样，其他防火分区发生火灾时，难以有效地利用消防电梯扑救火灾。

5.7.2 消防电梯前室

消防队员到达起火楼层之后，应有一个较为安全的场所，设置必要的灭火或营救伤员的器材，并能方便地进行火灾扑救。消防电梯要设置前室，这个前室和防烟楼梯的前室相同，具有防火、防烟的功能。

为使楼层的平面布置紧凑，便于消防电梯满足日常使用，消防电梯和防烟楼梯间可合用一个前室。

（1）消防电梯前室使用面积

公共建筑与居住建筑均不应小于 6m^2，且短边长度不小于 2.4m。如前所述，当消防电梯与防烟楼梯间合用一个前室时，居住建筑不应小于 6m^2，公共建筑不应小于 10m^2，与住宅剪刀楼梯三合一合用前室时，不应小于 12m^2，且短边长度不小于 2.4m。消防电梯与防烟楼梯间合用前室的布置，如图 5-93 所示。

（2）消防电梯间前室宜靠外墙设置

这样，可以直接对外开设窗户进行自然排烟，或设置固定外窗，设机械加压送风。前室在首层时，门开设在外墙上最为理想。但设有裙房时，要求从前室门口到外部出口之间有长度不超过 30m 的走道相连通。目的是使消防队员能尽快经过消防电梯到达起火楼层，如图 5-94 所示。

（3）前室不应开设其他门、窗、洞口

除前室出入口、前室内设置的正压送风口、住宅建筑的户门外，前室不应开设其他门、窗、洞口。

客（货）梯不得向前室开放，如客（货）梯和消防电梯共用前室，客（货）梯应满足消防电梯设置要求。

（4）前室的门

前室或合用前室的门应采用乙级防火门，不应设置卷帘。

5.7.3 消防电梯其他技术要求

1）消防电梯载井道耐火极限

消防电梯井、机房与相邻电梯井、机房之间应设置耐火极限不低于 2.00h 的防火隔墙，隔墙上的门应采用甲级防火门，如图 5-95 所示。

消防电梯井要单独设置，楼板极限应为耐火 1.00h 以上，并在其顶部宜设置排除热烟的装置，如设 0.1m^2 左右的排烟口，或设排烟风机等。

2）消防电梯停靠、载重量、尺寸与行驶速度

消防电梯应每层停靠。

为了满足消防扑救工作的需要，消防电梯的载重量不应小于 800kg，如图 5-96 所示，且轿箱尺寸不宜小于 1.5m×2m。这样，火灾时可以将一个战斗班的（8 人左右）消防队员和随身携带的装备运到火场，同时可以满足用担架抢救伤员的需要。

为了尽快地把高层建筑火灾扑灭在火灾初期，《建筑设计防火规范》GB 50016—2014（2018 年版）规定，消防电梯的行驶速度，应按从首层到顶层的运行时间不宜大于 60s。

例如，某高层建筑的高度为 100m，则消防电梯的平均速度应为 100÷60=1.6m/s。

又如，某高层建筑的高度为 180m，则消防电梯的平均速度应为 180÷60=3.0m/s。

3）消防电源、电缆及专用操作装置

消防电梯除了正常供电线路之外，还应有事故备用电源，使之不受火灾时停电的影响。

电梯的动力与控制电缆、电线、控制面板线应

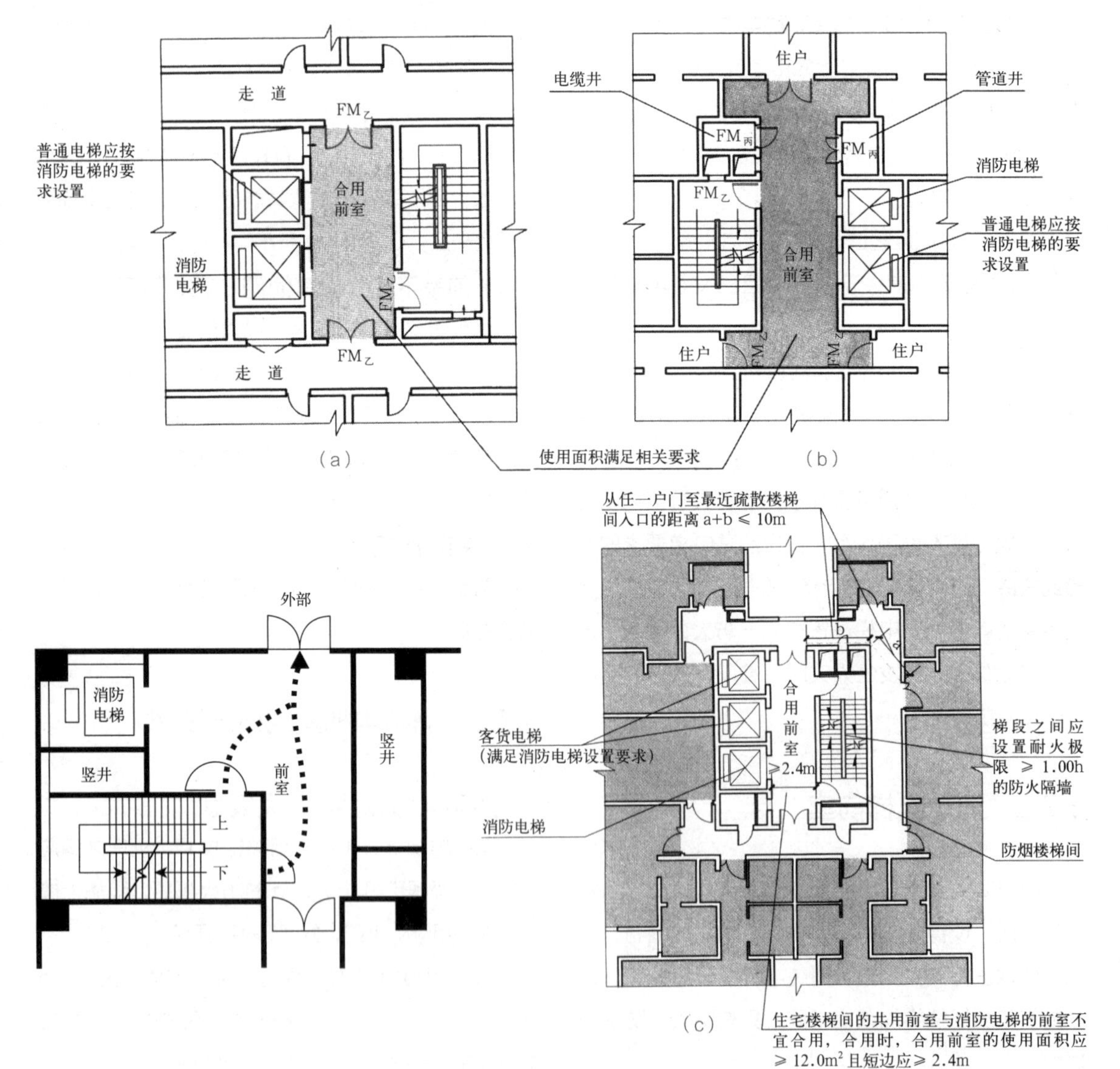

图 5-93 消防电梯与防烟楼梯间合用前室

（a）前室与消防电梯间前室合用；（b）住宅建筑的防烟楼梯间前室与消防电梯合用前室；（c）住宅“三合一”前室

采取防水措施。

消防控制室应设消防电梯专用操作装置，在首层的消防电梯入口处应设置供消防队员专用的操作按钮。当操作此按钮时，消防电梯立即回到首层或指定楼层，消防电源启动，排烟风机开启等。

此外，电梯轿厢内应设置专用消防对讲电话，以便消防队员与消防控制中心、火场指挥部保持通话联系。

4）消防电梯轿厢的装修

消防电梯轿厢的内部装修应采用不燃材料。因为消防电梯轿厢在火灾时要停留或穿行火灾层，采用不燃材料做装修，有利于提高自身的安全性，应优先考虑用不锈钢、铝合金等不燃材料装修。

当前室因条件限制，不能采用自然排烟时，应采用机械防烟。同时，还须设消防专用电话，操纵按钮和紧急照明等。在前室应设置消防供水竖管与水带结合器、消火栓和事故电源插座等。

5）消防电梯间防水与井底排水

在扑救火灾的过程中，可能有大量的消防用水浸入电梯井，为此，消防电梯前室入口处，应设缓坡等阻挡消防灭火用水流入消防电梯井，如图 5-97 所示。同时，要在消防电梯井底设计积水坑和排除污水的设施。排水井的容量不应小于 $2m^3$，排水泵的排水量不应小于 10L/s，如图 5-98 所示。

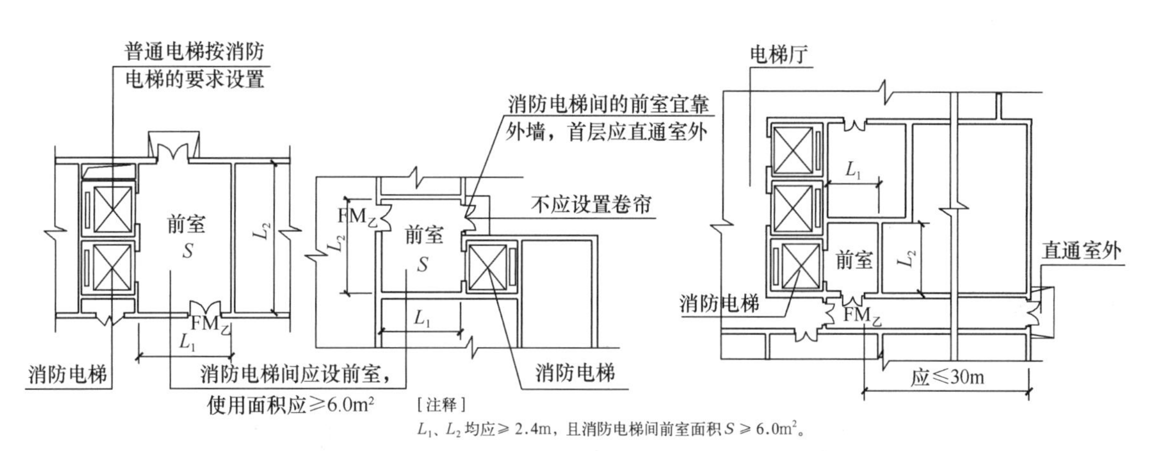

图 5-94　设置在首层的消防电梯前室平面示意图

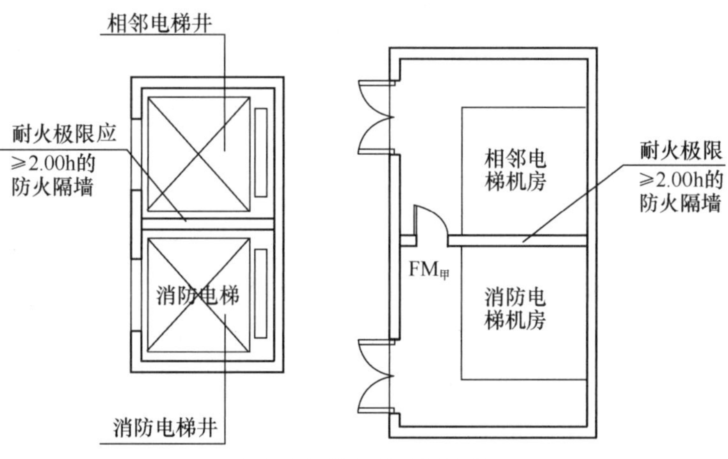

图 5-95　消防电梯井耐火极限

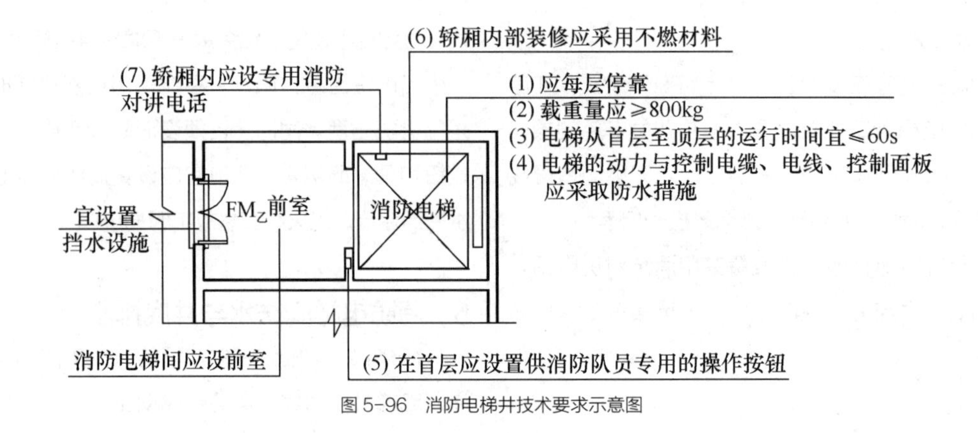

图 5-96　消防电梯井技术要求示意图

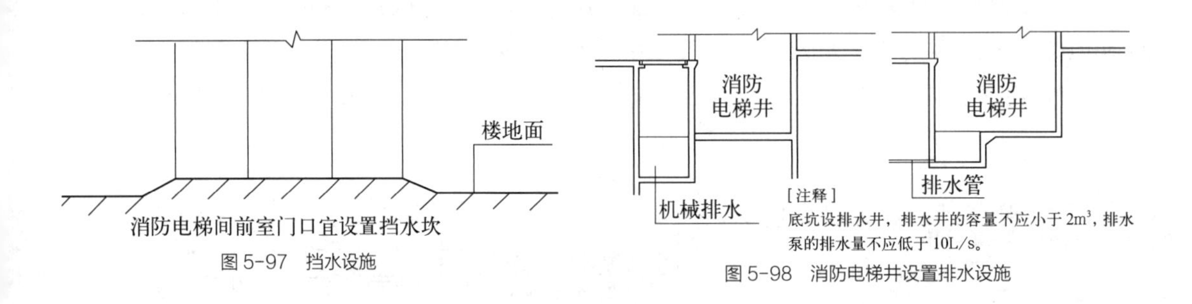

图 5-97　挡水设施

图 5-98　消防电梯井设置排水设施

5.8* 安全疏散设计图例

5.8.1 日本某中心大厦

日本某中心大厦 9~10 层设有中小电影院 4 座，其中 2 座只有池座（仅在 9 层），另外 2 座还设有楼座（即 9 层、10 层），如图 5-99 所示。

疏散楼梯与 7 层以下商场的位置相同，各座电影院以走廊前厅作为安全区，并与四角的疏散楼梯相连接。各个电影院出入口前的大厅，如同电影院街道一样，作为平常人员流通路线，同时作为火灾时重要的疏散路线。此外，电影院增设的 P、Q 两座楼梯，可通往 8 层避难层，既可作为日常客用楼梯，又可在火灾时避难使用，但疏散计算时并未计入，而是作为安全储备。

各个电影院的观众厅作为单独防火分区处理，其空调、通风设备兼作排烟设备。其他的门厅、走廊部分设一般机械排烟系统。

日常频繁使用的自动扶梯周围设计为安全走廊（第一安全区），与走廊连接处布置疏散楼梯，两个建筑块体之间连系地带约 4m 宽，其中一半作为室内安全走廊，剩余一半作为阳台，与室外大气连通，并连接两个疏散楼梯间。

如图 5-100 所示，是第 8 层避难层的平面图。从结构上，该层设计为防灾的缓冲区，9 层以上各电影院及集会场所的人员在火灾时可到该层暂时避难。该层中心部分为大厅和大厦管理用房，周边是与大气连通的避难回廊。该层楼板采取耐火处理，其耐火构造要求是，若第 7 层发生的火灾持续 3h，第 8 层地面温度不得超过 40℃。

5.8.2 武汉世界贸易大厦

世界贸易大厦位于解放大进与航空路交汇处，地处武汉市繁华商业中心。大厦占地东西长 71m，南北宽 45m，总建筑面积 11 万 m^2。由地下 2 层，地上 60 层（其中 10 层裙楼、48 层主楼。2 层电梯机房及水箱平台）组成。裙楼为框架结构。主楼为筒中筒结构，其中内筒为多筒（电梯井道）连接而成的钢筋混凝土筒束，外筒由高梁、密柱及四大角筒组成。非标准层为密肋梁楼盖，标准层为大跨度无粘结预应力混凝土变截面楼板结构，无梁无柱可以分隔为各种房间。

大厦总高 240m（不包括防雷设备）。地下 1 层为车库及人防工程，地下 2 层为设备用房，地上 1 至 9 层为商场，10 层、27 层、28 层、52 层为避难层和设备转换层，12 层以上为写字间和会议中心。图 5-101 为世贸大厦首层平面图，图 5-102（a）为大厦标准层平面，图 5-102（b）为五十三层设备避难层平面。

根据各楼层使用功能的不同，将走廊、疏散楼梯间前室作为安全区进行防火、防烟分隔，使人们能够向安全性逐渐提高的场所疏散，并以建筑平面上各点能由两个方向疏散为目标，增设小楼梯，到达中间的避难层，再换疏散楼梯避难。设备层设室外回廊，宽 1.2m，既可临时避难，同时可利用连通的疏散楼梯疏散。在东侧疏散楼梯前室进行加压，防止火灾时烟气进入前室。西侧疏散楼梯在楼梯间进行加压，在前室自然排烟，保护楼梯间、前室不进烟气。为了防止超高层建筑楼梯间的烟囱效应，每隔 13 层在楼梯平台处用防火门进行分隔，而且，

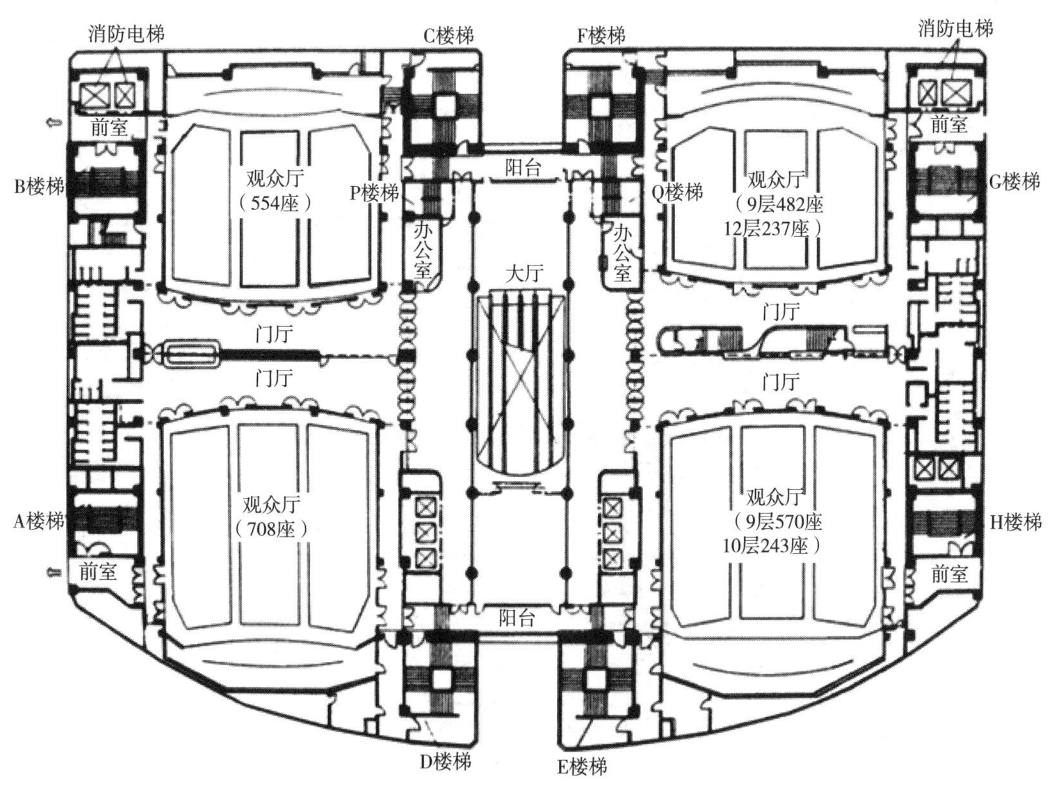

图 5-99 日本某中心大厦电影院平面

每天操作排烟风道在各层分支处的感烟联动防火阀门，以提高防火阀门的可靠性。

此外，大厦周围街道设计为高差很小的广场，以便万一发生火灾事故时，成为疏散人员、消防队救灾的场所。地下商场设计直通室外广场的楼梯，高层建筑的地下层，与其他地下空间的疏散路线分别设计，以防止火灾时人流交差，发生混乱。

5.8.3 安全疏散设计图例

在实际的建筑设计中，当设计者根据地形、周围环境、建筑设计任务书、城市规划要求等在构思方案时，对建筑造型、体量及平面功能安排、空间布局、结构及柱网、细部处理等均做了一定的分析后，以草图形式初步勾画出能表达意图的方案。在勾画平面人口、门厅、主要房间的同时，设计者应根据有关规范，对安全疏散做出合理的安排，并不断调整完善，直到成熟。

面对各种类型的民用及工业建筑，面对不同层次的多层、高层建筑，虽然防火处理方法不同，但就总体而言，共同的目标是力争防火安全。板式和点式建筑是建筑设计中常用的两种基本布置格局。一般说来，板式建筑长度长，易于满足功能、通风采光及造型的要求，楼梯间也好布置，可靠外墙，便于排烟（图 5-103、图 5-104）。缺点是走廊长，相对疏散时间也长。楼梯、电梯的位置决定了防火疏散的方向。

点式建筑长宽尺度变化幅度小，平面形状变化多，体量丰富。其设计特点是交通疏散部分可相对集中，并可灵活布置，如图5-105 ~ 图5-111所示。

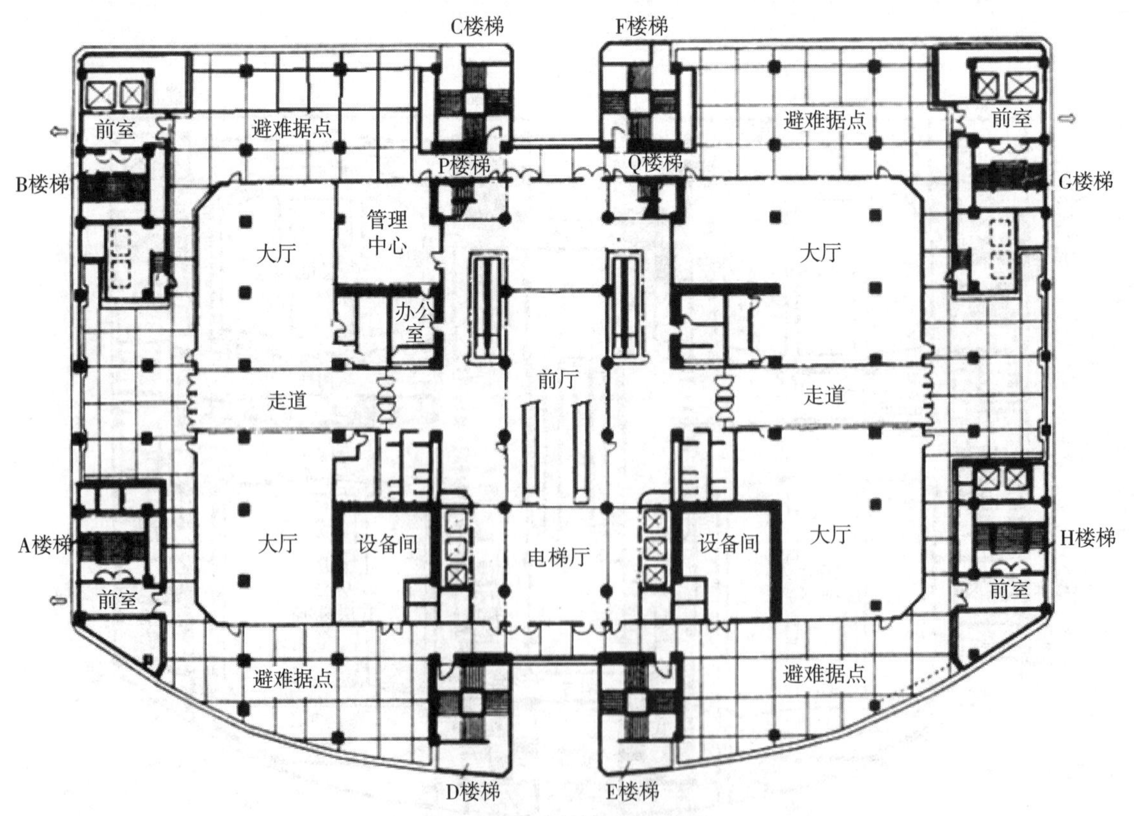

图 5-100　日本某中心大厦避难层

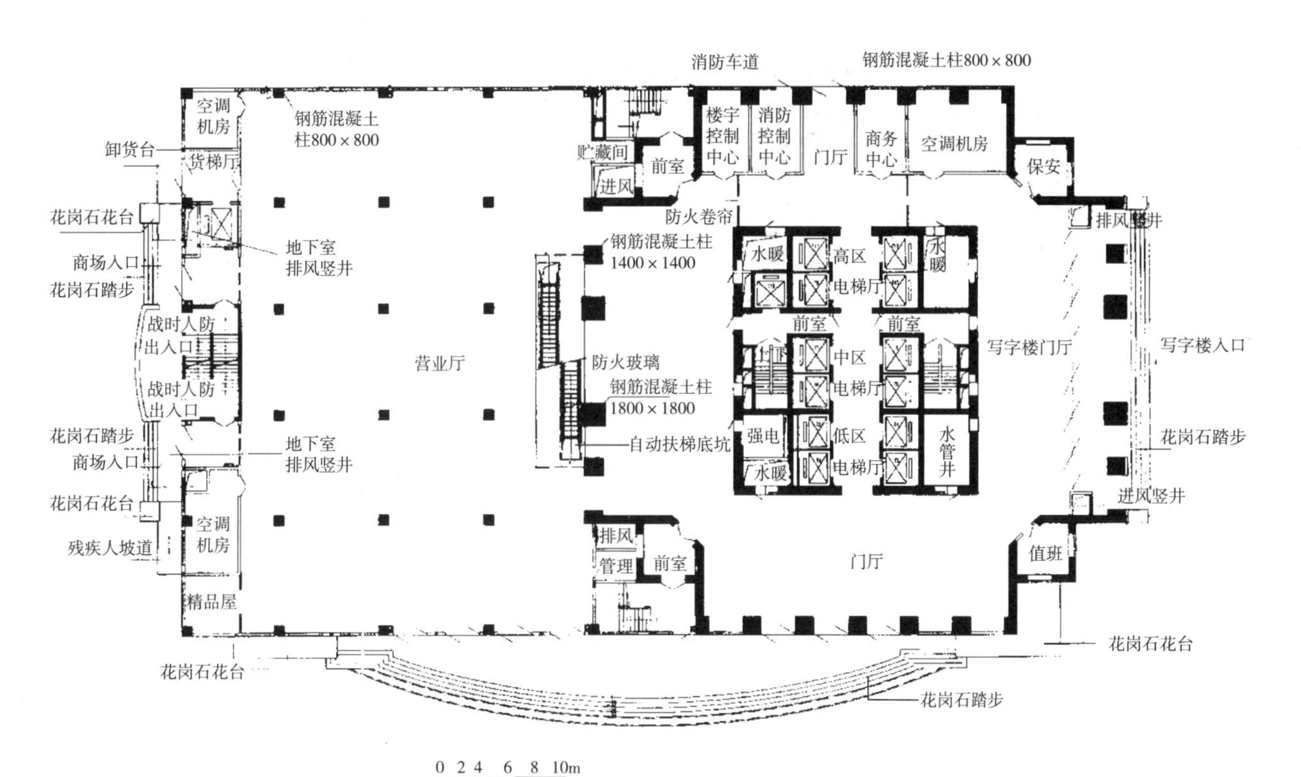

图5-101　武汉世贸大厦首层平面图

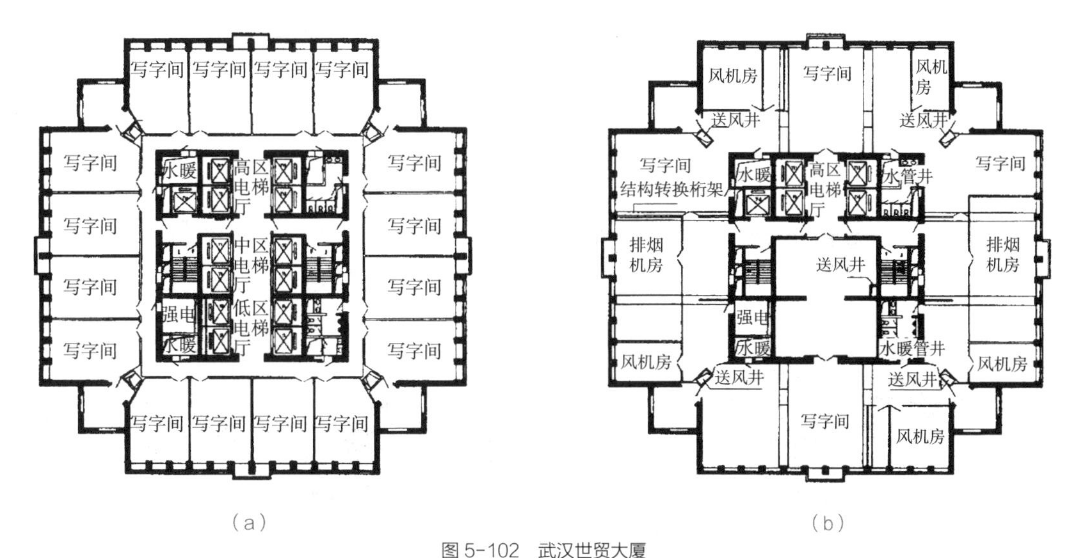

图5-102　武汉世贸大厦
（a）武汉世贸大厦标准层平面图；（b）武汉世贸大厦设备、避难层平面图

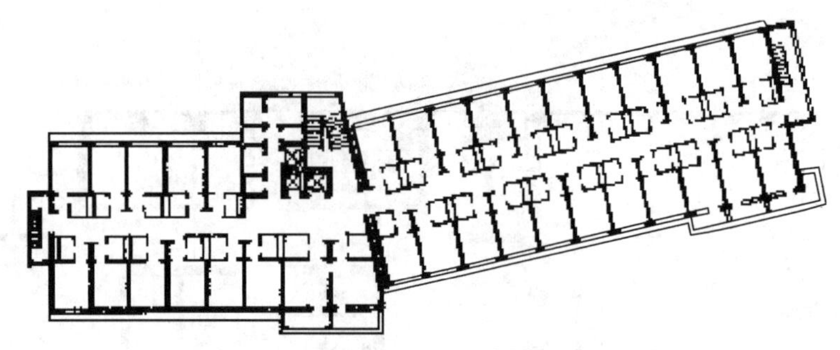

图 5-103 多层板式建筑

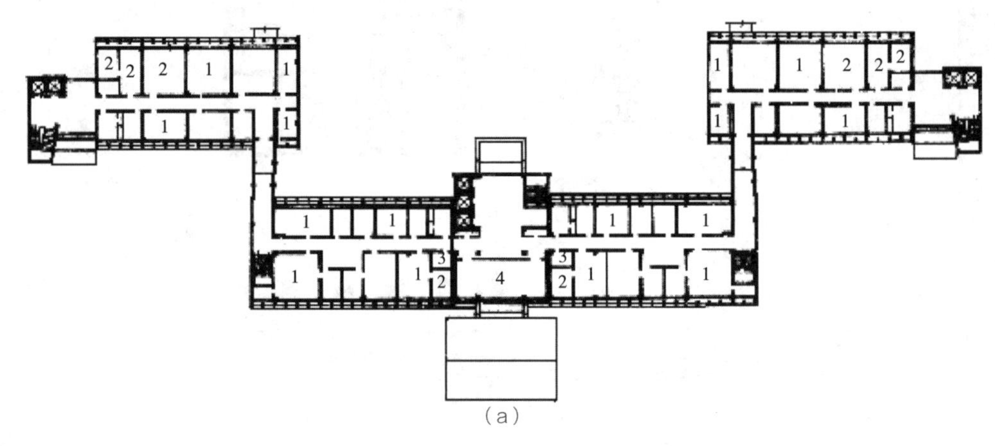

（a）

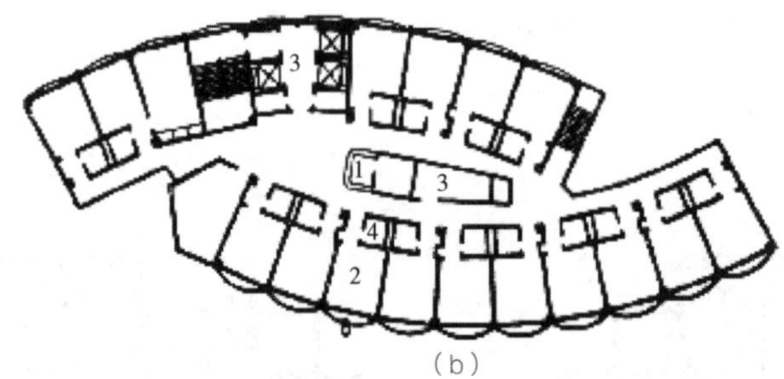

（b）

图 5-104 高层板式建筑

1- 办公室；2- 资料室；3- 服务间；4- 会议室

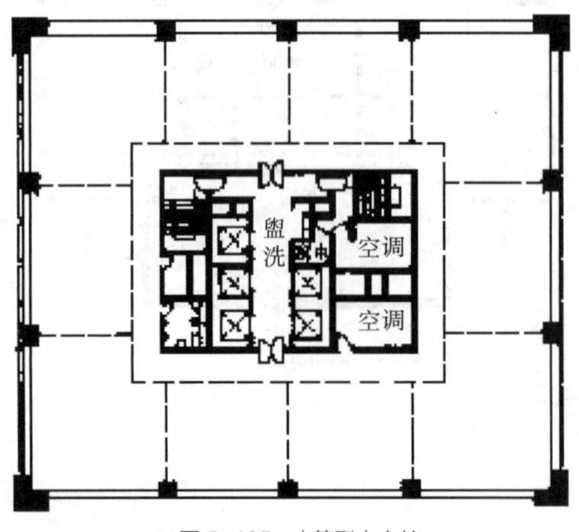

图 5-105 中筒型中心核

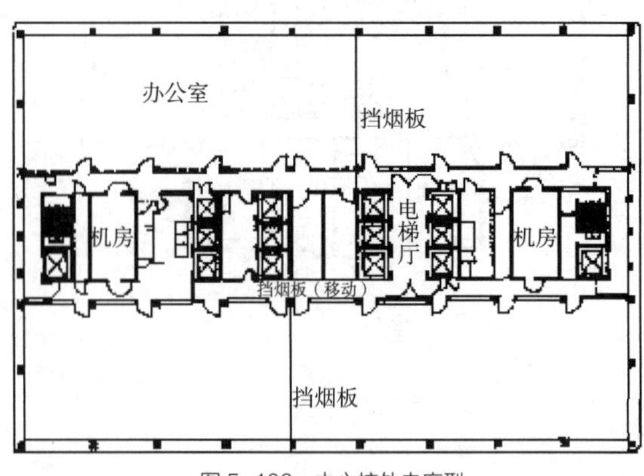

图 5-106 中心核外走廊型

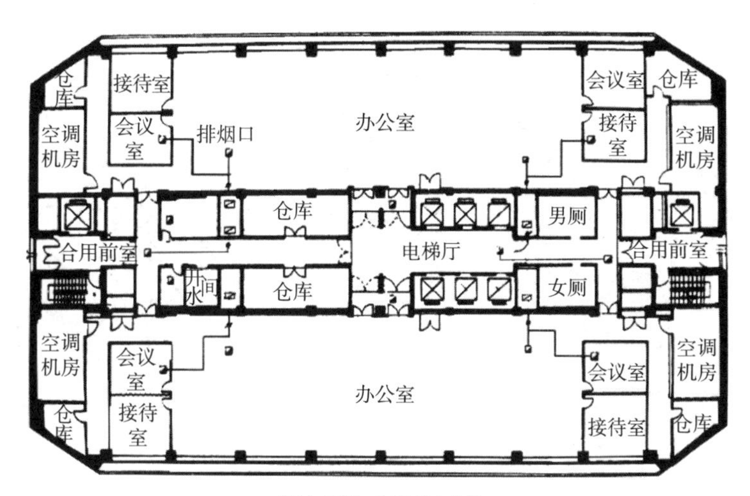

图 5-107　中廊式中心核

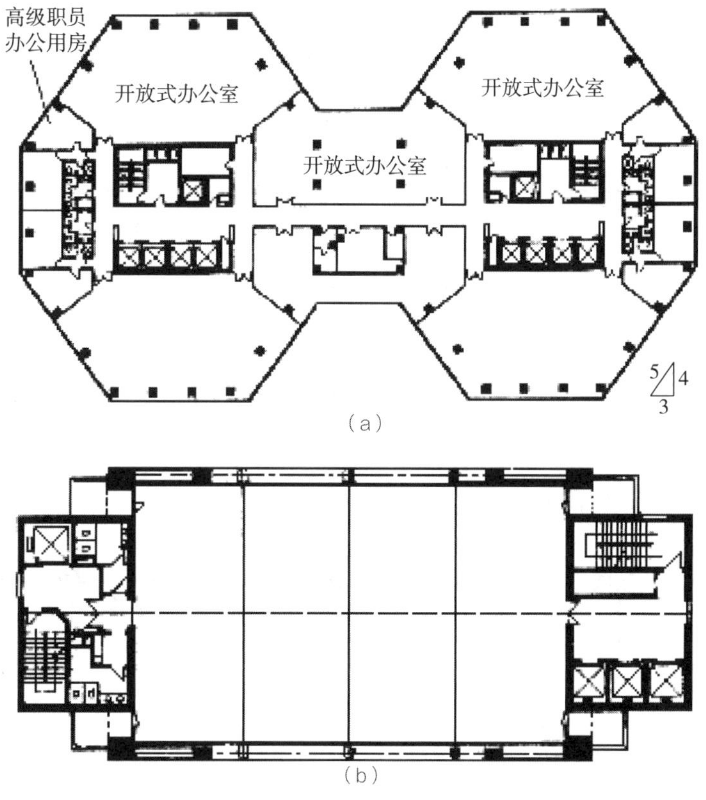

图 5-108　对称中心核

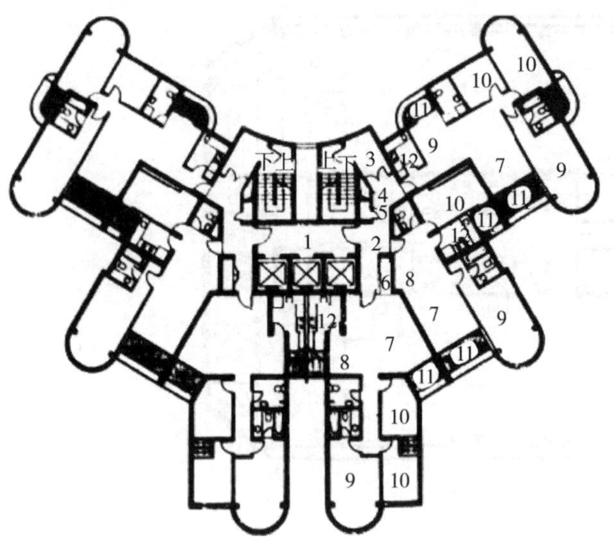

图 5-109 采用自然采光通风的偏置中心核
1- 电梯厅兼前室；2- 过厅；3- 前室；4- 风管井；5- 水管井；6- 电缆井；
7- 客厅；8- 餐厅；9- 主卧室；10- 卧室；11- 阳台；12- 厨房

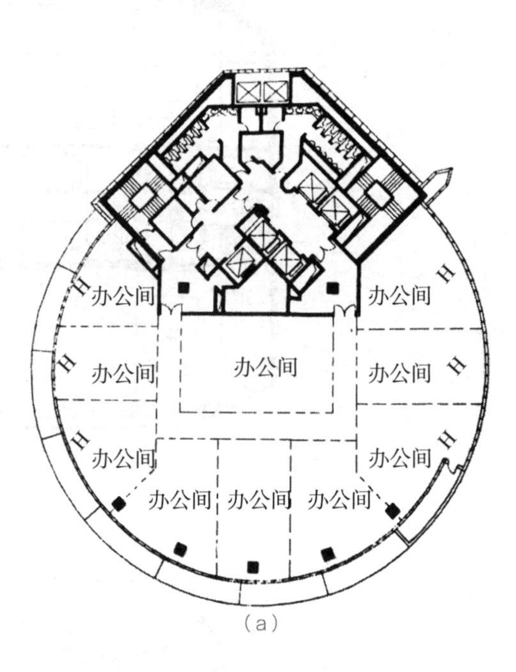

（a）

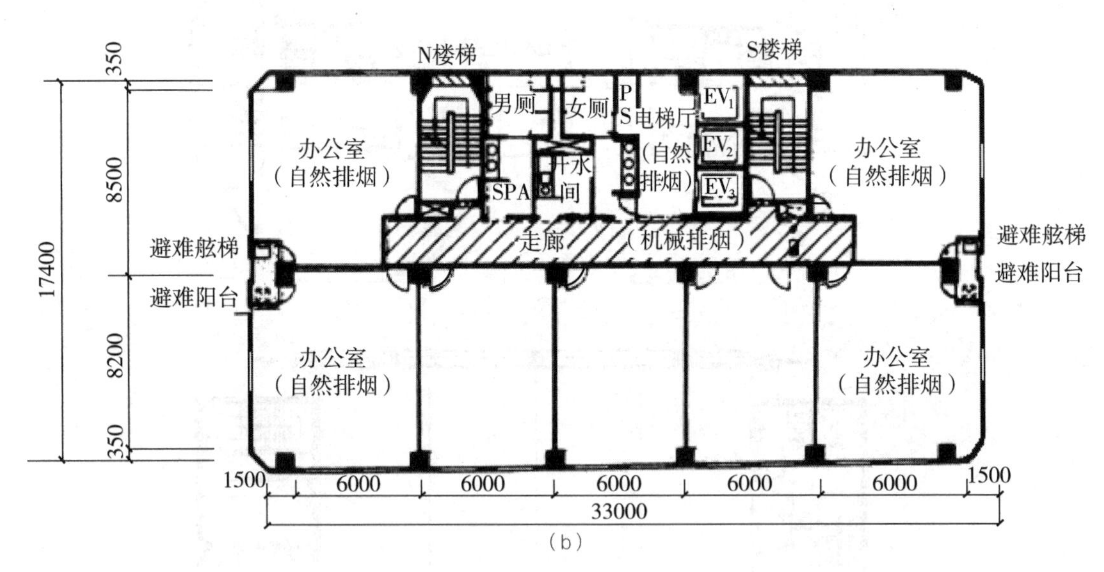

（b）

图 5-110 偏置中心核

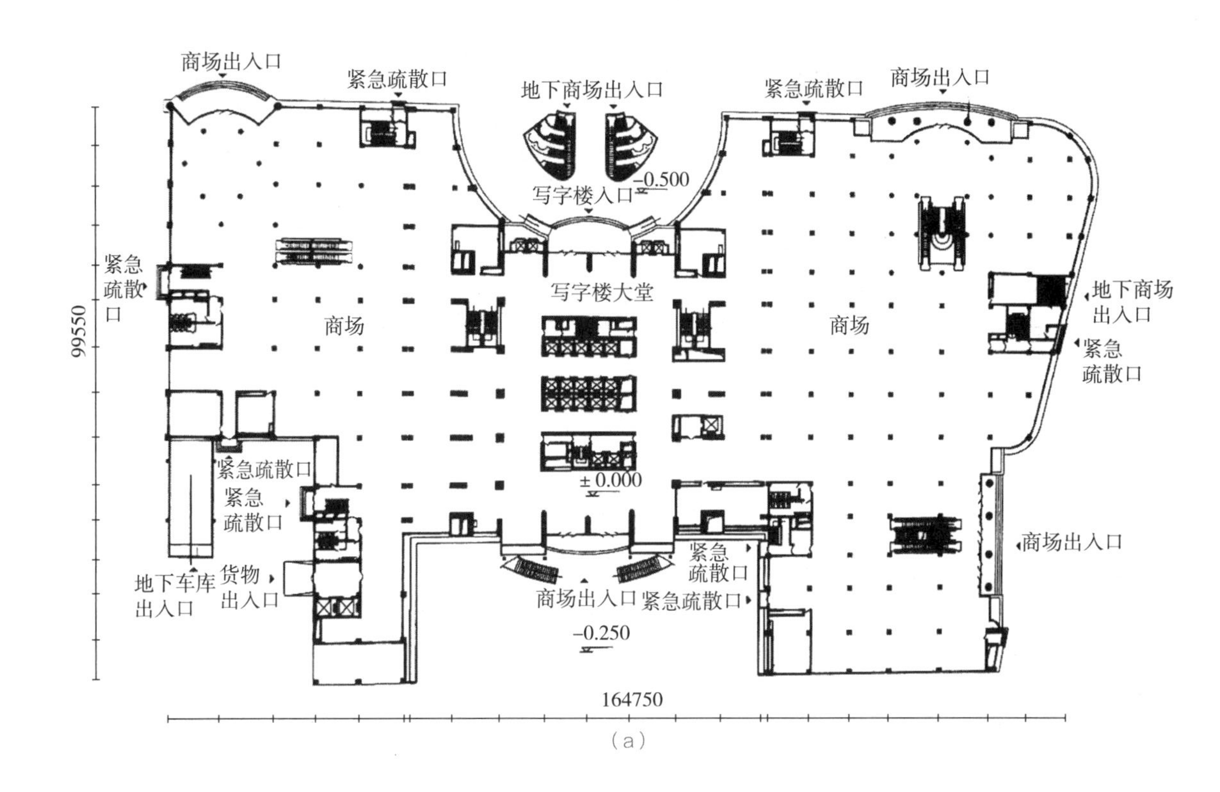

（a）

（b）

图 5-111　分散中心核

（a）某建筑首层平面图；（b）某建筑标准层平面图

1- 客厅；2- 卧室；3- 厨房；4- 饭厅；5- 电梯厅；

5.9* 日本的疏散时间计算方法简介

日本在安全疏散方面一直采用手算的方法。2000 年日本颁布最新疏散评估计算方法。

日本关于疏散预测的计算已写入建筑基准法。所谓疏散时间的预测方法，是指由火灾发生到疏散开始的疏散开始时间、由疏散开始到疏散结束的疏散行动时间的计算程序以及方法。

5.9.1 疏散开始时间

首先阐述从发生火灾到开始疏散所需要的时间，也就是疏散开始时间的计算方法。这里所说的疏散开始是指现场的所有人员开始疏散。

1）着火房间的疏散开始时间

无论任何区域发生火灾，火灾发生区域的现场人员肯定是最先感触到危险并开始疏散行动。可以将火灾发生区域的现场人员察觉火灾所需要的时间，作为由火源产生的烟气、气味影响到区域内或室内全体人员的时间。

$$t_{s,r}(\text{min})=\frac{\sqrt{A}}{30} \qquad (5\text{-}6)$$

式中，A 表示室内面积，单位 m^2。

情景示例：

情景一：如图 5-112 所示，共用一个出口的房间，即套间式房间

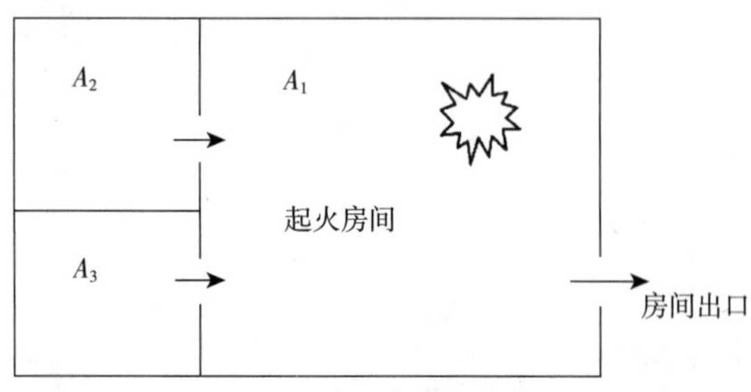

图 5-112 套间式房间

$$t_s=\sqrt{\frac{\Sigma A_{area}}{30}}=\sqrt{\frac{A_1+A_2+A_3}{30}}$$

情景二：如图 5-113 所示，既有共用一个出口的房间，又有单独出口的房间时，只计算套间的疏散开始时间。

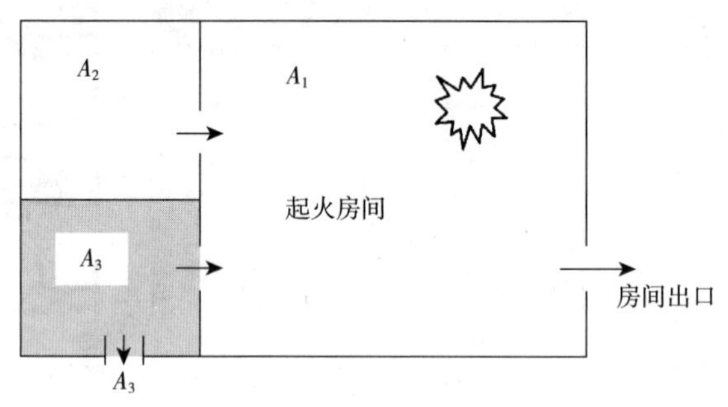

图 5-113 既有套间，又有单间

$$t_s=\sqrt{\frac{\Sigma A_{area}}{30}}=\sqrt{\frac{A_1+A_2}{30}}$$

还有一种观点认为可以根据烟气下降的时间，当烟层下降到屋顶高度 H(m)的 90% 时(图 5-114)能察觉火灾。此时，火源的发热速度为 $Q=Q_0t^n$(kW)，并提出可以使用以下公式计算开始疏散时间：

$$t_{s,r}=\left\{\frac{(0.9H+z_0)^{-\frac{2}{3}}-(H+z_0)^{-\frac{2}{3}}}{[2/(n+3)](k/A)Q_0^{\frac{1}{3}}}\right\}^{\frac{3}{n+3}} \qquad (5\text{-}7)$$

式中，z_0 表示设想发热源位置的修正值（当设想发热源的位置在火源的下方时为正号），单位 m；k 表示用烟层密度 ρ_s(kg · m^{-3})，除以火灾特性系数所得的数值（kg · s^{-1} · $kW^{-\frac{1}{3}}$ · $m^{-\frac{5}{3}}$）；n 是相对于时间的火灾的发展常数如果是恒定燃烧火源，当 n=0 时，Q_0 为发热速度，单位 kW；如果火源以时间的平方的速度扩展，则 n=2 时，Q_0 为火灾发展率，单位 kW · s^{-2}。

2）着火楼层的疏散开始时间

着火楼层的疏散开始时间 $t_{s,f}$ （s）是指除发生

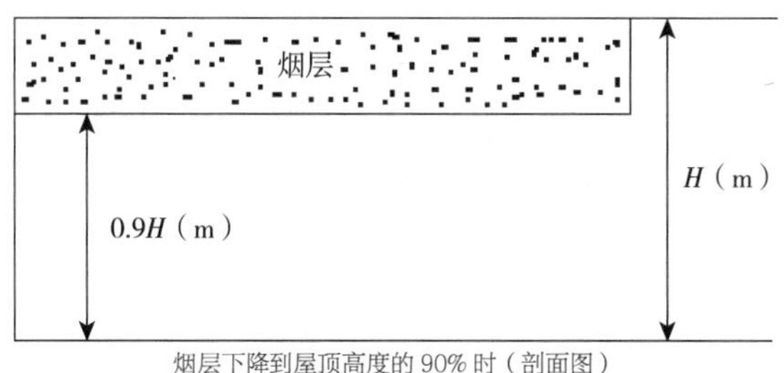

烟层下降到屋顶高度的 90% 时（剖面图）

图 5-114 疏散开始时的室内状况

火灾的房间以外的，本楼层的全体现场人员开始疏散之前的那段时间。按照与房间疏散同样的观念，不只是由火源产生的烟气，同时也考虑到已经察觉火灾人员将火灾信息传达给现场其他人员的因素，提出以下公式：

$$t_{s,f}=2\sqrt{A_f}+\alpha \quad (s) \qquad (5-8)$$

在式（5-6）中，A_{floor} 是发生火灾楼层里所存在的需要疏散的人员所占据的房屋的地面面积之和。关于参数 α，从建筑物的用途上讲，当建筑作为住宅楼、宾馆等使用时 α=300，其他用途则设定为 α=180。也有时单纯地将非火灾层设定为火灾层的 2 倍。

还有一种方法是将现场人员开始疏散之前的过程细分以后再计算出避难开始时间 $t_{s,f}$（s）。

$$t_{s,f}=t_d+t_o+t_{res}+t_f+t_{rep}+t_a \qquad (5-9)$$

式中：t_d 是探测器的开始工作时间；t_o 是探测器开始工作后，火灾警报系统报警的时间；t_{res} 是指系统报警后，消防报警控制中心的管理人员到达探测器报警区域的时间；t_f 是指管理人员在警戒区内发现火灾所需的时间；t_{rep} 是发现火灾后与消防报警控制中心等部门取得联系的时间；t_a 是由中控室进行信息、疏散引导播报的时间。

5.9.2 疏散行动时间

所谓的疏散行动时间是指从疏散开始到所有的疏散人员完成疏散所需要的时间。疏散行动时间一般分为由火灾发生区域的疏散（房间疏散）和由火灾发生楼层开始的疏散（楼层疏散）。其基本的计算方法是由步行时间和滞留时间算出。

疏散人员利用步行距离最大 L（m）的疏散路线进行疏散，步行速度为 v（m · s^{-1}），所需要的步行时间 t_L（s）为：

$$t_L=L/v \qquad (5-10)$$

关于步行速度的典型数值及建筑物内人员特征和运动特征与建筑物使用功能的关系可分别参考表 5-15 和表 5-16 。

另外，疏散人员 P 聚集在宽度为 B 的出口前，由停留状态到全体人员通过出口所需要的时间，也就是滞留时间 t_B（s）如式（5-9）所示。

$$t_B=\frac{P}{NB} \qquad (5-11)$$

此处的 N 表示流动系数（人 · m^{-1} · s^{-1}）即单位时间内单位宽度的通过人数。一般流动系数 N 使用 1.5 · m^{-1} · s^{-1}。

这些计算公式是计算火灾发生房间以及火灾发生楼层的疏散时间时所用的基本公式，以下介绍它们之间的相关事项。

1）起火房间的疏散行动时间

我们设想发生火灾房间的人员察觉火灾后一齐向室外开始疏散行动。首先，在疏散行动路线设计方面， 以均匀分布于房间内的现场人员按照制定的活动路线行动为条件，计算出由房间到达出口所需的步行时间 t_t（s）。$l_{max,room}$（m）为最大步行距离，v（m · s^{-1}）为步行速度，如式（5-10）所示。

$$t_r= l_{max,room}/v \qquad (5-12)$$

出口疏散流出是从所有的现场人员到达出口时开始，这里的疏散流出所需要的滞留时间

t_q（s）可以用式（5-11）来计算。

$$t_q=\frac{P_r}{NB} \qquad (5-13)$$

用于疏散预测计算的步行速度 表 5-15

建筑物或房间的用途	建筑物的各部分分类	疏散方向	步行速度（m・s^{-1}）
剧场及其他具有类似用途的建筑	楼梯	上	0.45
		下	0.6
	座席部分	—	0.5
	楼梯及座席以外的部分	—	
百货商店，展览馆及其他具有类似用途的建筑或公共住宅楼，宾馆及具有类似用途的其他建筑（医院，诊所及儿童福利设施等除外）	楼梯	上	0.45
		下	0.6
	楼梯以外的其他部分	—	
学校，办公楼及具有类似用途的其他建筑	楼梯	上	0.58
		下	0.78
	楼梯以外的其他部分	—	1.3

建筑物内人员特征和运动特征与建筑物使用功能的关系 表 5-16

建筑物类别	人员特征与运动特征	建筑物示例
剧院等	人员密度大，人员不固定	宴会厅等公众聚集场所
百货店	人员不固定	图书馆、美术馆、博物馆
旅馆	人员不固定且有可能处于就寝状态	
医院	自理能力差，行动困难	盲人学校、敬老院
学校、办公楼、住宅	人员相对固定，对建筑物较熟悉	

式中，P_r 表示现场人数，由现场人员密度 p（人/m^2）与室内地面面积（m^2）之乘积求得。

疏散行动时间 $t_{m,r}$（s）是这些参数之和，用式（5-12）表示。

$$t_{m,r}=t_t+t_q=\frac{l_{max,room}}{v}+\frac{P_r}{NB} \qquad (5-14)$$

2）起火楼层的疏散行动时间

所谓起火楼层的疏散行动时间，是指从疏散开始到楼层所有人员疏散到楼梯间的那段时间。按照预先设定的由各个房间开始的疏散路线进行疏散并计算出时间。在计算火灾楼层的疏散行动时间时，各个房间疏散人群的移动以及门口部位的流动如图 5-115 所示的图解方法计算。

疏散开始时刻

距离出口最远的疏散人员到出口的时刻

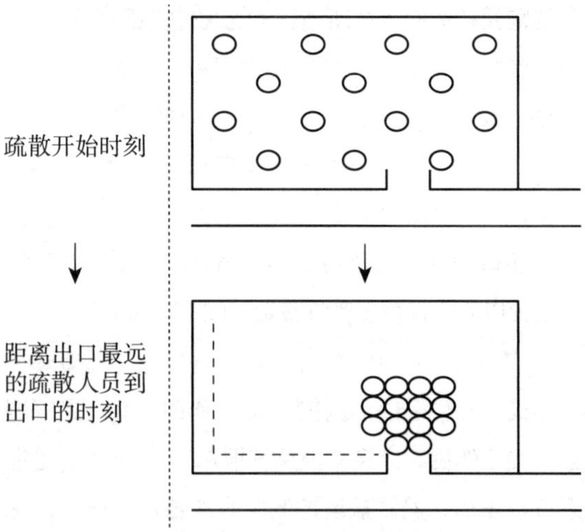

图 5-115 疏散行动时间计算模式

但是，由于从火灾楼层的各个房间到达楼梯间所产生的时间差，导致疏散流动预测比较繁杂。建议使用时将每个时刻简化，采用到达楼梯间的最大步行时间和疏散路径上的最大滞留时间之和来进行计算。基于这种方法，楼层疏散的疏散行动时间 $t_{m,f}$（s）的计算如式（5-13）所示。右边的第一项表示从疏散楼层的各个部位到预测的火灾楼层疏散场所的最大步行时间；

右边第二项表示疏散路线上，在最小宽度出口处的滞留时间。

$$t_{m,f}=\frac{l_{max,room}}{v}+\frac{P_r}{NB_{min}} \quad (s) \qquad (5-15)$$

式中，$l_{max,room}$ 表示由疏散区域的各个部位，到达火灾楼层的指定疏散场所的最大步行距离（楼梯间或者楼梯前室）；P_f 是指利用通向火灾楼层的疏散场所的出口的需要疏散人数（人）；B_{min} 表示疏散过程中最小的出口宽度（m），P 为居室人员密度，A_r 为居室楼面面积。

情景示例：

情景一：如图 5-116 所示，一个出口的房间。

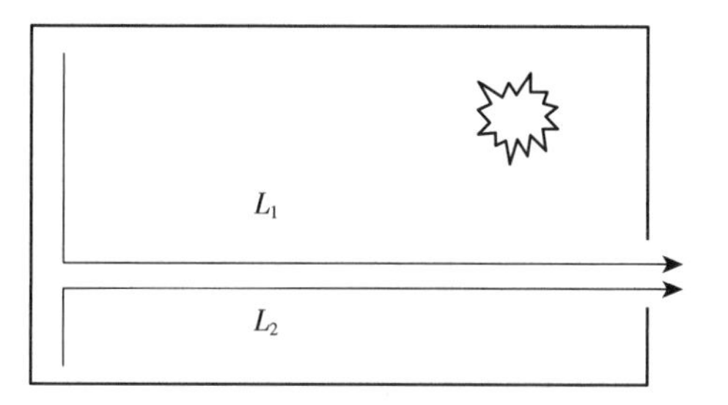

图 5-116　一个出口房间疏散计算示意

$$t_t=\max\left(\frac{L_1}{V_1},\frac{L_2}{V_2}\right)$$

公式中，V_1、V_2 分别为相应的行走速度。

情景二：如图 5-117 所示，两个出口的房间。

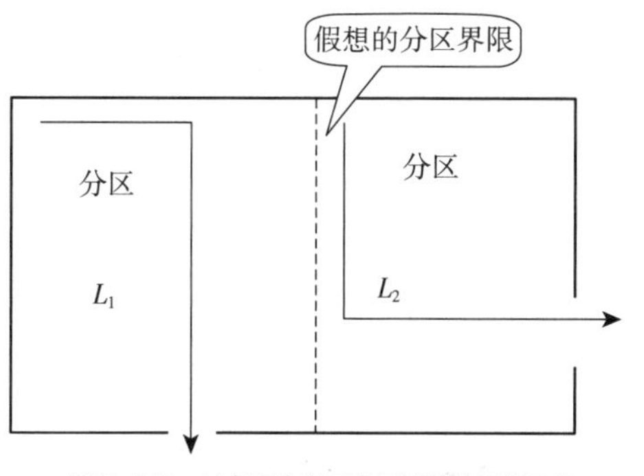

图 5-117　具有两个出口房间的疏散计算示意

$$t_{travel}=\max\left(\frac{L_1}{V_1},\frac{L_2}{V_2}\right)$$

虚线所示为假想的划分区域，划分的方式无需过于严格，但最恰当的方法是大致在两个开口的中间处划分。

情景三：如图 5-118 所示，跃层人员疏散的 t_{travel}。

该图中第二层人员的行走路线先为水平通道，其次为楼梯，最后为水平通道；第一层的人员行走路线均为水平通道。

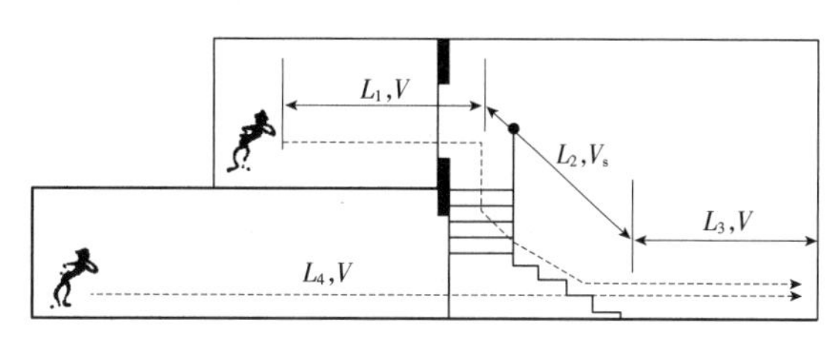

图 5-118　跃层建筑中人员疏散计算示意

$$t_{travel}=\max\left(\frac{L_1}{V}+\frac{L_2}{V_s}+\frac{L_3}{V},\frac{L_4}{V}\right)$$

公式中，V_s 为人员在楼梯上的行走速度。

情景四：如图 5-119 所示，会议室出口通过时间。

各房间的情况如图所示，会议室的面积 200m²。根据其用途，人员密度为 1.5 人/m²。

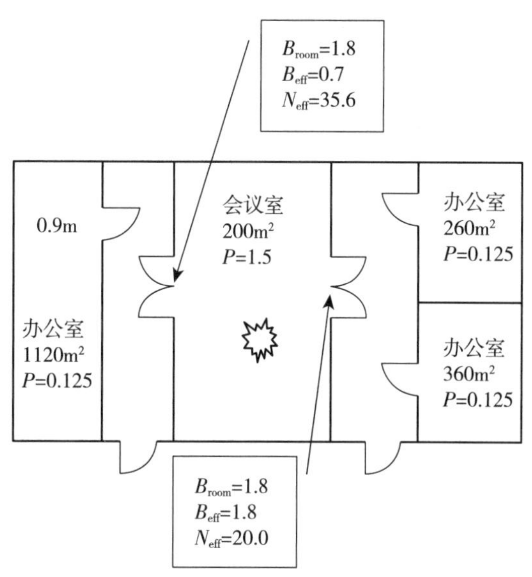

图 5-119　会议室人员疏散计算示意

$$t_{queue}=\frac{\sum PA_{area}}{\sum B_{eff}N_{eff}}=\frac{1.5\times200}{35.6\times0.7+20.0\times1.8}=4.92(\text{min})$$

根据房间用途而定的人员密度值　　表 5-17

居室种类		场内人员密度（人 /m²）
住宅居室		0.06
非住宅建筑物中的寝室	床固定时	用地面面积除以床数
	其他情况	0.16
办公室、会议室以及其他类似情况		0.125
教室		0.7
百货商店或经营物品销售的店铺	柜台部分	0.5
	柜台附近的通道部分	0.25
餐饮厅		0.7
剧场、电影院、演技场、公共礼堂、集会场所，其他与此具有相似功能的场所	有固定座位的场所	用地面面积除以座位数
	其他场所	1.5
展览室及其他类似的场所		0.5

5.9.3　参数的确定

1）房间内的总人数 $\sum PA_{area}$

人数要根据该场所的面积 A_{area} 乘以人员密度 P 来计算，根据房间用途而定的人员密度值，见表 5-17 。对于使用用途复杂的房间要分别计算，例如：

情景：如图 5-120 所示，用途复杂的房间总人数计算。

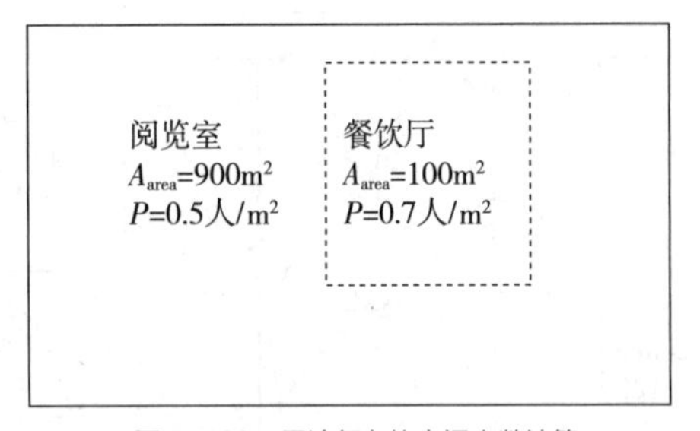

图 5-120　用途复杂的房间人数计算

$\sum PA_{area}$=0.5×900+0.7×100=450+70=520（人）

2）有效流动系数 N_{eff}

N_{eff} 指单位时间通过单位宽度疏散通道的人数，单位为人·（m·min）$^{-1}$，如表 5-18 所示。

表 5-18 中，A_{co}（m²）为通道的面积，a_n（m²·人$^{-1}$）为疏散通道上必要的滞留面积，见表 5-19；P（人/m²）为人员密度，B_{neck}（m）为疏散通道上所有出口的最小宽度，在此出口处产生瓶颈效果，B_{room}（m）为房间的出口宽度，$\sum PA_{load}$ 为通道里通过的疏散人员的数量。

（1）有直通室外地面的出口

如图 5-121 示意图。N_{eff}=1.5（人·m^{-1}·s^{-1}）×60（秒）=90（人·m^{-1}·s^{-1}）

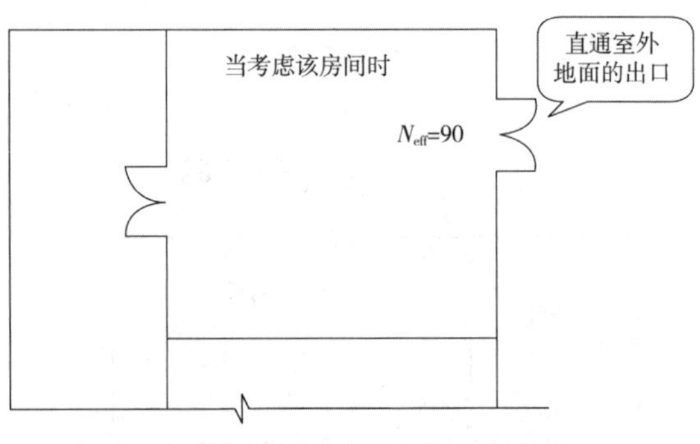

图 5-121　有直通室外地面的出口示意图

（2）无直通室外的出口

① 当通道能够容纳下房间内人员时的情况，如图 5-122 所示。

$$\sum \frac{A_{co}}{a_n} \geqslant \sum PA_{load}$$

左式代表通道等部分可能容纳的人数，右式代表房间内的人数。

这时 N_{eff} 和有直接通向室外出口的 N_{eff} 值相同，即：

有效流动系数 N_{eff} 表 5-18

疏散通道类型	通道可能容纳人数	有效流动系数 N_{eff} [人·(m·min)$^{-1}$]
当房间有直通室外的出口		$N_{eff}=90$
其他场合	$\Sigma\dfrac{A_{co}}{a_n}\geqslant\Sigma PA_{load}$	$N_{eff}=90$
	$\Sigma\dfrac{A_{co}}{a_n}<\Sigma PA_{load}$	$N_{eff}=\max\left[\dfrac{80B_{neck}}{B_{room}}\dfrac{\Sigma\frac{A_{co}}{a_n}}{\Sigma PA_{load}},\ \dfrac{80B_{neck}}{\text{疏散出口宽度总和，m}}\right]$

人员必要的滞留面积 a_n 表 5-19

疏散通道的部位	每人所需的最小的滞留面积（m^2·人$^{-1}$）
楼梯前室	0.2
楼梯间	0.25
走廊等其他部分	0.3

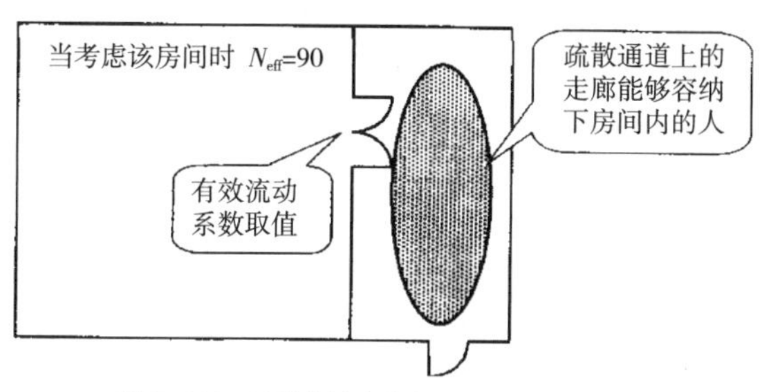

图 5-122 通道能够容纳房间内人员的状况示意

N_{eff}=1.5（人·m^{-1}·s^{-1}）×60（s）=90（人·m^{-1}·min^{-1}）

② 当通道不能容纳下房间内人员时的情况，如图 5-123 所示。

当 $\Sigma\dfrac{A_{co}}{a_n}<\Sigma PA_{load}$ 时，N_{eff} 将变小。

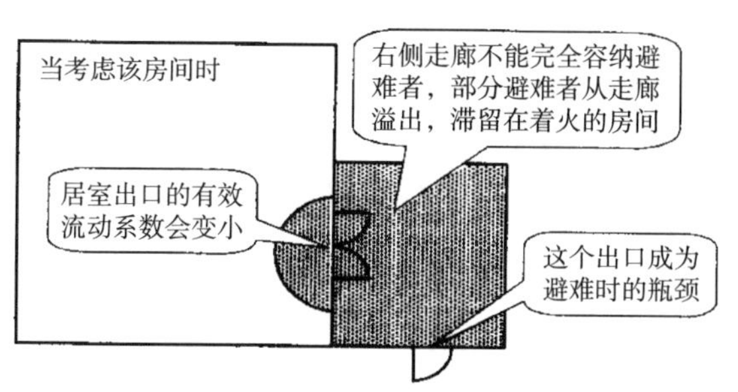

图 5-123 通道不能容纳房间内人员的状况示意

3）有效宽度

情景一：

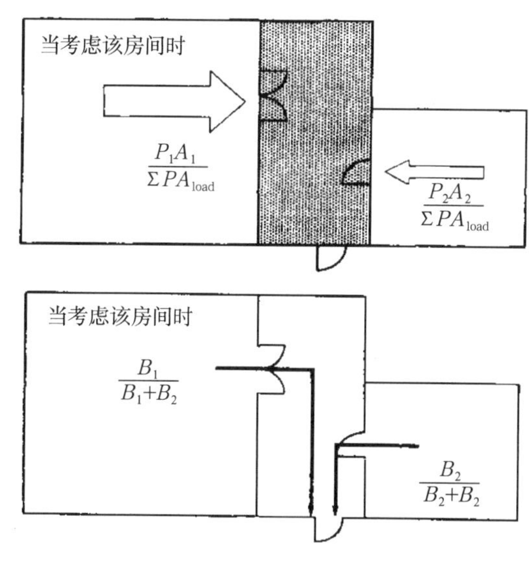

情景二：

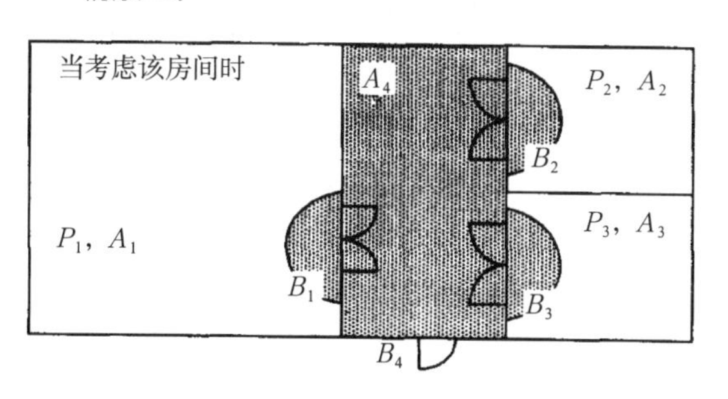

图 5-124 有效宽度示意

$A_{co}=A_4$，$\sum PA_{load}=P_1A_1+P_2A_2+P_3A_3$

$B_{room}=B_1$，$B_{neck}=\min(B_1,B_4)$，$B_{load}=B_1+B_2+B_3$

4）A_{co} 及 A_{load}

通道面积 A_{co} 和如下不经过避难途径就无法疏散的建筑楼面积 A_{load}，分别如图 5-125 所示。

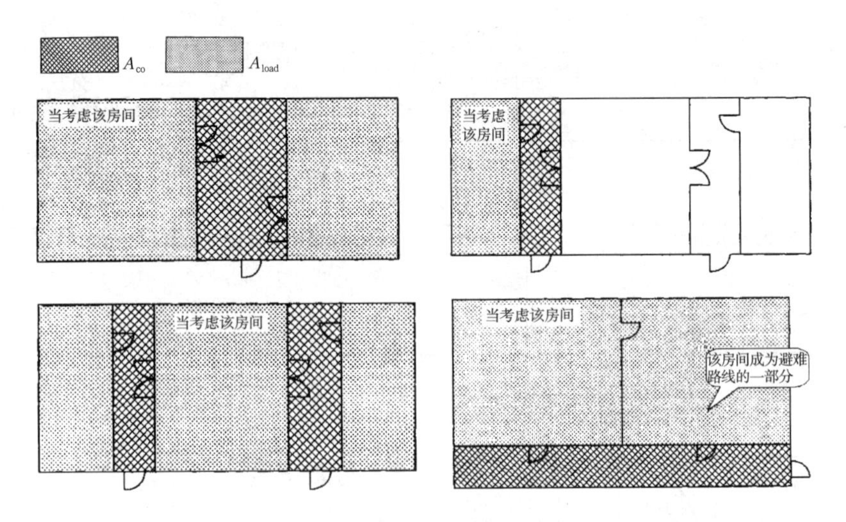

图 5-125　通道面积与疏散房间面积示意

5）B_{neck} 和 B_{load}

疏散通道上所有出口的最小宽度 B_{neck} 和如下不经过避难途径就无法避难的该避难途径出口的总宽度 B_{load}，如图 5-126 所示。

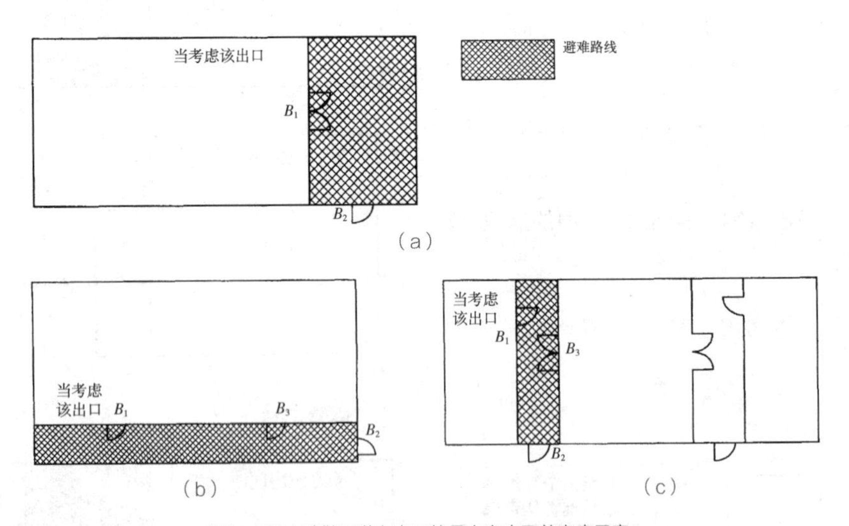

图 5-126　疏散通道上出口的最小宽度及总宽度示意

(a) $B_{room}=B_1$，$B_{neck}=\min(B_1, B_2)$，$B_{load}=B_1$；(b) $B_{room}=B_1$，$B_{neck}=\min(B_1, B_2)$，$B_{load}=B_1+B_3$；(c) $B_{room}=B_1$，$B_{neck}=\min(B_1, B_2)$，$B_{load}=B_1$

第6章 Chapter 6 Fire Protection Design of Underground Buildings 地下建筑防火设计

6.1 地下建筑火灾特点

与地面建筑相比，地下建筑有许多特点。地下建筑是在地下通过开挖、修筑而成的建筑空间，其外部由岩石或土层包围，只有内部空间，无外部空间，不能开设窗户，由于施工困难及建筑造价等原因，与建筑外部相连的通道少，而且宽度、高度等尺寸较小。由此决定了地下建筑发生火灾时的特点。

6.1.1 地下建筑火灾燃烧的特点

地下建筑与外界连通的出口少，发生火灾后，烟热不能及时排出去，热量集聚，建筑空间温度上升快，可能较早地出现轰燃，使火灾温度很快升高到 800℃以上，房间的可燃物会全部点燃，烟气体积急剧膨胀。因通风不足，燃烧不充分，一氧化碳、二氧化碳等有毒气体的浓度迅速增加，高温烟气的扩散流动，不仅使所到之处的可燃物蔓延燃烧，更严重的是导致疏散通道能见距离降低，影响人员疏散和消防队员救火。

地下建筑发生火灾时，其燃烧状况，在一定意义上说，是由外界的通风所决定的。由于出入口数量少，特别是对于只有一个出入口的地下室，氧气供给不充分，发生不完全燃烧时，火灾室烟雾很浓，并逐步扩散，从出入口向外排烟。另一方面，还要通过这个出入口向地下建筑流进新鲜空气。因而就会出现中性面，其位置在火灾初期时较高，以后逐步降低。

地下建筑内部烟气流动状况是复杂的，它受地面的风向、风速的影响而变化。尤其是对于具有两个以上出入口的地下建筑，一般说来，自然形成排烟口与进风口，当开口较多时，火灾燃烧速度也比较快。

6.1.2 疏散困难

（1）地下建筑由于受到条件限制，出入口较少，疏散步行距离较长，火灾时人员疏散只能通过出入口，而云梯车之类消防救助工具，对地下建筑的人员疏散就无能为力。地面建筑火灾时，人只要跑到火灾层以下便安全，而地下建筑只要没有跑出建筑物之外，总是不安全的。

（2）火灾时，平时的出入口在没有排烟设备的情况下，将会成为喷烟口，高温浓烟的扩散方向与人员疏散的方向一致，而且烟的扩散速度比人群疏散速度快得多，人们无法逃避高温浓烟的危害，而多层地下建筑则危害更大。国内外研究证实，烟的垂直上升速度为 3~4m/s，水平扩散速度为 0.5~0.8m/s；在地下建筑烟的扩散实验中证实，当火源较大时，对于倾斜面的吊顶来说，烟流速度可达 3m/s。由此看来，无论体力多好的人，都无法跑过烟。

（3）地下建筑火灾中因无自然采光，一旦停电，漆黑又有热烟等毒性作用，给人员疏散和灭火行动都带来了很大困难。即使在无火灾情况下，一旦停电，人们也很难摸出建筑之外。国际上的研究结论指出，只要人的视觉距离降到 3m 以下，逃离火场就根本不可能。

（4）地下建筑发生火灾时，会出现严重缺氧，产生大量的一氧化碳及其他有害气体，对人体危害甚大。地下建筑中发生火灾时，造成缺氧的情况比地面建筑火灾严重得多。

6.1.3 扑救困难

消防人员无法直接观察地下建筑中起火部位及燃烧情况，这给现场组织指挥灭火活动造成困难。在地下建筑火灾扑救过程中造成火场侦察员牺牲的案例不少。灭火救援路线少，除了有数的出入口外，别无他路，而出入口又极易成为“烟筒”，消防队员在高温浓烟情况下难以接近着火点。可用于地下建筑的灭火剂比较少，对于人员较多的地下公共建筑，如无一定条件，则毒性较大的灭火剂不宜使用。地下建筑火灾中通信设备相对较差，步话机等设备难以使用，通信联络困难，照明条件比地面差得多。由于上述原因，从外部对地下建筑内的火灾要进行有效的扑救是很难的。

6.2 地下建筑的防火设计

地下建筑防火设计，要坚持“预防为主，防消结合”的方针，从重视火灾的预防和扑救初期火灾为出发点，制定正确的防火措施，建设比较完善的灭火设施，以确保地下空间的安全使用。

6.2.1 地下建筑的使用功能和规模

（1）人员密集的公共建筑应设在地下一层。如影剧院、地下游乐场、溜冰场等，为了缩短疏散距离，使发生火灾后人员能够迅速疏散出来，应设在地下一层，不宜埋设很深，更不能设在地下深层。商业和服务行业为主的、流动人员较多的地下街一般应设在地下一层，而且应该浅埋。日本的大城市（百万人口以上）都有地下街，有的中等城市也有地下街。并且和地下铁道、车站的地下层相连通，一般都设在地下一层；地下二层是地下铁道或高速公路，在市区的地下通道、地下车库等；地下三层一般是设备层，如通风设备、污水沟、电缆沟等。日本消防法规中，明确规定，地下街只能设在地下一层，而且还规定，埋设深度超过 5m 时，人员上行设自动扶梯，当深度超过 7m 时，必须设上、下行自动扶梯。从我国具体情况来看，这样做在经济上尚有困难，但从人员的疏散安全的观点出发，人员密集的建筑应尽量浅埋。另外，超过两层（有的超过三层）的地下建筑，应设防烟楼梯，防烟楼梯除本身能“封闭”外，应设送风加压防烟系统和排烟系统，以确保疏散楼梯的安全。

（2）甲、乙类生产和贮存物品不应设在地下建筑内，这是我国现行建筑设计防火规范中规定的。一般说来，甲、乙类易燃易爆物品，着火后燃烧异常迅速猛烈，甚至会发生剧烈爆炸。地下建筑发生爆炸事故后，消防施救困难，更为严重的是，一些附建式地下建筑发生爆炸后，由于地下建筑泄压困难，冲击波会把建筑物摧毁，造成的相当严重的后果。例如某地下建筑，由于相邻地面汽油库漏油，汽油渗到地下建筑中挥发，达到了爆炸极限浓度，后因拉电灯的开关时打出火花，造成爆炸，而且是连续的爆炸，每爆炸一次，建筑物爆开一个洞，进一些空气，再爆炸一次，又进一些空气，就这样一直延续了几个小时，直到汽油的挥发气体燃烧完为止。

6.2.2 地下建筑的防火防烟分区设计

如前所述，已经投入使用的地下建筑，有的规模大，层数多，多用于商业服务业、文化娱乐等人员密集的公共设施、地下车库等。对于这样的大型地下建筑，由于人员密集，可燃物较多或火灾危险性较大，应该划分成若干个防火分区，对于防止火灾的扩大和蔓延是非常必要的，一旦发生火灾，能使火灾限制在一定的范围内。

从减少火灾损失的观点来说，地下建筑的防火分区面积以小为好，以商业性地下建筑为例，如果每个店铺都能形成一个独立的防火分区，当发生火灾时，关闭防火门或防火卷帘，防止烟火涌向中间的通道，可以使火灾损失控制在极小的范围内。然而，建设投资高，实际建造和使用也有一定困难。因此，还要把若干店铺划分在一个防火分区内，如图 6-1 所示。

地下建筑防火分区的划分，应比地面建筑要求严格。视建筑的功能而定，防火分区面积一般不宜大于 500m²，但设有可靠的防火灭火设施，如自动报警和自动喷水灭火系统时，可以放宽，但不宜大于 1,000m²，如图 6-2、图 6-3 所示。地下半地下建筑防火分区的允许最大建筑面积汇总，如表 6-1 所示。对于商业营业厅、展览厅等特殊用途的地下建筑，其内部装修符合规范要求，并设有防烟、排烟设备时，其防烟分区面积可达到 2,000m²。

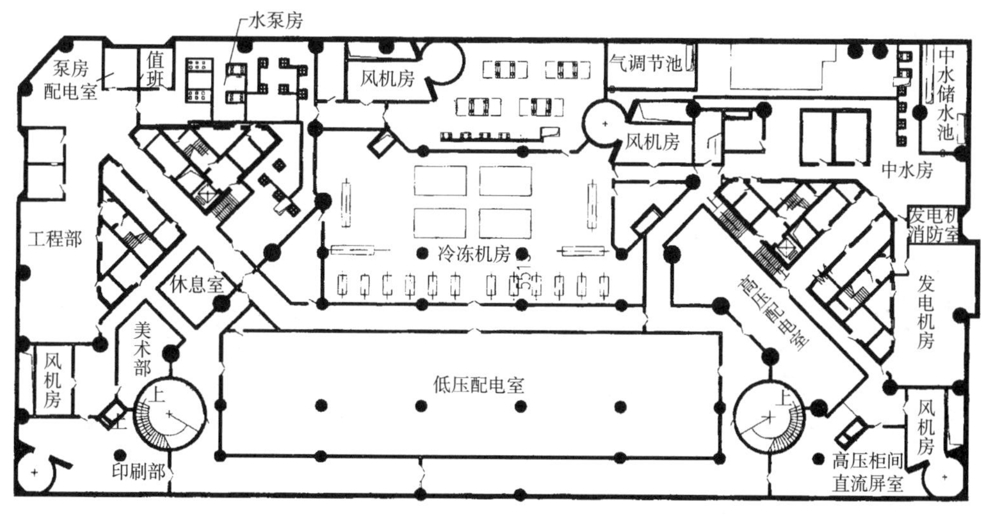

图 6-1　地下建筑的防火分区设计示意

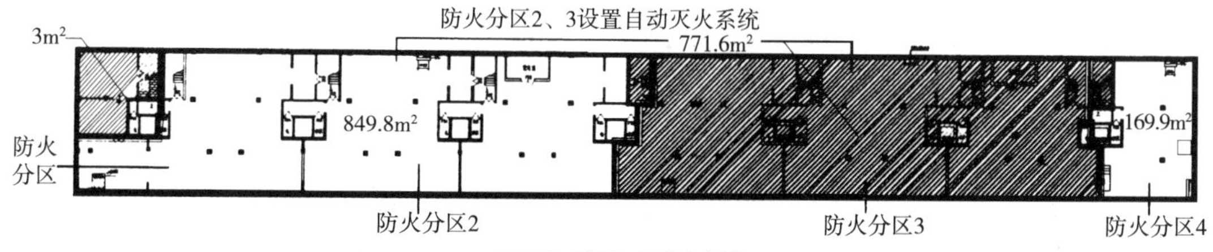

图 6-2　地下一层防火分区

地下半地下建筑防火分区的允许最大建筑面积（m^2） 表 6-1

防火分区类别	每个防火分区建筑面积	设自动灭火系统
地下室管理用房	500	1,000
地下消防控制室等设备用房	1,000	2,000
地下展览厅、营业厅	500	设“双自”，不燃材料装修，2,000
地下电影院、礼堂的观众厅	1,000	必须设“双自”，面积不增加
地下≥ 60℃可燃液体库房	150	300
地下可燃固体库房	300	600
地下丁类物品库房	500	1,000
地下戊类物品库房	1,000	2,000
地下汽车库	2,000	4,000
地下有车行道有人员停留的机械汽车库	1,300	2,600

注：双自是火灾自动报警和自动灭火系统的简称

当前地下商业面积有越来越大的趋势，十多万平方米的也不稀奇。为了减弱地下商业火灾的严重后果，因此《建筑设计防火规范》GB 50016—2014（2018年版）规定：当地下商店总面积大于 20,000m^2 时，应采用不开设门、窗、洞口的防火墙、耐火极限不低于 2.00h 的楼板分隔为多个面积不大于 20,000m^2 的区域，如图 6-4 所示。相邻区域确需局部连通时，应选择采用以下措施进行防火分隔，如图 6-5 所示。

（1）采用下沉式广场等室外开敞空间与地下建筑连通。此室外开敞空间应能防止相邻区域火灾蔓延，并且便于安全疏散。地下建筑利用下沉式广场等室外开敞空间进行防火分隔时，如图 6-5 所示，

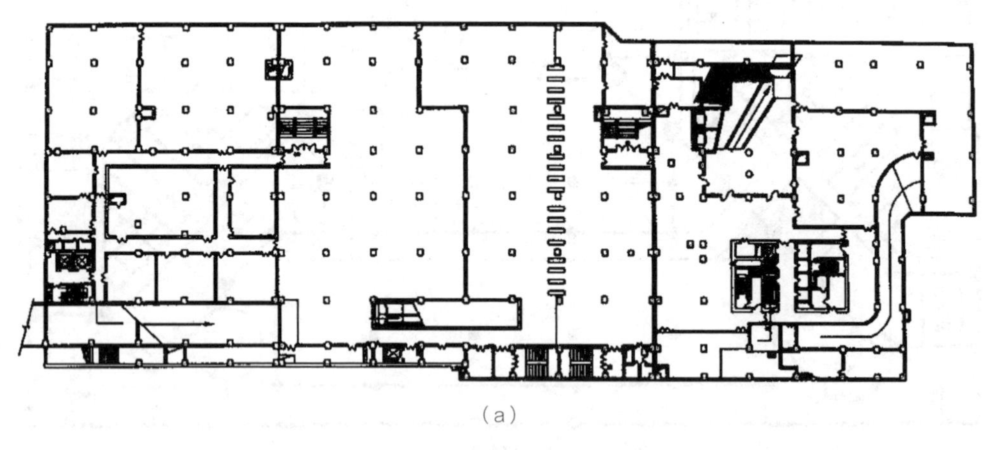

（a）

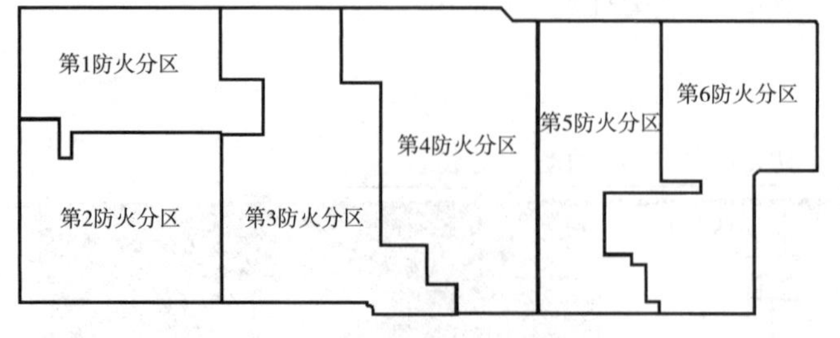

图中：第1防火分区面积：1,191m^2；
第2防火分区面积：1,492m^2；
第3防火分区面积：1,982m^2；
第4防火分区面积：1,955m^2；
第5防火分区面积：1,830m^2；
第6防火分区面积：1,469m^2；

（b）

图 6-3 地下商业超市防火分区示意图
（a）地下商业超市；（b）防火分区示意

应符合下列规定：

① 分隔后的不同区域通向下沉式广场等室外开敞空间的安全出口最近边缘之间的水平距离不应小于13m。室外开敞空间除用于人员疏散外不得用于其他商业或可能导致火灾蔓延的用途，其中用于人员疏散的净面积不应小于169m²。

② 下沉式广场等室外开敞空间内应设置不少于1部直通地面的疏散楼梯。当连接下沉广场的防火分

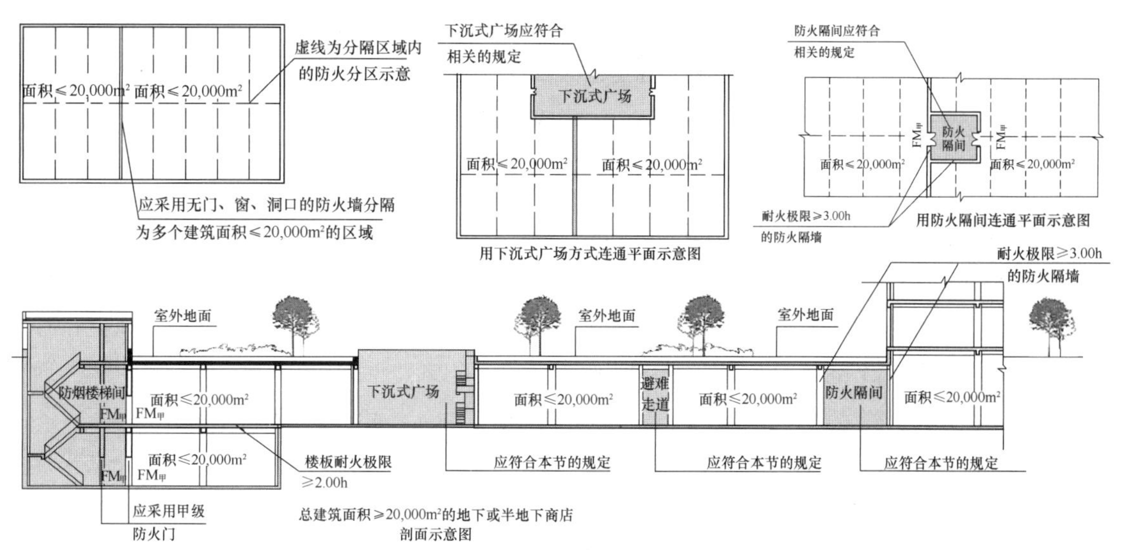

图6-4 地下商店总面积＞20,000 m²的地下或半地下商店分隔连通示意图

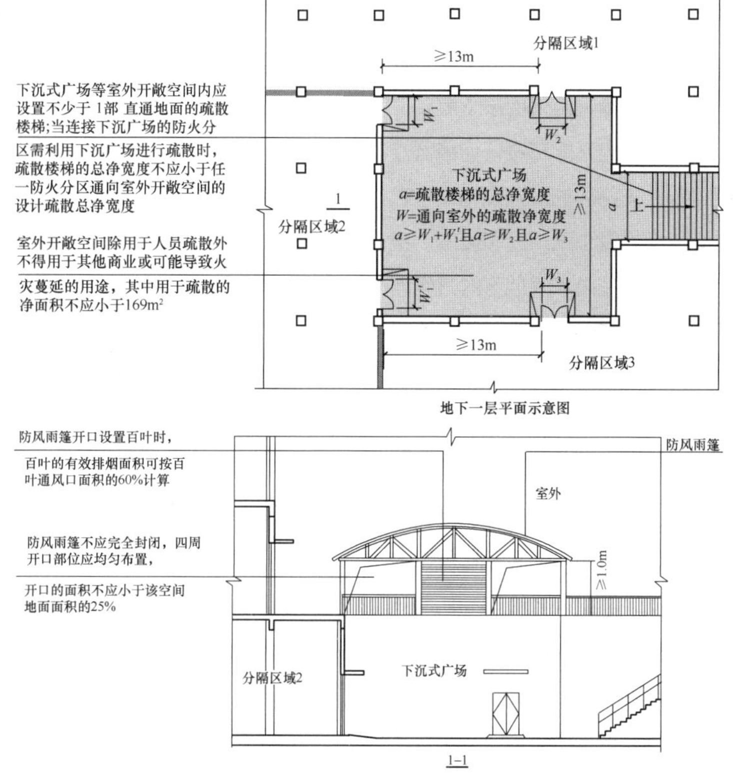

图6-5 下沉式广场等室外开敞空间技术要求示意图

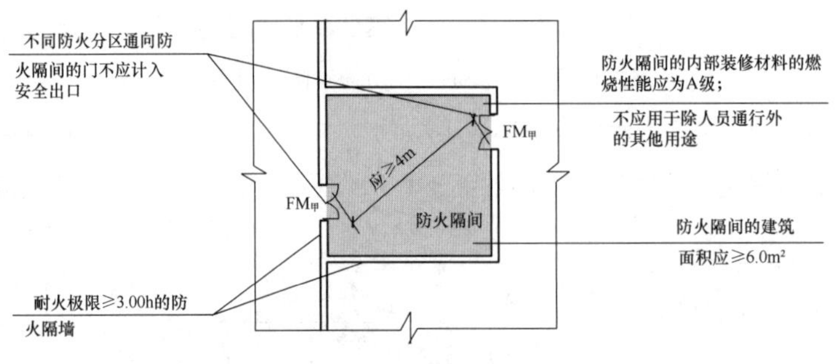

图 6-6 防火隔间技术要求示意图

区需利用下沉式广场进行疏散时，疏散楼梯的总净宽度不应小于任一防火分区通向室外开敞空间的设计疏散总净宽度。

③ 确需设置防风雨棚时，该防风雨棚不应完全封闭，四周开口部位应均匀布置，开口的面积不应小于该空间地面面积的 25%，开口高度不应小于 1m；开口设置百叶时，百叶的有效排烟面积可按百叶通风口面积的 60% 计算。

下沉式广场等室外开敞空间能有效地防止烟气积聚；足够宽度的室外空间，可以有效阻止火灾的蔓延。下沉式广场主要用于将大型地下商店分隔为多个相互相对独立的区域，一旦某个区域着火且不能有效控制时，该空间要能防止火灾蔓延至采用该下沉式广场分隔的其他区域。故该区域内不能布置任何经营性商业设施或其他可能导致火灾蔓延的设施或物体。在下沉式广场等开敞空间上部设置防风雨篷等设施，不利于烟气迅速排出。但考虑到国内不同地区的气候差异，确需设置防风雨篷时，应能保证火灾烟气快速地自然排放，有条件时要尽可能根据本规定加大雨篷的敞口面积或自动排烟窗的开口面积，并均匀布置开口或排烟窗。

为保证人员逃生需要，下沉广场等区域内需设置至少 1 部疏散楼梯直达地面。当该开敞空间兼作人员疏散用途时，该区域通向地面的疏散楼梯须均匀布置，使人员的疏散距离尽量短，疏散楼梯的总净宽度，原则上不能小于各防火分区通向该区域的所有安全出口的净宽度之和。但考虑到该区域内可用于人员停留的面积较大，具有较好的人员缓冲条件，故规定疏散楼梯的总净宽度不应小于通向该区域的疏散总净宽度最大一个防火分区的疏散宽度。条文规定的“169m^2”，是有效分隔火灾的开敞区域的最小面积，即最小长度 × 宽度 = 13m × 13m。对于兼作人员疏散用的开敞空间，是该区域内可用于人员行走、停留并直接通向地面的面积，不包括水池等景观所占用的面积。

“疏散楼梯的总净宽度不应小于任一防火分区通向室外开敞空间的设计疏散总净宽度”。较难理解，解析如下：

考虑到该区域内可用于人员停留的面积较大，具有较好的人员缓冲条件，故规定疏散楼梯的总净宽度不应小于通向该区域的疏散总净宽度最大一个防火分区的疏散宽度。

即：$a \geqslant W_2$，且 $a \geqslant W_3$，且 $a \geqslant W_1+W_1'$，即 $a=\max(W_1+W_1', W_2, W_3)$，如图 6-6 所示。

例如，某下沉式广场，使用人数最多的防火分区通向与其连接的下沉式广场的 2 个门净宽度均为 1.6m，则避难走道的净宽度最小为 3.2m。

（2）防火隔间。防火隔间的墙应为耐火极限不低于 3.00h 的防火隔墙，如图 6-7 所示，并符合下列规定：

① 防火隔间的建筑面积不应小于 6.0 m^2。

② 防火隔间的门应采用甲级防火门。

③ 不同防火分区通向防火隔间的门不应计入安全出口，门的最小间距不应小于 4m。

④ 防火隔间内部装修材料的燃烧性能应为 A 级。

⑤ 不应用于除人员通行外的其他用途。

防火隔间只能用于相邻两个独立使用场所的人

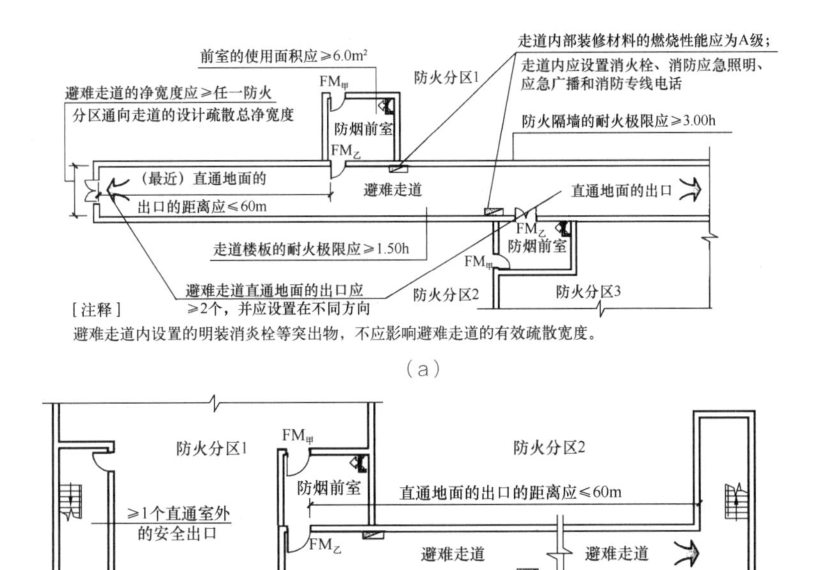

图 6-7 避难走道技术要求示意图
（a）有 2 个直通地面的出口；（b）有 1 个直通地面的出口

员相互通行，内部不应布置任何经营性商业设施。防火隔间的面积参照防烟楼梯间前室的面积做了规定。该防火隔间上设置的甲级防火门，在计算防火分区的安全出口数量和疏散宽度时，不能计入数量和宽度。

（3）避难走道。如图 6-7 所示，并符合下列规定：

① 避难走道防火隔墙的耐火极限不应低于3.00h，楼板的耐火极限不应低于 1.50h。

② 避难走道直通地面的出口不应少于 2 个，并应设置在不同方向；当避难走道仅与 1 个防火分区相通且该防火分区至少有 1 个直通室外的安全出口时，可设置 1 个直通地面的出口。任一防火分区通向避难走道的门至该避难走道最近直通地面的出口的距离不应大于 60m。

③ 避难走道的净宽度不应小于任一防火分区通向该避难走道的设计疏散总净宽度。

④ 避难走道的内部装修材料的燃烧性能应为 A 级。

⑤ 防火分区至避难走道入口处应设置防烟前室，前室的使用面积不应小于 6.0m^2，开向前室的门应为甲级防火门，前室开向避难走道的门应为乙级防火门。

⑥ 避难走道内应设置消火栓、消防应急照明、应急广播和消防专线电话。

避难走道主要用于解决大型建筑中疏散距离过长，或难以按照规范要求设置直通室外的安全出口等问题。避难走道和防烟楼梯间的作用类似，疏散时人员只要进入避难走道，就可视为进入相对安全的区域。为确保人员疏散的安全，当避难走道服务于多个防火分区时，规定避难走道直通地面的出口不少于 2 个，并设置在不同的方向；当避难走道只与一个防火分区相连时，直通地面的出口虽然不强制要求设置 2 个，但有条件时应尽量在不同方向设置出口。避难走道的宽度要求，参见本节下沉式广场的解析。

（4）防烟楼梯间。防烟楼梯间及其前室的门应为甲级防火门。

6.2.3 地下建筑的防排烟

地下建筑没有别的开口，火灾时通风不足，造成不完全燃烧，产生大量的烟气，充满地下建筑，涌入地下人行通道。而且，地下通道狭窄，烟层迅速加厚，烟流速度加快，对人员疏散和消防队员救火均带来极大困难。所以，对于地下建筑来说，如何控制烟气流的扩散，是防火设计的重点。

1）地下建筑的防烟分区

防烟分区设置的目的是将烟气控制在着火区域所在的空间范围内，并限制烟气从储烟仓内向其他区域蔓延。烟气层高度需控制在储烟仓下沿以上一定高度内，以保证人员安全疏散及消防救援。防烟分区过大时（包括长边过长），烟气水平射流的扩散中，会卷吸大量冷空气而沉降，不利于烟气的及时排出；而防烟分区的面积过小，又会使储烟能力减弱，使烟气过早沉降或蔓延到相邻的防烟分区。综合考虑火源功率、顶棚高度、储烟仓形状、温度条件等主要因素对火灾烟气蔓延的影响，并结合建筑物类型、建筑面积和高度，地下汽车库的防烟分区的建筑面积不宜大于 2,000m^2。其他地下建筑的防烟分区的最大允许面积及其长边最大允许长度应符合表 6-2 所示，且不得跨越防火分区，如图 6-8 所示。

在地下商业街等大型地下建筑的交叉道口处，两条街道的防烟分区不得混合，如图 6-9 所示。这样，不仅能提高相互交叉的地下街道的防烟安全性，而且，防烟分区的形状简单，还可以提高排烟效果。

公共建筑、工业建筑防烟分区的最大允许面积及其长边最大允许长度 表 6-2

空间净高 H (m)	最大允许面积 (m^2)	长边最大允许长度（m）
$H \leqslant 3$m	500	24
3m $< H \leqslant$ 6m	1,000	36
6m $< H \leqslant$ 9m	2,000	60m，具有自然对流条件时，不应大于 75m
$H >$ 9m	防火分区允许面积	

注：1. 公共建筑、工业建筑中的走道宽度不大于 2.5m 时，其防烟分区的长边长度不应大于 60m。
2. 当空间净高大于 9m 时，防烟分区之间可不设置挡烟设施。

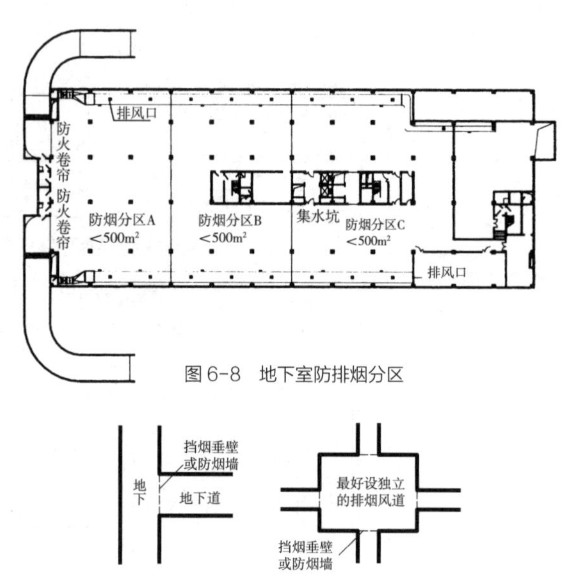

图 6-8 地下室防排烟分区

图 6-9 交叉道口处的防烟分区设计

地下建筑的防烟分区大多数用挡烟垂壁形成，其蓄烟量是很有限的。研究表明，当火灾发展到轰燃期时，由于温度升高，发烟量剧增，防烟分区积蓄不了剧增的烟量，所以，一般与感烟探测器联动的排烟设备配合使用。

2）排烟口与风道

地下建筑的每个防烟分区均应设置排烟口，其数量不少于 1 个，其位置宜设在吊顶面上或其他排烟效果好的部位。排烟口的形状，当采用机械排烟时，最好能与挡烟垂壁相互配合，设计为与地下走道垂直的，长度与走道宽度相同的排烟口。而且，若使排烟口处的吊顶面比一般吊顶面凹进去一些，则排烟效果会更好。

为了防止烟气扩散，提高防烟、防火安全性，要求地下建筑内的走道与房间的排烟风道，要分别独立设置。

3）自然排烟

当排烟口的面积较大，占地面面积的 2% 以上，而且能够直接通向大气时，可采用自然排烟的方式。

设置自然排烟设施，必须注意的问题是，要防

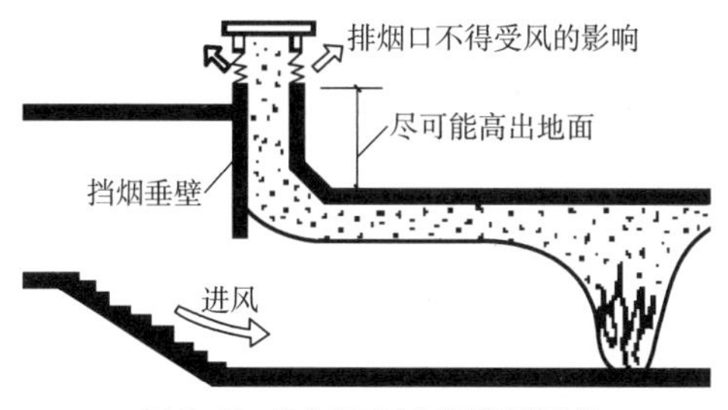

图 6-10 安全出口处的自然排烟构造

止地面的风从排烟口倒灌到地下建筑内。为此，排烟口应高出地表面。以增加拔烟效果，同时要做成不受外界风力影响的形状。

特别是对于安全出口，一定要确保火灾时无烟。然而，采用自然排烟方式是不能控制烟的流动方向的，所以，实际上安全出口可能成为排烟口，就会对人员疏散和消防队员救火带来极大困难。为此，在安全出口设置自然排烟时，如图 6-10 所示进行构造设计。

4）防烟楼梯间防烟与机械排烟

按《建筑防烟排烟系统技术标准》GB 51251—2017 进行设计。

6.2.4 地下建筑的安全疏散

1）人员密度

我国目前投入使用的地下建筑，既有利用人民防空地下工程加以改造、装修而成的，也有民用建筑的使用要求修建的，且规模日益大型化。例如某市一地下商场的出入口处，平均每分钟的人员流量多达 100 多人，平时商场每天有顾客 5 万人次，节假日每天则达 10万~ 12 万人次。一些地下建筑用作影剧院、游乐场等，其人员密度也是相当大的。地下建筑中人员密度的大小是决定疏散设计的一个基本要素。人员密度大，疏散速度就慢。一些地下建筑出入口数量本就不足，有关管理部门从防盗要求出发，还把一些出入口上了锁，万一发生火灾，将导致内部人员无法逃出，甚至会出现惊恐、拥挤、踩死、踩伤等意外事故，同时外部的消防人员也难以及时进入内部救火，延误战机。

2）疏散时间

疏散时间是安全疏散设计的基本指标之一。发生火灾以后，就应使人员能在较短的时间内通过疏散口从危险地点疏散到安全地点——地面或避难处。因此，到安全出口的最大步行距离、通道的宽度、出口数量，都必须从安全疏散时间的要求出发来确定。日本学者认为，地下建筑疏散时间应在 3min 之内。若 3min 还不能从火灾区疏散至安全地带，人员就很危险。我国有关部门在几个地下电影院做过几次实测试验，从人员开始疏散到疏散结束大体在 3~4min（其中有的门没有打开，或有的出入口疏散出的人数很少），其中大多数建筑物的出入口设计宽度都能满足要求，但有的建筑却差得很多。对于地下建筑来说，由于热烟的危害性大，在考虑人员安全疏散时，其疏散时间应从严控制，参考地面建筑的疏散时间及国外有关资料，我国地下建筑疏散时间应控制在 3min 之内。

3）疏散速度

目前，国内还没有火灾情况下地下建筑人员疏散的数据，我国人防工程战备演习疏散中的实测人员流通量，如表 6-3 所示，仅作参考。

根据表 6-3 的流通能力，对于阶梯式出口的地下建筑，单股人流宽度按 0.6m 计算，一般可取 20~25 人/(股·min)，水平出口和坡道出口的建筑，单股人流宽度按 0.6m 计算时，一般可取 40~50 人/（股 · min）。

我们在参考上述数值时，应该考虑地下建筑在无自然采光的条件下，疏散速度会降低，尤其是火灾时，由于正常电源被切断，在事故照明的条件下，疏散速度会小得多。

人防工程战备疏散流通量 表 6-3

序号	试验地点	参加人数	工事出口总数	出口形式	人流股数	通过时间（min）	流通能力（人 / min）
1	某地道	3,700	18	阶梯式	单	10	20
2	某干道地道	23,000	112	阶梯式	单	10	20
3	某公司地道	1,800	8	阶梯式	单	10	22
4	某地道 10,000		85	阶梯式	单	6	20~30
5	某公司地道	700	2	斜坡道	单	7	50

注：单股人数按 0.6m 宽计算。

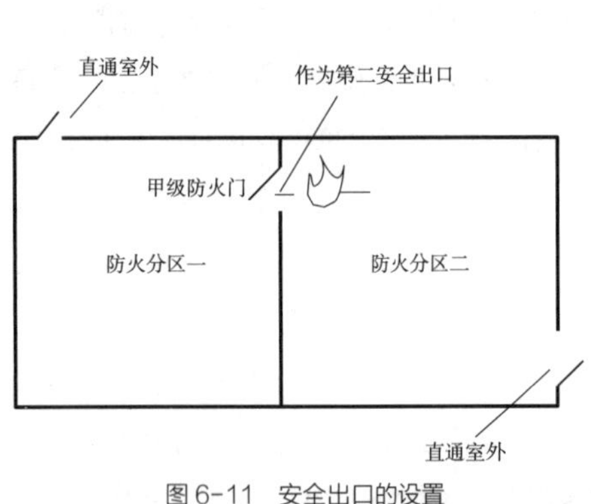

图 6-11 安全出口的设置

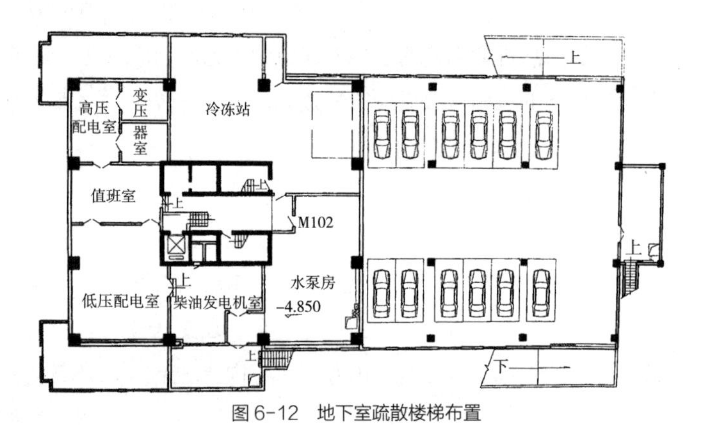

图 6-12 地下室疏散楼梯布置

4）疏散距离与出入口数量

地下建筑必须有足够数量的出入口。我国规定：

（1）一般的地下建筑，必须有两个以上的安全出口，对于较大的地下建筑，有两个或两个以上防火分区且相邻分区之间的防火墙上设有甲级防火门作为第二安全出口，每个防火分区必须分别设一个直通室外的安全出口，以确保人员的安全疏散，如图 6-11 所示。图 6-12 是某办公大厦地下一层的疏散设计。

（2）电影院、礼堂、商场、展览厅、大餐厅、旱冰场、体育场、舞厅、电子游艺场，要设两个及以上直通地面的安全出口。坑道、地道也应设有两个及两个以上的安全出口，万一有一个出口被烟火封住，另有一个出口可供疏散，以保证人员安全脱险。

（3）使用面积不超过 50m^2 的地下建筑，且经常停留的人数不超过 15 人时，可设一个直通地上的安全出口。

（4）为避免紧急疏散时人员拥挤或烟火封口，安全出口宜按不同方向分散均匀布置，且安全疏散距离要满足以下要求：

① 房间内最远点到房间门口的距离不能超过 15m。

② 房间门至最近安全出口的距离不应大于表 6-4 的要求。

③ 观众厅、展览厅、多功能厅、餐厅、营业厅和阅览室等，其室内任意一点到最近安全出口的直线距离不宜大于 30m；当该防火分区设置有自动喷水灭火系统时，疏散距离可增加 25%。

安全疏散距离（m） 表 6-4

房间名称	房门口到最近安全出口的最大距离	
	位于两个安全出口之间的房间	位于袋形走道两侧或尽端的房间
医院	24	12
旅馆	30	15
其他房间	40	20

（5）疏散宽度的计算

每个防火分区安全出口的总宽度，应按该防火分区设计容纳总人数乘以疏散宽度指标计算确定，疏散宽度指标应按下列规定确定：

① 室内地面与室外出入口地坪高差不大于 10m 的防火分区，疏散宽度指标应为每 100 人不小于 0.75m。

② 室内地面与室外出人口地坪高差大于 10m 的防火分区，疏散宽度指标应为每 100 人不小于 1.00m；

③ 人员密集的厅、室以及歌舞、娱乐、放映、游艺场所，疏散宽度指标应为每 100 人不小于 1.00m。

（6）最小净宽

人防工程的安全出口、疏散楼梯和疏散走道的最小净宽应符合表 6-5 的规定。

安全出口、疏散楼梯和疏散走道的最小净宽（m）

表 6-5

工程名称	安全出口和疏散楼梯净宽	疏散走道净宽	
		单面布置房间	双面布房
商场公共娱乐场所、健身体育场所	1.40	1.50	1.60
医院	1.30	1.40	1.50
旅馆、餐厅	1.10	1.20	1.30
车间	1.10	1.20	1.50
民用其他工程	1.10	1.20	—

（7）设在地下的电影院、礼堂、观众厅内走道的宽度、观众厅的座位布置、疏散出口的构造等，可参照第 5 章第 2 节和第 3 节设计。

（8）设有下列公共活动场所的人防工程，当底层室内地面与室外出入口地坪高差大于 10m 时，应设置防烟楼梯间；当地下为 2 层，且地下第二层的室内地面与室外出入口地坪高差不大于 10m 时，应设置封闭楼梯间。

① 电影院、礼堂。

② 建筑面积大于 500m^2 的医院、旅馆。

③ 建筑面积大于 1,000m^2 的商场、餐厅、展览厅、公共娱乐场所、健身体育场所。

封闭楼梯间应采用不低于乙级的防火门；封闭楼梯间的地面出口可用于天然采光和自然通风，当不能采用自然通风时，应采用防烟楼梯间。

（9）除人员密集场所外，建筑面积不大于 500m^2、使用人数不超过 30 人，且埋深不大于 10m 的地下或半地下建筑（室），当需要设置 2 个出口时，其中一个安全出口可利用直通室外的金属竖向梯，如图 6-13 所示。

（10）除歌舞娱乐放映游艺场所外，防火分区建筑面积不大于 200m^2 的地下或半地下设备间、防火分区建筑面积不大于 50m^2 且经常停留人数不超过 15 人的其他地下或半地下建筑（室），可设置 1 个安全出口或 1 部疏散楼梯，如图 6-14 所示。

（11）地下室、半地下室与地上共用楼梯间时在底层的地下室或半地下室出入口处，应采用耐火极限不低于 2.00h 的不燃烧体隔墙和乙级防火门与其他部位隔开，并应设有明显标志（图 6-15）。

（12）除室内无车道且无人员停留的机械式汽车库外，汽车库、修车库内每个防火分区的人员安全出口不应少于 2 个，Ⅳ类汽车库和Ⅲ、Ⅳ类修车库可设置 1，如图 6-16 所示。

5）疏散标志

对于地下建筑来说，一个很麻烦的问题是，人们容易失去辨别方向的能力。这不仅在地下建筑中，即使在地面的大型建筑中，当把窗口的光线堵上时，人们就会有分辨不清方向的感觉。无窗建筑、巨型商场等，也会出现这种的情况。

是否设有明确的疏散标志，对于地下建筑发生火灾的紧急情况来说，十分重要。疏散标志设置的高度，要以不影响正常通行为原则，以距离地面 1.8m 以上为宜，但不宜太高。设置位置太高，则容易被聚集在顶棚上的烟气所阻挡，较早的失去作用。另外，最好用高强玻璃在地板上设发光型疏散标志。由于火灾时，烟气浓度随着高度降低而减小，所以设在地板上的标志，在相当长的时间内是可以看清楚的。

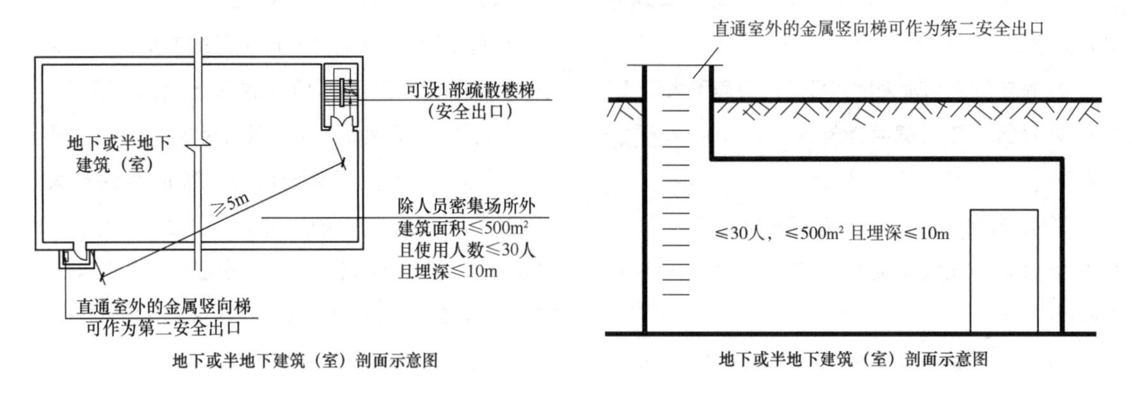

图 6-13　直通室外的金属梯可作为第二安全出口

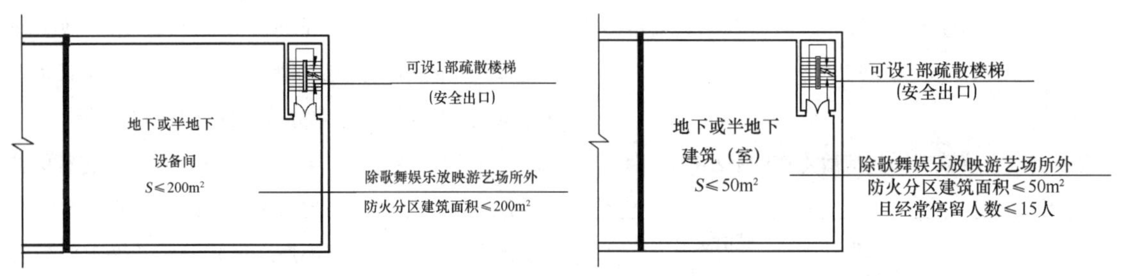

图 6-14　地下半地下设备间、建筑（室）设 1 个安全出口要求

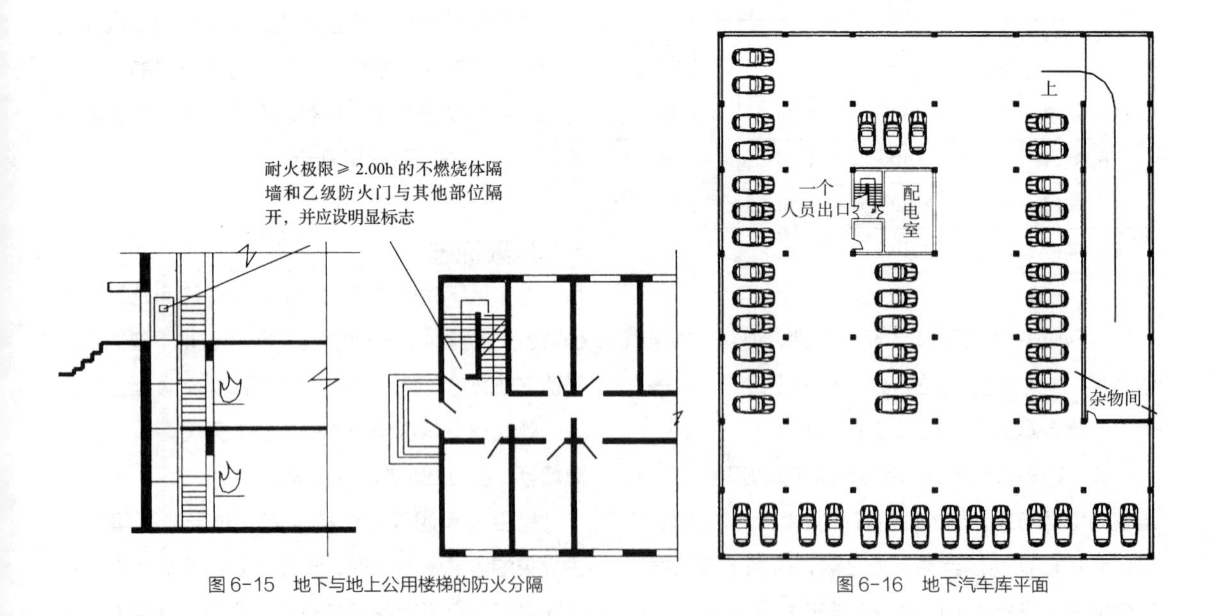

图 6-15　地下与地上公用楼梯的防火分隔

图 6-16　地下汽车库平面

第7章 Chapter 7 Building Fire Protection to Interior Decoration and Thermal Insulation 建筑室内装修与保温防火

7.1 内部装修与火灾成因

7.1.1 可燃内装修增加了建筑火灾发生的概率

建筑的可燃内装修，如可燃的顶棚、墙裙、墙纸、踢脚板、地板、地毯、家具、床被、窗帘、隔断等，可燃物品随处可见，遇到火种，增加了火灾发生的概率。而且，随着内装修可燃材料的增加，火灾的持续时间和燃烧的猛烈程度也相应增大，对建筑物的破坏就更加严重，消防队抢险救火的难度更大。

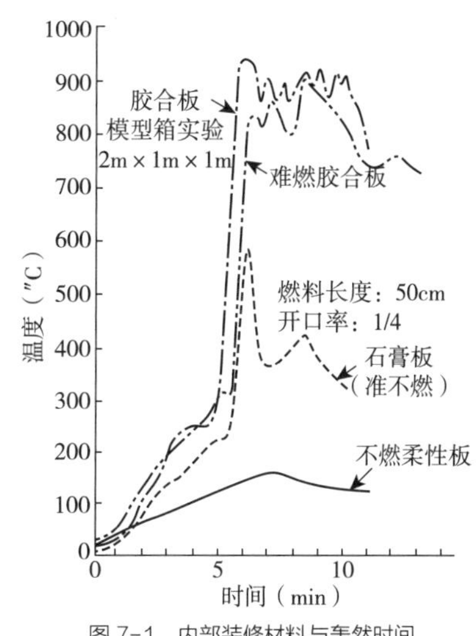

图 7-1 内部装修材料与轰然时间

7.1.2 可燃内装修加速了火灾到达轰燃

由于内装修的可燃物大量增加，室内一经火源点燃，就将会加热周围内装修的可燃材料，并使之分解出大量的可燃气体，同时提高室内温度，当室内温度达到 600℃左右时，即会出现建筑火灾的特有现象——轰燃。大量的试验研究和实际火灾统计研究表明，火灾达到轰燃与室内可燃装修成正比例增长。如图 7-1 所示为不同厚度、不同材质的内部装修与轰燃时间的关系。

根据日本建筑科研所的研究，认为轰燃出现的时间与装修材料关系较大，见表 7-1。

内部装修与轰燃出现的时间 表 7-1

内部装修材料	轰燃出现的时间 (min)	内部装修材料	轰燃出现的时间 (min)
可燃材料内装修	3	不燃材料内装修	6 ~ 8
难燃材料内装修	4 ~ 5		

出现轰燃的时间短，就意味着人员的允许疏散时间短，初期火灾的时间短，有效扑救火灾的可能性就小，所以，应尽可能采用不燃或难燃的装修材料，以减少和控制火灾。

7.1.3 可燃的内装修会助长火灾的蔓延

高层建筑一旦发生火灾，可燃的内装修是火势蔓延的重要因素，火势可以沿顶棚和墙面及地面的可燃装修从房间蔓延到走廊，再从走廊蔓延到各类竖井，如敞开的楼梯间、电梯井、管道井等，并向上层蔓延。火势也可能从外墙向上层的窗口蔓延，引燃上一层的窗帘、窗纱等，使火灾扩大。

表 7-2 是一些内装修材料的火焰传播速度指数。

建筑材料火焰传播速度指数　　表 7-2

名称	建筑装修材料	火焰传播速度指数
顶棚	玻璃纤维吸声覆盖层	15 ~ 30
	矿物纤维吸声镶板	10 ~ 25
	木屑纤维板（经处理）	20 ~ 25
	喷制的纤维素纤维板（经处理）	20
墙面	铝（一面有珐琅质面层）	5 ~ 10
	石棉水泥板	0
	软木	175
	灰胶纸柏板（两面有纸表面）	10 ~ 25
	北方松木（经处理）	20
	南方松木（未处理）	130 ~ 190
	胶合板镶板（未处理）	75 ~ 275
	胶合板镶板（经处理）	10 ~ 25
	红栎木（未处理）	100
	红栎木（经处理）	35 ~ 50
地面	地毯	10 ~ 600
	油地毡	190 ~ 300
	乙烯基石棉瓦	10 ~ 50

7.1.4 可燃的内装修材料燃烧产生大量有毒烟气

内装修材料大都是木材、化纤、棉、毛、塑料等可燃材料，假如不加防火处理，燃烧后会产生大量的有毒烟气，对在场人员的生命安全造成危害。表 7-3 是一些内装修材料的有害产物的毒性浓度。图 7-2 是有可燃内装修与没有可燃内装修情况下火灾燃烧生成气体的对比。

各种材料的主要有害产物和浓度　　表 7-3

材料	有害产物	有害浓度（$\times10^{-6}$）
木材和墙纸	CO	4,000
聚苯乙烯	CO、少量苯乙烯	
聚氯乙烯	CO、盐酸（有腐蚀性）	1,000 ~ 2,000
有机玻璃	CO、甲基丙烯酸甲脂	
羊毛、尼龙、丙烯酸、纤维	CO、HCN	12 ~ 150
棉花、人造纤维	CO、CO_2	120 ~ 150

国内外大量的火灾统计资料表明，在火灾中丧生的有 50% 左右是被烟气致死的，近年来，由于内装修中使用了大量的新型材料，如 PRC 墙纸、聚氨脂、聚苯乙烯泡沫塑料及大量的合成纤维，被烟气致死的比例有所增加。

例如，美国 50 层的纽约宾馆，使用了大量的塑料，大楼外墙用泡沫塑料作隔热层，内壁为聚乙烯板装饰，其内的隔间层也采用聚乙烯、聚苯乙烯泡沫塑料制作，室内的家具、靠背椅和沙发都填了大量的天然泡沫乳胶和软质的聚氨脂泡沫等。这座大楼 1970 年 8 月发生火灾，在 34 层吊顶内电线起火，火种首先在顶棚内、隔墙内蔓延，然后波及家具和外墙的隔热层，各种塑料燃烧以后产生大量的烟雾，使燃烧区内温度达到 1,200℃左右。大火经 5 个多小时才被扑灭，2 人在电梯内因烟气中毒死亡，其他损失惨重。

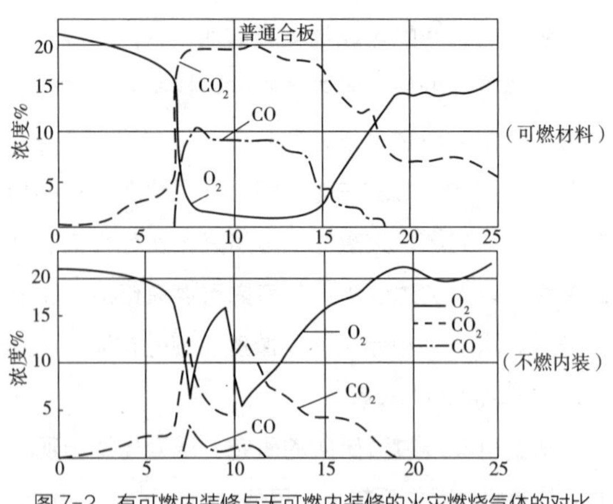

图 7-2　有可燃内装修与无可燃内装修的火灾燃烧气体的对比

7.2 建筑内装修材料燃烧性能分级及其测试方法

我国建筑材料的燃烧性能按国家标准《建筑材料及制品燃烧性能分级》GB 8624—2012 进行分级，其级别、名称采用的检验标准见表 7-4。对于未通过 GB 8624—2012 试验的材料判定其为易燃材料。

本标准所指的材料是各类工业和民用建筑工程中所使用的结构材料和各类装修、装饰材料，如各类板材、饰面材料及特定用途的铺地材料、纺织物、塑料等。各类试验标准的基本要求简述如下：

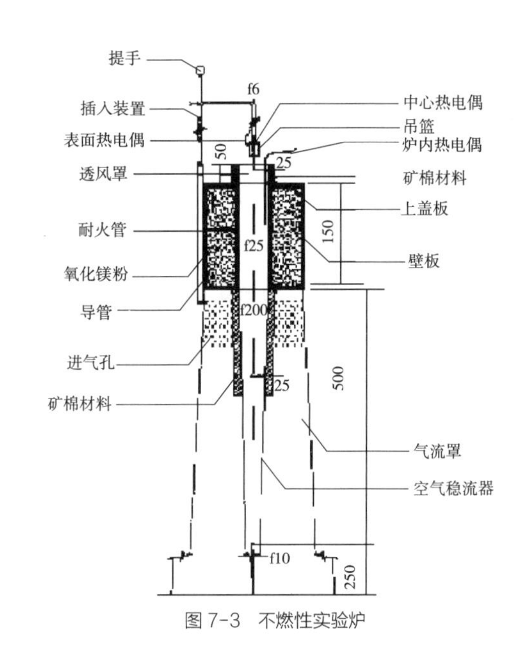

图 7-3 不燃性实验炉

7.2.1 建筑材料不燃性试验法 (GB/T 5464—2010)

本试验是判定建筑材料是否具有不燃性的一种方法，它不适用于涂层、面层或包以薄层的材料，也不直接反映建筑材料在实际火灾中的火灾危险性。试验所采用的设备主要是电加热试验炉及必要的控温、计时、称量仪器，如图 7-3 所示为试验炉结构图。一组试验采用 5 个试样，其尺寸为：直径 45±2mm，高度 50±3mm，体积 76±8cm^3。如果材料厚度小于 50±3mm，可通过水平叠加层数来达到所要求的高度。成型的试样应在顶面加工一直径为 2mm 的中心孔，孔深直至试样的几何中心。在试验前试样应在温度为 60±5℃的通风干燥箱内放置 20～24h，然后放入装有二氧化硅凝胶的干燥器内冷却到环境温度。试样在 5s 内放入温度稳定在 750±5℃的试验炉中，然后加热 30min，同时记录温度变化和燃烧持续时间，并在试验结束后将试样及其剥落收集起来置于干燥器中，冷却至室温称重。

建筑材料燃烧性能分级表　表 7-4

序号	级别	名称	检验标准	序号	级别	名 称	检验标准
1	A	不燃材料	GB/T 5464—2010	3	B_2	可燃材料	GB/T 8626—2007
2	B_1	难燃材料	GB/T 8625—2005	4	B_3	易燃材料	（不检验）

7.2.2 建筑材料难燃性试验法 (GB/T 8625—2005)

本试验法的试验装置主要包括燃烧竖炉及控制仪表两部分，如图 7-4 所示为燃烧竖炉示意图。每组试验需要 4 个试件，每个试件均按材料实际使用厚度制成。其表面积为 1000±5mm×190±5mm，材料实际厚度超过 80mm 时，试件制作厚度应取 80±5mm，其表面和内层材料应具有代表性。竖炉试验一般需要三组试件。在试验进行前，试件必须在温度 23±2℃、相对湿度 50±5% 的条件下调节至质量恒定（其判定条件为间隔 24h 前后两次称量的质量变化率不大于 0.1%）。试验时将 4 个经状态调节已达质量恒定的试件垂直固定于试件支架上，组成方形烟道，试件相对距离为 250±2mm。试件放入燃烧室之前，应将竖炉内壁温度预热至 50℃，然后将试件放入燃烧室内规定位置，关闭炉门。从点燃燃烧器时开始计时，观察并记录试验现象，燃烧试验时间为 10min。符合下列条件可认为试验合格。

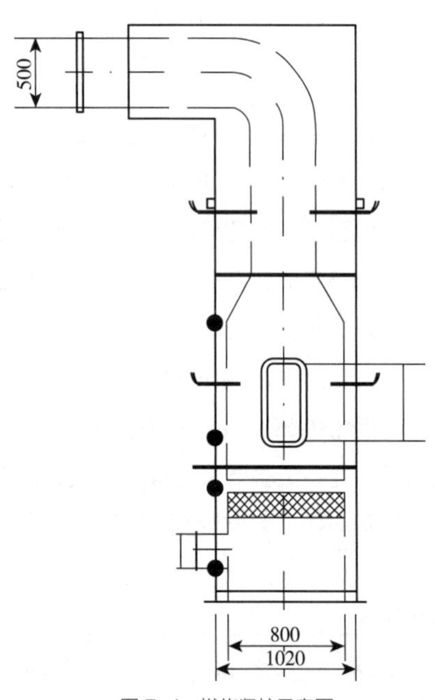

图 7-4 燃烧竖炉示意图

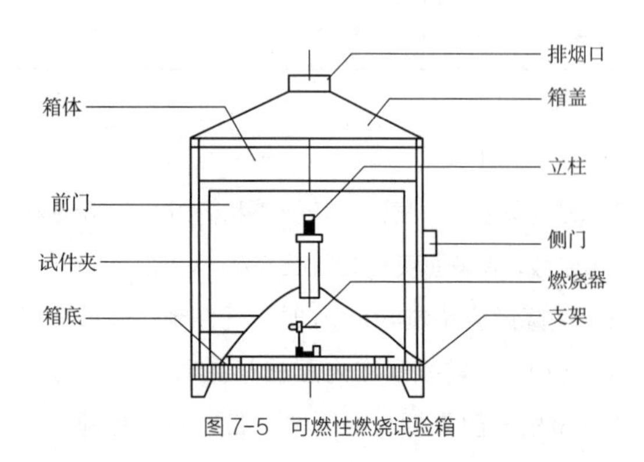

图 7-5 可燃性燃烧试验箱

① 试件燃烧的剩余长度平均值应大于 150mm，其中没有一个试件的燃烧剩余长度为零。

② 每组试验的由 5 支热电偶测得的平均烟气温度不超过 200℃。

本试验合格后，同时按 GB/T 8626—2012 进行测试，其烟密度等级 (SDR) ≤ 75 时，其材料燃烧性能判定为 B_1 级（难燃材料）。

7.2.3 建筑材料可燃性试验方法 (GB/T 8626—2007)

本试验装置由燃烧试验箱、燃烧器及试验支架等组成，如图 7-5 所示为燃烧试验箱简图。每组试验需要 5 个试件，其规格为：250±1mm×90±1mm，试件的厚度应符合材料的实际使用情况，最大厚度不超过 60mm，其表层和内层材料应具有代表性。对采用边缘点火的试件，在试件高度 40mm（均从最低沿算起）各划一全宽刻度线。试验之前，试件应在温度 23±5℃、在相对湿度 50±20% 的条件下至少存放 14d；或调节至间隔 24h 前后两次称量的质量变化率不大于 0.1%。试验时，将装好试件的试件夹垂直固定在燃烧试验箱中。对边缘点火，厚度不大于 3mm 的试件，火焰尖头位于试件底面中心位置；厚度大于 3mm 的试件，火焰尖头应在试件底边中心并距离燃烧器近边大约 1.5mm 的底面位置。燃烧器前沿与试件受火点的轴向距离应为 16mm。对表面点火，火焰尖头位于试件低刻度线下、宽度中线处。燃烧器前沿与试件表面之距离应为 5mm。然后将二层在干燥器中经过 48h 干燥处理的滤纸，放置在用细金属丝编织的底面积为 100mm×60mm 的网篮中，并置于试件下方。将火焰长度已调节为 20±2mm 的燃烧器倾斜 45°，并关闭燃烧试验箱，试件点火 15s 后，移开燃烧器。计量从点火开始至火焰到达刻度或试件表面燃烧火焰熄灭的时间。

7.3 建筑内装修防火设计通用要求

在建筑内部装修防火设计中，有必要对一些具有共性的问题及特别的部位提出明确的通用性技术要求。

7.3.1 装修材料的选用

1）纸面石膏板和矿棉吸声板

纸面石膏板分为普通纸面石膏板、耐火纸面石膏板、耐水纸面石膏板等。纸面石膏板是以熟石膏作为主要原料，掺入适量轻集料、纤维增强材料和外加剂构成芯材，并以专用护面纸板牢固地粘结在一起的建筑板材。耐火纸面石膏板的增强材料为无机纤维，其中护面纸板主要起到提高板材抗弯、抗冲击性能的作用。

矿棉吸声板是以矿棉为主要原料，添加适量的胶粘剂，经成型、压花、饰面等工序加工而成的吸声效果好、防火等级较高的吸声兼装饰的材料。

若按我国现行建筑材料分级方法的检测，纸面石膏板和矿棉吸声板大部分无法达到 A 级材料的要求。但若将其划入 B_1 级的材料范畴，在很大程度上又限制了它们的使用与推广。因此考虑到纸面石膏板和矿棉吸声板用量极大这一客观实际情况，故规定：安装在金属龙骨上燃烧性能达到 B_1 级的纸面石膏板、矿棉吸声板，可作为 A 级装修材料使用。

2）壁纸

常用壁纸有纸质壁纸、布质壁纸两种。所谓纸质壁纸是指以天然纤维作为纸基、纸面上印成各种图案的一种墙纸。这种墙纸强度和韧性差，不耐水。布质壁纸是指将纯棉、化纤布、麻等天然纤维材料经过处理、印花、涂层制成的墙纸。

这两类材料分解产生的可燃气体、发烟量相对较少。尤其是被直接粘贴于 A 级基材上且单位质量小于 300g/m^2 时，在试验过程中，几乎不会出现火焰蔓延的现象，为此可将这类直接粘贴在 A 级基材上的壁纸作为 B_1 级装修材料使用。

3）涂料

涂料在室内装修中常被大量使用，一般室内涂料的湿涂覆比小，涂料中颜料、填料多，火灾危险性不大。一般室内涂料湿涂覆比不会超过 1.5kg/m^2，故规定：施涂于 A 级基材上的无机装修涂料，可作为 A 级装修材料使用；施涂于 A 级基材上，湿涂覆比小于 1.5 kg/m^2，且涂层干膜厚度不大于 1.0mm 的有机装修涂料，可作为 B_1 级装修材料使用。涂料施涂于 B_1、B_2 级基材上时，应将涂料连同基材一起按相应的试验方法确定其燃烧性能等级。

4）多层及复合装修材料

多层装修材料是指几种不同材质或材性的材料同时装修于一个部位。当采用这种方法进行装修时，各层装修材料的燃烧性能等级均应符合相关规定的要求。

复合型装修材料是指一些隔音、保温材料与其他不燃、难燃材料复合形成一个整体的材料，应由专业检测机构进行整体检测确定其燃烧性能等级。

装修材料只有贴在等于或高于其燃烧性能等级的材料上，这些装修材料燃烧性能等级的确认才是有效的。但对复合材料判定时，不宜简单地认定这种组合做法的燃烧性能等级，应进行整体的试验，进行合理验证。

5）常用装修材料燃烧性能等级

常用建筑内部装修材料燃烧性能等级的划分，可按表 7-5 中的举例确定。

常用建筑内部装修材料燃烧性能等级的划分 表 7-5

材料类别	级 别	材 料 举 例
各部位材料	A	花岗石、大理石、水磨石、水泥制品、混凝土制品、石膏板、石灰制品、黏土制品、玻璃、瓷砖、陶瓷锦砖、钢铁、铝、铜合金等
顶棚材料	B_1	纸面石膏板、纤维石膏板、水泥刨花板、矿棉板、玻璃棉装饰吸声板、珍珠岩装饰吸声板、难燃胶合板、难燃中密度纤维板、岩棉装饰板、难燃木材、铝箔复合材料、难燃酚醛胶合板、铝箔玻璃钢复合材料等
墙面材料	B_1	纸面石膏板、纤维石膏板、水泥刨花板、矿棉板、玻璃棉板、珍珠岩板、难燃胶合板、难燃中密度纤维板、防火塑料装饰板、难燃双面刨花板、多彩涂料、难燃墙纸、难燃墙布、难燃仿花岗石装饰板、氯氧镁水泥装配式墙板、难燃玻璃钢平板、难燃 PVC 塑料护墙板、阻燃模压木质复合板材、彩色难燃人造板、难燃玻璃钢等
	B_2	各类天然木材、木制人造板、竹材、纸制装饰板、装饰微薄木贴面板、印刷木质人造板、塑料贴面装饰板、聚酯装饰板、复塑装饰板、塑纤板、胶合板、塑料壁纸、无纺贴墙布、墙布、复合壁纸、天然材料壁纸、人造革等
地面材料	B_1	硬 PVC 塑料地板、水泥刨花板、水泥木丝板、氯丁橡胶地板等
	B_2	半硬质 PVC 塑料地板、PVC 卷材地板等
装饰织物	B_1	经阻燃处理的各类难燃织物等
	B_2	纯毛装饰布、经阻燃处理的其他织物等

7.3.2 建筑特别场所的装修防火

建筑内部装修中，对特别场所的装修材料的防火要求具有一定的共性。因此，对这些特别场所提出通用性技术要求。对一些人员密集场所、火灾危险性大的用房应按从严要求原则设计。

1）消防控制室及动力机房

消防控制室的顶棚和墙面应采用A级装修材料，地面及其他装修应使用不低于 B_1 级装修材料。

消防水泵房、机械加压送风排烟机房、固定灭火系统钢瓶间、配电室、变压器室、发电机房、储油间、通风和空调机房等，其内部所有装修均应采用 A 级装修材料。

由于上述设备用房，在大型楼宇中起到主控正常运转及安全的作用，因此这些用房不应成为，也不允许成为火源中心或受火灾蔓延影响的房间。由于这类房间在装修时要求不高，采用 A 级装修材料是完全可能的。

2）疏散走道和安全出口

地上建筑的水平疏散走道和安全出口的门厅，其顶棚应采用 A 级装修材料，其他部位应采用不低于 B_1 级的装修材料；地下民用建筑的疏散走道和安全出口的门厅，其顶棚、墙面和地面均应采用 A 级装修材料。

疏散楼梯间和前室的顶棚、墙面和地面均应采用 A 级装修材料。

3）挡烟垂壁

挡烟垂壁是用不燃烧材料制成，从顶棚下垂不小于 500mm 的固定或活动的挡烟设施。活动挡烟垂壁系指火灾时因感温、感烟或其他控制设备的作用，自动下垂的挡烟垂壁。

挡烟垂壁的作用主要是减缓烟气扩散的速度，提高防烟分区蓄烟以及排烟口的排烟效果。一般火灾情况下，聚集在顶部的烟气层的温度大多在 200~600℃，且当火焰高度较高时，有可能引燃上部可燃材料，而大部分难燃材料的发烟量相对较大，若该部位被引燃，势必造成大量烟气在此堆积，增加排烟口的负担。且一旦挡烟垂壁被引燃，挡烟高度减少，无疑会使防烟分区的蓄烟能力降低，造成烟气的蔓延。因此，挡烟垂壁应采用不燃烧材料。目前挡烟垂壁除可结合结构梁实现外，也有采用不燃烧性布质挡烟垂帘、不锈钢垂板、单片防火玻璃而实现，因此规定：防烟分区的挡烟垂壁，其装修材料应采用 A 级装修材料。

4）变形缝

建筑内部的变形缝（包括沉降缝、温度伸缩缝、抗震缝等）两侧基层的表面装修应采用不低于 B_1 级的装修材料。

这里所指变形缝，是指建筑物在墙与墙、板与板等结构构件之间为防止建筑物因温度变化、地基不均匀沉降和地震因素的影响而使建筑物发生变形破坏等客观问题而设置的缝隙，一般沉降缝、温度伸缩缝的宽度在 20~30mm，而抗震缝则会根据建筑物的高度和层数而相应增加，缝隙可达 200mm。这些缝隙间往往会填塞软质或伸缩率较大的材料，一方面起防水作用，另外亦可确保建筑物变形时不受约束。这些填充材料，如沥青等，具有一定的燃烧性，而变形缝都是贯通建筑物上下的通缝，一旦着火该部位会形成垂直的火灾蔓延通道，使垂直防火分区失去作用。

5）消火栓门

建筑内部消火栓的门不应被装饰物遮掩，消火栓门四周的装修材料颜色应与消火栓箱门的颜色有明显区别或在消火栓箱门表面设置发光标志。

建筑内部的消火栓门一般都应设在比较明显的位置，且颜色醒目，有助于辨认。在装修中将消火栓门罩住，或做得与墙面的颜色接近，都不利于消火栓的取用。

6）配电箱

建筑内部的配电箱、控制面板、接线盒、开关、插座等不应直接安装在低于 B_1 级的装修材料上。用于顶棚和墙面装修的木质类板材，当内部含有电器、电线等物体时，应采用不低于 B_1 级的材料。

这样规定是为了防止配电箱等可能产生的火花或高温金属熔珠引燃周围的可燃物和避免箱体传热引燃墙面装修材料。

7）灯具和灯饰

照明灯具及电气设备、线路的高温部位，当靠近非 A 级装修材料或构件时，应采取隔热、散热等防火保护措施，与窗帘、帷幕、幕布、软包等装修材料的距离不应小于 500mm；灯饰应采用不低于 B_1 级的材料。

由于室内照明灯具，多装有遮光罩，或采取一些灯具暗藏的方式达到美化室内环境、营造光线的目的。虽然有些灯罩为玻璃、金属等不燃烧材料制成，但还是有相当多的灯饰采用了如塑料、竹木质甚至纸制材料。由于灯具的热源往往与灯饰靠得很近，且灯饰也处于易于燃烧的垂直状态，因此灯饰应至少选用 B_1 级材料，若由于装饰效果的需要必须采用 B_2 或 B_3 级材料时，应对其进行阻燃处理使其达到 B_1 级的要求。

8）饰物

建筑内部不宜设置采用 B_3 级装饰材料制成的壁挂、布艺等，当需要设置时，不应靠近电气线路、火源或热源，或采取隔离措施。

9）消防设施、疏散指示标志、出口和疏散走道

建筑内部装修不应擅自减少、改动、拆除、遮挡消防设施、疏散指示标志、安全出口、疏散出口、疏散走道和防火分区、防烟分区等。

有时业主或装修人员，为了追求装修效果，随意对这些设备位置进行变动或遮蔽，这样做的结果往往造成原防火设计意图的改变，减弱或取消了防火保护。

另外有些装修，为了增加视觉空间，采用镜面玻璃，但这往往会造成视觉错觉，特别是人们在发生事故时恐慌心理的作用下，更无法准确地识别这种错觉，因而造成走错路或走冤枉路的情况发生。因此疏散走道和安全出口的顶棚、墙面不应采用影响人员安全疏散的镜面反光材料。

10）共享空间

建筑物内设有上下层相连通的中庭、走马廊、开敞楼梯、自动扶梯时，其连通部位的顶棚、墙面应采用 A 级装修材料，其他部位应采用不低于 B_1 级的装修材料。

所谓中庭是指建筑物内由上下楼层贯通而形成的一个较大的开阔共享空间。有些中庭可由下至上直通屋面，由于中庭上下贯通，且多与走道直接相连，若无其他防火措施的补充，不仅无法满足防火分区的要求，而且一旦发生火灾其烟囱效应也会导致烟火的大面积蔓延，给人员疏散造成很大困难。因此，在装修规范中也对该部位进行了相应的规定。

“连通部位”指被划分在此防火分区空间内的各部位。而与之相邻但被划为其他防火分区的各部位，不受此要求限制。

11）无窗房间

除地下建筑外，无窗房间内部装修材料的燃烧性能等级，除 A 级外，应在原规定基础上提高一级。因为，无窗房间一旦发生火灾，首先是不易早期发现，而一旦发现则往往火势已经较大；其次，由于无窗房间较为密闭，室内的烟气和毒气不易排出；另外，这样的房间也不利于消防人员对火情的侦察与施救。因此，有必要将无窗房间的室内装修的要求提高一个等级。

12）建筑内的厨房

建筑物内的厨房，其顶棚、墙面、地面均应采用 A 级装修材料。

厨房内明火火源较多，餐馆、饭店的厨房工作时间又较长，因此有必要对其装修材料进行严格的限制；且厨房的装修多以易于清洗为主要目的，多采用瓷砖、石材、涂料等不燃烧材料进行装修，因此建筑物内厨房的顶棚、墙面、地面这几个部位应采用 A 级装修材料。

13）使用明火的餐厅和科研试验室

经常使用明火器具的餐厅、科研试验室，其装修材料的燃烧性能等级除 A 级外，应在规定的基础上提高一级。

使用明火的餐厅是指那些设有明火灶具的餐厅、宴会厅、包间等，如火锅城、烧烤店等，这些地方的明火灶具，往往数量大，且由流动人员操作，因此不易控制和管理。有些科学试验室，需用明火装置进行试验，如酒精灯、喷枪等，且试验室内往往存有一些易燃易爆的试剂、材料等。因此经常使用明火的餐厅、科研试验室，装修材料的燃烧性能等级，除 A 级外，应比同类建筑物的要求提高一级。

14）展览性场所

展览性场所装修设计应符合下列规定：

（1）展台材料应采用不低于 B_1 级的装修材料。

（2）在展厅设置电加热设备的餐饮操作区内，与电加热设备贴邻的墙面、操作台均应采用 A 级装修材料。

（3）展台与卤钨灯等高温照明灯具贴邻部位的材料应采用 A 级装修材料。

15）加热供暖

当室内顶棚、墙面、地面和隔断装修材料内部安装电加热供暖系统时，室内采用的装修材料和绝热材料的燃烧性能等级应为 A 级。当室内顶棚、墙面、地面和隔断装修材料内部安装水暖（或蒸汽）供暖系统时，其顶棚采用的装修材料和绝热材料的燃烧性能应为 A 级，其他部位的装修材料和绝热材料的燃

烧性能不应低于 B_1 级，且尚应符合本规范有关公共场所的规定。

16）住宅建筑装修

住宅建筑装修设计尚应符合下列规定：

（1）不应改动住宅内部烟道、风道。

（2）厨房内的固定橱柜宜采用不低于 B_1 级的装修材料。

（3）卫生间顶棚宜采用 A 级装修材料。

（4）阳台装修宜采用不低于 B_1 级的装修材料。

7.4 建筑装修设计标准

7.4.1 单、多层民用建筑

1）装修防火标准

在我国《建筑内部装修设计防火规范》GB 50222—2017 中，规定了单层、多层民用建筑内部各部位装修材料的燃烧性能等级，要求不应低于表 7-6 的级别。

单层、多层民用建筑内部各部位装修材料的燃烧性能等级 表 7-6

序号	建筑物及场所	建筑规模、性质	装修材料燃烧性能等级							
			顶棚	墙面	地面	隔断	固定家具	装饰织物		其他装修装饰材料
								窗帘	帷幕	
1	候机楼的候机大厅、贵宾候机室、售票厅、商店、餐饮场所等	—	A	A	B_1	B_1	B_1	B_1	—	B_1
2	汽车站、火车站、轮船客运站的候车（船）室、商店、餐饮场所等	建筑面积 >10,000m^2	A	A	B_1	B_1	B_1	B_1	—	B_2
		建筑面积≤ 10,000m^2	A	B_1	B_1	B_1	B_1	B_1	—	B_2
3	观众厅、会议厅、多功能厅、等候厅	每个厅建筑面积 >400 m^2	A	A	B_1	B_1	B_1	B_1	B_1	B_1
		每个厅建筑面积≤ 400 m^2	A	B_1	B_1	B_1	B_2	B_1	B_1	B_2
4	体育馆	>3,000 座位	A	A	B_1	B_1	B_1	B_1	B_1	B_2
		≤ 3,000 座位	A	B_1	B_1	B_1	B_2	B_2	B_1	B_2
5	商场的营业厅	每层建筑面积 >1,500m^2 或总建筑面积 >3,000m^2	A	B_1	B_1	B_1	B_1	B_1	—	B_2
		每层建筑面积≤ 1,500m^2 或总建筑面积≤ 3,000m^2	A	B_1	B_1	B_1	B_2	B_1	—	—
6	饭店、旅馆的客房及公共活动用房等	设置送回风道（管）的集中空气调节系统	A	B_1	B_1	B_1	B_2	B_2	—	B_2
		其他	B_1	B_1	B_2	B_2	B_2	B_2	—	—
7	养老院、托儿所、幼儿园的居住及活动场所	—	A	A	B_1	B_1	B_2	B_1	—	B_2

续表

序号	建筑物及场所	建筑规模、性质	装修材料燃烧性能等级							
			顶棚	墙面	地面	隔断	固定家具	装饰织物		其他装修装饰材料
								窗帘	帷幕	
8	医院的病房区、诊疗区、手术区	—	A	A	B_1	B_1	B_2	B_1	—	B_2
9	教学场所、教学实验场所	—	A	B_1	B_2	B_2	B_2	B_2	B_2	B_2
10	纪念馆、展览馆、博物馆、图书馆、档案馆、资料馆等的公共活动场所	—	A	B_1	B_1	B_1	B_2	B_1	—	B_2
11	存放文物、纪念展览物品、重要图书、档案、资料的场所	—	A	A	B_1	B_1	B_2	B_1	—	B_2
12	歌舞娱乐游艺场所	—	A	B_1	B_1	B_1	B_1	B_1	B_1	B_1
13	A、B 级电子信息系统机房及装有重要机器、仪器的房间	—	A	A	B_1	B_1	B_1	B_1	—	B_1
14	餐饮场所	营业面积 >$100m^2$	A	B_1	B_1	B_1	B_2	B_1	—	B_2
		营业面积≤ $100m^2$	B_1	B_1	B_1	B_2	B_2	B_2	—	B_2
15	办公场所	设置送回风道（管）的集中空气调节系统	A	B_1	B_1	B_1	B_2	B_2	—	B_2
		其他	B_1	B_1	B_2	B_2	B_2	—	—	—
16	其他公共场所	—	B_1	B_1	B_2	B_2	B_2	—	—	—
17	住宅	—	B_1	B_1	B_1	B_1	B_2	B_2	—	B_2

表 7-6 中给出的装修材料燃烧性能等级是允许使用材料的基准级别。表中空格位置，表示允许使用 B_3 级材料。

候机楼的主要防火部位是候机大厅、售票厅、商店、餐饮场所、贵宾候机室等，人员密集，危险性较大，对其装修材料防火等级做出要求。

汽车站、火车站和轮船码头这类建筑数量较多，本规范根据其规模大小分为两类。由于汽车站、火车站和轮船码头有相同的功能，所以把它列为同一类别。建筑面积大于 $10,000m^2$ 的，一般指大城市的车站、码头，如北京站、上海站、上海码头等。建筑面积等于或小于 $10,000m^2$ 的，一般指中、小城市及县城的车站、码头。上述两类建筑物基本上按装修材料的燃烧性能两个等级要求做出规定。

观众厅、会议厅、多功能厅、等候厅等属于人员密集场所，内装修要求相对较高，随着人民生活水平不断提高，影剧院的功能也逐步增加，如深圳大剧院功能多样，舞台面积近 $3,000m^2$。影剧院火灾危险性大，如新疆克拉玛依某剧院在演出时因光柱灯距纱幕太近，引燃成火灾；另有电影院因吊顶内电线短路打出火花，引燃可燃吊顶起火。根据这些建筑物的每个厅建筑面积将它们分为两类。考虑到这类建筑物的窗帘和幕布火灾的危险性较大，均要求采用 B_1 级材料的窗帘和幕布，比其他建筑物要求略高一些。

体育馆亦属人员密集场所，根据规模将其划分为两类，此处体育馆装修材料限制针对馆内所有场所。

商店的主要部位是营业厅，本规范仅指其买卖互动区，该部位货物集中，人员密集，且人员流动性大。此处商店指候机楼、汽车站、火车站、轮船客运站以外的商店。上海 1990 年曾发生某百货商场火灾事故，该商场建筑面积为 14,000m^2，电器火灾引燃了大量商品，损失达数百万元；2004 年吉林市中百商厦发生特大火灾，造成 53 人死亡。因顶棚是个重要部位，故要求选用 A 级。

从表 7-6 中可以看出，对于建筑面积大、人员密集的候机楼、客运站、影剧院、商场营业厅等大型公共建筑的装修防火要求相对较高，这些场所人员流动性大，管理难度大，一旦发生火灾，疏散困难。因此，对这类建筑的内部装修提高要求，有助于抑制火灾的发生，减少火灾隐患。

国内多层饭店、宾馆数量大，情况比较复杂，这里将其划为两类。设置有送回风道（管）的集中空气调节系统的装修要求一般较高且危险性大。宾馆部位较多，这里主要指两个部分，即客房、公共场所。

养老院、托儿所、幼儿园的居住及活动场所，其使用人员大多缺乏独立疏散能力；医院的病房区、诊疗区、手术区一般为病人、老年人居住，疏散能力亦很差，因此须提高装修材料的燃烧性能等级。考虑到这些场所高档装修少，一般顶棚、墙面和地面都能达到规范要求，故特别着重提高窗帘等织物的燃烧性能等级。对窗帘等织物有较高的要求，是此类建筑的重点所在。

在各类建筑中用于存放图书、资料和文物的房间，图书、资料、档案等本身为易燃物，一旦发生火灾，火势发展迅速。有些图书、资料、档案文物的保存价值很高，一旦被焚，不可重得，损失更大。

近年来，歌舞娱乐游艺场所屡屡发生一次死亡数十人或数百人的火灾事故，其中一个重要的原因是这类场所使用大量可燃装修材料，发生火灾时，这些材料产生大量有毒烟气，导致人员在很短的时间内窒息死亡。因此须对这类场所的室内装修材料做出相应规定。

餐饮场所一般处于繁华的市区临街地段，且人员的密度较大，情况比较复杂，加之设有明火操作间和很强的灯光设备，因此引发火灾的危险概率高，火灾造成的后果严重，故对餐饮场所提出了较高的要求。此处餐饮场所指候机楼、汽车站、火车站、轮船客运站以外的餐饮场所。

2）允许放宽条件

（1）局部放宽

除本教材第 7.3.2 节规定的场所和本教材表 7-6 中序号为 11~13 规定的部位外，单层、多层民用建筑内面积小于 100m^2 的房间，当采用耐火极限不低于 2.00h 的防火隔墙和甲级防火门、窗与其他部位分隔时，其装修材料的燃烧性能等级可在表 7-6 的基础上降低一级。

（2）设有自动消防设施允许的放宽

除本教材第 7.3.2 节规定的场所和本教材表 7-6 中序号为 11~13 规定的部位外，当单层、多层民用建筑需做内部装修的空间内装有自动灭火系统时，除顶棚外，其内部装修材料的燃烧性能等级可在表 7-6 规定的基础上降低一级；当同时装有火灾自动报警装置和自动灭火系统时，其装修材料的燃烧性能等级可在表 7-6 规定的基础上降低一级。

7.4.2 高层民用建筑装修防火

1）装修防火标准

高层民用建筑内部各部位装修材料的燃烧性能等级，应不低于表 7-7 中的规定。

高层民用建筑内部各部位装修材料的燃烧性能等级　　表 7-7

序号	建筑物及场所	建筑规模、性质	装修材料燃烧性能等级									
			顶棚	墙面	地面	隔断	固定家具	装饰织物				其他装修装饰材料
								窗帘	帷幕	床罩	家具包布	
1	候机楼的候机大厅、贵宾候机室、售票厅、商店、餐饮场所等	—	A	A	B_1	B_1	B_1	B_1	—	—	—	B_1
2	汽车站、火车站、轮船客运站的候车（船）室、商店、餐饮场所等	建筑面积 >10,000m²	A	A	B_1	B_1	B_1	B_1	—	—	—	B_2
2	汽车站、火车站、轮船客运站的候车（船）室、商店、餐饮场所等	建筑面积≤ 10,000m²	A	B_1	B_1	B_1	B_1	B_1	—	—	—	B_2
3	观众厅、会议厅、多功能厅、等候厅	每个厅建筑面积 >400 m²	A	A	B_1	B_1	B_1	B_1	B_1	—	B_1	B_1
3	观众厅、会议厅、多功能厅、等候厅	每个厅建筑面积≤ 400 m²	A	B_1	B_1	B_1	B_2	B_1	B_1	—	B_1	B_1
4	商场的营业厅	每层建筑面积 >1,500m² 或总建筑面积 >3,000m²	A	B_1	B_1	B_1	B_1	B_1	B_1	—	B_2	B_1
4	商场的营业厅	每层建筑面积≤ 1,500m² 或总建筑面积≤ 3,000m²	A	B_1	B_1	B_1	B_1	B_1	B_2	—	B_2	B_2
5	饭店、旅馆的客房及公共活动用房等	一类建筑	A	B_1	B_1	B_1	B_2	B_1	—	B_1	B_2	B_1
5	饭店、旅馆的客房及公共活动用房等	二类建筑	A	B_1	B_1	B_1	B_2	B_2	—	B_2	B_2	B_2
6	养老院、托儿所、幼儿园的居住及活动场所	—	A	A	B_1	B_1	B_2	B_1	—	B_2	B_2	B_1
7	医院的病房区、诊疗区、手术区	—	A	A	B_1	B_1	B_2	B_1	B_1	—	B_2	B_1
8	教学场所、教学实验场所	—	A	B_1	B_2	B_2	B_2	B_1	B_1	—	B_1	B_2
9	纪念馆、展览馆、博物馆、图书馆、档案馆、资料馆等的公共活动场所	一类建筑	A	B_1	B_1	B_1	B_2	B_1	B_1	—	B_1	B_1
9	纪念馆、展览馆、博物馆、图书馆、档案馆、资料馆等的公共活动场所	二类建筑	A	B_1	B_1	B_1	B_2	B_1	B_2	—	B_2	B_2
10	存放文物、纪念展览物品、重要图书、档案、资料的场所	—	A	A	B_1	B_1	B_2	B_1	—	—	B_1	B_2
11	歌舞娱乐游艺场所	—	A	B_1	B_1	B_1	B_1	B_1	B_1	B_1	B_1	B_1
12	A、B 级电子信息系统机房及装有重要机器、仪器的房间	—	A	A	B_1	B_1	B_1	B_1	B_1	—	B_1	B_1
13	餐饮场所	—	A	B_1	B_1	B_1	B_2	B_1	—	—	B_1	B_2
14	办公场所	一类建筑	A	B_1	B_1	B_1	B_2	B_1	B_1	—	B_1	B_1
14	办公场所	二类建筑	A	B_1	B_1	B_1	B_2	B_1	B_2	—	B_2	B_2
15	电信楼、财贸金融楼、邮政楼、广播电视楼、电力调度楼、防灾指挥楼	一类建筑	A	A	B_1	B_1	B_1	B_1	B_1	—	B_2	B_1
15	电信楼、财贸金融楼、邮政楼、广播电视楼、电力调度楼、防灾指挥楼	二类建筑	A	B_1	B_2	B_2	B_2	B_1	B_2	—	B_2	B_2
16	其他公共场所	—	A	B_1	B_1	B_1	B_2	B_2	B_2	B_2	B_2	B_2
17	住宅	—	A	B_1	B_1	B_1	B_2	B_1	—	B_1	B_2	B_1

表 7-7 中建筑物类别、场所及建筑规模是根据现行国家标准《建筑设计防火规范》GB 50016—2014（2018 年版）有关内容结合室内设计情况进行划分。其内部装修材料防火等级强制执行，以规范高层民用建筑的材料使用，减少火灾发生。

高层民用建筑中内含的观众厅、会议厅等按照每个厅建筑面积划分成两类。

宾馆、饭店的划分，参照现行国家标准《建筑设计防火规范》GB 50016—2014（2018 年版）的规定，将其分为两类。

餐饮场所设在高层建筑内时，其自身引发火灾危险性较大，高层建筑上风速较大，疏散及火灾扑救困难，对其装修材料燃烧性能等级要求较高。

电信、财贸、金融等建筑均为国家和地方政府政治经济要害部门，以其重要特性划为一类。

2）允许放宽条件

（1）局部放宽

很多高层建筑都有裙房，且裙房的使用功能比较复杂，其内部装修若与整栋建筑取同一标准，在实际操作中有一定困难。考虑到一般裙房与主体高层建筑之间有防火分隔并且裙房的数目有限，因此规定：除本教材第 7.3.2 节规定的场所和表 7-7 中序号为 10~12 规定的部位外，高层民用建筑的裙房内面积小于 500m² 的房间，当设有自动灭火系统，并且采用耐火极限不低于 2.00h 的防火隔墙和甲级防火门、窗与其他部位分隔时，顶棚、墙面、地面装修材料的燃烧性能等级可在表 7-7 规定的基础上降低一级。

（2）设有自动消防设施的放宽

除本教材第 7.3.2 节规定的场所和本教材表 7-7 中序号为 10~12 规定的部位外，以及大于 400m² 的观众厅、会议厅和 100m 以上的高层民用建筑外，当设有火灾自动报警装置和自动灭火系统时，除顶棚外，其内部装修材料的燃烧性能等级可在本规范表 7-7 规定的基础上降低一级。这一要求也是充分考虑了既经济又安全的原则而制定的。

3）特殊要求

近年来，电视塔等特殊高耸建筑物，其建筑高度越来越高，内部还建有允许公众进入的观光厅、餐厅等。由于这类建筑物形式的限制，人员在危险情况下的疏散十分困难，因此有必要限制这类建筑物内可燃装修材料的使用，降低火灾发生以及蔓延的可能性，所以特对此类建筑做出较为严格的要求。《建筑内部装修设计防火规范》GB 50222—2017 规定，电视塔等特殊高层建筑的内部装修，装饰织物应不低于 B_1 级，其他均采用 A 级。

7.4.3 地下民用建筑

1）装修防火标准

地下民用建筑内部各部位装修材料的燃烧性能等级不应低于表 7-8 中的规定。

地下民用建筑内部各部位装修材料的燃烧性能等级　　表 7-8

序号	建筑物及场所	装修材料燃烧性能等级						
		顶棚	墙面	地面	隔断	固定家具	装饰织物	其他装修装饰材料
1	观众厅、会议厅、多功能厅、等候厅等，商店的营业厅	A	A	A	B_1	B_1	B_1	B_2
2	宾馆、饭店的客房及公共活动用房等	A	B_1	B_1	B_1	B_1	B_1	B_2
3	医院的诊疗区、手术区	A	A	B_1	B_1	B_1	B_1	B_2
4	教学场所、教学实验场所	A	A	B_1	B_2	B_2	B_1	B_2
5	纪念馆、展览馆、博物馆、图书馆、档案馆、资料馆等的公共活动场所	A	A	B_1	B_1	B_1	B_1	B_1

续表

序号	建筑物及场所	装修材料燃烧性能等级						
		顶棚	墙面	地面	隔断	固定家具	装饰织物	其他装修装饰材料
6	存放文物、纪念展览物品、重要图书、档案、资料的场所	A	A	A	A	A	B_1	B_1
7	歌舞娱乐游艺场所	A	A	B_1	B_1	B_1	B_1	B_1
8	A、B级电子信息系统机房及装有重要机器、仪器的房间	A	A	B_1	B_1	B_1	B_1	B_1
9	餐饮场所	A	A	A	B_1	B_1	B_1	B_2
10	办公场所	A	B_1	B_1	B_1	B_1	B_2	B_2
11	其他公共场所	A	B_1	B_1	B_2	B_2	B_2	B_2
12	汽车库、修车库	A	A	B_1	A	A	—	—

注：地下民用建筑是指单层、多层、高层民用建筑的地下部分，单独建造在地下的民用建筑以及平战结合的地下人防工程。

地下建筑装修防火要求主要取决于人员的密度。对于人员密集的商场营业厅、电影院观众厅等在选用装修材料时，防火标准要高；而对宾馆客房、医院病房，以及各类建筑的办公用房，因其容纳人员较少且经常有专人管理，所以选用装修材料燃烧性能等级可适当放宽。对于图书、资料类库房，因可燃物数量大，所以要求最高，尽量采用不燃材料装修。

地下建筑与地上建筑显著的不同点就是人员只能通过安全通道和出口撤向地面。地下建筑被完全封闭在地下，在火灾中，人流疏散的方向与烟火蔓延的方向是一致的。从这个意义上讲，人员安全疏散的可能性要比地面建筑小得多。为了保证人员最大的安全度，确保各条安全通道和出口自身的安全与畅通是必要的。为此要求地下民用建筑的疏散走道和安全出口的门厅，其顶棚、墙面和地面的装修材料应采用A级装修材料。

2）允许放宽条件

除本教材第7.3.2节规定的场所和表7-8中序号为6~8规定的部位外，单独建造的地下民用建筑的地上部分，其门厅、休息室、办公室等内部装修材料的燃烧性能等级可在本教材表7-8的基础上降低一级。这是因为单独建造的地下民用建筑的地上部分相对的使用面积小，且建在地面上，火灾危险性小，疏散扑救均比地下建筑部分要容易。

7.4.4 厂房仓库

厂房有以下几种划分方法：① 按用途划分，如划分为主厂房、辅助厂房、动力用厂房等；② 按生产状况分，如划分为冷加工厂房、热加工厂房、洁净厂房等；③ 按建筑的层数来划分。

建筑内部装修设计时，按照建筑的层数将厂房划分成以下几种类型：

（1）单层厂房是由柱和横梁（屋架）构成的单层结构体系。

（2）多层厂房特指两层及两层以上，但建筑高度小于等于24m的厂房。

（3）高层厂房指两层及两层以上，但建筑高度大于24m的厂房。

（4）地下厂房指建造在地下的，但用于工业生产的厂房。

1）厂房装修防火标准

厂房内部各部位的装修材料的燃烧性能等级，不应低于表7-9中的规定。

工业厂房内部各部位装修材料的燃烧性能等级 表 7-9

序号	厂房及车间的火灾危险性和性质	建筑规模	装修材料燃烧性能等级						
			顶棚	墙面	地面	隔断	固定家具	装饰织物	其他装修装饰材料
1	甲、乙类厂房 丙类厂房中的甲、乙类生产车间 有明火的丁类厂房、高温车间	—	A	A	A	A	A	B_1	B_1
2	劳动密集型丙类生产车间或厂房 火灾荷载较高的丙类生产车间或厂房 洁净车间	单 / 多层	A	A	B_1	B_1	B_1	B_2	B_2
		高层	A	A	A	B_1	B_1	B_1	B_1
3	其他丙类生产车间或厂房	单 / 多层	A	B_1	B_2	B_2	B_2	B_2	B_2
		高层	A	B_1	B_1	B_1	B_1	B_1	B_1
4	丙类厂房	地下	A	A	A	B_1	B_1	B_1	B_1
5	无明火的丁类厂房戊类厂房	单 / 多层	B_1	B_2	B_2	B_2	B_2	B_2	B_2
		高层	B_1	B_1	B_2	B_2	B_1	B_1	B_1
		地下	A	A	B_1	B_1	B_1	B_1	B_1

厂房装修本身的要求一般并不是很高，但作为现代化的工业厂房，特别是一些劳动密集型的工业厂房，如服装、玩具、食品等轻工行业的厂房，要在不同程度上考虑工人劳动的舒适度问题；且由于工业厂房本身生产的特殊性，有些厂房内的生产材料本身已是易燃或可燃材料，因此在进行装修时，应尽量减少或避免使用易燃、可燃材料。

对甲、乙类厂房和有明火的丁类厂房均要求尽量采用 A 级装修材料。这是考虑到甲、乙类厂房均具有爆炸危险，而有明火操作的丁类厂房虽然生产物质并不危险，但明火对装修材料则构成了威胁，所以对这类厂房要求很高。

2）允许放宽条件

除本教材第 7.3.2 节规定的场所和部位外，当单层、多层丙、丁、戊类厂房内同时设有火灾自动报警和自动灭火系统时，除顶棚外，其装修材料的燃烧性能等级可在本教材表 7-9 规定的基础上降低一级。

3）架空地板

当厂房的地面为架空地板时，其地面应采用不低于 B1 级的装修材料。

地面为架空地板时，既有可能被室内的火源点燃，又有可能被来自地板下架空层内的火源点燃，架空后的地板，火从架空层内着起，不易在早期发现，火势蔓延的速度较快。所以对架空的地板做了特殊要求。

4）厂房附属辅助用房

附设在工业建筑内的办公、研发、餐厅等辅助用房，当采用现行国家标准《建筑设计防火规范》GB 50016—2014（2018 版）规定的防火分隔和疏散设施时，其内部装修材料的燃烧性能等级可按民用建筑的规定执行。

5）仓库装修防火标准

仓库内部各部位的装修材料的燃烧性能等级，不应低于表 7-10 中的规定。

工业厂房内部各部位装修材料的燃烧性能等级

表 7-10

序号	仓库类别	建筑规模	装修材料燃烧性能等级			
			顶棚	墙面	地面	隔断
1	甲、乙类仓库	—	A	A	A	A
2	丙类仓库	单层及多层仓库	A	B_1	B_1	B_1
		高层及地下仓库	A	A	A	A
		高架仓库	A	A	A	A
3	丁、戊类仓库	单层及多层仓库	A	B_1	B_1	B_1
		高层及地下仓库	A	A	A	B_1

7.5 建筑防火涂料

7.5.1 防火涂料

1）防火涂料概述

在建筑材料的阻燃技术中，除了对各类可燃、易燃的建筑材料本身进行阻燃改性外，还可以应用各种外部防护措施及阻燃防护材料使可燃的材料及制品获得足够的防火性能。这也是现代阻燃技术研究的一个重要方面。在这类阻燃防护材料或措施中，应用最广、效果最为显著的是防火涂料。

防火涂料是指涂装在建筑构件的表面，能降低可燃性基材的火焰传播速率或阻止热量向可燃物传递，进而推迟或消除可燃性基材的引燃，或者推迟结构失稳或力学强度降低的一类功能涂料。防火涂料作为防火的一种手段，防火效率高，使用十分方便，应用广泛。

2）防火涂料分类

防火涂料根据配方组成、性能特点以及主要用途与适用范围的不同，可从不同角度对其进行分类。

（1）按防火涂料基料的组成可分为无机涂料和有机涂料两大类。

（2）按防火涂料分散介质的不同也可分为两类。采用有机溶剂为分散介质的称为溶剂型防火涂料；用水作溶剂或分散介质的称为水性防火涂料。溶剂型防火涂料一般理化性能好、易干，但价格较贵且溶剂的挥发污染环境。水性防火涂料包括水性防火涂料和乳胶型防火涂料，它价廉、低毒、不污染环境，但干燥时间较长，黏结性能不如溶剂型高。国外 75%的防火涂料为水性防火涂料。

（3）按防火机理的不同可将防火涂料分为非膨胀型防火涂料和膨胀型防火涂料两类。

非膨胀型防火涂料受热时会生成一种玻璃状釉化物，覆盖在材料表面，起到隔绝空气和热量的作用，使基材不易着火。由于这层玻璃状釉化物覆盖层较薄，隔热性能有限且在高温中易损坏，防火效果较差。但非膨胀型防火涂料具有较好的装饰效果，着色方便，耐水性、耐腐蚀、硬度均比较好。

膨胀型防火涂料在火灾中受热时，表面涂层会熔融、起泡、隆起，形成海绵状隔热层，并释放出不可燃性气体，充满海绵状的隔热层。这种膨胀层的厚度，往往是涂层原有厚度的十几倍、几十倍甚至上百倍。隔热效果显著，阻燃性能良好。

（4）按防火涂料适用范围的不同可将其分为饰面型防火涂料、钢结构防火涂料、预应力混凝土楼板防火涂料及电缆防火涂料四大类。

饰面型防火涂料是施涂于可燃性基材（如木材、纤维板及纸板等）表面，能形成具有防火阻燃保护和装饰作用涂膜的防火涂料。

钢结构防火涂料是施涂于建筑物及构筑物内钢构件表面，能形成耐火隔热保护层，以提高钢结构耐火极限的防火涂料。

预应力混凝土楼板防火涂料是用于涂覆建筑物内预应力混凝土楼板下表面，能形成耐火隔热保护层，以提高其耐火极限的防火涂料。

电缆防火涂料是施涂于电线电缆表面，能形成具有防火阻燃涂层以防止电线电缆蔓延燃烧的防火涂料。这类产品与饰面型防火涂料相似，膨胀型的居多，但防火性能的要求和试验方法与饰面型防火涂料不同。

7.5.2 饰面型防火涂料

饰面型防火涂料是一类可涂于木材及其他可燃性基材表面，能形成具有防火阻燃保护作用涂层的功能性涂料，涂层还可兼有装饰作用。

饰面型防火涂料按其防火机理，可分为膨胀型、非膨胀型两大类。

膨胀型防火涂料：其成膜后，常温下与普通涂膜无异。但当涂层受到高热或火焰作用时，涂料表面的薄膜膨胀形成致密的蜂窝状炭质泡沫层。这种泡沫层多孔且致密，可塑性大，即使经高温灼烧也不易破裂，不仅具有很好的隔绝氧气的作用，而且有良好的隔热作用。

非膨胀型防火涂料在受火时涂层基本上不发生体积变化。主要是涂层本身具有难燃性或不燃性，能阻止火焰蔓延；涂层在高温或火焰作用下可以分解出不燃性气体，以冲淡空气中的氧气和可燃性气体浓度，从而有效地阻止或延缓燃烧。另外，涂层在高温或火焰作用下能形成不燃性无机釉状保护层覆盖在可燃性基材表面，以隔绝可燃性基材与氧气的接触，从而避免或减少燃烧反应的发生，并在一定时间内具有一定的隔热作用。

7.5.3 钢结构防火涂料

钢结构具有强度高、自重轻、抗震性好、施工快、建筑基础费用低、结构面积少等诸多优点而得到广泛重视，尤其在高层建筑、大空间建筑中广泛应用。但从防火安全的角度看，钢材虽为不燃烧体，却极易导热，在高温下其强度会急剧恶化。致使钢构件发生塑性变形、产生局部破坏、丧失支撑能力而引起结构的垮塌。裸钢的耐火极限通常只有 15min。可见，不做防火保护的钢构件，其火灾危险性是非常大的。钢结构火灾的主要特点是：钢结构垮塌快、难扑救，火灾影响大、损失大，建筑物易损坏、难修复。

根据我国有关建筑防火规范的要求，建筑中的钢材视承重及使用的情况不同，耐火极限要求从 0.50~3.00h 不等，因此必须实行防火保护。

1）防火机理

钢结构防火涂料覆盖在钢基材的表面，其作用是防火隔热保护，防止钢结构在火灾中迅速升温而失去强度、挠曲变形塌落。防火隔热机理是：

（1）对涂层不燃或不助燃，能对钢基材起屏蔽和防止热辐射作用，隔离火焰，避免钢构件直接暴露在火焰或高温中。

（2）涂层中部分物质吸热和分解出水蒸气、二氧化碳等不燃性气体，起到消耗热量、降低火焰温度和燃烧速度、稀释氧气的作用。

（3）防火保护层最主要的作用，是涂层本身多孔轻质或热膨胀后形成炭化泡沫层，导热率降低，有效地阻止了热量向钢基材的传递，推迟了钢构件升温至极限温度的时间，从而提高了钢结构的耐火极限。对于厚涂层钢结构防火隔热涂料，涂层厚度为几厘米，火灾中基本不变，自身密度小，热导率低；对于薄涂型钢结构膨胀防火涂料，涂层在火灾中由膨胀，热导率明显降低，较厚涂型效果更明显。

2）涂料类型

按照《钢结构防火涂料》GB 14907—2018 进行分类如下。

（1）按使用场所分类

① 室内钢结构防火涂料：用于建筑物室内或隐蔽工程的钢结构表面的防火涂料；

② 室外钢结构防火涂料：用于建筑物室外或露天工程的钢结构表面的防火涂料。

（2）按分散介质分类

① 水基性钢结构防火涂料：以水作为分散介质的钢结构防火涂料；

② 溶剂性钢结构防火涂料：以有机溶剂作为分散介质的钢结构防火涂料。

（3）按防火机理分类

① 膨胀型钢结构防火涂料：涂层在高温时膨胀发泡，形成耐火隔热保护层的钢结构防火涂料；

② 非膨胀型钢结构防火涂料：涂层在高温时不膨胀发泡，其自身成为耐火隔热保护层的钢结构防火涂料。

3）选用原则

钢结构防火涂料在工程中实际应用涉及面较多，对涂料品种的选用、产品质量、施工要求等均需加以重视。一般需遵循以下原则：

（1）选用的钢结构防火涂料必须具有国家级检

测中心出具的合格的检测报告，其质量应符合有关国家标准的规定。

（2）应根据钢结构的类型特点、耐火等级及使用环境，选择符合性能要求的防火涂料。

① 根据建筑的重要性选用

对于重点的工业建筑工程（如核能、电力、石油、化工等），应主要以厚涂型防火涂料为主。对于一般民用建筑工程（如市场、办公室等），则应以薄型或超薄型防火涂料为主。

② 根据建筑构件的部位选用

对于建筑物中的隐藏钢结构，对其涂层的外观质量要求不高，应尽量采用隔热型防火涂料。裸露的钢网架、钢屋架及屋顶承重结构，对其装饰效果要求较高，则可选择薄型或超薄型钢结构防火涂料，但必须达到防火规范规定的耐火极限。若耐火极限要求为 2.00h 以上时，应慎用。

③ 根据钢结构的耐火极限要求选用防火涂料。

对于建筑构件的耐火极限要求超过 2.50h 时，应选用厚涂型防火涂料；耐火极限要求 1.50h 以下时，可选用超薄型钢结构防火涂料。

④ 根据建筑的使用环境要求选用防火涂料

对于露天钢结构及建筑顶层钢结构上部采用透光板时，由于受到阳光暴晒、雨淋，环境条件较为苛刻，应选用室外型钢结构防火涂料，切不可把技术性能仅满足室内要求的防火涂料用于室外。

总之，钢结构防火涂料的选用应根据建筑工程的实际要求，结合涂料的实际性能，确定其厚度、类型，不可过分追求涂层薄、用量少、装饰效果好，而忽略了耐火极限的标准。

7.6 建筑保温和外墙装饰

现行国家标准《建筑设计防火规范》GB 50016—2014（2018 年版）规定：建筑内、外保温系统，宜采用燃烧性能为 A 级的保温材料，不宜采用 B_2 级保温材料，严禁采用 B_3 级保温材料。

7.6.1 建筑外墙内保温

建筑外墙采用内保温系统时，保温系统应符合下列规定：

（1）对于人员密集场所，用火、燃油、燃气等具有火灾危险性的场所以及各类建筑内的疏散楼梯间、避难走道、避难间、避难层等场所或部位，应采用燃烧性能为 A 级的保温材料，如图 7-6（a）所示。

（2）对于其他场所，应采用低烟、低毒且燃烧性能不低于 B_1 级的保温材料。

（3）保温系统应采用不燃材料作为防护层。采用燃烧性能为 B_1 级的保温材料时，防护层的厚度不应小于 10mm，如图 7-6（b）所示。

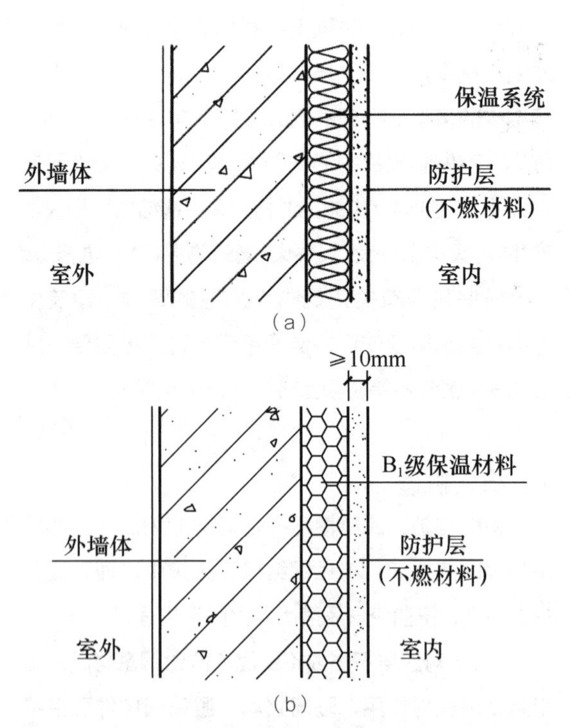

图 7-6　建筑外墙采用内保温系统示意图
（a）A 级保温材料；（b）B_1 级保温材料，应采用不燃材料做防护层

7.6.2 无空腔复合保温体

建筑外墙采用保温材料与两侧墙体构成无空腔复合保温结构体时，该结构体的耐火极限应符合规范的有关规定；当保温材料的燃烧性能为 B_1、B_2 级时，保温材料两侧的墙体应采用不燃材料且厚度均不应小于 50mm，如图 7-7 所示。

这里的保温复合墙体体系主要指夹芯保温等墙体系统，保温层位于结构构件内部，与保温层两侧的墙体和结构受力体系共同作为建筑外墙使用，但要求保温层与两侧的墙体及受力结构体系之间不存在空隙或空腔。该类保温体系的墙体同时兼有墙体保温和建筑外墙保温的功能。

7.6.3 建筑外墙外保温（表 7-11）

（1）设置人员密集场所的建筑，其外墙外保温材料的燃烧性能为 A 级。

（2）住宅建筑与基层墙体、装饰层之间无空腔的建筑外墙外保温系统，其保温材料应符合下列规定:

①建筑高度大于 100m 时，保温材料的燃烧性能为 A 级。

②建筑高度大于 27m，但不大于 100m 时，保温材料的燃烧性能不应低于 B_1 级。

③建筑高度不大于 27m 时，保温材料的燃烧性能不应低于 B_2 级。

（3）除住宅建筑和设置人员密集场所的建筑外，其他建筑与基层墙体、装饰层之间无空腔的建筑外墙外保温系统，其保温材料应符合下列规定:

①建筑高度大于 50m 时，保温材料的燃烧性能为 A 级。

②建筑高度大于 24m，但不大于 50m 时，保温材料的燃烧性能不应低于 B_1 级。

③建筑高度不大于 24m 时，保温材料的燃烧性能不应低于 B_2 级。

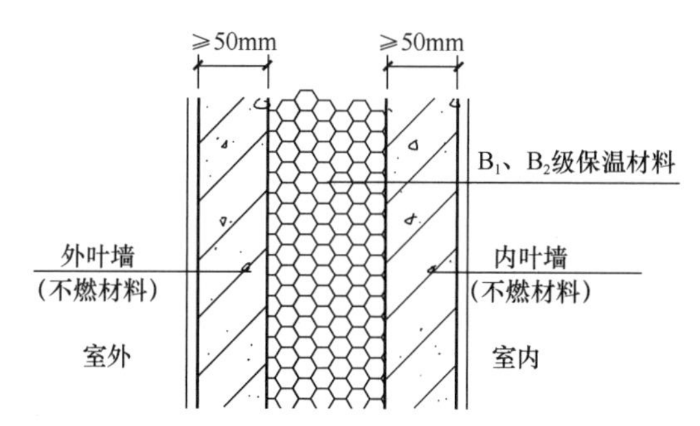

图 7-7 建筑外墙采用无空腔复合保温结构体示意图

基层墙体、装饰层之间无空腔的建筑墙体外保温系统的技术要求

表 7-11

建筑及场所	建筑高度	A 级材料	B_1 级保温材料	B_2 级保温材料
人员密集场所		应采用	不允许	不允许
住宅建筑	$h>100m$	应采用	不允许	不允许
	$27m<h\leqslant 100m$	宜采用	可采用：①每层设置防火隔离带 ②建筑外墙上门窗的耐火完整性不应低于 0.50h	不允许
	$h\leqslant 27m$	宜采用	可采用，每层设置防火隔离带	可采用：①每层设置防火隔离带 ②建筑外墙上门窗的耐火完整性不应低于 0.50h
除住宅建筑和设置人员密集场所的建筑外的其他建筑	$h>50m$	应采用	不允许	不允许
	$24m<h\leqslant 50m$	宜采用	可采用：①每层设置防火隔离带 ②建筑外墙上门窗的耐火完整性不应低于 0.50h	不允许
	$h\leqslant 24m$	宜采用	可采用，每层设置防火隔离带	可采用：①每层设置防火隔离带 ②建筑外墙上门窗的耐火完整性不应低于 0.50h

注：当住宅建筑与其他使用功能建筑合建时，合建建筑的外保温系统应按整体建筑的总高度确定，并符合公共建筑的相关要求。

（4）除设置人员密集场所的建筑外，其他建筑与基层墙体、装饰层之间有空腔的建筑外墙外保温系统，如表 7-11 所示，其保温材料应符合下列规定：

① 建筑高度大于 24m 时，保温材料的燃烧性能为 A 级。

② 建筑高度不大于 24m，保温材料的燃烧性能不应低于 B_1 级。

③ 建筑外墙外保温系统与基层墙体、装饰层之间的空腔，应在每层楼板处采用防火封堵材料封堵，如图 7-8 所示。

（5）除采用 B_1 级保温材料且建筑高度不大于 24m 的公共建筑或采用 B_1 级保温材料且建筑高度不大于 27m 的住宅建筑外，建筑外墙上门、窗建筑的外墙耐火完整性不应低于 0.50h，见表 7-12，如图 7-9 所示。

建筑高度与基层墙体、装饰层之间有空腔的建筑墙体外保温系统的技术要求

表 7-12

场所	建筑高度（h）	A 级保温材料	B_1 级保温材料
人员密集场所的建筑	—	应采用	不允许
非人员密集场所	$h>24$m	应采用	不允许
	$h\leqslant 24$m	宜采用	可采用，每层设置防火隔离带

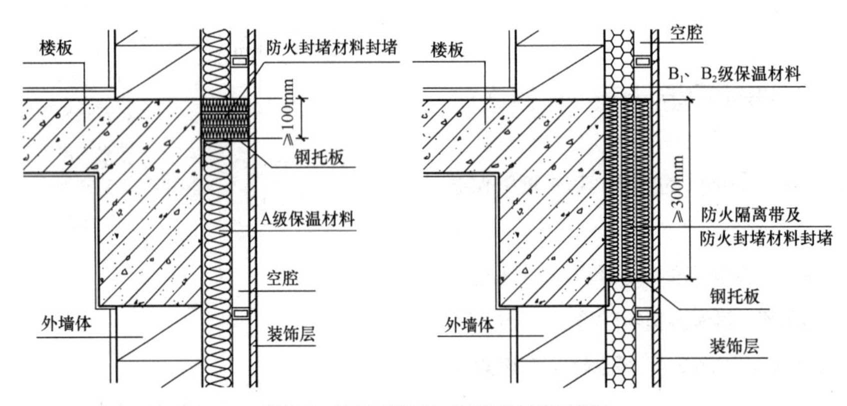

图 7-8　建筑外墙保温有空腔的封堵示意图

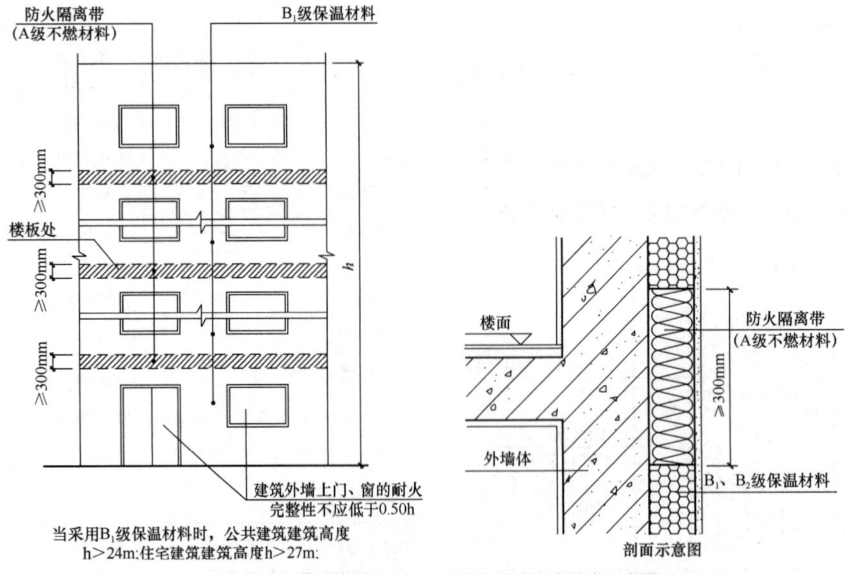

图 7-9　建筑外墙外保温隔离带与外墙门窗要求示意图

（6）防火隔离带与包覆，除建筑外墙采用无空腔复合保温结构体时，该当建筑的外墙外保温系统采用燃烧性能为 B_1、B_2 级保温材料时，应符合下列规定：

① 应在保温系统中每层设置水平防火隔离带。防火隔离带应采用燃烧性能为 A 级的材料，防火隔离带的高度不应小于 300mm，如图 7-10 所示。

② 建筑的外墙外保温系统应采用不燃材料在其表面设置防护层，防护层将保温材料完全包覆，采用 B_1、B_2 级保温材料时，防护层厚度首层不应小于 15mm，其他层不应小于 5mm，如图 7-10 所示。

③ 建筑的屋面外保温系统，当屋面板的耐火极限不低于 1.00h 时，保温材料的燃烧性能不低于 B_2 级；当屋面板的耐火极限低于 1.00h 时，相应的保温材料的燃烧性能不低于 B_1 级。采用 B_1、B_2 级保温材料的外保温系统采用不燃材料作为防护层，防护层的厚度不应小于 10mm，如图 7-11 所示。

当屋面与外墙外保温系统均采用 B_1、B_2 级保温材料时，屋面与外墙之间应采用宽度不小于 500mm 的不燃材料设置防火隔离带进行分隔，如图 7-12 所示。

7.6.4 老年人照料设施

我国已有不少建筑外保温火灾造成了严重后果，且此类火灾呈多发态势。燃烧性能为 A 级的材料属于不燃材料，火灾危险性低，不会导致火焰蔓延，能较好地防止火灾通过建筑的外立面和屋面蔓延。其他燃烧性能的保温材料不仅易燃烧、易蔓延，且烟气毒性大。因此，老年人照料设施的内、外保温系统要选用 A 级保温材料。

当老年人照料设施部分的建筑面积较小时，考虑到其规模较小及其对建筑其他部位的影响，仍可以按本节的规定采用相应的保温材料。

下列老年人照料设施的内、外墙体和屋面保温材料应采用燃烧性能为 A 级的保温材料：

（1）独立建造的老年人照料设施；

（2）与其他建筑组合建造且老年人照料设施部分的总建筑面积大于 500m² 的老年人照料设施，如图 7-13 所示。

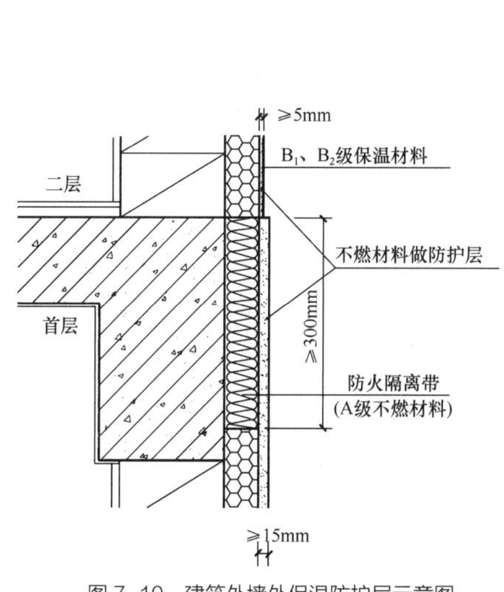

图 7-10　建筑外墙外保温防护层示意图

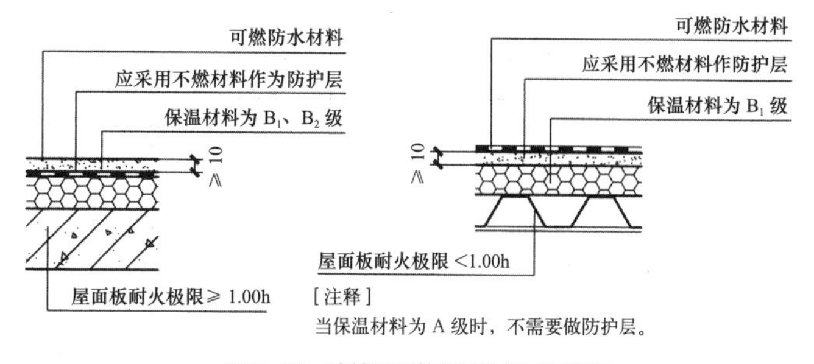

图 7-11　建筑屋面外保温防护层示意图

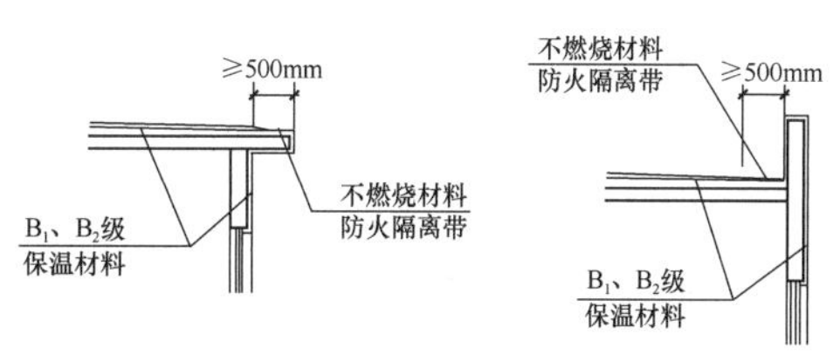

图 7-12　建筑外墙外保温与屋面设置隔离带示意图

7.6.5 外墙装饰层

建筑外墙的装饰层应采用燃烧性能为 A 级的材料，但建筑高度不大于 50m 时，可采用 B_1 级材料。

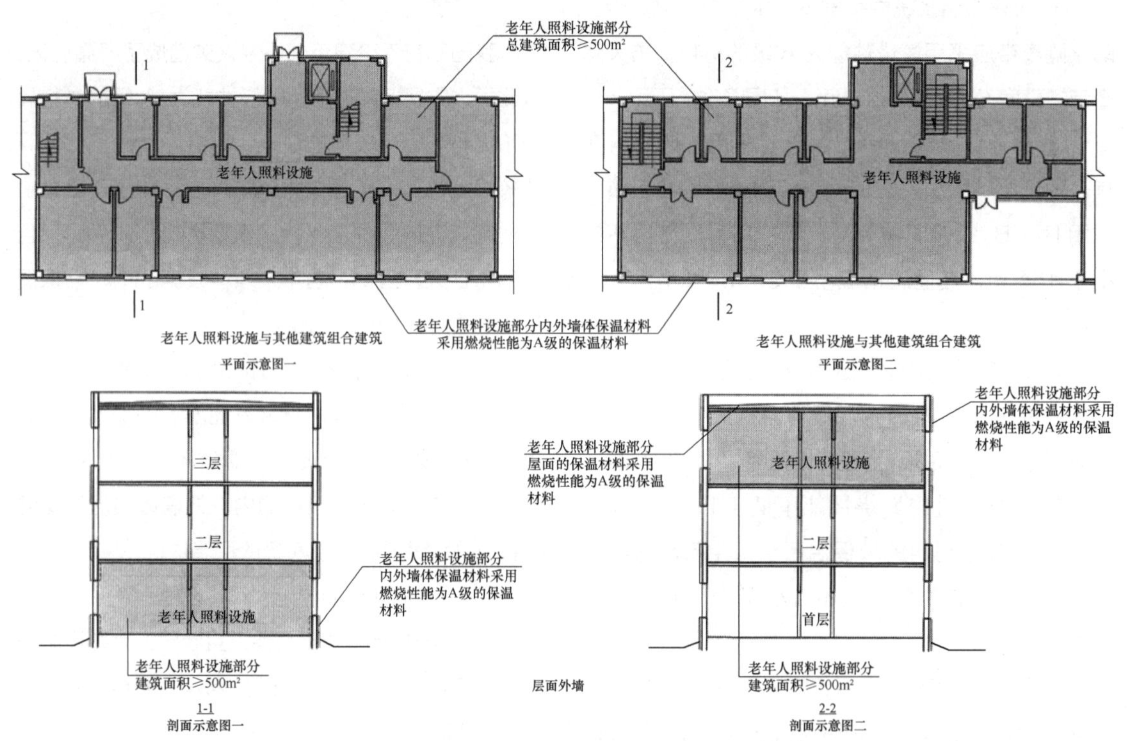

图 7-13 老年人照料设施外墙屋面保温设置要求示意图

第8章 Chapter 8 Configuration of Fire Fighting Facilities 消防设施的配置

建筑消防设施是指依照国家、行业或者地方消防技术标准的要求，在建筑物、构筑物中设置火灾报警、灭火、人员疏散、防火分隔、灭火救援行动等防范和扑救建筑火灾的设备设施的总称。建筑消防设施的主要作用是及时发现和扑救火灾、限制火灾蔓延的范围，为有效地扑救火灾和人员疏散工作创造有利条件，从而减少火灾造成的财产损失和人员伤亡。

本章侧重介绍灭火器、消火栓给水系统、自动喷水灭火系统、水喷雾灭火系统、气体灭火系统、火灾自动报警系统、防烟排烟设施的设置范围。

8.1 建筑灭火器配置

灭火器是一种轻便的灭火工具，它由筒体、器头、喷嘴等部件组成，借助驱动压力可将所充装的灭火剂喷出，达到灭火目的。灭火器结构简单、操作方便、使用广泛。由于初起火灾范围小，火势弱，是扑救火灾的最佳时机，如能配置得当、应用及时，灭火器作为第一线灭火力量，对扑灭初起火灾具有显著效果。

1）灭火器配置分类

不同种类的灭火器，适用于不同物质的火灾，其结构和使用方法也各不相同。灭火器的种类较多，按其移动方式可分为：手提式和推车式，如图 8-1 与图 8-2 所示；按驱动灭火剂的动力来源可分为：储气瓶式、储压式；按所充装的灭火剂则又可分为：水基型、干粉、二氧化碳灭火器、洁净气体灭火器等；按灭火类型分：A 类灭火器、B 类灭火器、C 类灭火器、D 类灭火器、E 类灭火器等。

2）灭火器的灭火机理

灭火的方法有冷却、窒息、隔离等物理方法，也有化学抑制的方法，不同类型的火灾需要有针对性的灭火方法。灭火器正是根据这些方法而进行专门设计、研制的，因此各类灭火器也有着不同的灭火机理与各自的适用范围。

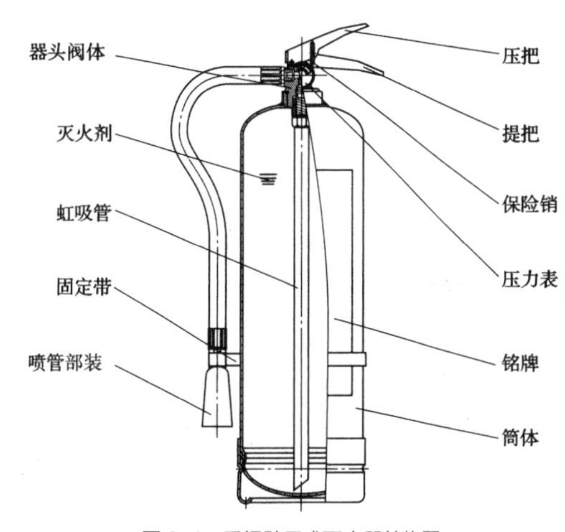

图 8-1 手提贮压式灭火器结构图

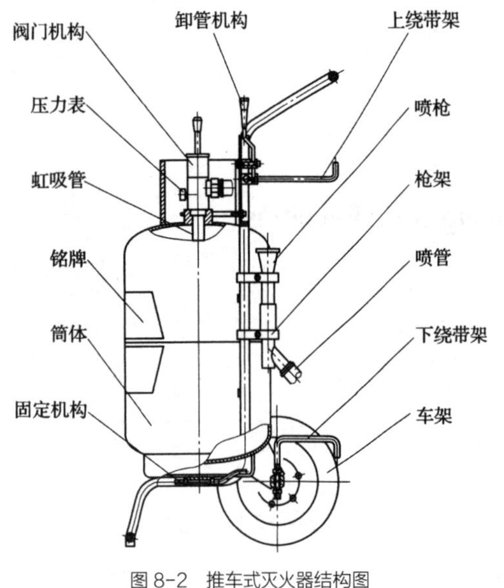

图 8-2 推车式灭火器结构图

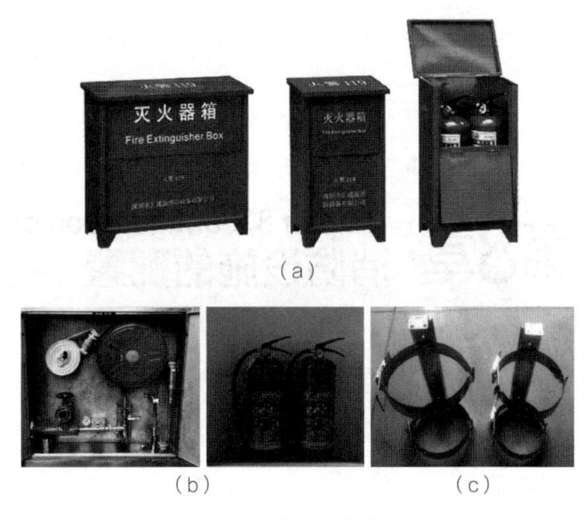

图 8-3 手提式灭火器摆放
(a)灭火器箱；(b)室内消火栓(左)，灭火器组合箱(右)；
(c)灭火器托架

3)灭火器的位置摆放

(1) 灭火器不应设置在不易被发现和黑暗的地点，且不得影响安全疏散。

(2) 对有视线障碍的灭火器设置点，应设置指示其位置的发光标志。

(3) 灭火器的摆放应稳固，其铭牌应朝外。手提式灭火器宜设置在灭火器箱内或挂钩、托架上，如图 8-3 所示，其顶部离地面高度不应大于 1.5m；底部离地面高度不宜小于 0.08m。灭火器箱不应上锁。

(4) 灭火器不应设置在潮湿或强腐蚀性的地点，当必须设置时，应有相应的保护措施。灭火器设置在室外时，亦应有相应的保护措施。

(5) 灭火器不得设置在超出其使用温度范围的地点。

4)灭火器的配置范围

为了合理配置建筑灭火器，有效地扑救工业与民用建筑初起火灾，减少火灾损失，保护人身和财产安全，《建筑设计防火规范》GB 50016—2014(2018 年版)明确规定了灭火器的配置范围。

厂房、仓库、储罐(区)和堆场，应设置灭火器。高层住宅建筑的公共部位和公共建筑内应设置灭火器，其他住宅建筑的公共部位宜设置灭火器。

8.2 消火栓给水系统配置

建筑消火栓给水系统是指为建筑消防服务的以消火栓为给水点、以水为主要灭火剂的消防给水系统。它由消火栓、给水管道、供水设施等组成。按设置区域分，消火栓系统分为市政消火栓给水系统和建筑物消火栓给水系统。按设置位置分，消火栓系统分为室外消火栓给水系统、室内消火栓给水系统。

8.2.1 室外消火栓给水系统配置

室外消火栓给水系统通常是指室外消防给水系统，它是设置在建筑物外墙外的消防给水系统，主要承担城市、集镇、居住区或工矿企业等室外部分的消防给水任务的工程设施。室外消火栓给水系统由消防水源、消防供水设备、室外消防给水管网和室外消火栓灭火设施组成。室外消防给水管网包括进水管、干管和相应的配件、附件。室外消火栓灭火设施包括室外消火栓、水带、水枪等。

1）设置范围

（1）城镇（包括居住区、商业区、开发区、工业区等）应沿可通行消防车的街道设置市政消火栓系统。

（2）民用建筑、厂房、仓库、储罐（区）和堆场周围应设置室外消火栓系统。

（3）用于消防救援和消防车停靠的屋面上，应设置室外消火栓系统。

（4）耐火等级不低于二级，且建筑物体积不大于 3,000m^3 的戊类厂房，居住区人数不超过 500 人且建筑物层数不超过两层的居住区，可不设置室外消火栓系统。

2）设置要求

（1） 室外消火栓应沿道路设置，当道路宽度大于 60m 时，宜在道路两边设置消火栓，并宜靠近十字路口。

（2） 甲、乙、丙类液体储罐区和液化石油气储罐区的消火栓应设置在防火堤或防护墙外，距罐壁 15m 范围内的消火栓，不应计算在该罐可使用的数量内。

（3） 室外消火栓的间距不应大于 120m。

（4） 室外消火栓的保护半径不应大于 150m，在市政消火栓保护半径 150m 以内，当室外消防用水量小于等于 15L/s 时，可不设置室外消火栓。

（5） 室外消火栓的数量应按其保护半径和室外消防用水量等因素综合计算确定，每个室外消火栓的用水量应按 10~15L/s 计算，与保护对象的距离在 5~40m 范围内的市政消火栓，可计入室外消火栓的数量内。

（6）室外消火栓宜采用地上式消火栓。地上式消火栓应有 1 个 DN150 或 DN100 和 2 个 DN65 的栓口，如图 8-4 所示。采用室外地下式消火栓时，应有 DN100 和 DN65 的栓口各 1 个，如图 8-5 所示。寒冷地区设置的室外消火栓应采取防冻措施。

（7）消火栓距路边不应大于 2m，距房屋外墙

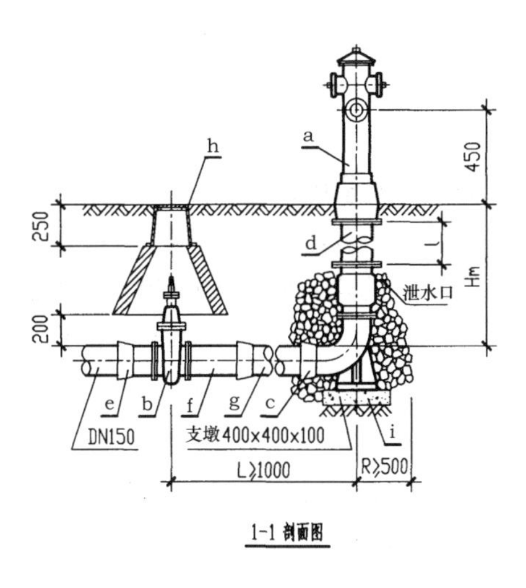

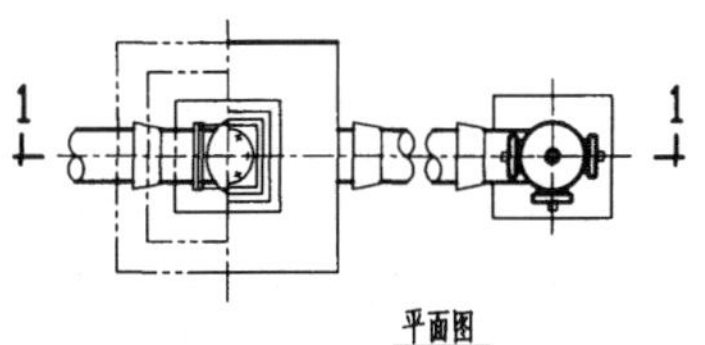

主要设备及材料表

编号	名称	规格		材料	单位	数量	备注
		1.0MPa	1.6MPa				
a	地上式消火栓	SS150/80-1.0	SS150/80-1.6		套	1	
b	闸阀	SZ45T-10 DN150	SZ45X-16 DN150		个	1	
c	弯管底座	DN150×90° 承盘	DN150×90° 双盘	铸铁	个	1	与消火栓配套供应
d	法兰接管	长度 l=250mm		铸铁	个	1	管道覆土深度为 640mm 时无此件
e	短管甲	DN150		铸铁	个	1	
f	短管乙	DN150		铸铁	个	1	
g	铸铁管	DN150		铸铁	根	1	
h	闸阀套筒				座	1	详见本图集第 26 页
i	混凝土坛墩	400mm×400mm×100mm		C20	m^3	0.02	

说明：

1. 消火栓采用 SS150/80-1.0 型或 SS150/80-1.6 型地上式消火栓。该消火栓有两个 DN80 和一个 DN150 的出水口。
2. 凡埋入土中的法兰接口涂沥青冷底子油及热沥青各两道，并用沥青麻布或用 0.2mm 厚塑料薄膜包严，其余管道和管件的防腐作法由设计人确定。
3. 管道覆土层深度 Hm：SS150/80-1.0 型为 640 或 890mm，SS150/80-1.6 型为 890mm。

图 8-4　室外地上式消火栓安装图

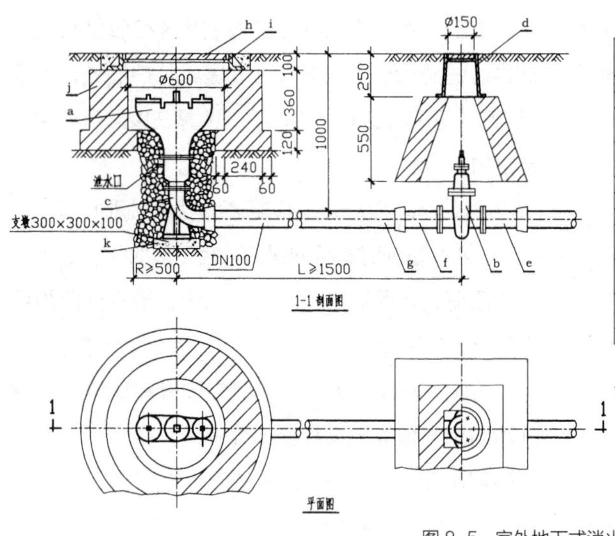

主要设备及材料表

编号	名称	规格		材料	单位	数量	备注
		1.0MPa	1.6MPa				
a	地下式消火栓	SA100/65-1.0	SA100/80-1.6		套	1	
b	闸阀	SZ45T-10 DN100	SZ45X-16 DN100		个	1	
c	弯管底座	DN100×90° 承盘	DN100×90° 双盘	铸铁	个	1	与消火栓配套供应
d	闸阀套筒				座	1	详见本图集第 26 页
e	短管甲	DN100		铸铁	个	1	
f	短管乙	DN100		铸铁	个	1	
g	铸铁管	DN100		铸铁	根	1	
h	井盖	DN600		铸铁	个	1	详见图集 97S501
i	井座	DN600		铸铁	个	1	详见图集 97S501
j	砖砌井室			砖 MU7.5 砂浆 7.5	m^3	0.5	
k	混凝土坛墩	300mm×300mm×100mm		C20	m^3	0.01	

说明：

1. 消火栓采用 SA65/65-1.0 型或 SA100/65-1.6 型地下式消火栓。该消火栓有两个出水口，分别为 DN100 和 DN65。
2. 凡埋入土中的法兰接口涂沥青冷底子油及热沥青各两道，并用沥青麻布或用 0.2mm 厚塑料薄膜包严，其余管道和管件的防腐作法由设计人确定。
3. 消火栓顶端至井盖面距离为 250mm。

图 8-5　室外地下式消火栓安装图

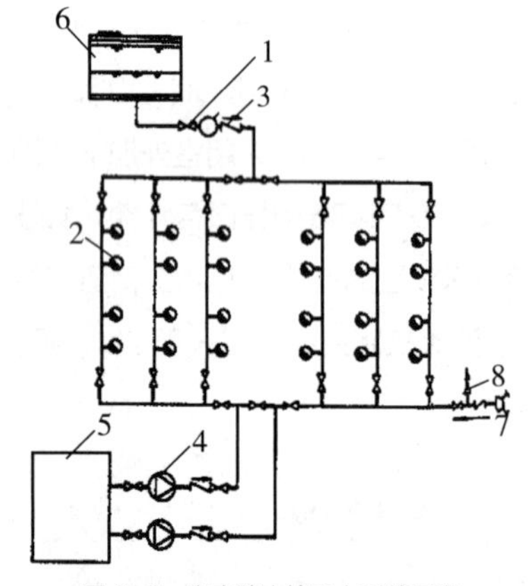

图 8-6　室内消火栓灭火系统示意

1- 阀门；2- 室内消火栓；3- 止回阀；4- 水泵；5- 储水池；6- 高位水箱；7- 水泵结合器；8- 安全阀

不宜小于 5m。

（8）建筑的室外消火栓、阀门、消防水泵接合器等设置地点应设置相应的永久性固定标识。

（9）寒冷地区设置市政消火栓、室外消火栓确有困难的，可设置水鹤等为消防车加水的设施，其保护范围可根据需要确定。

8.2.2　室内消火栓给水系统配置

室内消火栓灭火系统是把室外给水系统提供的水量，经过加压（外网压力不满足需要时）输送到用于扑灭建筑物内的火灾而设置的固定灭火设备，是建筑物中最基本的灭火设施。

多层建筑内的室内消火栓灭火系统的任务主要控制前 10min 火灾，10min 后由消防车扑救；高层建筑消防立足自救，室内消火栓灭火系统要在整个灭火过程中起主要作用。

1）消火栓灭火系统的组成

室内消火栓灭火系统一般由消火栓箱、消防卷盘、消防管道、消防水池、高位水箱、水泵接合器及增压水泵等组成。图 8-6 为设有水泵、水箱的室内消火栓灭火系统图。

2）室内消火栓设备的组成

（1）室内消火栓箱

室内消火栓箱又称消防箱，由箱体及装于箱内的消火栓、水龙带、水枪、消防按钮和消防卷盘等组成，常用的 SG 系列室内消火栓箱外形如图 8-7 所示，主要尺寸见表 8-1，消火栓箱内布置如图 8-8 所示。

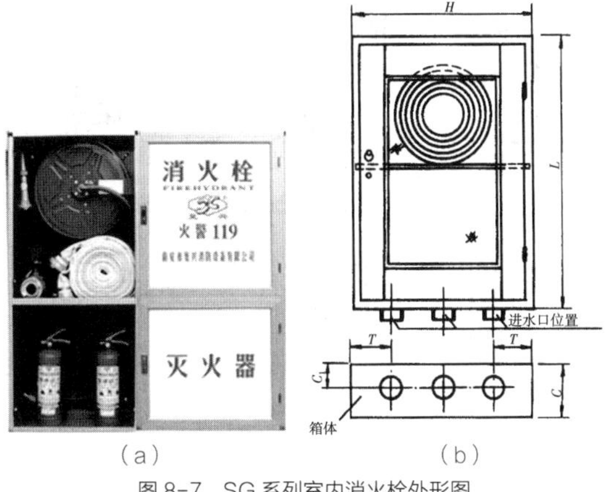

(a)　　　　(b)

图 8-7　SG 系列室内消火栓外形图

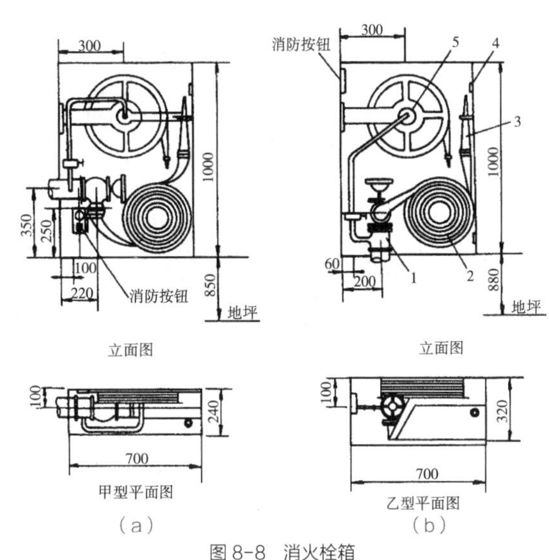

(a)　　　　(b)

图 8-8　消火栓箱

1- 消火栓；2- 龙带；3- 水枪；4- 消防按钮；5- 消防卷盘

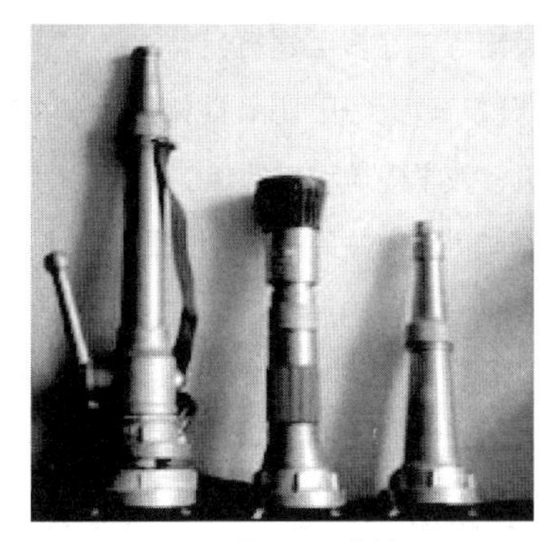

图 8-9　水枪

SG 系列室内消火栓箱主要尺寸(mm)　　表 8-1

规格	L	H	C	T	C1
1,000 × 700 × 240	1,000	700	240	150	100
800 × 650 × 240	800	650	240	120	100
800 × 650 × 210	800	650	210	120	80

(2) 水枪

水枪一般为直流式，喷嘴口径有 13mm、16mm、19mm 三种。口径 13mm 水枪配备直径 50mm 水带，16mm 水枪可配 50mm 或 65mm 水带，19mm 水枪配备 65mm 水带。低层建筑的消火栓可选用 13mm 或 16mm 口径水枪，高层建筑选用 19mm 口径水枪，水枪如图 8-9 所示。

(3) 水带

水带口径有 50mm、65mm 两种，水带长度一般为 15m、20m、25m、30m 四种；水带材质有麻织和化纤两种，有衬胶与不衬胶之分，衬胶水带阻力较小。

(4) 消火栓

消火栓均为内扣式接口的球形阀式龙头，有单出口和双出口之分。双出口消火栓直径为 65mm，单出口消火栓直径有 50mm 和 65mm 两种。

(5) 消防卷盘

消防卷盘（消防水喉）是装在消防竖管上带小水枪及消防胶管卷盘的灭火设备，是在启用室内消火栓之前供建筑物内一般人员初期火灾自救的自防设施，一般与室内消火栓合并设置在消火栓箱内。消防卷盘（消防水喉）的栓口直径宜为 25mm，配备的胶带内径不小于 19mm，水枪喷嘴口径不小于 6mm。在高层建筑的高级旅馆、重要的办公楼、一类建筑的商业楼、展览楼、综合楼及高度超过 100m 的其他民用建筑内应设置消防卷盘，消防卷盘如图 8-10 所示。

3）消火栓箱的布置

室内消火栓箱应设置在走道、防火构造楼梯附近、消防电梯前室等明显易于取用的地点。设在楼

图 8-10 消防卷盘

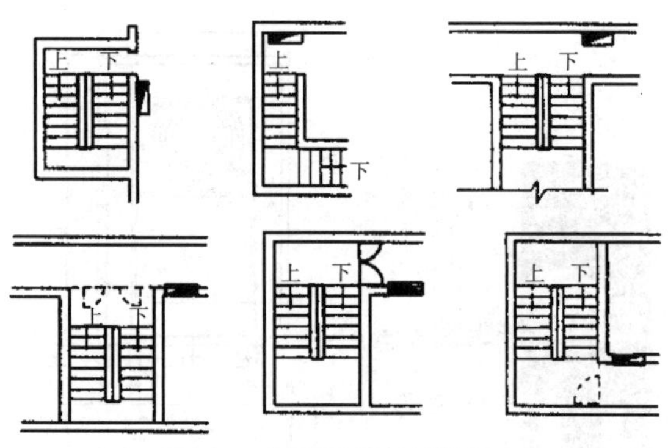

图 8-11 楼梯附近消火栓箱的位置

梯附近时，不应妨碍避难行动的位置，如图 8-11 所示。供集会或娱乐场所的舞台两侧、观众席后两侧及包厢后侧、出入口附近宜设室内消火栓。平屋顶上应设检查用消火栓，坡屋顶或寒冷地区可设在顶层出口处或水箱间内。

设有室内消火栓灭火系统的建筑物，包括无可燃物的设备层，各层均应设置消火栓。建筑高度超过 100m 的超高层建筑的避难层、避难区和直升机停机坪附近均应设室内消火栓。消火栓箱体可根据建筑要求明装或嵌墙暗装。消火栓栓口离地面高度宜为 1.1m，接口出水方向宜向下或与设置消火栓的墙面垂直。

4）设置室内消火栓系统的建筑或场所

下列建筑或场所应设置室内消火栓系统：

（1）建筑占地面积大于 300m^2 的厂房和仓库。

（2）高层公共建筑和建筑高度大于 21m 的住宅建筑。

（注：建筑高度不大于 27m 的住宅建筑，设置室内消火栓系统确有困难时，可只设置干式消防竖管和不带消火栓箱的 DN65 的室内消火栓）

（3）体积大于 5,000m^3 的车站、码头、机场的候车（船、机）建筑、展览建筑、商店建筑、旅馆建筑、医疗建筑、老年人照料设施和图书馆建筑等单、多层建筑。

（4）特等、甲等剧场，超过 800 个座位的其他等级的剧场和电影院等以及超过 1,200 个座位的礼堂、体育馆等单、多层建筑。

（5）建筑高度大于 15m 或体积大于 10,000m^3 的办公建筑、教学建筑和其他单、多层民用建筑。

（6）国家级文物保护单位的重点砖木或木结构的古建筑，宜设置室内消火栓系统。

（7）人员密集的公共建筑、建筑高度大于 100m 的建筑和建筑面积大于 200m^2 的商业服务网点内应设置消防软管卷盘或轻便消防水龙。高层住宅建筑的户内宜配置轻便消防水龙。老年人照料设施内应设置与室内供水系统直接连接的消防软管卷盘，消防软管卷盘的设置间距不应大于 30m。

5）允许不设置室内消火栓系统的建筑或场所

下列建筑或场所可不设置室内消火栓给水系统，但宜设置消防软管卷盘或轻便消防龙头：

（1）耐火等级为一、二级且可燃物较少的单、多层丁、戊类厂房（仓库）。

（2）耐火等级为三、四级且建筑体积不大于 3,000m^3 的丁类厂房；耐火等级为三、四级且建筑体积不大于 5,000m^3 的戊类厂房（仓库）。

（3）粮食仓库、金库、远离城镇且无人值班的独立建筑。

（4）存有与水接触能引起燃烧爆炸的物品的建筑。

（5） 室内无生产、生活给水管道，室外消防用水取自储水池且建筑体积不大于5,000m^3的其他建筑。

8.3 自动喷水灭火系统

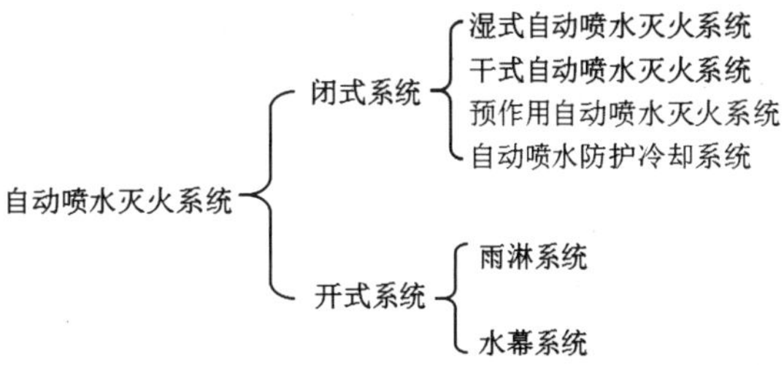

图 8-12 自动喷水灭火系统分类图

1）自动喷水灭火系统的特点

自动喷水灭火系统是一种能自动打开喷头喷水灭火，同时发出火警信号的固定灭火装置。当室内发生火灾后，火焰和热气流上升至天花板，天花板内的火灾探测器因光、热、烟等作用报警。当温度继续升高到设定温度时，喷头自动打开喷水灭火。

自动喷水灭火系统因不需要人员操作灭火，有以下特点：

（1）火灾初期自动喷水灭火，故着火面积小，用水量少。

（2）灭火成功率高，达 90% 以上，损失小，无人员伤亡。

（3）目的性强，直接面对着火点，灭火迅速，不会蔓延。

（4）工程造价高。

2）自动喷水灭火系统的分类

自动喷水灭火系统按喷头是否开启分为闭式自动喷水灭火系统和开式自动喷水灭火系统。闭式喷水灭火系统有湿式、干式和预作用式。开式有雨淋式、水喷雾式和水幕式，如图 8-12 所示。

（1） 湿式自动喷水灭火系统为喷头常闭的灭火系统，管网中充满有压水，当建筑物发生火灾，火点温度达到开启闭式喷头时，喷头出水灭火。该系统有灭火及时、扑救效率高的优点。但由于管网中充入有压水，当渗漏时会损坏建筑装饰及影响建筑的使用。该系统适用于环境温度为 4℃ <t<70℃ 的建筑物。

（2） 干式自动喷水灭火系统为喷头常闭的灭火系统，管网中平时不充水，充入有压空气（或氮气）当建筑物发生火灾，着火点温度达到开启闭式喷头时，喷头开启，排气、充水、喷水、灭火。该系统灭火时需先排气，故喷头出水灭火不如湿式系统及时。但管网中平时不充水，对建筑物装饰无影响，对环境温度也无要求，适用于采暖期长而建筑内无采暖的场所。但因在启动过程中增加了排气和充水两个环节，延缓了喷头出水的时间。

（3） 预作用喷水灭火系统为喷头常闭的灭火系统，管网中平时不充水（无压），发生火灾时，火灾探测器报警后，自动控制系统控制阀门排气、充水，由干式变为湿式系统。只有当着火点温度达到开启闭式喷头时，才开始喷水灭火。该系统弥补了干式和湿式两种系统的缺点。适用于在准工作状态时，严禁管道充水或严禁系统误喷的场所。预作用系统需配套设置，用于启动系统的火灾自动报警系统。

（4） 雨淋喷水灭火系统为喷头常开的灭火系统，当建筑物发生火灾时由自动控制装置打开集中控制阀门，使整个保护区域所有喷头同时喷水灭火，该系统具有出水量大、灭火及时的优点。雨淋系统适用于火灾的水平蔓延速度快，需及时喷水迅速有效覆盖着火区域的场所，或建筑内部容纳物品的顶部与顶板或吊顶的净距大，发生火灾时，能驱动火灾自动报警系统，而不易迅速驱动喷头开放的场所。

（5）水幕系统采用水幕喷头，喷头沿线状布置，喷出的水形成水帘状。水幕系统不是直接用来扑灭火灾的设备，而是与防火卷帘、防火幕配合使用，用于防火隔断、防火分区及局部降温，如舞台与观众之间的隔离水帘、防火卷帘的冷却等。

3）闭式自动喷水灭火系统的组成与布置

闭式自动喷水灭火系统主要由闭式喷头、管道、报警阀组、水流指示器、火灾探测器等组成。常见类型的系统图式如图 8-13 所示。

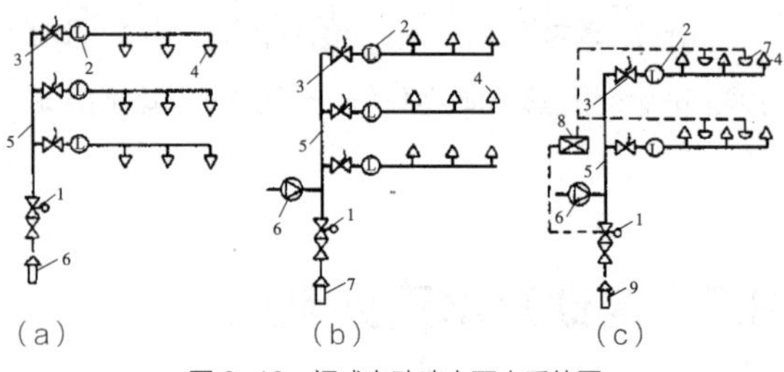

图 8-13　闭式自动喷水灭火系统图

（a）湿式自动喷水灭火系统；	（b）干式自动喷水灭火系统；	（c）预作用自动喷水灭火系统
1- 湿式报警阀组；	1- 干式报警阀组；	1- 预作用报警阀组；
2- 水流指示器	2- 水流指示器；	2、3、4、5、6、同干式喷水灭火系统；
3- 信号阀；	3- 信号阀；	7- 火灾探测器；
4- 闭式喷头；	4- 闭式喷头；	8- 火灾报警控制箱
5- 报警阀后管道；	5- 报警阀后管道；	9- 水源
6- 水源	6- 补气装置；	
	7- 水源	

4）喷头

喷头位置与建筑设计、装修设计有密切关系。本教材仅对喷头进行简单介绍。

喷头在灭火中充当了探测火警，喷水灭火的功能。发生火灾时，一部分水向下用于控火和灭火，另一部分水向上打湿吊顶，防止火焰向上蔓延。

（1）闭式喷头分类

闭式喷头有多种类型，可以按热敏元件、安装方式进行分类。

①按热敏元件分类，分为玻璃泡喷头和易熔合金喷头。

下垂型

普通型

直立型

边墙型

吊顶型

图 8-14　玻璃泡喷头外形

玻璃泡洒水喷头内释放机构中的感温元件为玻璃泡，如图 8-14 所示。喷头受热时，由于玻璃泡内的液体汽化膨胀，使球体炸裂而开启。玻璃泡洒水喷头外形美观、体积小、重量轻、耐腐蚀，适用于对美观有要求的宾馆和具有腐蚀性介质的场所。

易熔合金洒水喷头内释放机构中的感温元件为易熔元件。喷头受热时，由于易熔元件的熔化、脱落而开启。适用于外观要求不高、腐蚀性不大的工厂、仓库和民用建筑。

② 按安装方式分类，分为下垂型、直立型、普通型、吊顶型和边墙型喷头。

下垂型洒水喷头：这种喷头下垂安装于配水支管上，洒水的形状呈抛物体形，它将水量的 80%~100% 向下喷洒，适用于各种保护场所。

直立型洒水喷头：这种喷头直立安装于配水支管上，洒水的形状呈抛物体形，它将水量的 60%~80% 向下喷洒，还有一部分喷向顶棚，适用于安装在管路下经常有物体移动、尘埃较多的场所。

普通型洒水喷头：这种喷头既可直立也可下垂安装于配水支管上，洒水的形状呈球形，它将水量的 40%~60% 向下喷洒，还有一部分喷向顶棚，适用于有可燃吊顶的房间。

吊顶型洒水喷头：这种喷头属装饰型喷头，安装于隐蔽在吊顶内的配水支管上，分为平齐型、半隐蔽型和隐蔽型，喷头的洒水形状为抛物体形。可安装于旅馆、客厅、餐厅、办公室等建筑。

边墙型洒水喷头：这种喷头靠墙安装，分为水平和直立型两种形式。喷头的洒水形状为半抛物体形，它将水直接洒向保护区域。安装空间狭窄、通道状建筑适用此种喷头。

（2）开式喷头

开式喷头按用途和洒水形状的特点分为开式洒水喷头、水幕喷头和喷雾喷头，如图 8-15 所示。

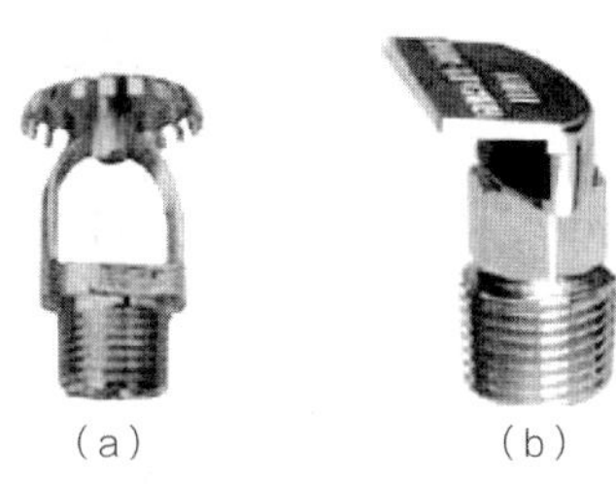
（a）（b）
图 8-15 开式喷头
（a）开启式洒水喷头；（b）水幕喷头

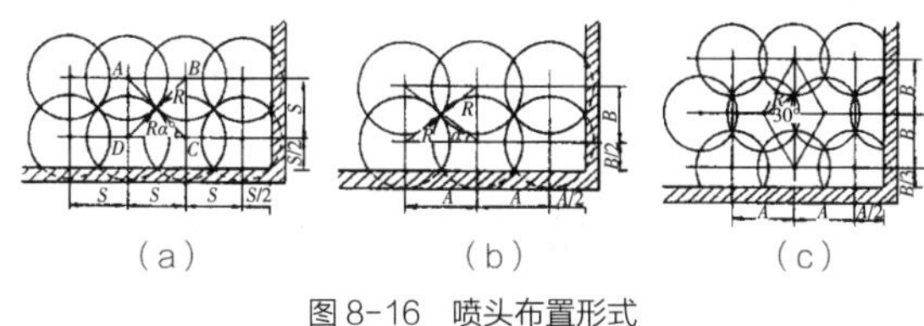
（a）（b）（c）
图 8-16 喷头布置形式
（a）正方形布置；（b）长方形布置；（c）菱形布置

开式洒水喷头：开式喷头是无释放机构的洒水喷头。闭式洒水喷头去掉感温元件及密封组件就是开式洒水喷头。按安装方式可分为直立型和下垂型，按结构可分为单臂和双臂。适用于雨淋喷水灭火和其他开式系统。

水幕喷头：水幕喷头喷出的水形成均匀的水帘状，起阻火、隔火作用，以防止火势蔓延扩大。按安装方式分为水平型和下垂型，按结构形式分为窗口水幕喷头、檐口水幕喷头、普通水幕喷头。凡需保护的门、窗、洞、檐口、舞台口等应安装此类喷头。

（3）喷头布置

喷头的布置间距要求在所保护的区域内任何部位发生火灾都能得到一定强度的水量。喷头的布置间距与建筑物的危险等级有关，根据建筑平面的具体情况，有正方形、长方形和菱形三种布置形式，如图 8-16 所示。

布置喷头应注意喷头与吊顶、楼板、屋面板、墙、梁等距离的要求。

5）自动喷水灭火系统的设置建筑或场所

（1）除规范另有规定和不宜用水保护或灭火的场所外，下列厂房或生产部位应设置自动灭火系统，并宜采用自动喷水灭火系统：

① 不小于 50,000 纱锭的棉纺厂的开包、清花车间，不小于 5,000 锭的麻纺厂的分级、梳麻车间，火柴厂的烤梗、筛选部位。

② 占地面积大于 1,500m^2 或总建筑面积大于 3,000m^2 的单、多层制鞋、制衣、玩具及电子等类似生产的厂房。

③ 占地面积大于 1,500m^2 的木器厂房。

④ 泡沫塑料厂的预发、成型、切片、压花部位。

⑤ 高层乙、丙类厂房。

⑥ 建筑面积大于 500m^2 的地下或半地下丙类厂房。

（2）除规范另有规定和不宜用水保护或灭火的仓库外，下列仓库应设置自动灭火系统，并宜采用自动喷水灭火系统：

①每座占地面积大于 1,000m^2 的棉、毛、丝、麻、化纤、毛皮及其制品的仓库。

（注：单层占地面积不大于 2,000m^2 的棉花库房，可不设置自动喷水灭火系统）

②每座占地面积大于 600m^2 的火柴仓库。

③邮政建筑内建筑面积大于 500m^2 的空邮袋库。

④可燃、难燃物品的高架仓库和高层仓库。

⑤设计温度高于 0℃的高架冷库，设计温度高于 0℃且每个防火分区建筑面积大于 1,500m^2 的非高架冷库。

⑥总建筑面积大于 500m^2 的可燃物品地下仓库。

⑦每座占地面积大于 1,500m^2 或总建筑面积大于 3,000m^2 的其他单层或多层丙类物品仓库。

（3）除规范另有规定和不宜用水保护或灭火的场所外，下列高层民用建筑或场所应设置自动灭火系统，并宜采用自动喷水灭火系统：

① 一类高层公共建筑（除游泳池、溜冰场外）及其地下、半地下室。

② 二类高层公共建筑及其地下、半地下室的公

共活动用房、走道、办公室和旅馆的客房、可燃物品库房、自动扶梯底部。

③ 高层民用建筑内的歌舞娱乐放映游艺场所。

④ 建筑高度大于 100m 的住宅建筑。

（4）除规范另有规定和不适宜用水保护或灭火的场所外，下列单、多层民用建筑或场所应设置自动灭火系统，并宜采用自动喷水灭火系统：

①特等、甲等剧场，超过 1,500 个座位的其他等级的剧场，超过 2,000 个座位的会堂或礼堂，超过 3,000 个座位的体育馆，超过 5,000 人的体育场的室内人员休息室与器材间等；

②任一层建筑面积大于 1,500m^2 或总建筑面积大于 3,000m^2 的展览、商店、餐饮和旅馆建筑以及医院中同样建筑规模的病房楼、门诊楼和手术部。

③设置送回风道（管）的集中空气调节系统且总建筑面积大于 3,000m^2 的办公建筑等。

④藏书量超过 50 万册的图书馆。

⑤大、中型幼儿园，老年人照料设施。

⑥总建筑面积大于500m^2的地下或半地下商店。

⑦设置在地下或半地下或地上四层及以上楼层的歌舞娱乐放映游艺场所（除游泳场所外），设置在首层、二层和三层且任一层建筑面积大于 300m^2 的地上歌舞娱乐放映游艺场所（除游泳场外）。

8.4 其他自动灭火系统

其他自动灭火系统主要有：水喷雾灭火系统、气体灭火系统等。

1）水喷雾灭火系统

（1）水喷雾灭火系统概述

水喷雾灭火系统是利用专门设计的水雾喷头，在水雾喷头的工作压力下将水流分解成粒径不超过 1mm 的细小水滴进行灭火或防护冷却的一种固定式灭火系统。其系统组成基本与自动喷水灭火系统相同。

水喷雾灭火系统，用喷雾喷头把水分散成细小的水雾滴之后喷射到正在燃烧的物质表面，通过表面冷却、窒息以及乳化、稀释的共同作用实现灭火。由于水喷雾具有多种灭火机理，因此适用范围广，可以提高扑灭固体火灾的灭火效率。同时由于水雾具有不会造成液体火飞溅、电气绝缘性好的特点，在扑灭可燃液体火灾、电气火灾中均得到了广泛的应用。

（2）水喷雾灭火系统的设置建筑或场所

下列场所应设置自动灭火系统，并宜采用水喷雾灭火系统：

① 单台容量在 40MV · A 及以上的厂矿企业油浸变压器，单台容量在 90MV · A 及以上的电厂油浸变压器，单台容量在 125MV · A 及以上的独立变电站油浸变压器。

② 飞机发动机试验台的试车部位。

③ 充可燃油并设置在高层民用建筑内的高压电容器和多油开关室。（注：设置在室内的油浸变压器、充可燃油的高压电容器和多油开关室，可采用细水雾灭火系统。）

2）气体灭火系统

目前，常用的气体灭火系统主要有 CO_2 灭火系统、七氟丙烷灭火系统、IG-541 混合气体灭火系统等。

（1）气体灭火系统类型及组成

常用的气体灭火系统类型有以下几种分类方法：

①按灭火系统的结构特点可分为管网灭火系统和无管网灭火装置。管网灭火系统由灭火剂贮存装置、管道和喷嘴等组成。无管网灭火装置是将灭火剂贮存容器、控制阀门和喷嘴（或带较短的管道）等组合在一起的一种灭火装置。

②按防护区的特征和灭火方式可分为全淹没灭火系统和局部应用灭火系统。全淹没系统是在规定

的时间由灭火剂贮存装置向防护区喷射灭火剂，使防护区内达到设计所要求的灭火浓度，并能保持一定的浸渍时间，以达到扑灭火灾并不再复燃的灭火系统。局部应用系统是在规定的时间内由一套灭火贮存装置直接向燃烧着的可燃物表面喷射一定量灭火剂的灭火系统。

③按一套灭火剂贮存装置保护的防护区的多少，可分为单元独立系统和组合分配系统。单元独立系统是指用一套灭火剂贮存装置保护一个防护区的灭火系统。它是由灭火剂贮存装置、管网和喷嘴等组成。组合分配系统是指一套灭火剂贮存保护多个防护区的灭火系统，组合分配系统由灭火剂贮存装置、选择阀、管网和喷嘴等部分组成。

（2）气体灭火系统组成

高压二氧化碳灭火系统、内储压式七氟丙烷灭火系统，由灭火剂瓶组、驱动气体瓶组（可选）、单项阀、选择阀、驱动装置、集流管、连接管、喷头、信号反馈装置、安全泄放装置、控制盘、检漏装置、管道管件及吊钩支架等组成，如图 8-17 所示。

（3）气体灭火系统简介

① CO_2 灭火系统：CO_2 灭火剂的作用主要在于窒息，其次是喷射过程中形成干冰，对燃烧物体周围起冷却作用。CO_2 作为灭火剂有许多优点，灭火后它会很快散逸，没有毒害，不留痕迹，电绝缘性比空气高。CO_2 本身是一种副产品，来源广泛，价格低廉。至于 CO_2 的温室效应，这与 CO_2 灭火系统无必然联系，只要主产品维持生产，副产品就会依然存在，即使它不作为灭火剂，它依然存在于地球表面的大气环境里。

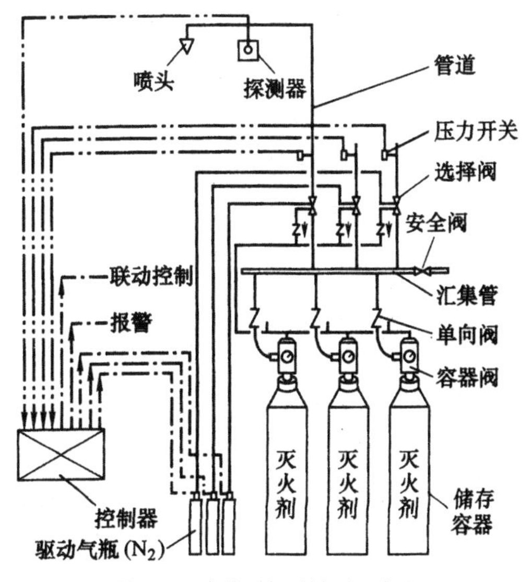

图 8-17 气体灭火系统组成示意图

CO_2 灭火系统也存在自身的缺点：灭火过程中 CO_2 浓度高，一般都大于 30%，而人在 15% 的浓度下就会窒息。如采用 CO_2 灭火系统，人要在系统开启 30s 内必须撤离，从而使报警系统变得较为复杂，其设备所占空间也较大。

② 七氟丙烷灭火系统：七氟丙烷灭火剂是一种无色无味、不导电的气体，其密度大约是空气密度的 6 倍，在一定压力下呈液态贮存。该灭火剂为洁净药剂，释放后不含有粒子或油状的残余物，且不会污染环境和被保护的精密设备。七氟丙烷灭火主要是由于它去除热量的速度快，其次是灭火剂分散和消耗氧气。七氟丙烷灭火剂是以液态的形式喷射到保护区内的，在喷出喷头时，液态灭火剂迅速转变成气态的过程需要吸收大量的热量，从而降低了保护区和火焰周围的温度。另一方面，七氟丙烷灭火剂是由大分子组成，灭火时分子中的一部分键断裂也需要吸收热量。其次，保护区内灭火剂的喷射和火焰的存在降低了氧气的浓度，从而降低了燃烧的速度。

③ IG-541 混合气体灭火系统：IG-541 混合气体灭火剂是由氮气、氩气和二氧化碳气体按一定比例混合而成的气体，由于这些气体都是在大气层中自然存在，且来源丰富，因此它对大气层臭氧没有损耗（臭氧耗损潜能值 ODP=0），也不会对地球的“温室效应”产生影响，更不会产生具有长久影响大气寿命的化学物质。混合气体无毒、无色、无味、无腐蚀性且不导电，既不支持燃烧，又不与大部分物质产生反应。从环保的角度来看，是一种较为理

想的灭火剂。

IG-541 混合气体灭火机理属于物理灭火方式。混合气体释放后把氧气浓度降低到它不能支持燃烧的状态下来扑灭火灾。通常防护区空气中含有 21% 的氧气和小于 1% 的二氧化碳。当防护区中氧气降至 15% 以下时，大部分可燃物将停止燃烧。混合气体能把防护区氧气降至 12.5%，同时又把二氧化碳升至 4%。二氧化碳比例的提高，加快人的呼吸速率和吸收氧气的能力，从而来补偿环境气氛中氧气的较低浓度。灭火系统中灭火设计浓度不大于 43% 时，该系统对人体是安全无害的。

（4）气体灭火系统的应用场所

下列场所应设置自动灭火系统，并宜采用气体灭火系统：

①国家、省级或人口超过 100 万的城市广播电视发射塔内的微波机房、分米波机房、米波机房、变配电室和不间断电源（UPS）室。

②国际电信局、大区中心、省中心和一万路以上的地区中心内的长途程控交换机房、控制室和信令转接点室。

③两万线以上的市话汇接局和六万门以上的市话端局内的程控交换机房、控制室和信令转接点室。

④中央及省级公安、防灾和网局级及以上的电力等调度指挥中心内的通信机房和控制室。

⑤ A、B 级电子信息系统机房内的主机房和基本工作间的已记录磁（纸）介质库。

⑥中央和省级广播电视中心内建筑面积不小于 120m^2 的音像制品库房。

⑦国家、省级或藏书量超过 100 万册的图书馆内的特藏库；中央和省级档案馆内的珍藏库和非纸质档案库；大、中型博物馆内的珍品库房；一级纸绢质文物的陈列室。

⑧其他特殊重要设备室。

（注：1. 本条第 1、4、5、8 款规定的部位，可采用细水雾灭火系统。

2. 当有备用主机和备用已记录磁（纸）介质，且设置在不同建筑内或同一建筑内的不同防火分区内时，本条第 5 款规定的部位可采用预作用自动喷水灭火系统。）

8.5 火灾自动报警系统

火灾自动报警系统是火灾探测报警与消防联动控制系统的简称，是以实现火灾早期探测和报警、向各类消防设备发出控制信号并接收设备反馈信号，进而实现预定消防功能为基本任务的一种自动消防设施。

1）火灾自动报警系统的组成

火灾自动报警系统由火灾探测报警系统、消防联动控制系统、可燃气体探测报警系统及电气火灾监控系统组成。火灾自动报警系统的组成如图 8-18 所示。

2）火灾探测报警系统

火灾探测报警系统由火灾报警控制器、触发器件和火灾警报装置等组成，它能及时、准确地探测被保护对象的初起火灾，并做出报警响应，从而使建筑物中的人员有足够的时间在火灾尚未发展蔓延到危害生命安全的程度时疏散至安全地带，是保障人员生命安全的最基本的建筑消防系统。

（1）触发器件

在火灾自动报警系统中，自动或手动产生火灾报警信号的器件称为触发器件，主要包括火灾探测器和手动火灾报警按钮。火灾探测器是能对火灾参数（如烟、温度、火焰辐射、气体浓度等）做出响应，并自动产生火灾报警信号的器件。手动火灾报警按钮是火灾自动报警系统中必不可缺的一种手动触发器件，它通过手动方式产生火灾报警信号、启动火灾自动报警

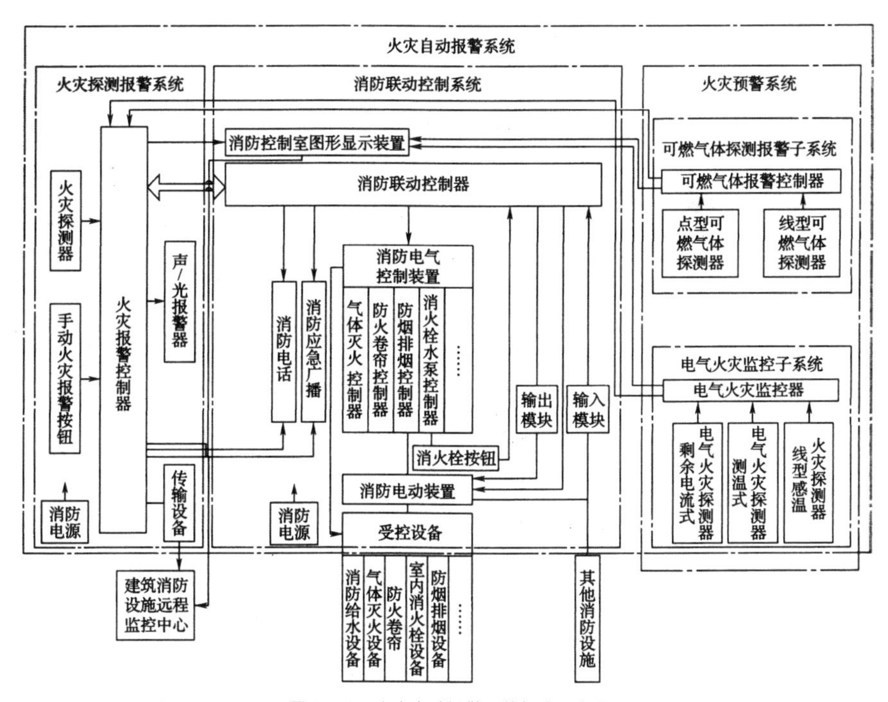

图 8-18 火灾自动报警系统组成示意图

系统，向火灾报警控制器发出火灾报警信号。

（2）火灾报警装置

在火灾自动报警系统中，用以接收、显示和传递火灾报警信号，并能发出控制信号和具有其他辅助功能的控制指示设备称为火灾报警装置。火灾报警控制器就是其中最基本的一种。火灾报警控制器担负着为火灾探测器提供稳定的工作电源；监视探测器及系统自身的工作状态；接收、转换、处理火灾探测器输出的报警信号；进行声光报警；指示报警的具体部位及时间；同时执行相应辅助控制等诸多任务。

（3）火灾警报装置

在火灾自动报警系统中，用以发出区别于环境声、光的火灾警报信号的装置称为火灾警报装置。它以声、光和音响等方式向报警区域发出火灾警报信号，来警示人们迅速采取安全疏散，以及进行灭火救灾措施。

（4）电源

火灾自动报警系统属于消防用电设备，其主电源应当采用消防电源，备用电源可采用蓄电池。系统电源除为火灾报警控制器供电外，还需为与系统相关的消防控制设备等供电。

3）火灾探测器分类

（1）根据探测火灾特征参数分类

火灾探测器根据其探测火灾特征参数的不同，可以分为感烟、感温、感光、气体、复合等多种基本类型，如图 8-19 所示：

①感温火灾探测器：响应异常温度、温升速率和温差变化等参数的探测器。

②感烟火灾探测器：响应悬浮在大气中的燃烧和/或热解产生的固体或液体微粒的探测器，进一步可分为离子感烟、光电感烟、红外光束、吸气型等。

③感光火灾探测器：响应火焰发出的特定波段电磁辐射的探测器，又称为火焰探测器，进一步可分为紫外、红外及复合式等类型。

④ 气体火灾探测器：响应燃烧或热解产生的气

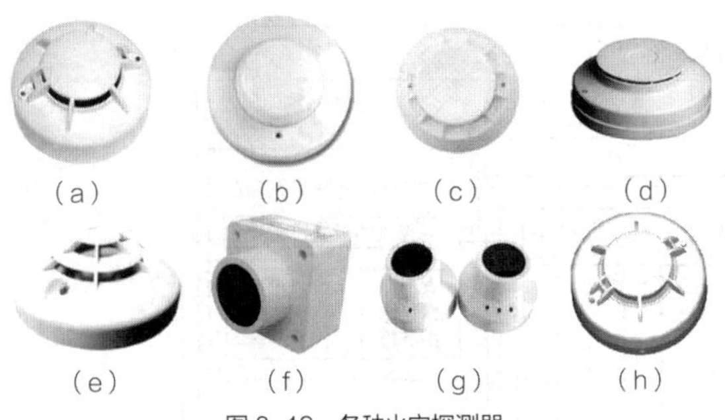

图 8-19　各种火灾探测器

（a）定温；（b）差定温；（c）电子感温；（d）离子感烟；（e）光电感烟；（f）火焰探测；（g）红外光束感烟；（h）可燃气体探测

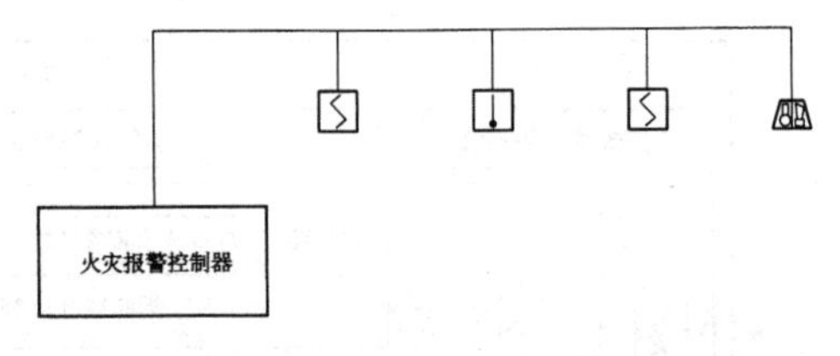

序号	图例	名称	备注	序号	图例	名称	备注
1		感烟火灾探测器		10	FI	火灾显示盘	
2		感温火灾探测器		11	SFJ	送风机	
3		烟温复合探测器		12	XFB	消防泵	
4		火灾声光警报器		13		可燃气体探测器	
5		线型光束探测器		14	M	输入模块	GST-LD-8300
6		手动火灾报警按钮		15	C	控制模块	GST-LD-8301
7		消火栓报警按钮		16	H	电话模块	GST-LD-8304
8		报警电话		17	G	广播模块	GST-LD-8305
9		吸顶式音箱		18			

图 8-20　区域报警系统的组成示意图

体的火灾探测器。

⑤ 复合火灾探测器：将多种探测原理集中于一身的探测器，它进一步又可分为烟温复合、红外紫外复合等火灾探测器。

此外，还有一些特殊类型的火灾探测器，包括：使用摄像机、红外热成像器件等视频设备或它们的组合方式获取监控现场视频信息，进行火灾探测的图像型火灾探测器；探测泄漏电流大小的漏电流感应型火灾探测器；探测静电电位高低的静电感应型火灾探测器；还有在一些特殊场合使用的、要求探测极其灵敏、动作极为迅速，通过探测爆炸产生的参数变化（如压力的变化）信号来抑制、消灭爆炸事故发生的微压差型火灾探测器；利用超声原理探测火灾的超声波火灾探测器等。

（2）根据监视范围分类

火灾探测器根据其监视范围的不同，分为点型火灾探测器和线型火灾探测器。

①点型火灾探测器：响应一个小型传感器附近的火灾特征参数的探测器。

②线型火灾探测器：响应某一连续路线附近的火灾特征参数的探测器。

此外，还有一种多点型火灾探测器：响应多个小型传感器（例如热电偶）附近的火灾特征参数的探测器。

4）系统适用范围及组成

火灾自动报警系统适用于人员居住和经常有人滞留的场所、存放重要物资或燃烧后产生严重污染，所以需要及时报警的场所。

（1）区域报警系统

区域报警系统适用于仅需要报警，不需要联动自动消防设备的保护对象。区域报警系统由火灾探测器、手动火灾报警按钮、火灾声光警报器及火灾报警控制器等组成，系统中可包括消防控制室图形显示装置和指示楼层的区域显示器。区域报警系统的组成如图 8-20 所示，区域报警控制器如图 8-21 所示。

（2）集中报警系统

集中报警系统适用于具有联动要求的保护对象。集中报警系统由火灾探测器、手动火灾报警按钮、火灾声光警报器、消防应急广播、消防专用电话、消防控制室图形显示装置、火灾报警控制器、消防联动控制器等组成。集中报警系统的组成如图 8-22 所示，集中报警控制器如图 8-23 所示。

（3）控制中心报警系统

控制中心报警系统一般适用于建筑群或体量很大的保护对象，这些保护对象中可能设置几个消防控制室，也可能由于分期建设而采用了不同企业的产品或同一企业不同系列的产品，或由于系统容量限制而设置了多个起集中作用的火灾报警控制器等

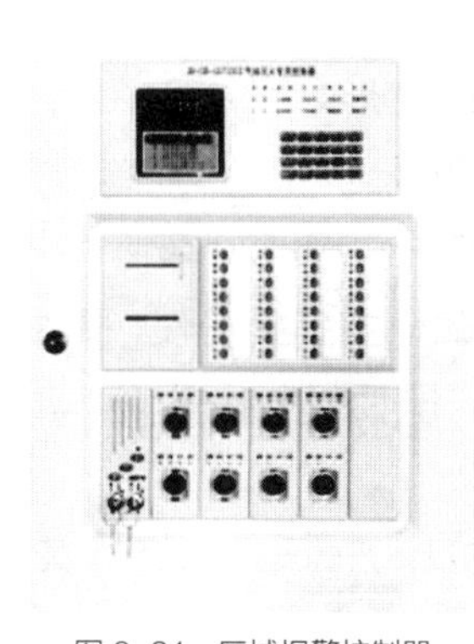

图 8-21　区域报警控制器

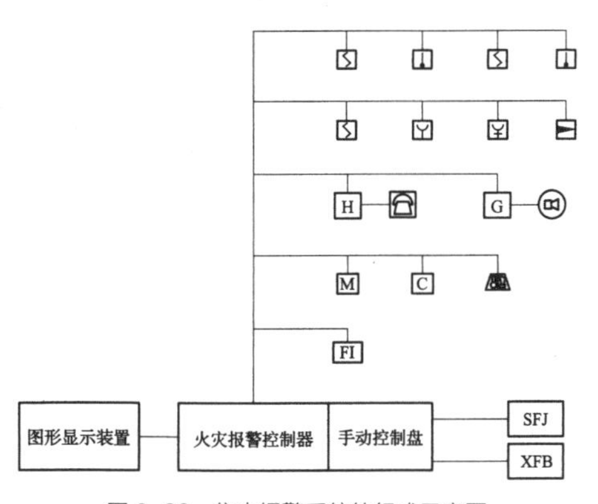

图 8-22　集中报警系统的组成示意图

图 8-23　集中报警控制器

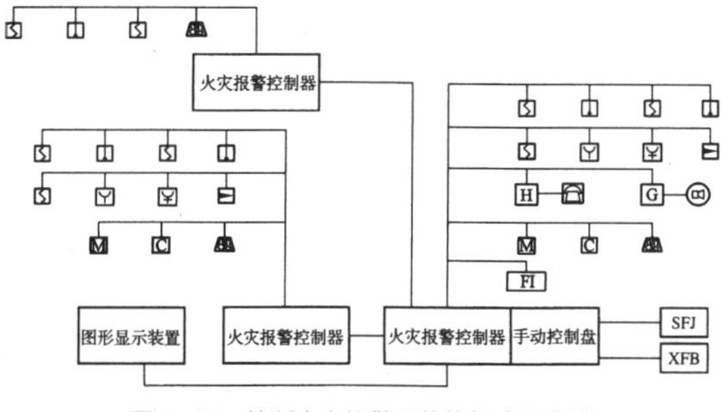

图 8-24　控制中心报警系统的组成示意图

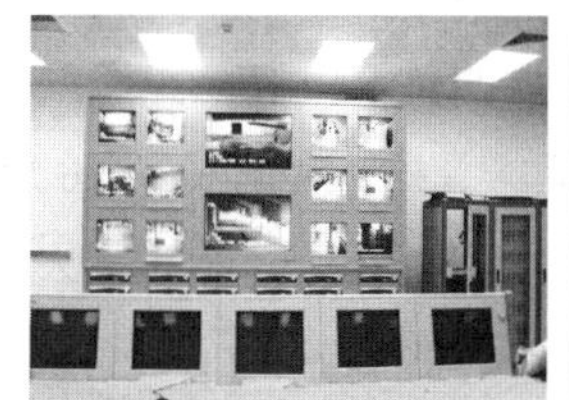

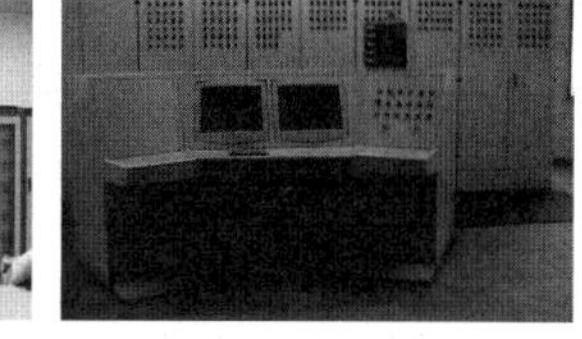

图 8-25　消防控制室设备

情况，这些情况下均应选择控制中心报警系统。

控制中心报警系统由火灾探测器、手动火灾报警按钮、火灾声光警报器、消防应急广播、消防专用电话、消防控制室图形显示装置、火灾报警控制器、消防联动控制器等组成，且包含两个及两个以上集中报警系统。控制中心报警系统的组成如图 8-24 所示，控制中心报警系统一般放在消防控制室内，一般的消防控制室如图 8-25 所示。

5）火灾自动报警系统适用建筑或场所

下列建筑或场所应设置火灾自动报警系统：

①任一层建筑面积大于 1,500m^2 或总建筑面积大于 3,000m^2 的制鞋、制衣、玩具、电子等类似用途的厂房。

②每座占地面积大于 1,000m^2 的棉、毛、丝、麻、化纤及其制品的仓库，占地面积大于 500m^2 或总建筑面积大于 1,000m^2 的卷烟仓库。

③任一层建筑面积大于 1,500m^2 或总建筑面积大于 3,000m^2 的商店、展览、财贸金融、客运和货运等类似用途的建筑，总建筑面积大于 500m^2 的地下或半地下商店。

④图书或文物的珍藏库，每座藏书超过 50 万册的图书馆，重要的档案馆。

⑤地市级及以上广播电视建筑、邮政建筑、电信建筑，城市或区域性电力、交通和防灾等指挥调度建筑。

⑥特等、甲等剧场，座位数超过 1,500 个的其他等级的剧场或电影院，座位数超过 2,000 个的会堂或礼堂，座位数超过 3,000 个的体育馆。

⑦大、中型幼儿园的儿童用房等场所，老年人照料设施，任一层建筑面积大于 1,500m^2 或总建筑面积大于 3,000m^2 的疗养院的病房楼、旅馆建筑和其他儿童活动场所，不少于 200 床位的医院门诊楼、

病房楼和手术部等。

⑧歌舞娱乐放映游艺场所。

⑨净高大于 2.6m 且可燃物较多的技术夹层，净高大于 0.8m 且有可燃物的闷顶或吊顶内。

⑩电子信息系统的主机房及其控制室、记录介质库，特殊贵重或火灾危险性大的机器、仪表、仪器设备室、贵重物品库房。

⑪二类高层公共建筑内建筑面积大于 50m² 的可燃物品库房和建筑面积大于 500m² 的营业厅。

⑫其他一类高层公共建筑。

⑬设置机械排烟、防烟系统、雨淋或预作用自动喷水灭火系统、固定消防水炮灭火系统、气体灭火系统等需与火灾自动报警系统联锁动作的场所或部位。

（注：老年人照料设施中的老年人用房及其公共走道，均应设置火灾探测器和声警报装置或消防广播）

⑭建筑高度大于 100m 的住宅建筑，应设置火灾自动报警系统。

建筑高度大于 54m 但不大于 100m 的住宅建筑，其公共部位应设置火灾自动报警系统，套内宜设置火灾探测器。

建筑高度不大于 54m 的高层住宅建筑，其公共部位宜设置火灾自动报警系统。当设置需联动控制的消防设施时，公共部位应设置火灾自动报警系统。

高层住宅建筑的公共部位应设置具有语音功能的火灾声光警报装置或应急广播。

⑮建筑内可能散发可燃气体、可燃蒸气的场所应设置可燃气体报警装置。

8.6 防烟排烟设施

建筑内发生火灾时，烟气的危害十分严重。建筑中防烟楼梯间及其前室、消防电梯前室及合用前室等场所，是火灾时人员疏散的通道，要达到人员安全疏散的目的，就必须设法使得这些空间不受烟气袭扰，这就是防烟的方法。防烟采用的手段包括采取自然通风或机械加压送风的形式。

失火房间、走廊，就要设法将火灾现场与走廊的烟和热量及时排到建筑物外，防止和延缓烟气扩散，为建筑物内人员顺利疏散创造有利条件。要达到该目的，就要迅速排烟，排烟包括自然排烟和机械排烟的形式。

设置防烟或排烟设施的具体方式多样，应结合建筑所处环境条件和建筑自身特点，按照《建筑防烟排烟系统技术标准》GB 51251—2017 要求进行设计。

1）建筑应设置防烟设施的场所或部位

①防烟楼梯间及其前室。

②消防电梯间前室或合用前室。

③避难走道的前室、避难层（间）。

建筑高度不高于 50m 的公共建筑、厂房、仓库和建筑高度不高于 100m 的住宅建筑，当其防烟楼梯间的前室或合用前室符合下列条件之一时，楼梯间可不设置防烟系统：

①前室或合用前室采用敞开的阳台、凹廊。

②前室或合用前室具有不同朝向的可开启外窗，且可开启外窗的面积满足自然排烟口的面积要求。

2）厂房或仓库应设置排烟设施的场所或部位

①人员或可燃物较多的丙类生产场所，丙类厂房内建筑面积大于 300m² 且经常有人停留或可燃物较多的地上房间。

②建筑面积大于 5,000m² 的丁类生产车间。

③占地面积大于 1,000m² 的丙类仓库。

④高度大于 32m 的高层厂房（仓库）内长度大于 20m 的疏散走道，其他厂房（仓库）内长度大于 40m 的疏散走道。

3）民用建筑应设置排烟设施的场所或部位

①设置在一、二、三层且房间建筑面积大于

$100m^2$ 的歌舞、娱乐、放映、游艺等场所，设置在四层及以上楼层、地下或半地下的歌舞、娱乐、放映、游艺等场所。

②中庭。

③公共建筑内建筑面积大于 $100m^2$ 且经常有人停留的地上房间。

④公共建筑内建筑面积大于 $300m^2$ 且可燃物较多的地上房间。

⑤建筑内长度大于 20m 的疏散走道。

4）其他应设置排烟设施的场所或部位

（1）地下或半地下建筑（室）、地上建筑内的无窗房间，总建筑面积大于 $200m^2$。

（2）地下或半地下建筑（室）、地上建筑内的无窗房间，一个房间建筑面积大于 $50m^2$，且经常有人停留或可燃物较多。

第9章 Chapter 9 Brief Introduction to Performance-based Design of Building Fire Protection 建筑防火性能化设计简介

建筑防火的安全水准和目标应该是明确的和高水平的，即发生火灾的概率十分小。但确保安全水准实现的方法则是多种多样的，人们可以运用所有的现代科技手段进行有机地创造性地组合。

性能设计是一种新型的防火系统设计思路，是建立在更加理性条件上的一种新的设计方法。它不是根据确定的、一成不变的模式进行设计，而是运用消防安全工程学的原理和方法首先制定整套防火系统应该达到的性能要求，并针对各类建筑物的实际状态，应用所有可能的方法去对建筑的火灾危险和将导致的后果进行定性、定量地预测与评估，以期得到最佳的防火设计方案和最好的防火保护。

9.1 概念

性能化设计方法是当前建筑防火领域最先进的技术，是人们关注的最前沿、最活跃的研究领域。建筑防火设计最终应达到的安全目标是：①防止起火及火势扩大，减少财物损失；②保证安全疏散，确保生命安全；③保护建筑结构不致因火灾而损坏或波及邻房；④为消防救援提供必要的设施。为此，建筑物防火安全设计须对建筑规划、结构耐火性能、防火区划、内部装修、防火设备、防排烟系统及避难对策等方面做出考虑。应该说现行的、条文式的设计方法对上述的问题都有相对独立、完整的考虑。但存在的最大弱点是没有清晰、统一的安全水准，无法体现各消防系统间的协同功效，并导致综合经济性低下。因此该设计方法常常无法满足建筑物业主、设计工程师、审查部门的要求。尤其对于一些特殊、高大、功能复杂的建筑，现行设计方法适用性更差。

消防系统的性能化设计比条文式设计具有更多的优越性：

（1）性能化设计体现了一座建筑的独特性能或用途、某个特定风险承担者的需要、或大型社区的需要。

（2）性能化设计根据工程需要，为开发和选择替代消防方案提供了方法（例如，当规范规定的方法与风险承担者的需要不一致时）。

（3）性能化设计可在安全水平方面与替代设计方案进行比较。通过这种对比机制，可确定安全等级与成本之间的最佳点。

（4）性能化设计要求在分析中使用多种分析工具，从而提高工程精度，并可产生更具革新性的设计。

（5）性能化设计体现了一种新的消防战略，即消防系统是作为一个整体考虑的，而不是孤立地进行设计。

近二十年来，一些国家进行了火灾物理、火灾结构、火灾化学、人和火灾的相互影响、火灾研究工程应用、火灾探测、火灾统计和火险分析系统、烟的毒性、扑灭技术、消防救援方面的研究，涉及各种学科间的交叉，反映了火灾科学在推动火灾防护和防火灭火技术工程方面的显著进步，它特别表现在以下几点：

（1）已经提出了工程中可以应用的许多计算机程序，如建筑物火灾模型，是一种可用于计算火焰、烟气、毒气蔓延运动，计算逃生时间，计算结构的火灾承受能力和稳定性及作为火灾灾害评定的专家系统。

（2）已建立了材料可燃性能和毒性测试的试验设备和测试方法，找到了一批新的耐火、阻火、灭火材料。

（3）出现了火灾安全防护的新措施、新结构、新系统，而且对这些火灾安全防护工程有了计算机辅助的火灾火险或安全评估方法。

（4）对城市、城市街区、建筑物制定了安全防护设计方法并进行鉴评。

（5）对整个火灾统计、评定，火灾安全防护工程中很重视谋求实效和经济效益，如欧洲共同体已提出了在建筑中降低火灾代价的问题。

火灾科学现在已发展到了应用现代科学技术进入定量分析的阶段，火灾科研在控制火灾损失方面已取得了明显的效果。火灾安全学是近期发展起来的一门新型学科，它的出现为性能设计及其规范的建立，奠定了坚实的理论基础。性能化方法与当今大多数消防措施的设计方式截然不同。现在的消防工程实践主要是应用条文式的要求，即工程师根据基于一般设计用途或基于危险或风险类别的预定要求进行设计。这种条文式的方法在许多工程学科中都是“标准”应用的典型。

但是，消防安全的性能化设计方法考虑到项目所特有的危险和防护这些危险所特有的消防安全措施。性能化消防安全设计专门论述建筑物的独特方面或用途以及客户的特殊需要，此外，各种工具都可以用在分析中，从而增加了工程的精确度。性能化设计可实现综合性的消防对策，所有系统都综合其中，而不是分别独立设计的。人们除了可增进对潜在的损失的了解外，这种综合性工程方法通常可提供更具有成本—效率的建筑防火设计方案。性能设计的基本特征如下：

①目标的确定性，所谓目标的确定性是指公众和整个社会要求不同类型的建筑物在火灾中应达到的基本安全水准，以确保建筑物内的人员和财物不受到较大的伤害。

②方法的灵活性，在建筑安全水准确定的前提下，设计师可以选择不同的方法保证目标的实现。这些方法包括：改变建筑平面布局、减少建筑内火灾荷载容度、调整消防设施、强化消防管理等。当然也可以对各因素进行综合考虑。

③评估验证的必要性，对具体的设计结果，应采用一些公认较成熟的数学模型进行理论验证。这些验证模型可以评估出建筑物的火灾危险程度，可以计算出人员到达心理承受极限状态时所需的时间以及烟气运行的状态等。

性能化设计的关键在于如何对某一建筑物明确规定其所必需的消防性能指标。针对建筑物火灾的各方面危险性需制定功能目标，例如在阻燃、人员疏散安全、防止火焰传播以及确保防火分区功能等方面。在确保人员安全方面，必须要设立避难区和疏散通道，以及确保人员免受热辐射、烟气及其他有毒气体的伤害；在火灾传播方面，必须要做到附近建筑物及周围空间不被引燃；对于防火分区的控制，必须要达到可控制火灾于本建筑内等。所有这些针对消防的功能目标涵盖了包括火源及后续火焰和烟气传播等在内的火灾中各方面的因素，而针对上述功能目标去确定性能设计的边界条件值是方法的核心所在。在工程设计中试图满足所有的消防性能指标是不可能的，因此在工程设计中只需满足与自身建筑有关的那部分防火性能指标即可，而如何正确选用所需的性能指标也是影响评估结果的重要内容。

9.2 性能化设计的框架和支撑体系

性能设计是一个比较复杂的体系，其应用需要社会环境和技术条件的支持。一般的说，性能设计的运行流程，如图 9-1 所示。实现性能设计首先必须要有三个必要的支撑要素。

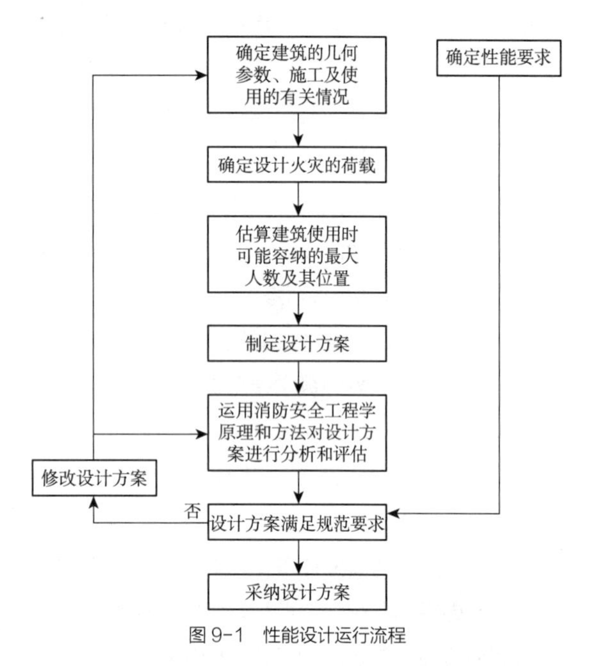

图 9-1 性能设计运行流程

9.2.1 性能规范

规范的作用是制定防火安全的系统目标。首先是社会性目标，即希望建筑物能够满足社会安全所需要达到的基本目标；其次是功能性目标，即为实现社会性目标而在建筑功能设计中所采用的技术方法；第三是性能要求，即为了实现社会性目标和功能性目标所必须达到的具体性能标准。

由于性能规范只给出整体的目标，并没有对各个相关方面的具体规定，其条文非常简洁，但也正因为这样反而更难掌握，因为必须用极为凝练的语言体现出最关键的要求。怎样才能使性能目标既能保证足够的安全程度，又符合自然规律，并在技术上可以实现，这需要大量相关研究提供依据，因而性能规范的制定必须有配套科研项目的配合，需要来自科研、工程及管理等各个领域的专家共同进行。

应该指出的是，由指令性规范向性能规范的转型不是一蹴而就的。目前国际上所谓性能规范都只是包含部分性能规定，并没有百分之百的性能规范。指令性规定逐步被性能规定所替代，在某个时期内二者甚至可以并存，这样既不妨碍新技术的应用，而当不具备足够的技术水准时又能够保持当前的安全程度。

9.2.2 技术指南

技术指南主要阐述了如何利用科学和工程原理保护人类和财产不受火灾侵害。它为建筑消防安全的分析和设计提供了性能化消防工程方法，并可对建筑物内消防系统整体的有效性进行评估，以确定其是否可达到指定的消防和保障生命安全的目标。

与性能规范相配套的技术指南提出了为实现性能目标需要考虑的问题，提供了一些比较成熟的设计方法供设计人员参考。其中还给出为实现规范中的性能目标所应达到的性能参数的取值范围。

任何性能化设计均应考虑指南中提出的一系列系数和消防安全参数。对每项设计或火灾场景，都要对将采用的系数和参数，进行统筹分析后再行决定。当然，指南中提出的所有系数和参数并非对每项设计都起到关键性作用，但是指南仍将这些系数和参数列出，以作为考虑评估的潜在要素。

由于技术指南含有大量的研究成果，所以主要由研究部门编写。

技术指南是性能设计的重要参考书籍。为了帮助设计者达到性能规范所要求的安全目标，澳大利亚消防工程设计指南具体包含了如下主要内容：①概念设计；②制定初步设计方案；③定量分析；④火灾场景分析；⑤设计方案的评估；⑥设计方案的确定；⑦编写设计报告。

美国消防工程师协会将出台的设计指南也明确表明了它的三个基本功能：

（1）为消防工程师和消防审核部门提供指导，以帮助他们确定并验证某个建筑项目达到了消防安全目标。

（2）对性能化设计过程中应予考虑的参数进行明确说明。

（3）为消防工程师提供一种设计方法，使他们能够制定出既达到消防安全要求，又不受其他不必要的限制，同时又能被各有关方面所接受的消防安全设计方案。在专项工程中，工程师的作用可包括下列几点：①明确风险承担者的总体目标和功能目标；②识别火灾危害和风险，并通知风险承担者；③判断工程是否符合规范要求；④建立并执行性能化分析。

9.2.3 评估模型

性能化消防工程工具包括：定性分析技术、概率分析技术、火灾动力学理论应用、定性和概率火灾影响模型应用以及人的行为和毒性影响模型的应用等。

建立在科学实验、计算模型和概率分析基础上的评估模型可对设计方案在建筑火灾中的实际应用效果进行测算和模拟，并判断其是否能实现既定的性能目标。在火灾安全评估中有许多数学评估模型，其中有两种较复杂的评估模型被认为是评价性能设计的最重要的评估模型。

1）区域模型

区域模型通常把房间分为两个控制体，即上部热烟气层与下部冷空气层。在火源所在的房间，有时还增加一些控制体来描述烟气羽流与顶棚射流。试验表明，在火灾发展及烟气蔓延的大部分时间内，室内的烟气分层现象相当明显。因此人们普遍认为区域模拟给出的近似结果相当真实。

大部分的区域模型已被验证且为人们所接受。区域模型的基本思想是假定每个房间可分成几个部分，在每一个部分当中，一些热物理参数如温度、压力、组分浓度等相对来说差别不大，可认为是均匀的。运用这种思想解决复杂的火灾模拟计算可大大减少问题的复杂程度。它可用以求解单一室内中多个可燃物，以及多个通风口的火灾烟气流动问题；可用来模拟火灾发生时的热气层烟气运动规律及燃烧产物的浓度变化规律；也可研究火源在不同位置及高度对火灾发展的影响。它也可以用来模拟火灾发生时多个房间内部热气层和空气层的运行变化以及烟气流动的规律。另外它还可以计算人在火灾中的安全逃生时间。

区域模型同场模型的输入数据非常相似，每个洞口要有确定的位置和大小。如果需要，还可考虑不同的墙，墙的材料也可以不同，热释放速率曲线也可由设计者选择。开间的体积和每个墙平面足以表达一个区域模型，除此之外还需知道底楼的面积，而场模型必须知道开间真实的几何形状；同时开间内火源的位置对于区域模型来说并不是必须的，而对于场模型却是一个基本数据。

最简单的是单区域模型，即在整个开间内假设条件是一致的。因此可采用通过模型计算得到的温度来表示受火条件。这种类型的模型对于有限高度开间内的轰燃后阶段非常合适。

有时火势被开间大小所限制，燃烧气体向房间的上部聚集，同时清新干净的空气仍位于房间的底部。这就导致了两区域模型的发展。在这种模型里假定在任一区域内温度都是均匀的，但在不同区域之间是不同的。

当然计算结果除了给出最令人感兴趣的开间的空气温度外，也可得出墙体的温度或通过洞口的气流的信息。除了对结构反应有着特别影响的温度之外，一个两区域模型也会在计算结果中提供新鲜空气层厚度，而且这对于确定火灾的持续时间和消防队到达现场后确定可能的火源位置至关重要。

目前使用的比较多的、有典型作用的区域模型是由美国 NIST 开发的计算多室火灾与烟气蔓延的 CFAST 模型。CFAST 可以用来预测用户设定火源条件下建筑内的火灾环境。用户需要输入建筑内多个房间的几何尺寸和连接各房间的门窗等开口情况、壁面结构的热物性参数、火源的热释放速率或质量燃烧速率以及燃烧产物的生成速率。该模型可以预测各有关房间内上部烟气层和下部空气层的温度、烟气层界面位置以及代表性气体浓度随时间的变化。

2）场模型

场模型也称作 CFD 模型，即计算流体动态模型。因为，这种模型的流体动态理论的平衡方程，如 Navier—Stokes 平衡方程，需通过数值方法解出。场模型可以应用于模拟封闭系统中三维、非正常、具有强辐射和浮力效应的湍流燃烧过程，其计算非常复杂。近十年来，火灾场模拟技术和计算流体力学的应用已使人们确信，它可以取得令人满意的计算结果。该模型尤其适用于模拟类似天井、通廊式的封闭火灾环境。目前高速计算机和有效的数值计算方法，已大大缩短了该模型的计算时间，增强了其应用性。

在这一模型中，把开间分隔成数量很多体积较小的单元。对于围墙也作同样的处理，有时把围墙考虑成与实际不符的绝缘材料从而得到一些分析结果。如果需要的话，还可考虑由不同材料制成的不同分层的墙体。每个洞口也根据它真实的位置和尺寸单独模拟。只要能够表示出合适的边界条件，在必要时，考虑的区域可能延伸至开间之外。

CFD 模型的主要优点是在具有复杂几何体的开间内，因为 CFD 模型对空间细致划分的灵活性使得创造出一个复杂的划分体成为可能。所以尽管这些模型存在大量耗费和疑难问题，但是由于其提供给防火工程师一种独特的设计工具，人们还是努力完善这些方法。它们最占优势的应用领域是那些几何形体复杂、资金充足的消防项目，这些项目采用 CFD 模型是一个很好的选择。

从火灾模型目前的发展情况看，虽然在精确性和性能方面近期已取得很大进步，但它仍存在不足和不稳定性，这其中有计算机编码确认方面的问题，更主要的是模型正确性方面的问题。目前的部分模型在自身的正确性及是否能将最终的数值代码收敛于数值解方面缺乏自我调节功能。尽管我们可以拿出一些针对性很强的验证试验的数值来展示它的正确性，但从总体而言，我们对模型正确性的确认还是不充分的。但模型正确性的确认却是必须的，因此我们始终都要对模型的正确性加以证明，其中一个比较好的方法就是在运用火灾场模型对火情状况进行分析时，必须要将其结论与以前情况相近的真实火灾记录和情况相近的场模型分析结论相比较，从而确定其正确性。除此以外，还应对这些模型的应用界限和不稳定性进行不断的评估，直到它们被更精确的亚模型所改良。因此说基于上述目的制定出一套完善的标准数据是十分必要的，这也是今后火灾场模型研究的一个重要内容。另外，并非所有的消防状况都需应用全步骤的火灾场模型加以分析，在一些情况下，可以根据它的特殊性以及建筑设计人员的自我把握对模型加以简化后使用。

从总体看，场模拟是一种更加先进，但是更加复杂的方法，这种方法需要海量计算，在若干年前，即使理论研究深度足够，计算能力也不能满足其计算需要。计算机工业按照摩尔定律的快速发展，使得近年来人们的计算的商业软件已经较为成熟，并且逐渐从军事应用到民用，从火箭、坦克到小汽车，从天气预报到房间空气舒适度。计算流体动力学 (Computational Fluid Dynamics，CFD) 是利用数学方法，通过求解代表物理定律的数学方程，来预测流体流动、热传输、质量传输、化学反应和相关现象的学科。较为有名的有 CFX、FLUENT、STAR—CD 等，而专业用于消防的软件也已经实用化，包括 PHOENIX 和 FDS。这里简单介绍一下目前国际上广泛采用的 FLUENT 和 FDS 软件。

FLUENT 软件采用有限体积方法，提供了三种数值算法：Segregated Solver、Coupled Explicit Solver 和 Coupled Implicit Solver。其他任何一个商用 CFD 软件都仅能提供其中的一种。FLUENT 的网格生成器 GAMBIT，具备突出的非结构化的网格生成能力，被公认为目前商用 CFD 软件最优秀的前置处理器。

FLUENT 软件提供了丰富的物理模型，包括理想气体、真实气体模型，多种燃烧模型，各种物性参数，旋转系统模型，传热模型，针对外流场与内流的特定的边界条件等。另外，FLUENT 软件包含了 8 种工程上常用的湍流模型（包括 1992 年提出的一方程的 S-A 模型，双方程的 $K-\varepsilon$ 模型，雷诺应力模型和最新的大涡模拟等），而每一种模型又有若干子模型。其他任何软件都没有像 FLUENT 这样提供如此丰富的物理模型。

FLUENT 具有强大的后置处理功能，能够完成 CFD 计算所需求的大部分功能，包括速度矢量图、等值线图、等值面图、流动轨迹图、并具有积分功能，可以求得力、力矩及其对应的力和力矩系数、流量等。对于用户关心的参数和计算中的误差可以随时进行动态跟踪显示。

FDS 软件是由美国标准与技术研究所（NIST）开发的，用于预测在拟定的最不利的可信设计火灾下所导致的火灾环境。该模型是一个基于有限元方法概念的计算流体动力学模型。

FDS是一个由公认的政府权威机构开发的模型，并且未受到任何特定经济利益及与之关联的特定行业的影响及操纵。有相当多的关于该模型文献资料，而且该模型经过了大型及全尺寸火灾实验的验证。

FDS 模型的输入数据包括：空间环境温度，建筑内物品的燃烧特性类型，灭火系统的影响，烟气的性质，考虑或不考虑某些障碍物的影响（例如挡烟垂壁），为搜集有用数据所需的模拟时间，网格划分（计算精确度），所要测量的数据的类型及位置（数据采集），设计火灾等。

除了未经处理的输出数据外，FDS 模型还提供了多个图形输出模式，有助于直观地观察数据。“截面文件”“等值面”“热电偶”以及“边界文件”就是为实现这一目的。输出数据的图形显示通过一个名为 Smokeview 的程序来处理，这一程序专门开发用显示 FDS 的输出数据。关于输出数据显示的更多信息可参见 Smokeview 的用户手册，该项手册可由 NIST 的网站下载。

截面文件为彩色的“切片”，或贯穿整个控制体的断面，通过这个断面可以使用户直观地观察气体内的温度分布。允许用户观察随时间改变的温度分布及变化。对于本次分析，截面文件被用来评估空气温度、能见度及减光系数。

等值面定义为具有相同数值的轮廓。例如，100℃的温度可通过一个三维的表面来表现，并可通过 Smokeview 软件进行图形显示。

从上述介绍可以发现，FLUENT 软件作为大型商业软件的杰出代表，在模型制作、网格划分、湍流模型等方面具有无与伦比的优势，其劣势为虽然具有燃烧模型，但是没有为消防专门进行过优化，模型配置需要较强流体力学背景；而 FDS 作为专业消防的唯一一款免费软件，也具有相当的普及性，但是只能用矩形来模拟复杂形状，结果会有一定程度失真。两款软件各具优缺点，应用时应当注意扬长避短。在建筑几何形状复杂，且几何形状对烟气的流动有明显影响的情况下，建议采用 FLUENT 软件，虽然无法直接获得诸如能见度之类的指标，但是通过温度、浓度分布云图，还是可以表征烟气的传播规律。如果建筑的几何形状较为简单，在近似为矩形时不会失真严重，可以采用 FDS 软件，它可以直接获得温度、浓度、能见度等分布云图。

除了上述的三个要素外，性能设计还有赖于以下其他几个条件：

（1）设计观念的转变

设计观念的改变是推广性能设计方法、使用性能规范的基础。一些建筑防火研究人员在进行研究项目时逐渐体会到，更先进、更安全的防火设计应该以达到明确的性能目标为宗旨，充分地利用研究成果和新型技术。设计方案是否能达到既定性能目标，保证建筑物一定程度上的安全，应该由评估模型来检验，这种认识应从学术界向工程界推广。

（2）系统管理水平

性能规范对防火安全的系统管理提出了更高的要求。管理机构如何制定管理规则并在其中体现出性能要求、依据什么批准设计方案和进行验收、如何监督日常维护等，这些问题的处理方式与现行体系大不相同，需要重新确定管理部门的职能、工作程序等等。

（3）培训项目和专业团体

性能设计对设计及管理人员的素质要求较高，现在他们只要熟悉规范的规定就可以了，但在性能设计体系中，他们不仅要熟悉规范的规定，更要了解实现规范所规定的性能目标的方法以及相关领域的科技发展状况。依靠个人去熟悉这些，在多数情况下是不可能的，各个研究或教育机构应广泛开展培训项目，使相关技术人员和管理人员熟悉性能设计的理念和性能规范的工作体系，了解建筑防火领域的科研成果和技术发展状况。

专业团体除了培训职能外，还可以提供咨询服务，依靠科技手段和专家经验对性能设计进行指导，或接受管理部门委托进行评估。

9.3 性能化设计的基本内容

性能化规范和性能化设计是两个不同的概念。一般规范（建筑规范或规定）规定的是建筑物内的健康、安全和舒适程度。传统意义上，规范都指定或规定建筑设施的方方面面：结构要求、耐火要求、机械系统、电气系统、消防系统等等。

在性能化规范中，这些对建筑物内的健康、安全和舒适程度的要求都通过政策性的总体目标、功能目标和性能要求等术语来表述。在大多数情况下，规范不明确规定某项问题的解决方案，而是确定能达到规范要求的可接受的方法。然而，在所有使用性能化规范的情况中，都存在可以采用以性能为基础的替代方法。如果选用了以性能为基础的替代方法，那么其结果就是性能化设计。从根本上说，性能化设计只是一个描述能够达到某种规定性能水平的设计过程的术语。

火灾安全工程是指应用工程原理来评估所要求的火灾安全等级，并设计和计算必要安全措施的方法。关于建设工程的火灾安全，可应用几种火灾安全工程的方法：

（1）确定火和火流在建设工程中蔓延和传播的基础信息，如：

①火势在房间中蔓延的计算。

②火源所在房间的建筑物内外，火势扩展的估计。

③建筑物和类似工程中火流运动的评价。

（2）关于作用的评估，如：

①对人和工程的热辐射和火流辐射。

②对建筑结构和/或工程的力学作用。

（3）对暴露在火灾中的建筑产品性能的估计，如：

①发生火灾时，诸如可燃性、火焰扩展、热释放率以及产生烟雾和毒气等特性。

②由于承载力和分隔功能，火对结构抗力的影响。

（4）对探测、行动、灭火的评估，如：

①控制系统、灭火系统、消防队、使用者的行动时间。

②火和烟雾控制系统的效力（包括灭火剂）。

③探测时间（取决于火/烟雾探测器的性能和位置）的估计。

④ 灭火和其他安全装置的相互作用。

（5）对疏散和营救规定的评估和设计，目前只开发了防火工程方法的某些方面。为开发出一个全球的、综合的方法，还需要更大的研究投入。工程方法要求提供产品的有关特性，而计算和设计程序也只有在协调一致的基础上才能生效。

英国建筑物防火安全工程 (FSE) 设计主要参考资料为英国国家标准“BSDD240：Part 1：1997 建筑物防火安全工程——防火安全工程原则的应用指南”。有关 FSE 设计可区分为四个阶段：定性设计、定量分析、基准比对评估、报告与结果。定性设计的目的用以探讨建筑设计有何危害、会造成什么后果，或设定防火安全目标及分析方法。此阶段可使设计师了解整体的防火策略。定量分析则对防火建议方案的有效性加以计算验证。

定量分析有两种：

（1）决定性程序将火灾成长、扩展、烟移动及对人员后果影响予以定量化（从理论分析、经验关系推论、使用方程式及火灾模拟方法）。

（2）概率性程序，估算发生某种不预期火灾情景的可能性（利用火灾发生频率的统计数据、系统可靠度、建筑背景资料及决定性程序所获得的资料）。

定量分析系统包含以下六项子系统。

① SS1：起火居室内火灾发生及发展。

② SS2：烟及有毒气体的扩散。

③ SS3：火灾延烧超过起火居室以外。

④ SS4：火灾探测及消防设施的启动。

⑤ SS5：消防行动介入。

⑥ SS6：人员避难。

基准比对评估则以所设定的基准值（从决定或概率性程序所获得）用来与实际结果（绝对限界值或比较限界值）比较。报告与结果的内容宜包括研究目标、建筑物基本资料描述、结果分析（假设条件、计算过程、灵敏度分析）、结果与合格基准比较、管理要求、结论、参考资料等。

在英国、美国、澳大利亚三个国家的性能防火设计中都分别考虑了上述 6 个子系统。各国在子系统的顺序安排上虽有所不同，但内容差异很小，具体名称归纳在表 9-1 中。在进行性能设计时，除了考虑各子系统的完整性外，同时也必须考虑子系统间的相互作用的问题。下边简要地描述一下 SS1、SS3、SS4 3 个子系统。

英国、美国、澳大利亚三国性能防火设计中子系统的比较

表 9-1

国家	SS1	SS2	SS3	SS4	SS5	SS6
英国	区划内的火灾产生及发展	烟雾及有毒气体的扩散	起火区划外的火势蔓延	探测与动作	消防队的联系与反映	人员避难
澳洲	火灾生成及发展	烟的发展与处理	火的延烧与管理	探测与控制 探测与控制	人员避难	消防队的联系反应
美国	火灾发生及发展	烟的扩散控制与管理	火灾探测	火灾控制	人员行为与逃生	被动式防火系统

9.3.1 引燃及火灾发展子系统

由于火灾的设定为防火安全设计的重点，因此各国皆把火灾的产生及发展放在第一个子系统中 (SS1)，而与火灾发展相关的子系统则有烟雾扩散与火势延烧两个次系统 (SS2、SS3)。SS1 中的主要内容包含火灾成长曲线的介绍、分区内温度的计算、热释放率的大小、是否发生轰燃等，相关参数与得到的结果如图 9-2 所示。

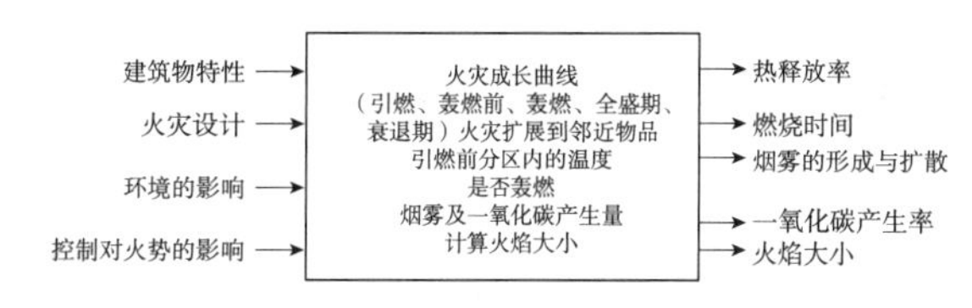

图 9-2 引燃及火灾发展子系统

9.3.2 火灾延烧及管理子系统

延烧与管理的子系统主要是探讨能否延烧到邻近的区域、较高的楼层或其他建筑物中。但除特殊情况外，一般在轰燃前不考虑火势延烧。

各国的火灾延烧及管理子系统（图 9-3）与引燃及火灾发展子系统相同，也提供一系列的计算公式让设计者应用，输入的参数有建筑物特性（面积、探测器布点）、环境参数（风速）。

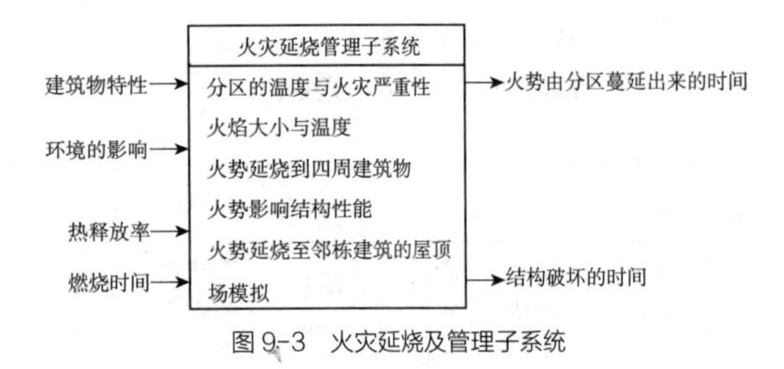

图 9-3 火灾延烧及管理子系统

9.3.3 火灾探测与控制子系统

在火灾的探测与控制方面，美国将探测与控制分为两个子系统来讨论（分别为 SS3 与 SS4）。但是英国、新西兰、澳大利亚在此部分相对于美国，考虑的更深入，并提供了一些可实用的方程式（如探测器的动作时间、洒水头的控制效果等）。同样的，火灾探测与控制子系统也提供了如图 9-4 所示的计算方式。

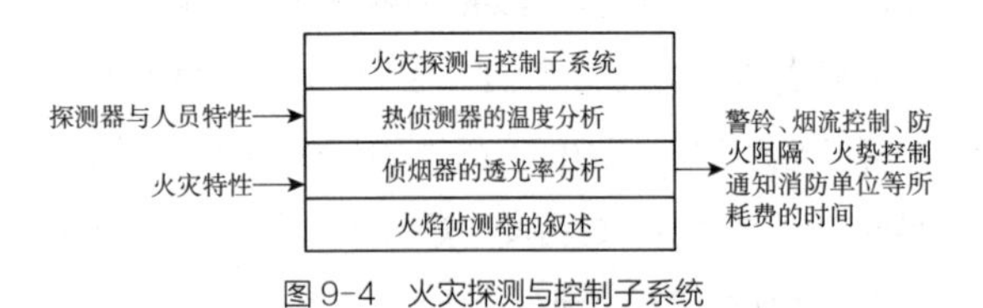

图 9-4 火灾探测与控制子系统

9.4 性能化设计的基本步骤

性能化设计过程可分成若干的过程，各步骤相互联系，并最终形成一个整体。以美国防火工程学会（SFPE）“建筑物性能式防火分析与设计工程指南”为参考文件，其步骤简化如下要点：①设定计划范围；②确定防火安全目的；③设定设计目标条件；④拟定性能基准值；⑤确定可能的火灾情景及设计火灾；⑥进行尝试性设计；⑦评估尝试性设计及比较性能基准值；⑧选定最终设计方案；⑨完成报告。

在有些文章中，将设计过程分成 7 个步骤，但总的看 7 个步骤与 9 个步骤的本质内容是一样的。现简述这一基本过程。

9.4.1 确定工程参数及具体评估内容

性能化设计的第一步就是要确定工程的范围及相关的参数。

首先要了解工程各方面的信息，如建筑的特征，使用功能等。对特殊的建筑，如大空间（如中庭或仓库），或者人员密集的商场、礼堂和运动场等要格外关注。

对建筑的工艺特征也要做专门的研讨，如非同一般的作业区、危险物品的使用或贮存区、昂贵设备区以及零故障区等。

不同使用功能的建筑，其使用者特征也不同（如住宅建筑与商业建筑），使用者特征包括年龄、智力、是否睡觉、体能状态等因素。

9.4.2 确定消防安全总体目标、功能目标和性能指标

1）总体目标

一旦确定了工程的范围，性能化设计过程的下一步就是要确定消防安全总目标。

在消防安全设计中，消防安全总体目标是一个范围比较广泛的概念，它表示的是社会所期望的安全水平。它们主要是用概括性的语言进行描述，通常指保护人类生命和相邻建筑及其他财产安全等方面的需要。概括地说，消防安全应达到的总体目标应该是保护生命、保护财产、保护使用功能、保护环境不受火灾的有害影响。

2）功能目标

设计过程的第三步是制订功能目标。功能目标是设计总目标的基础，它把总目标提炼为能够用工程语言进行量化的数值。

概括地说，它们指出一个建筑物怎样才能达到上述的社会期望的安全目标。功能目标通常可用计量的术语加以表征。为了满足这些目标，一旦功能

目标或者损失目标搞清楚了，人们就必须有一个确定建筑及其系统发挥作用的性能水平的方法。这项工作是通过性能要求完成的。

3）性能要求

性能要求是性能水平的表述。建筑材料、建筑构件、系统、组件以及建筑方法等必须满足性能水平的要求，从而达到消防安全总体目标和功能目标。我们不仅能够量化这些参数，还应对其进行计量和计算。例如要求："将火灾的传播限制在起火房间内，在烟气蔓延出起火房间以前通知使用者，保证疏散通道处于可使用状态直到使用者到达安全地点"。这些要求中的每一个都涉及建筑及其系统如何工作才能满足规定的生命安全总体目标和功能目标，并且可对每项要求都进行计量或计算。性能判定标准包括材料温度、气体温度、碳氧血红蛋白 (COHb) 含量、能见度以及热辐射量等的临界值。

9.4.3 制定设计目标

该目标是为满足性能要求所采用的具体方法和手段。为此允许采用两种方法去满足性能要求。这两种方法可以独立使用，也可以联合使用。

（1）视为合格的规定，这包括如何采用材料、构件、设计因素和设计方法的示例，如果采用了，其结果就满足性能要求。

（2）替代方案，如果能证明某设计方案能够达到相关的性能要求，或者与视为合格的规定等效，那么对于与上述（1）款中"视为合格的规定"不同的设计方案，仍可以被批准为合格。

该性能方法为使用消防安全工程提供了许多机会。评估替代方案的方法不是特别指定的，所以，事实上消防安全工程评估将是证明设计方案是否符合性能规范的一个主要途径。为了更好地全面理解这些不同的要求和指标，下面做一连续性的概述。

①消防安全总体目标是保护那些没有靠近初起火灾处的人员不至丧命。这很容易理解，但很难量化。

②为了达到这一总体目标，其功能目标之一就是为人们提供足够到达安全地方而不被火灾吞噬的时间。这就提供了更详细的规定，即必须保护人们不受热、热辐射和烟气的侵害。

③为了达到这一目标，其性能要求之一就是限制起火房间内的火灾蔓延。如果火灾没有蔓延到起火房间之外，那么起火房间外的人员就不会暴露于热辐射或高温中，他们受到烟气影响也会大大减小。

④为了满足这一性能要求，我们可以制订防止起火房间发生轰燃的性能指标。其依据是火灾蔓延至起火房间之外的情况总是发生在轰燃之后，上层烟气引燃并使火灾前锋开始蔓延之时。

⑤为了满足这一指标，工程师可能会建立一个设计目标，从而将上层烟气温度限制在 500℃，该温度以下不大可能发生轰燃。

这就是从一个总体目标到建立一种设计标准的整个分析过程。

9.4.4 确定火灾场景

火灾场景是对某特定火灾从引燃或者从设定的燃烧到火灾增长到最高峰以及火灾所造成的破坏的描述。火灾场景的建立应包括概率因素和确定性因素；也就是说，此种火灾发生的可能性有多大，如果真的发生了，那么火灾又是怎么发展和蔓延的。在建立火灾场景时，我们应该考虑的因素有很多，其中包括：建筑的平面布局，火灾荷载及分布状态，火灾可能发生的位置，室内人员的分布与状态，火灾可能发生时的环境因素等。

9.4.5 建立设计火灾

设计火灾是对某一特定火灾场景的工程描述，可以用一些参数如热释放速率、火灾增长速率、燃烧产物、物质分解率等或者其他与火灾有关的可以计量或计算的参数来表现其特征。

概括设计火灾特征的最常用方法是采用火灾增长曲线。热释放速率随时间变化的典型火灾增长曲线，一般具有火灾增长期、最高热释放速率期、稳定燃烧期和衰减期等共同特征。每一个需要考虑的火灾场景都应该具有这样的设计火灾曲线。

9.4.6 提出和评估设计方案

在该步骤中，应提出多个消防安全设计方案，并按照规范的规定进行评估，以确定最佳的设计方案。

评估过程是一个不断反复的过程。在此过程中，许多消防安全措施的评估都是依据设计火灾曲线和设计目标进行的。像增加感烟探测器或自动喷淋装置、对通风特征的修改、变更建筑材料、内装修和建筑内部摆设等因素，都在该步骤进行评估。在评估不同的方案时，清楚地了解该方案是否达到了设计目标是很重要的。评估此项的一个有用的工具是 Q'_{do} 和 Q'_{crit} 概念。

设计目标是一个指标。其实质是性能指标（如起火房间内轰燃的发生）能够容忍的最大火灾尺寸。这可以用最大热释放速率 Q'_{do} 描述其特征。工程中每个设计目标都有一个 Q'_{do} 值。类似的，每个设计目标都有一个临界点，这个点用 Q'_{crit} 表示。比如，为了达到防止轰燃发生的目标，替代方法之一可能是使用自动喷水灭火系统。为了保证其有效性，自动喷水灭火系统必须在房间到达轰燃阶段以前启动并控制火灾的增长。在这种情况下，轰燃点就应该是 Q'_{do}，而要求喷淋启动的点就应该是 Q'_{crit}。

纵览世界上各种消防安全工程方法，下述一些基本因素总是在性能化设计评估中被充分考虑。

① 起火和发展；②烟气蔓延和控制；③火灾蔓延和控制；④火灾探测和灭火；⑤通知居住者和组织安全疏散；⑥消防部门的接警和现场救助。

9.4.7 编制报告和说明

分析和设计报告是性能化设计能否被批准的关键因素。该报告需要概括分析和设计过程中的全部步骤，并且报告分析和设计结果所提出的格式和方式都要符合权威机构和客户的要求。该报告至少应该包括：

①分析或设计目标，制订此目标的理由。

②设计方法（基本原理）陈述，所采用的方法，为什么采用，做出了什么假设，采用了什么工具和理念。

③工程的基本信息。

④性能评估指标。

⑤火灾场景的选择和设计火灾。

⑥设计方案的描述。

⑦消防安全管理。

⑧参考的资料、数据。

从总体看，性能化设计是一个发展的方向，但就目前的技术支撑条件看，也存在一些问题和缺点。首先，社会各界对它的接受程度不一；另外，与条文式设计相比，性能化分析和设计过程需要在分析、计算和设计文件制作上花费更多的工程时间。这似乎可给客户带来较高的成本，因为增加了工程设计的人力投入。综合起来看，目前使用的性能化方法还存在以下一些技术问题：

①性能评判标准尚未得到一致认可。

②设计火灾的选择过程确定性不够。

③对火灾中人员的行为假设的成分过多。

④预测性火灾模型中存在未得到很好证明或者没有被广泛理解的局限性。

⑤火灾模型的结果是点值，没有将不确定性因素考虑进去。

⑥设计过程常常要求工程师在超出他们专业之外的领域工作。

随着消防安全工程的快速发展，消防安全工程学已随着其潜力、复杂性以及应用性而在基础理论、方法学和实用工具领域得到较大的发展。性能化的设计方法会越来越完善。

9.5* 性能化工程案例介绍

9.5.1 工程描述

某商业建筑中部为一大型中庭，如图 9-5 所示。中庭连通一层、二层、三层、四层和五层。

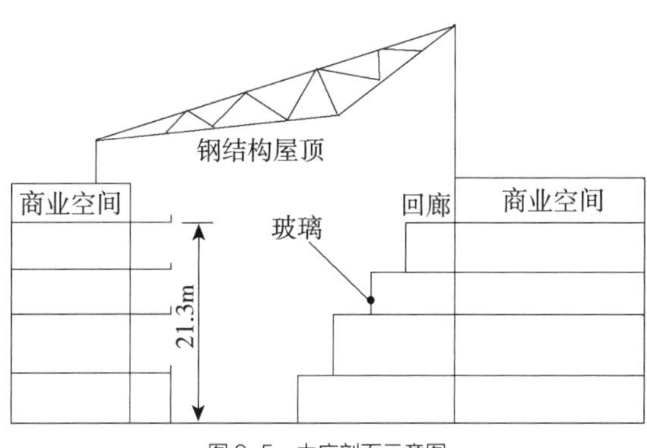

图 9-5 中庭剖面示意图

中庭上部为钢结构坡形采光屋顶，屋顶最低处距离地面约 30m，高处距离地面 40m，中庭商业面积约 35,000m^2。中庭各层周边为 5m 宽的回廊。该建筑为高层建筑，应按照耐火等级为一级的一类建筑进行设计。但是，本工程在以下方面难以满足现行防火规范的要求。

为了使顾客从中庭回廊内能够直接观察到商业空间内部，希望回廊外侧的商业空间采用钢化玻璃墙与中庭分隔，钢化玻璃墙采用特殊的自动喷水灭火系统进行保护，其耐火极限可达 2.00h。但是，该防火分隔措施没有达到规范规定的 3.00h 耐火极限的要求。

该中庭排烟量依照规范的要求按其体积的 4 次 /h 换气计算，且最小排烟量不应小于 102,000m^3 · h^{-1}。由于整个中庭总面积约 8,000 多 m^2，超过规范的要求，须对其设计排烟量的合理性进行评估。

按照规范要求，中庭钢结构屋顶应达到至少 1.50h 的耐火极限。为了保持屋顶钢结构的美观，同时考虑到中庭内可燃物较少，不希望喷涂防火涂料。

个别商业区域由于受到建筑布局的限制，疏散宽度不能满足规范要求的百人宽度指标。

9.5.2 确定评估目标和安全判定指标

1）防火分隔问题

防火分区划分的主要目的是防止火灾蔓延扩散，避免重大的经济损失和人身伤亡。防火分区的作用在于发生火灾时，可将火势控制在一定的范围内，以有利于消防扑救、减少损失。我国规范对防火分区的划分有如下规定：高层建筑内应采用防火墙等划分防火分区，在设置防火墙确有困难的场所，可采用防火卷帘作防火分区分隔。当采用包括背火面温升作为耐火极限判定条件的防火卷帘时，其耐火极限不低于 3.00h；当采用不包括背火面温升作为耐火极限判定条件的防火卷帘时，其卷帘两侧应设独立的闭式自动喷水系统保护，系统喷水延续时间不应不应小于 3.00h。

针对本工程的具体情况，如果能够判断在可燃物最多的防火分区内发生火灾，火灾持续时间小于 2.00h，则设计中所选择的防火分隔措施能够在整个火灾过程中起到隔火、隔烟的作用，达到分隔防火分区的目的。

2）中庭排烟问题

中庭排烟的目的主要是为了人员的疏散。发生火灾时为了保证人员疏散的安全，排烟量的设计应满足下列条件之一。①排烟量大于火灾时产生的烟气量。②排烟量等于火灾时产生的烟气量，且烟层的高度要大于一个临界高度，即保证人员安全疏散的高度。③排烟量小于火灾时产生的烟气量，但是烟层的高度下降到临界高度时，人员已经疏散完毕。对于本工程而言，可能有人出现的最高位置为标高 21.3m 的四层环廊，考虑到人的平均身高一般不超过 2m，因此烟层的临界高度可以取为距离地面 23.3m 高的位置，并假定排烟量应不小于中庭内火灾的产烟量。

3）钢结构防火问题

由于钢材不耐火，当温度为 400℃时，钢材的屈服强度将降至常温下强度的一半，温度达到 600℃时，钢材基本丧失全部刚度和强度。因此，我国的《高层民用建筑设计防火规范》GB 50045—95，现《建筑设计防火规范》GB 50016—2014（2018 年版）规定屋顶承重钢结构应采取外包不燃烧材料或喷涂防火涂料等措施，或设置自动喷水灭火系统保护，使其达到规定的耐火极限的要求。上述针对钢结构的各种防火保护手段，其目的都是为了降低火灾时钢材的温度，以保证钢材具有一定的强度，使构件具有一定的承载能力和抗变形能力。如果建筑物内发生火灾，钢结构在不做任何防火保护的情况下，即使在最危险的火灾场景下，钢结构的最高温度都低于所设定的安全温度，即在该温度下钢材的强度损失不大，结构安全，满足规范所要求的安全水平。那么，就可以根据分析结果不对钢结构采取额外的防火保护，或局部采用防火保护。对于一般的钢材，当温度为 350℃时承载力开始出现比较明显的下降，为了安全起见，这里选择 200℃作为临界安全温度。

4）人员疏散问题

由于本工程中疏散出口的宽度不满足规范的要求，所以当本分区发生火灾时人员疏散到本区以外的安全区域所需的时间将会增加，部分人员可能会受到火灾烟气的危害。如果能够判断在可能发生的最不利的火灾情况下，建筑物内所有人员在受到火灾烟气的危害之前能够撤离到安全地点，则人员疏散是安全的。这里选择人员安全的判定指标为：“距离地面 2.0m 高度以下空间内火灾烟气的温度不应超过 60℃”。

9.5.3 防火分隔问题的分析

1）火灾场景设计

本工程防火分隔问题的主要内容是估算各防火分区可能的最大火灾持续时间。火灾持续时间与可燃物的数量以及燃烧速率或热释放速率有关。在自动喷水灭火系统正常工作的情况下，一般可以有效地控制火灾，这里假设自动喷水灭火系统失效或无法控制火灾规模，火灾的热释放速率由防火分区本身的通风特性决定。这里，我们选择最大的防火分区进行计算分析。

2）火灾持续时间的计算方法

（1）计算火灾室的可燃物总发热量

着火房间内可燃物的总量包括三部分：

$$Q_r=Q_1+Q_2+Q_3 \tag{9-1}$$

式中 Q_r——总发热量，MJ；

Q_1——储存可燃物发热量，MJ；

Q_2——内装修材料的发热量，MJ；

Q_3——相邻房间导入的热量，MJ。

其中，

$$Q_1=q_1A_r \tag{9-2}$$

式中 q_1——该室内的储存可燃物地板面积每平方米的发热量，$MJ \cdot m^{-2}$；

A_r——该室内的地板面积，m^2。

$$Q_2=\Sigma\ (q_fA_fd_f) \tag{9-3}$$

式中 q_f——该室墙壁、地板及天花板（无天花板时以屋顶代替）面对室内加工使用的建筑材料表面积每平方米单位厚度（mm）的发热量，$MJ \cdot m^{-2} \cdot mm^{-1}$；

A_f——该室内部装修用各种材料的各部位表面积，m^2；

d_f——该室内部装修用的建筑材料厚度，mm。

$$Q_3=\Sigma f_a[q_{la}A_{ra}+\Sigma\ (q_{la}A_{fa}d_{fa})] \tag{9-4}$$

式中 f_a——依照该室相邻房间的墙壁、地板种类及墙壁或地板开口部种类不同，其热侵入系数如表 9-2 所示；

q_{la}——该室相邻房间的储存可燃物地板面积每平方米的发热量，$MJ \cdot m^{-2}$；

A_{ra}——该室相邻房间的地板面积，m^2；

q_{la}——该室相邻房间的内部装修用各种材料表面积每平方米单位厚度 (mm) 的发热量，$MJ \cdot m^{-2} \cdot mm^{-1}$；

A_{fa}——该室相邻房间的内部装修用各种材料的各部位表面积，m^2；

d_{fa}——该室相邻房间的内部装修用的建筑材料厚度，mm。

相邻房间热侵入系数 表 9-2

墙壁或地板	墙壁或地板的开口部	热侵入系数
属于耐火构造	设有特定防火设备 设有规定的防火设备	0.00 0.07
准耐火构造（除耐火构造外，以下称为“特定准耐火构造”）	设有特定防火设备 设有规定的防火设备	0.01 0.08
属于准耐火构造者（除耐火构造及特定准耐火构造外）	设有特定防火设备 设有规定的防火设备	0.05 0.09
其他		0.15

（2）火灾室可燃物的每秒平均发热量（q_b）

① 计算该室有效开口因子

$$f_{op}=\max(\Sigma A_{op}\sqrt{H_{op}}, A_r\sqrt{H_r}/70) \quad (9\text{-}5)$$

式中 A_{op}——各开口部的面积，m^2；

H_{op}——从开口部上端至下端的垂直距离，m；

A_r——该室内的地板面积，m^2；

H_r——从该室地板至天花板的平均高度，m。

② 计算可燃物表面积

$$A_{fuel}=0.26 \times q_l^{\frac{1}{3}} \times A_r + \Sigma\varphi \times A_f \quad (9\text{-}6)$$

式中 A_{fuel}——可燃物表面积；

q_l——该室内的储存可燃物地板面积每平方米的发热量，$MJ \cdot m^{-2}$；

A_r——该室内的地板面积，m^2；

φ——依据建筑材料种类不同，制定下列氧消耗系数的数值，见表 9-3；

A_f——该室内部装修用各种材料的各部位表面积，m^2；

$0.26 \times q_l^{\frac{1}{3}} \times A_r$——可燃物表面积，$m^2$；

$\Sigma\varphi \times A_f$——内装用建筑材料的表面积，m^2。

氧消耗系数 φ 表 9-3

建筑材料种类	氧消耗系数	建筑材料种类	氧消耗系数
不燃性材料	0.1	难燃性材料（除准不燃性材料外）	0.4
准不燃性材料（除不燃性材料外）	0.2	木材及其他类似材料（除难燃性材料外）	1.0

③ 计算燃烧型支配因子及 q_b

支配因子可如下计算：

$$x=\max\left(\frac{\Sigma A_{op}\sqrt{H_{op}}}{A_{fuel}}, \frac{A_r\sqrt{H_r}}{70A_{fuel}}\right) \quad (9\text{-}7)$$

可燃物的每秒平均发热量 q_b 可按下式计算：

$X \leqslant 0.081$　　$q_b=1.6 \times X \times A_{fuel}$

$0.081<X \leqslant 0.1$　　$q_b=0.13 \times A_{fuel}$

$X>0.1$　　$q_b=[2.5 \times X \times \exp(-11X)+0.048] \times A_{fuel}$

（3）计算火灾持续时间

计算火灾持续时间：

$$t_f=\frac{Q_r}{60 \times q_b} \quad (9\text{-}8)$$

式中 t_f——火灾持续时间，s；

Q_r——火灾室的可燃物总发热量，MJ；

q_b——火灾室可燃物的每秒平均发热量，MJ。

（4）火灾温度上升系数 α 以及火灾室预测温度 T_f

$$\alpha=1280\left[\frac{q_b}{\sqrt{\Sigma(A_c I_h)}\sqrt{f_{op}}}\right]^{\frac{2}{3}} \quad (9-9)$$

式中 q_b——火灾室可燃物的每秒平均发热量；

A_c——该火灾室的墙壁、地板及天花板各部分的表面积，m^2；

I_h——该火灾室的墙壁、地板及天花板各部分的热惯性，$kW \cdot s^{\frac{1}{2}} \cdot m^{-2} \cdot K^{-1}$；

f_{op}——有效开口因子，m^2。

火灾室的火灾温度上升系数 α 决定后，则预测该火灾室在发生火灾时的温度 T_f 和时间的关系如下式所示:

$$T_f(t)=\alpha \times t^{\frac{1}{6}}+20 \quad (9-10)$$

式中 T_f——该火灾室在时间 t 时的温度，℃；

t——火灾发生经过的时间，min。

（5）转换为等效火灾时间

依据日本川越模型的计算方法，对应于标准火灾的持续时间叫“等效火灾时间”。

$$t_A=\frac{t_f}{(460/\alpha)^{\frac{3}{2}}} \quad (9-11)$$

式中 t_A——等效火灾时间；

t_f——火灾持续时间；

α——火灾温度上升系数。

3）火灾持续时间的计算

（1）储存可燃物的发热量 $q_l A_r$

可燃物发热量加权平均计算见表 9-4。

可燃物发热量加权平均计算 表 9-4

使用功能	面积 A_r (m^2)	火灾荷载 q_l ($MJ \cdot m^{-2}$)	总发热量 (MJ)
商业	2,989	480	1,434,720
电话间	105	160	16,800
楼梯间	471	32	15,072
合计	3,565	—	1,466,592

（2）内装修材料的发热量 $\Sigma(q_l A_f d_f)$

内装修材料的发热量见表 9-5。

内装修材料发热量 表 9-5

部位	内部装潢材料	面积 (m^2)	厚度 (mm)	单位发热量 ($MJ \cdot m^{-2} \cdot mm^{-1}$)	发热量 (MJ)
天花板	岩棉吸声板，表层漆装（不燃）	3,565	1.0	0.8	2,852
墙壁	贴 1.5mm 壁纸（难燃）	1,185	1.5	3.2	5,688
地板	地砖 7mm（不燃）	3,565	7.0	0.8	19,964
内装用材料发热量 $\Sigma(q_l A_f d_f)$					28,504

（3）相邻房间的导入热量

$$\Sigma f_a[q_{la}A_{ra}+\Sigma(q_{la}A_{fa}d_{fa})]$$

由于此防火分区和其他防火分区之间用防火墙分隔，故热导入系数为 O，所以不再计算邻室的入侵热量。

（4）火灾室的可燃物总发热量 Q_r

$$Q_r=q_l A_r+\Sigma(q_l A_f d_f)+\Sigma f_a[q_{la}A_{ra}+\Sigma(q_{la}A_{fa}d_{fa})]=1495096\ (MJ)$$

$$q_1=\frac{Q_r}{A}=419\ (MJ \cdot m^{-2})$$

（5）计算该室有效开口因子

$$f_{op}=\max(\Sigma A_{op}\sqrt{H_{op}}, A_r\sqrt{H_r}/70)$$

取最大值。

有效开口因子计算见表 9-6。

有效开口因子计算 表 9-6

开口编号	宽 /m	高 /m	面积 /m²	开口因子
	W_{op}	H_{op}	A_{op}	$A_{op}\sqrt{H_{op}}$
1	1.8	2.2	3.96	5.87
2	1.8	2.2	3.96	5.87
3	1.8	2.2	3.96	5.87
4	1.8	2.2	3.96	5.87
5	1.8	2.2	3.96	5.87
6	1.8	2.2	3.96	5.87
7	1.8	2.2	3.96	5.87
8	1.8	2.2	3.96	5.87
9	1.8	2.2	3.96	5.87
10	1.8	2.2	3.96	5.87
11	1.8	2.2	3.96	5.87
12	1.8	2.2	3.96	5.87
13	1.8	2.2	3.96	5.87
14	1.8	2.2	3.96	5.87
15	1.8	2.2	3.96	5.87
16	1.8	2.2	3.96	5.87
17	1.8	2.2	3.96	5.87
18	1.8	2.2	3.96	5.87
19	1.8	2.2	3.96	5.87
20	0.9	2.2	1.98	2.94

$\Sigma A_{op}\sqrt{H_{op}}=5.87\times19+2.94=114.47$

层高	吊顶高	火灾室高度 H_r/m	地板面积 A_r/m²	间隙开口因子 $A_r\sqrt{H_r}/70$
6.5	2.55	6.5−2.55=3.95	3,565	101.22

该室有效开口因子 $f_{op}=\max(\Sigma A_{op}\sqrt{H_{op}}, A_r\sqrt{H_r}/70)=114.47$

（6）计算可燃物表面积 $A_{fuel}=0.26\times q_l^{\frac{1}{3}}\times A_r+\Sigma\varphi\times A_f$

储存可燃物表面积 $0.26\times q_1^{\frac{1}{3}}\times A_r=0.26\times419^{1/3}\times3565\approx6935$（m²）

内装修用建筑材料的表面积 $\Sigma\varphi\times A_f$ 见表 9-7。

内装修材料的表面积计算 表 9-7

部位	内装修材料	面积 /m²	氧气消耗系数值	内装修材料表面积 /m²
天花板	不燃	3,565	0.1	356.5
墙壁	难燃	1,185	0.2	237
地板	不燃	3,565	0.1	356.5

$\Sigma\varphi\times A_f=356.5+237+356.5=950$（m²）

$A_{fuel}=0.26\times q_1^{\frac{1}{3}}\times A_r+\Sigma\varphi\times A_f=6935+950=7885$（m²）

（7）计算燃烧型支配因子

$$[x=\max(\frac{\Sigma A_{op}\sqrt{H_{op}}}{A_{fuel}}, \frac{A_r\sqrt{H_r}}{70A_{fuel}})]\text{ 和 }q_b$$

$$x=114.47/7885\approx0.015$$

因为 $x\leqslant0.081$

所以 $q_b=1.6\times A_{fuel}=1.6\times0.015\times7885\approx189$

（8）计算火灾持续时间（$t_f=\frac{Q_r}{60\times q_b}$）

$$t_f=\frac{1495096}{60\times189}\approx132\text{（min）}$$

（9）火灾温度上升系数 α 以及火灾室预测温度 T_f

热吸收有效因子的计算$\sqrt{\Sigma\ (A_c I_h)}$见表9-8。

热吸收有效因子计算　　表9-8

部位	有效部位吸收热的材料	表面积 /m^2	热惯性	$A_c I_h$
天花板	石膏板	3,565	0.4	1,426
墙壁	混凝土	1,185	1.75	2,074
地板	地砖	3,565	1.75	6,239
$\Sigma A_c I_h$				9,739

$$\alpha=1280\left[\frac{q_b}{\sqrt{\Sigma(A_c I_h)}\ \sqrt{f_{op}}}\right]^{\frac{2}{3}}=1280\times$$

$$[189/(\sqrt{9379}\times\sqrt{114.47})]^{\frac{2}{3}}\approx412$$

火灾室在发生火灾时的温度 T_f

$$T_f(30)=\alpha\times t^{\frac{1}{6}}+20=412\times30^{\frac{1}{6}}+20\approx746(℃)$$

$$T_f(60)=\alpha\times t^{\frac{1}{6}}+20=412\times60^{\frac{1}{6}}+20\approx835(℃)$$

$$T_f(90)=\alpha\times t^{\frac{1}{6}}+20=412\times90^{\frac{1}{6}}+20\approx892(℃)$$

$$T_f(120)=\alpha\times t^{\frac{1}{6}}+20=412\times120^{\frac{1}{6}}+20\approx935(℃)$$

（10）转换为等效火灾时间

上述计算得出了火灾持续时间和火场温度，但由于设计中选取的构件的耐火极限值是在标准温升曲线下定义的时间，因此就需要将实际火灾转换为标准火灾，则对应于标准的火灾持续时间叫“等效火灾时间”。

具体计算可依据日本川越模型的计算方法，该计算方法是假定火灾温度曲线与标准升温曲线的温度—时间面积相等的条件下绘制的，即“面积等效法”。

等效火灾时间：

$$t_A=\frac{T_f}{(460/\alpha)^{\frac{3}{2}}}=\frac{136}{(460/412)^{\frac{3}{2}}}\approx115(min)$$

4）火灾垂直蔓延的分析

如果火灾的持续时间超过2h，玻璃隔墙失效之后，着火层的热烟气或火焰会对上一楼层玻璃隔墙内侧的可燃物产生热辐射。假设着火层的热烟气或火焰的功率为5.275MW，在5m以外，可燃物受到的热辐射强度为：

$$I=\frac{\dot{Q}/3}{4\pi x^2}=\frac{5275/3}{4\times3.14\times5^2}\approx5.6(kW\cdot m^{-2})$$

$5.6kW\cdot m^{-2}$远小于一般物品被引燃的临界热辐射强度$20kW\cdot m^{-2}$。因此，即使火灾蔓延到中庭内，火灾产生的热烟气也不会使上层玻璃隔墙内的区域产生着火的危险。

5）小结

通过以上分析可知，商业空间内最大防火分区发生火灾情况下的火灾持续时间不超过2h，火灾持续时间小于所设计的中庭分隔墙的耐火极限。另外，中庭周围5m宽的回廊可有效防止火灾的垂直蔓延。因此，在本工程中采用钢化玻璃加喷湿保护的分隔措施能够起到防止火灾蔓延的分隔的功能。

9.5.4　中庭排烟问题

1）火灾场景的设计

中庭一层为人口及展览大厅，一层到五层为商业，商业用房与中庭之间进行防火分隔，中庭四周为环廊，如图9-6所示。环廊的顶设置自动喷水灭火系统，中庭挑空空间内设置线性红外感烟探测器，并与屋顶风机联动进行排烟。中庭内首层是火灾危险性较大的区域，另外中庭环廊也可能存在一些可燃物，如装满垃圾的垃圾桶，一些小的零售摊位等。但是从火灾的规模分析，首层可燃物较多并且挑空部分没有水喷淋保护，因此火灾危险性较大。特别是与其他位置发生火灾相比，首层发生火灾时烟羽流将卷吸更多的空气，

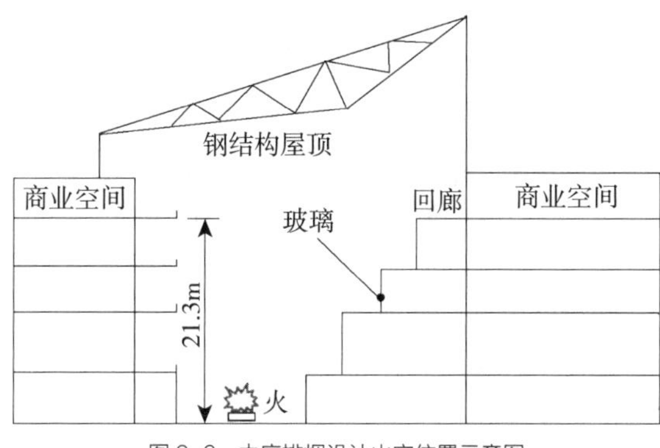

图 9-6　中庭排烟设计火灾位置示意图

产烟量更大。在性能化分析中，对于中危险级的中庭火灾，最大热释放速率一般取 5MW。所以，这里选择中庭首层 5MW 火灾进行排烟量的评估。

2）排烟量的计算

排烟量的计算可以参考第九章提供的计算方法。对于大空间内的对称羽流流量可以采用以下计算方法：

$$m_p=0.0071Q_c^{\frac{1}{3}}z^{\frac{5}{3}}+0.0018Q_c \quad (9-12)$$

式中 m_p——羽流的质量流速，$kg\cdot s^{-1}$；

Q_c——对流热释放速率（约 0.7Q），kW；

z——距离燃烧表面之上的高度，m。羽流的体积流量可以用下式计算：

$$V=\frac{m}{\rho_0}+\frac{Q_c}{\rho_0 T_0 C_p} \quad (9-13)$$

式中 V——羽流的体积流量，$m^3\cdot s^{-1}$；

m——羽流的质量流量，$kg\cdot s^{-1}$；

ρ_0——环境空气的密度，$kg\cdot m^{-3}$；

T_0——环境温度，K；

Q_c——热释放速率的对流部分，kW；

C_p——烟气羽流的比热容，$kJ\cdot kg^{-1}\cdot K^{-1}$。

计算结果为 196 $m^3\cdot s^{-1}$，

约 700,000 $m^3\cdot h^{-1}$。

3）小结

兴能化的中庭排烟量设计与火灾规模、火灾位置、设计烟层的高度等因素有关，其计算结果可能小于按规范要求的设计值，也可能大于规范要求的设计值。在中庭防排烟设计中还需要说明的是，火灾探测与报警系统的设计对中庭的排烟效果影响很大。比如，当中庭上下温度差较大时，应考虑火灾烟气的分层现象对中庭烟气探测的影响，可适当在低层增设线型感烟探测器，以消除层化现象的影响。

9.5.5　钢结构防火问题

1）火灾场景设计

中庭内的主要火源有首层大厅展品着火和回廊垃圾桶着火两种情况。由图 9-7 可以看出，在各种回廊火灾的情况中，左侧五层回廊处着火点位置距离钢结构屋顶最近，因此，此处着火对钢结构比较危险。根据前面已有的分析以及 NFPA92B 提供的资料，分别选择两处的最大火灾热释放速率为 5MW 和 1.25MW。

2）温度计算

为了分析火灾对钢结构的影响，我们分别计算两处火灾产生的烟羽流到达钢结构位置的温度，然后判断该温度时是否超过了临界温度。烟羽流的平均温度和中心温度可以分别用下面的公式计算：

烟羽流的平均温度为：

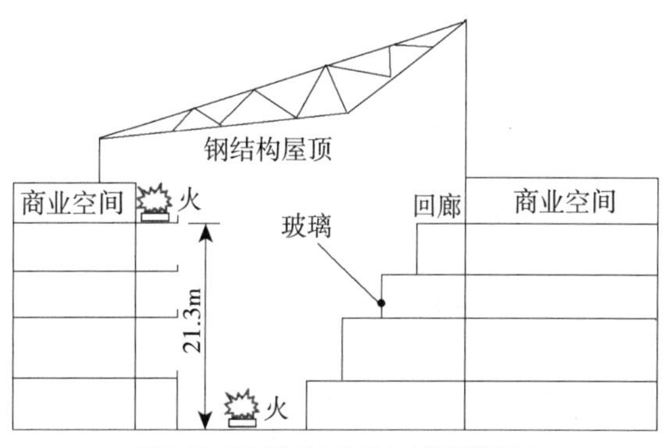

图 9-7　钢结构防火分析火灾位置示意图

$$T_p=T_o+\frac{Q_c}{mC_p} \quad (9-14)$$

式中 T_p——高度 z 处的平均羽流温度，K；

T_o——环境温度，K；

Q_c——热释放速率的对流部分，kW；

C_p——烟气羽流的比热容，$kJ \cdot kg^{-1} \cdot K^{-1}$；

m——羽流的质量流速，$kg \cdot s^{-1}$。

烟羽流的中心温度为：

$$T_{cp}=T_o+9.1\left(\frac{T_o}{gC_p^{2}\rho_0^{2}}\right)^{\frac{1}{3}}\frac{Q^{\frac{2}{3}}}{z^{\frac{5}{3}}} \quad (9-15)$$

式中 T_{cp}——高度 z 处的羽流中心线绝对温度，K；

T_o——环境绝对温度，K；

ρ_0——环境空气密度，ρ_0=1.2 $kg \cdot m^{-3}$；

g——重力加速度，g=9.8 $m \cdot s^{-1}$；

z——距离燃烧面的高度，m；

C_p——环境空气的比热容，C_p=1.01 $kJ \cdot kg^{-1} \cdot K^{-1}$；

Q——燃烧的热释放速率，kW。

对于首层 5W 火灾计算得出平均温度为 36℃，中心温度为 45℃；对于五层 1.25W 火灾计算得出平均温度为 59℃，中心温度为 90℃。

3）小结

从计算结果可以看出，首层火灾热释放速率较大，但是火灾位置距离钢结构屋顶较远，烟羽流到达钢结构位置时的中心温度 45℃。距离钢结构较近的五层火灾热释放速率较小，但是烟羽流到达钢结构位置时的中心温度 90℃。无论是 45℃还是 90℃都远远小于钢材的临界温度 350℃。因此，钢结构屋顶可以不做防火涂料。

9.5.6 人员疏散问题

1）火灾场景的设计

存在人员疏散问题的防火分区，如图 9-8 所示。

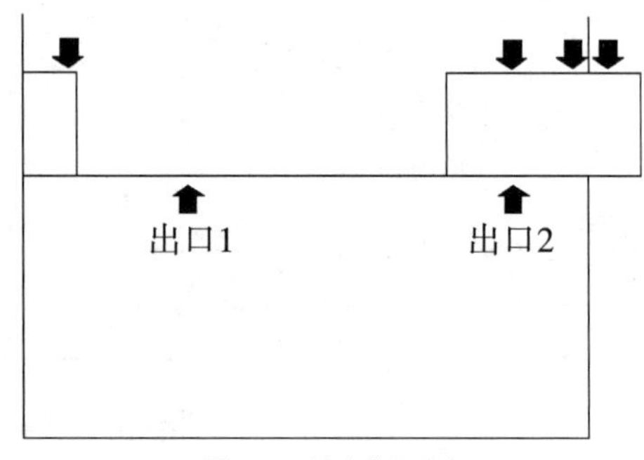

图 9-8 防火分区示意

防火分区建筑面积 1,920m^2，层高 6.5m，设计使用人数按 0.5 人 /m^2 计算，共 960 人。该分区共有疏散出口两个，其中独立“出口 2”宽 3.3m，借用相邻防火分区的“出口 1”宽 2m。该分区的使用功能为商场，因此可燃物较多，并且，一般情况下商场内的任何位置都有可能发生火灾。当火灾发生在最大的疏散出口位置，并且导致无法通过该出口进行疏散时，对人员疏散是最不利的。

由于该区域设置自动喷水灭火系统，所以当火灾发生时将受到灭火系统的控制，并假设喷淋头动作时火灾规模达到最大值。假设火灾发生初期按照 t^2 火的规律增长，增长速度为快速火，则通过火灾区域模型 FAST 预测喷淋头动作时的火灾热释放速率为 2.3MW，输入参数如表 9-10 所示。

火灾区域疏散时间预测输入参数表 表 9-10

喷头安装高度（m）	喷头间距（m）	环境温度（℃）	喷头标称温度（℃）	喷头 RTI 值（$m^{\frac{1}{2}} \cdot s^{\frac{1}{2}}$）	火灾增长速率（$kW \cdot s^{-2}$）（一般商铺）
6. 5	3. 6	20	68	50	0. 0469

2）疏散时间计算

（1）疏散开始时间（T_{start}）的预测

疏散开始时间即从起火到开始疏散的时间。因本工程为大空间商业建筑，我们将火灾点所在的防烟分区作为火灾室考虑，则疏散开始时间预测按如下公式计算：

$$t_{start}=\frac{\sqrt{\Sigma A}}{30} \quad (9\text{-}16)$$

式中 t_{start}——疏散开始时间，min；

A——为火灾区域防烟分区面积，m^2。

（2）疏散行动时间（T_{action}）的预测

疏散行动时间即从疏散开始至疏散结束的时间。疏散行动时间由步行时间 t_{travel}（从最远疏散点至安全出口步行所需的时间）和出口通过排队时间 t_{queue}（计算区域人员全部从出口通过所需的时间）构成，即

$$t_{action}=t_{travel}+t_{queue} \quad (9\text{-}17)$$

其中，步行时间采用下式计算：

$$t_{travel}=\max\left(\Sigma\frac{l}{v}\right) \quad (9\text{-}18)$$

式中 t_{travel}——步行时间，min；

l——步行最大距离，m；

v——步行速度，$m \cdot min^{-1}$。

出口通过时间采用下式计算：

$$t_{queue}=\frac{\Sigma pA}{\Sigma NB} \quad (9\text{-}19)$$

式中 t_{queue}——出口通过时间，min；

p——人员密度，人 / m^2；

A——计算区域面积，m^2；

N——出口有效流出系数，人 ·（min · m）$^{-1}$；

B——出口有效宽度，m。

疏散时间的计算结果如表 9-11 所示。

疏散时间的计算 表 9-11

开始时间 t_{start}（min）	步行时间 t_{travel}（min）	出口通过时间 t_{queue}（min）	疏散总时间 t_{queue}（min）
0. 42	0. 92	8. 01	9. 35

3）危险来临时间计算

危险来临时间的计算采用 CFD 模拟的方法。送风和排烟均按照原设计进行模拟，计算模型中火源模拟为按 t^2 规律增长的能量源，采用理想气体模型、$k-\varepsilon$ 湍流模型、P_1 辐射模型，几何模型，如图 9-9 所示。模拟结果表明危险来临时间为 430s。

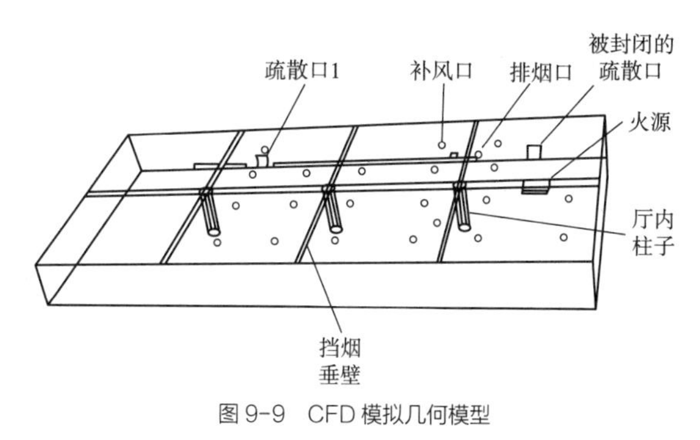

图 9-9 CFD 模拟几何模型

4）改进设计方案

通过上述计算得出，疏散时间为 9.35min 约 560s，危险来临时间为 430s，疏散时间大于危险来临时间，因此原有设计方案在上述火灾场景下不能保证人员的安全疏散，需要对原方案进行改进。

在原有消防设计中防排烟控制采用如下方式：一旦发生火灾防火阀关闭并打开相应区域的排烟口排烟，同时由控制中心开启着火区域的新风机组，并打开相邻分区的新风机组。通过 CFD 模拟和分析发现，发生火灾时在着火区域进行补风一般会扰乱上部的热烟气层，同时使得上升的热烟气很快冷却并提前开始下降，降低了挡烟垂壁的蓄烟效果。因此，提出了着火区域只排烟不补风，相邻区域补风的方案。对该方案进行了 CFD 模拟，结果表明改进后的防排烟控制方案，能够较好地控制火灾烟气的流动，减缓火灾烟气蔓延的速度，使得危险来临时间推迟 140s，达到 570s，大大提高了人员疏散的安全裕度。由于所采用的疏散计算方法结果偏于安全，并且考虑了最大的疏散出口被封堵等不利情况，如果能够限制疏散口附近的可燃物降低火灾发生在出口附近的可能性，则改进后的方案在保证人员疏散方面是可以接受的。

参考文献 References

[1] 中华人民共和国公安部 . 建筑设计防火规范（2018 年版）：GB 50016—2014[S]. 北京：中国计划出版社，2018.

[2] 国家人民防空办公室，中华人民共和国公安部 . 人民防空工程设计防火规范（2001 年版）：GB 50098—98[S]. 北京：中国计划出版社，2001.

[3] 中华人民共和国公安部 . 建筑内部装修设计防火规范：GB 50222—2017[S]. 北京：中国计划出版社，2018.

[4] 中国建筑标准设计研究院 . 国家建筑标准设计图集《建筑设计防火规范》图示：18J811—1[S]. 北京：中国计划出版社，2018.

[5] 张树平. 建筑防火设计（第二版）[M]. 北京：中国建筑工业出版社，2009.

[6] 李钰 .《建筑设计防火规范》GB 50016—2014（2018 年版）条文解析 [M]. 北京：中国建筑工业出版社，2019.